G. Franz

Konstruktionslehre des Stahlbetons

Band I
Grundlagen und Bauelemente

Vierte, völlig neubearbeitete Auflage

Teil A: Baustoffe

Mit 145 Abbildungen

Springer-Verlag Berlin Heidelberg New York 1980

Dr.-Ing., Dr.-Ing. E. h. GOTTHARD FRANZ
em. o. Professor an der Universität Karlsruhe (TH)

In den ersten drei Auflagen erschien Band I „Grundlagen und Bauelemente" dieses Werkes ungeteilt.

CIP-Kurztitelaufnahme der Deutschen Bibliothek
Franz, Gotthard:
Konstruktionslehre des Stahlbetons / G. Franz.
Bd. I Grundlagen und Bauelemente. 4. völlig neubearb. Aufl.
Teil A. Baustoffe
Berlin, Heidelberg, New York: Springer, 1980
ISBN-13: 978-3-642-81415-0   e-ISBN-13: 978-3-642-81414-3
DOI: 10.1007/ 978-3-642-81414-3

2362/3020—543210

Vorwort zur vierten Auflage

Wenn das vorliegende Werk 14 Jahre nach dem Erscheinen in 4. Auflage vorgelegt wird, so darf daraus geschlossen werden, daß sein Inhalt weiterhin noch aktuell ist: nämlich die Grundlagen des Konstruierens mit Stahlbeton darzustellen. Denn die Bauwerke verhalten sich so, wie wir sie *konstruieren*, und nur mit mehr oder weniger guter Annäherung so, wie wir sie *berechnen*. Das richtige Entwerfen und das sorgfältige, baustoffgerechte Durchkonstruieren ist daher immer noch wichtiger als eine ausgeklügelte Berechnung. Deshalb werden die Eigenschaften der Baustoffe und ihr Verbund ausführlich geschildert.

Diese Besinnung scheint mir heutzutage besonders angebracht, da dem Ingenieur in zunehmendem Maße Rechenhilfen durch Tafeln, elektronische Geräte und Programme mit immer größerer Perfektion zur Verfügung stehen. Beide machen den *guten* Ingenieur um ein mehrfaches leistungsfähiger, den *schlechten* Ingenieur aber umso gefährlicher [1]. Denn er behält ja immer die Verantwortung für die gestellte Frage: auf eine *kluge* Frage erhält er von der „black box" eine brauchbare Antwort, auf eine *unüberlegte* Frage aber unbrauchbare oder unwirtschaftliche Angaben. Das Wort „Erst denken, dann rechnen!", das ich meinen Studenten stets auf den Weg mitgegeben habe, ist eben nach wie vor gültig. Schließlich bezeichnete bereits A. Schopenhauer die „Arithmetik als die niedrigste Geistestätigkeit, da sie auch von Maschinen ausgeführt werden kann".

Auch der zunehmende Ausbau unserer Normen, Richtlinien und Vorschriften darf ihn nicht darüber hinwegtäuschen, daß sie ihm das Denken nicht abnehmen können und sollen, insbesondere dann, wenn er neue Gedanken verwirklicht.

In der 2. und 3. Auflage waren jeweils nur wenige neuere Erkenntnisse und Vorschriften berücksichtigt worden. Nunmehr war es aber geboten, bei einer 4. Auflage den Inhalt grundlegend auf den neuesten Stand zu bringen. In erster Linie war die seit 1972 eingeführte Stahlbeton-Norm DIN 1045 und ihre Neuausgabe 1978, die die Bemessung auf neuer Grundlage aufbaut, zu berücksichtigen. Ferner waren die neuen Bezeichnungen und Begriffe zu verwenden, die nunmehr international geregelt (ISO-Normen der International Standard Organisation) und in unsere Norm DIN 1080 eingegangen sind, insbesondere die Krafteinheit N (Newton).

Im Einvernehmen mit dem Verlag habe ich den Band I in zwei Teile zerlegt: Teil A enthält die Eigenschaften der Baustoffe und ihre Auswirkungen, Teil B die Bauteile und ihre Bemessung. Maßgebend hierfür waren die neuen, wichtigen Erkenntnisse der letzten Jahre über den Beton und dessen Zusammenwirken mit den Stahleinlagen, die einen Ausbau der betreffenden Abschnitte erforderten. Die Bemessung der Bauteile ist in der Zwischenzeit auf den Erschöpfungszustand der Querschnitte (Grenzverformungen der Baustoffe) aufgebaut worden. Trotzdem darf auch jetzt noch das Verhalten im Gebrauchszustand nicht aus dem Auge gelassen werden. Im Hinblick auf die dadurch vermehrte Stoffülle wurden die Abschnitte über Decken und Schwingungsbeanspruchungen in Band II aufgenommen, wo sie ohnehin besser untergebracht sind.

Besondere Überlegungen erforderte das Literaturverzeichnis. Auch auf dem Gebiet des Bauwesens ist das bedruckte Papier in Zeitschriften und Büchern derart lawinenartig angeschwollen, daß eine Aufnahme aller zwischenzeitlich erschienenen Arbeiten unübersehbar geworden wäre. Ich habe mich daher im großen ganzen auf das Zitieren von in den letzten Jahren Veröffentlichtem, vorzugsweise leicht zugänglichen Quellen beschränkt. Diese enthalten ja stets ihrerseits wieder Nachweise früherer einschlägiger Arbeiten, deren erneute Anführung ich mir erspart habe: Ich gebe sozusagen die Anfänge von Fäden, an denen man sich weiteres heranziehen kann. Eine ausgezeichnete Hilfe in dieser Beziehung sind die inzwischen erschienenen Lehrbücher von F. Leonhardt [2], H. Rüsch [3] und G. Brendel [4], die Handbücher [5, 6], die jährlich erscheinenden Taschenbücher [7, 8, 9] sowie die Technischen Berichte und Zeitschriften, zusammengestellt am Anfang des Literaturverzeichnisses. Sie gestatten mir darüberhinaus, einerseits in vielen Einzelheiten darauf zu verweisen, so daß sie zur Ergänzung dieses Buches unentbehrlich sind, und andererseits mein Anliegen noch deutlicher zu verfolgen: die Grundlagen und Auswirkungen der Eigenschaften des Stahlbetons zu schildern.

Ich habe wiederum viele Hilfe von verschiedenen Seiten erfahren und erwähne vor allem meinen kenntnisreichen und kritischen Mitarbeiter Dr.-Ing. Rolf Berner.

Karlsruhe, im Frühjahr 1980   Gotthard Franz

Vorwort zur ersten Auflage

Der Bauende soll nicht herumtasten und versuchen;
was stehen bleiben soll, muß recht stehen und, wo
nicht für die Ewigkeit, doch für geraume Zeit
genügen. Man mag doch immer Fehler begehen,
bauen darf man keine!
J. W. v. GOETHE
(Wilh. Meisters Wanderjahre, II, 8)

Dieses Buch soll in die Grundlagen des Konstruierens einführen und damit die Arbeiten über den bewehrten Beton ergänzen. Die bisherige Literatur schließt meist mit der Darstellung der Theorie ab. Anschließend daran soll hier, die vorhandenen Rechenergebnisse verwertend und ergänzend, vor allem in die universelle Tätigkeit des „construere", des Zusammenfügens, als ein ständiges Sich-entscheiden-Müssen zwischen verschiedenen Möglichkeiten eingeführt werden. Wir wollen versuchen, die Fragen zu beantworten, warum es gerade „so gemacht" wird, oder aber, warum es manchmal „schief gegangen" ist. Das Buch soll also auch das Verständnis von Schilderungen fertiger Bauwerke in Büchern und Zeitschriften erleichtern.

Diesem Ziel entsprechend wendet sich der Verfasser in erster Linie an junge Ingenieure, hofft aber, auch älteren Fachkollegen manche wissenswerte Ergänzung zu bieten. Ferner zielt die Darstellung auch darauf ab, Architekten das Verständnis für die Bauwerke aus Stahlbeton zu erleichtern.

Außerdem sollen verschiedene Erfahrungen, die der Verfasser als Gutachter sammelte, als Warnungen dienen. Dabei handelt es sich oftmals um Schäden an Bauwerken, die zwar im Sinne der Normen „richtig" berechnet wurden und deren Standsicherheit meist nicht gefährdet war. Jedoch wurde ihre Brauchbarkeit durch Schäden beeinträchtigt, die auf Eigenarten der Baustoffe und der Konstruktionen zurückzuführen waren und damit den Rechnungsannahmen nicht entsprachen. Wir führen solche Fälle an, da es viel billiger ist, aus anderer Leute Fehler zu lernen als aus den eigenen und man es vorziehen sollte, nicht erst aus eigenen Erfahrungen klug zu werden.

Oberingenieure klagen mitunter, daß ihre Nachwuchskräfte wohl theoretisch gut geschult seien, aber beim Konstruieren Fehler begingen. Auch Prüfingenieure machen häufig die gleiche Erfahrung mit jungen Beratenden Ingenieuren. Ja, es wurde schon als Tragik bezeichnet, daß theoretisch hoch befähigte Ingeniere es oftmals verschmähen, den Stift in die Hand zu nehmen, um selbst zu entwerfen. Dann ist der Vorwurf von seiten der Architekten berechtigt, wenn sie von den Ingenieuren als „Rechenknechten" sprechen. Wir wollen deshalb den „Statiker" anregen und anleiten, den Schritt zum „Konstrukteur" zu tun und selbst zur Gestaltung beizutragen.

Den Ingenieuren bereitet es andererseits oft Sorgen, die Ideen der Architekten zu verwirklichen, da diese mit den Gesetzen und Grenzen der Konstruktion nicht unbedingt vertraut sind. Wir glauben, daß angesichts der anwachsenden Schwierigkeiten bei Entwürfen der Versuch gemacht werden sollte, den Architekten wenigstens einen qualitativen Einblick in die konstruktive Wirkungsweise der Bauten zu vermitteln.

Konstruieren ist eine Kunst und verlangt außer der Gesamtkonzeption des Entwurfes auch das Gestalten und Durchbilden der Einzelteile und ihre Abstimmung aufeinander. Die Berechnung ist das „Handwerkszeug"; sie wird zunächst als Überschlag gehandhabt und verdichtet sich schließlich zum endgültigen Standsicherheitsnachweis. „Der Ingenieur errechnet eine Brücke" ist eine vernebelnde Phrase, die der Wirklichkeit nicht gerecht wird. Auch der Einsatz von elektronischem Rechengerät ändert daran nichts. Dieses befreit den Ingenieur zwar von vieler „Hosenbodenarbeit" und erleichtert ihm Vergleichsuntersuchungen, kann aber keine konstruktive Idee liefern. Diese Auffassung finden wir auch bei Nervi [10]: „Der Anfang ist die Suche nach dem technisch und wirtschaftlich günstigsten Strukturschema, dann folgt ein mit Geduld und Hingabe betriebenes Ausarbeiten der verschiedenen Elemente." Freyssinet fordert, der Ingenieur müsse sich durch Erfahrungen ein instinktives Wissen um das Richtige aneignen, um ein guter Konstrukteur zu werden. Torroja [11] und andere [12, 13] haben wohl deshalb in ihren Büchern das konstruktive Gestalten der Bauwerke ausschließlich qualitativ behandelt.

Der verständnisvolle Konstrukteur muß die Grenzen der üblichen Berechnungsgrundlagen beurteilen können. Diese beruhen stets auf Idealisierungen des Verhaltens von Baustoffen und Tragwerken. Allen Untersuchungen liegen daher nur mehr oder weniger zutreffende Modelle der Wirklichkeit zugrunde. Dementsprechend sind die Ergebnisse einzuschätzen und große Genauigkeit in der Zahlenrechnung ist nur als Illusion zu werten. Es wäre zumeist besser, mehr zu denken, ehe man rechnet. Deswegen ist es richtiger, die mechanischen Zusammenhänge durch einen Näherungsansatz zutreffend zu erfassen, als sich mit schematischen Ansätzen zu begnügen und diese mit großem mathematischem Aufwand auszuwerten.

Um die technischen Komponenten des Konstruierens kritisch darzustellen, wurde folgende Gliederung des Stoffes gewählt.[1]

1a) Die *Baustoffe*, ihe Eigenheiten und deren Auswirkungen auf die Bauwerke; nicht als Ersatz, sondern als Ergänzung einer „Baustoffkunde". Auf einige häufige Fehlerquellen bei der Herstellung des Betons wird hierbei besonders eingegangen.

1b) Die *Bauelemente* aus Stahl- und Spannbeton, ihre Wirkungsweise und ihre Anwendung in Ortbeton und in Form von Fertigteilen. Vorausgesetzt wird die Kenntnis der Grundzüge von Bemessung und Bestimmungen.

Die *Tragwerke* und ihre Anwendungen werden im Band II behandelt.

Ich beabsichtige mithin nicht, eine detaillierte *An*weisung zum Konstruieren zu geben, sondern vielmehr eine *Weg*weisung zum richtigen Anwenden des bewehrten Betons. Die Berechnungen werde ich nur in den Grundgedanken andeuten und es vorziehen, als „Witz der Sache" die gesetzmäßigen Zusammenhänge, d. h. den mechanischen Inhalt der Ansätze, an einfachen Beispielen zu zeigen; denn nicht gelernte Formeln, sondern der Einblick in das Funktionieren führt zum Verständnis.

---

1 Neue Gliederung zum Zeitpunkt der Niederschrift des vorliegenden Bandes:
Band I: Grundlagen und Bauelemente
   Teil A: Baustoffe
   Teil B: Bauelemente
Band II: Tragwerke
   Teil A: Tragwerke und Lasten
   Teil B: Abstützung, Verformung, Sicherheit

Im übrigen wird auf die Literatur verwiesen. Dabei werde ich auch ausländische Arbeiten anführen, da die modernen Probleme des Stahl- und Spannbetons so umfangreich sind, daß man auf internationale Zusammenarbeit in der Forschung angewiesen ist. Dieser sowie dem Streben nach einheitlichen Rechengrundlagen dienen die technisch-wissenschaftlichen Körperschaften wie CEB (Comité Européen du Béton), FIP (Fédération Internationale de la Précontrainte), IASS (International Association for Shell Structures), IVBH (Internationale Vereinigung für Brückenbau und Hochbau), RILEM (Réunion Internationale des Laboratoires d'Essais et de Recherches sur les Matériaux et les Constructions). Junge Ingenieure mögen hieraus erkennen, wie notwendig es ist, Sprachen zu lernen!

Mit Rücksicht auf den Buchumfang wird auch auf die Wiedergabe der geläufigen Tabellen für Bemessung und Berechnung, sowie der einschlägigen DIN-Vorschriften verzichtet.

Der Verfasser ist sich klar, daß sein Ziel nicht vollständig erreichbar ist. Er ist daher für Anregungen zur Ergänzung dankbar und wird sie gegebenenfalls in einer zweiten Auflage berücksichtigen.

Nach gutem Brauch darf sich der Autor an dieser Stelle an diejenigen wenden, die am Entstehen dieses Werkes mitgewirkt haben. Ich danke zunächst dem Springer-Verlag, der großzügig auf meine Gedanken und Wünsche eingegangen ist. Weiter gilt mein Dank meinen Assistenten, wissenschaftlichen Mitarbeitern und Hilfsassistenten. Von diesen allen nenne ich nur die Herren Dr.-Ing. F. P. Müller, Dr.-Ing. G. Schüring und Dr.-Ing. W. Teepe[1]. Schließlich hat auch meine liebe Frau ihren guten Anteil am Entstehen dieses Buches, nicht nur durch Korrekturlesen, sondern auch dadurch, daß sie mir unermüdlich so viele Dinge des Alltags abgenommen und über das Maß der Arbeit gewacht hat, über das man nicht ungestraft hinausgehen darf. Ich danke ihr dafür.

Karlsruhe, im September 1963   Gotthard Franz

---

1 Leider 1970 viel zu früh verstorben.

Inhaltsverzeichnis

Inhaltsübersicht der weiteren Bände

Band I: Grundlagen und Bauelemente

Teil B: Bauelemente und ihre Bemessung
      1 Berechnung und Bemessung
      2 Stützen
      3 Zugglieder
      4 Balken
      5 Platten
      6 Wände
      7 Lager und Gelenke

Band II: Tragwerke (von G. Franz und K. Schäfer)

Teil A: Tragwerke und Lasten

Teil B: Abstützung, Verformung, Sicherheit

Verweisungen

im Text und bei den Abbildungen

1. Auf andere Stellen des *vorliegenden* Bandes I, Teil A: Abschnittszahl in runden Klammern, z. B. (2.2.1);
2. auf Stellen des Bandes I, Teil B: Abschnittszahl mit Zusatz B in runden Klammern, z. B. (B, 7.1.1);
3. auf Stellen des *Bandes II*: Abschnittszahl mit Zusatz II in runden Klammern, z. B. (II A, 2.2.4);
4. auf Literatur des *jeweiligen* Abschnittes: lfd. Nr. in eckigen Klammern, z. B. [15];
5. auf Literatur eines *anderen* Abschnittes: Abschnittzahl und lfd. Nr. (getrennt durch einen Schrägstrich) in eckigen Klammern, z. B. [5/37]; denn das Literaturverzeichnis ist abschnittsweise gegliedert.
6. auf Abbildungen: Abschnittszahl und lfd. Nr. (getrennt durch einen Schrägstrich), z. B. Abb. 1.2/26 oder Abb. 6/5.

Einleitung

Die Konstruktion bestimmt den Entwurf eines Bauwerkes neben der Funktion, der Wirtschaftlichkeit und der formalen Gestaltung als gleichberechtigten Komponenten. Mitwirkende Faktoren sind darüber hinaus örtliche Verhältnisse, rechtliche Bindungen, einschränkende Vorschriften, politische Absichten, Neigungen zu Tradition und Prestige usw. Architekt und Ingenieur haben diese Forderungen aufeinander abzustimmen und damit eine schwere und stets neue Aufgabe zu bewältigen. Es ist oft zu beobachten, daß eine ausgewogene Synthese der vier Hauptkomponenten, die aus verständnisvoller und sorgfältiger Zusammenarbeit gleichwertiger Partner hervorgeht, sich sowohl in der Harmonie des Gesamtbauwerkes als auch der Einzelteile deutlich ausprägt. Vorbedingung hierzu ist der rechtzeitige Kontakt zwischen Bau-Ingenieur und -Künstler und deren Fähigkeit, die Arbeitsweise des anderen zu verstehen. Nur so läßt sich der Riß überbrücken, der in der ersten Hälfte des vorigen Jahrhunderts aus dem universellen „Baumeister" zwei spezialisierte Bauberufe werden ließ. Diese Spaltung war der Preis für das Werkzeug „Naturwissenschaft", das erst die technische Entwicklung des Bauwesens bis zu seiner heutigen Höhe ermöglichte. Die harmonische Gestaltung von Bauwerken ist deshalb jetzt — bis auf wenige Ausnahmen — nur in enger Gemeinschaftsarbeit der Spezialisten möglich.

Die modernen Bauweisen haben ihren Ursprung in der allgemeinen Entwicklung der Technik, die, durch die politischen Verhältnisse begünstigt, als „erste technische Revolution" bezeichnet worden ist. In jenen Jahrzehnten der ersten Hälfte des vorigen Jahrhunderts forderten einerseits Industrie und Handel sowie Transport und Lagerung wachsender Warenmengen und Verkehrsbedürfnisse neue, leistungsfähigere Bauweisen, andererseits konnten Stahl und Zement erst im Zeitalter der Kraftmaschinen in großen Mengen wirtschaftlich hergestellt werden.

Die damals von Monier erfundene Kombination von Stahl und Beton eroberte sich vermöge ihrer Anpassungs- und Leistungsfähigkeit rasch weite Gebiete des Ingenieur- und Hochbaues. Die Bemessung war anfangs nur den Erfahrungen der Konstrukteure überlassen und noch nicht wissenschaftlich fundiert, wie das bei vielen technischen Neuentwicklungen, man denke nur an die Dampfmaschine, festzustellen ist. Erst um die Jahrhundertwende setzte die systematische, theoretische und experimentelle Forschung ein, die in Deutschland weitgehend auf Mörsch zurückgeht. Dieser hat durch die Darstellung der Ergebnisse in seinem Lehrbuch [14] den Weg für die allgemeine Anwendung des Stahlbetons gebahnt. Ausführlicheres über die Geschichte des Stahlbetons findet man bei [15]. Spezielle sachliche Informationen auf dem Gebiet des Bauwesens vermittelt [16].

In den Jahren zwischen den beiden Weltkriegen, in verstärktem Maße nach dem zweiten, brachte die Forschung neue betontechnologische und metallurgische Erkenntnisse, die eine erhebliche Qualitätssteigerung und Differenzierung der Baustoffe ermöglichten. Deren entsprechend höhere Beanspruchungen erforderten ein genaueres Erfassen des Kräftespiels und des Verhaltens der Bauwerke als bisher. Für neuartige konstruktive Möglichkeiten ließen sich die Eigenschaften der höchstwertigen Güten von Beton und Stahl aber erst voll ausnutzen, als durch Vorspannung die Bildung von Rissen auf ein praktisch unerhebliches Maß herabgesetzt werden konnte.

Die Berechnung der Tragwerke wurde auf der klassischen Statik (Ermittlung der Schnittkräfte) und Festigkeitslehre (Ermittlung der Spannungen) aufgebaut. Beide bildeten als Zweige der Mechanik ein stattliches Gebäude, das auf einheitlichen, linearen Gesetzen des Gleichgewichtes und der Formänderungen gegründet war. Durch zahlreiche Versuche und langjährige Erfahrung war ihre Anwendung zur Beurteilung der Sicherheit von Bauwerken gerechtfertigt. Jedoch darf nicht vergessen werden, daß diese theoretischen Grundlagen gegenüber der Wirklichkeit stark vereinfacht sind. Das betrifft in erster Linie die Formänderungsgesetze, die in ihrer linearisierten Form u. U. erhebliche Abweichungen der Berechnungsergebnisse vom tatsächlichen Verhalten der Bauteile zur Folge haben können.

Unsere Theorien sind in den vergangenen Jahren von der großen Neuorientierung in der Physik ergriffen worden, die auf dem Gebiet der Mechanik als der Weg von der Ideal- zur Realmechanik charakterisiert worden ist (Grammel). Das klassische Gebäude der Stahlbetontheorie wurde hiervon nicht verschont, sondern teilweise durch einen Neubau ersetzt, der auf nichtlinearen Formänderungsgesetzen der Baustoffe fundiert ist. Auf diese Weise gelingt es, den „kritischen Zustand" bei Überschreitung der Lasten des Gebrauchszustandes bis zum „Bruch" rechnerisch zu verfolgen. Damit wird ein besserer Einblick in die Sicherheit der Tragwerke gewonnen, als wenn nach „zulässigen Spannungen" bemessen wird.

Allerdings ist man noch nicht konsequent in den „Neubau" umgezogen, weil der Bereich zwischen „Gebrauch" und „Bruch" nicht genügend erforscht ist: Die Statik (Schnittkraftermittlung) benutzt daher meistens noch die linearen Ansätze der klassischen Elastizitätstheorie, während die Festigkeitslehre (Bemessung) bereits nichtlineare Werkstoffgesetze berücksichtigt, wie sie im Endzustand der „Erschöpfung" der Querschnitte auftreten. Dadurch werden die weiterhin benutzten linearen Verformungsansätze der Statik tangiert, ohne daß man im allgemeinen die Konsequenzen für den Kräftezustand verfolgt — ein etwas „schizophrener" Übergangszustand!

Die Verantwortung und auch die Haftung des Bauingenieurs für die Sicherheit seiner Werke wiegt meist schwerer als z. B. diejenige des Maschineningenieurs. Dieser kann eine Maschine zur Probe als Prototyp bauen und arbeiten lassen, selbst ein mißlungenes Produkt zumeist leicht austauschen. Beim Bauwerk ist jedoch die erste Ausführung die endgültige, Fehler sind mitunter von größter Tragweite; oftmals gar nicht oder sehr schwer zu beheben. Daraus folgende Streitigkeiten werden juristisch nach den Gesichtspunkten der „öffentlichen Sicherheit" [„Beton-Kalender" (Ernst & Sohn, Berlin), im folgenden „B. Kal." abgekürzt, 1977, Bd. II, S. 981] und der Zivilhaftung [17.1] aufgrund der „anerkannten Regeln der Baukunst" beurteilt, die in den Normen und der VOB [17.2] niedergelegt sind.

In technischer Hinsicht ist eine regelrechte „Sicherheitsphilosophie" [18] entstanden, denn als „Schäden" sollen ja nicht nur Einstürze, sondern auch schon Minderungen der Tragfähigkeit und der Brauchbarkeit wie übermäßige Risse oder Verformungen ausgeschlossen werden. Bei der Analyse dieser „Sicherheit", auf die in 1.2.2 kurz eingegangen wird, muß nicht nur die Möglichkeit von Überbeanspruchung durch äußere Einflüsse, sondern auch von inneren Herstellungsfehlern (Mindergüten der Baustoffe, Maßabweichungen, Unvollkommenheiten der Berechnung und Fehler bei der Ausführung) sowie späteren schädlichen Einwirkungen berücksichtigt werden.

Allerdings sind Einstürze fast stets auf ungenügende Untersuchung des Baugrundes, falsche Verarbeitung der Baustoffe [19] oder grobe Fehler an Hilfsbaugliedern (Rüstungen!), insbesondere deren Instabilität während des Bauvorganges, selten auf späteres Versagen des fertigen Bauwerkes infolge übermäßiger Belastung oder dergleichen zurückzuführen. Das wird bei den Sicherheitsbetrachtungen, die nur „Streuungen" von Angriff und Widerstand in Rechnung stellen, oft nicht genügend beachtet [20].

Die rasche Entwicklung der Stahlbetonbauweise ließ bereits zu Anfang dieses Jahrhunderts den Wunsch nach einer allgemein verbindlichen Formulierung der „anerkannten Regeln der Baukunst" für dieses Gebiet aufkommen. Damit sollten sowohl die Bauherren als auch die Öffentlichkeit vor leichtfertigen Unternehmern geschützt als auch eine gleichmäßige Basis für die Ausschreibungen und den Wettbewerb geschaffen werden. Vom Deutschen Betonverein (gegr. 1898) [21] gingen daher 1904 die ersten „Leitsätze für Eisenbetonbauten" [22] sowie 1907 die Anregung zur Gründung des Deutschen Ausschusses für Stahlbeton aus, der 1916 die ersten „Bestimmungen" herausgab. Diese wurden später als DIN 1045 „Bestimmungen für Stahlbeton" in das Deutsche Normenwerk eingefügt und durch DIN 4227 (79) (Spannbeton), ferner durch zahlreiche Blätter für Einzelgebiete [23] ergänzt. Ich werde jeweils die derzeit gültige Fassung dieser Blätter berücksichtigen und zu der Nummer der zitierten Norm (außer bei der 1972 erschienenen, 1978 geänderten und in [24] erläuterten DIN 1045) die Jahreszahl der letzten Fassung hinzufügen, z. B. DIN 1055 (63). Der Zusatz „E" bedeutet, daß das Blatt erst als Entwurf (Gelbdruck) vorliegt und gegebenenfalls Einsprüche noch berücksichtigt werden.

Bindende Vorschrift für die Bauaufsichtsbehörden wird eine Norm aber erst durch den „Einführungserlaß" der Länder, da das Bauwesen in die Kompetenz der sog. Landeshoheit fällt [B.Kal. 1976 II, S. 1]. Vor einigen Jahren hat man den Auswirkungen dieses Übelstandes für Planen und Bauen durch Gründung des Bundes-Institutes für Bautechnik (IfBt) in Berlin Rechnung getragen, das für die bundeseinheitliche Zulassung neuer Baustoffe, Bauteile und Bauweisen sowie die Fassung der Einführungserlasse zuständig ist [25]. Wichtige Punkte dieser Erlasse der Länder zur DIN 1045 sowie „Auslegungen" und „Ergänzungen" findet man laufend in der Zeitschrift „Beton- und Stahlbetonbau" sowie jährlich im Abschnitt „Bestimmungen" des B.Kal., der auch alle wichtigen Baunormen enthält und abdruckt.

Als Formelgrößen werden diejenigen der DIN 1080 (78), Teil 1 (Einheitliche Bezeichnungen im Bauingenieurwesen), für den Beton- und Stahlbetonbau die des Teiles 3 E (76) jedoch noch nicht benutzt, da Angleichungen an internationale Regelungen bevorstehen. Gegenüber älterer Literatur wird also z. B. verwendet:

Für Beton:	Querschnitt	A_b	(früher F_b),
	Würfelfestigkeit	β_W	(früher W),
	Prismenfestigkeit	β_P	(früher K_b),
	Biegezugfestigkeit	β_{BZ}	(früher B),
für Stahl:	Querschnitt	A_s	(früher F_e),
	Zugfestigkeit	β_Z	(früher σ_B),
	Streckgrenze	β_S	(früher σ_S),
	Spannung	σ_s	(früher σ_e),

Für Kräfte werden·die neuen in der Bundesrepublik Deutschland durch Gesetz von 1969 ab Januar 1978 obligatorisch eingeführten SI-Einheiten (Système International d'Unités) gebraucht, die von der ISO (International Standard Organisation) beschlossen worden sind [26]. Hiernach ist die neue Krafteinheit das N (Newton) = 0,0982 kp $\cong$ 0,1 kp, die Druckeinheit das Pa (Pascal) = 1 N/m² $\cong$ 1 · 10^{-5} kp/cm². Da 1 Pa ein sehr kleiner Druck ist, wird man meist 1 MPa (Megapascal) = 1 · 10^6 Pa = 1 N/mm² $\cong$ 10 kp/cm² verwenden.

Vom NABau (Fachnormenausschuß Bauwesen) wird allerdings empfohlen, sich auf folgende Größen zu beschränken und angenähert statt mit 9,81 mit 10 umzurechnen:

Kräfte: 1 N (= 0,1 kp = 1 kg · 1 m/s²),
              1 kN (Kilonewton) = 10^3 N (= 100 kp = 0,1 Mp),
              1 MN (Meganewton) = 10^6 N (= 100 Mp),
Belastungen: kN/m oder kN/m² oder kN/m³,
Momente: 1 kN m (= 0,1 Mp m),
Spannungen: 1 N/mm² = 1 MN/m² = 1 MPa (= 10 kp/cm² = 100 Mp/m²).

Aus Gründen der Übersichtlichkeit der statischen Berechnungen empfiehlt der NABau neuerdings, hierbei „bautechnisch vernünftige Einheiten, bezogen auf cm und cm², bevorzugt zu verwenden". Allerdings sollen die Eingangswerte (z. B. Stoffkennzahlen) und Vergleichsgrößen (z. B. zul. Spannungen) in SI-Meßzahlen MPa oder N/mm² angegeben werden".

Der frühere Begriff „Gewicht" (kg, t) bezeichnet jetzt die Masse (diese war ehedem Gewicht G dividiert durch die Fallbeschleunigung g = 9,81 $\cong$ 10 m/s²; $m = G/g$), so daß jetzt eine Masse von 1 kg multipliziert mit $g \cong 10$ eine Eigenlast von rd. 10 N ausübt. Somit ist 1 kg (alt) = 10 kg (neu)! Dementsprechend ist genau zu unterscheiden zwischen der Dichte ϱ (Masse/Volumen) und der Wichte γ (Eigenlast/Volumen). Z. B. hat Wasser eine Dichte von ϱ = 1 kg/dm³ = 1 t/m³ und eine Wichte $\gamma \cong$ 10 N/dm³ $\cong$ 10 kN/m³; Beton ϱ = 2,4 t/m³, γ = 24 kN/m³.

Die auf den absoluten Nullpunkt fußende in K (Kelvin) messende Temperaturskala werde ich allerdings nicht verwenden, sondern nur für Temperaturdifferenzen. Die Celsiusskala, die von der Erstarrung des alles Leben tragenden Wassers ausgeht, scheint mir doch sinnfälliger für den täglichen Gebrauch als das Messen ab dem absoluten Nullpunkt, an dem alle Molekülbewegungen ihr Ende finden. Ebenso werde ich die Einheit der Wärmemenge cal noch solange neben W (Watt) und J (Joule) angeben, bis die Norm DIN 4108 (69 und 74) (Wärmeschutz im Hochbau) auf die neuen SI-Einheiten J und W umgestellt ist.

Die „Bestimmungen" (Normen und Richtlinien) können und sollen nicht alle vorkommenden Fälle decken. Für neue Baustoffe und Bauweisen werden auf Antrag spezielle „Prüfzeichen" oder „bauaufsichtliche Zulassungen" vom IfBt aufgrund rechnerischer und/oder versuchsmäßiger Unterlagen erteilt. Abweichungen von den durch die Normen oder Zulassungen gesetzten Grenzen bedürfen der „Einzelzulassung" durch die obersten Baubehörden der Länder, wenn sie durch besondere Nachweise begründet werden können.

Ich werde außer den Erkenntnissen, auf denen die Normen aufgebaut sind, öfters auch neuere Forschungsergebnisse mitteilen, die zwar noch nicht ohne weiteres und unbedacht anwendbar sind, jedoch zum vertieften Verständnis des Verhaltens der Bauwerke beitragen [27]. Darüber hinaus sind die Forschungsergebnisse von heute vielfach die Praxis von morgen.

Für die Bauausführung ist die VOB („Verdingungsordnung für Bauleistungen") zu berücksichtigen, die zwar nicht als „zwingende Norm" eingeführt ist. Es ist jedoch zur Vermeidung von Streitigkeiten empfehlenswert, sie zum Vertragsbestandteil zu machen. Sie gliedert sich in:
Teil A, DIN 1960 (73): Allgemeine Bestimmungen für die Vergabe von Bauleistungen,
Teil B, DIN 1961 (73): Allgemeine Vertragsbedingungen,
Teil C, DIN 1962 (73): Allgemeine Technische Vorschriften für Bauleistungen.
Dazu u. a.: DIN 18 300 (74): Erdarbeiten,
DIN 18 330 (76): Maurerarbeiten,
DIN 18 331 (74): Beton- und Stahlbetonarbeiten,
DIN 18 333 (76): Beton- und Werksteinarbeiten.

Die Anleitung zum Konstruieren führt nur dann zum zielsicheren und erfolgreichen Entwerfen, wenn sie durch viel eigene Arbeit ergänzt wird. Zur Meisterschaft in dieser Kunst gehört allerdings wie überall eine besondere Begabung. Immerhin kann man das „Konstruktionsgefühl" bewußt schulen, wenn man zunächst skizzenhaft entwirft und überschläglich berechnet, dann die genaue Berechnung vornimmt, um schließlich Schätzung und Bemessung rückblickend zu vergleichen.

Dem Charakter eines Lehrbuches entsprechend enthalte ich mich der Empfehlung einzelner Produkte und vermeide es damit, Wegweiser sowohl durch das Marktgetriebe der Konkurrenzen als auch durch das Dickicht der Patente zu sein. Geschützte Werkstoffe und konstruktive Details werden daher möglichst neutral bezeichnet und Markennamen tunlichst vermieden.

Die Aussage „Der Ingenieur berechnet ein Bauwerk" gilt nur mit Einschränkung. Das Verhalten eines Bauwerkes wird nur durch eine Idealisierung erfaßt, die der mathematischen Behandlung zugänglich ist und nicht alle Baustoffeigenschaften und äußeren Umstände berücksichtigen kann, welche während seiner Lebenszeit eine Rolle spielen. Die Vereinfachungen gegenüber der Wirklichkeit sind geometrischer und stofflicher Natur: Während erstere (Erfassung der räumlichen Gestalt und Zusammenhänge der Bauglieder sowie Einfluß der Verformungen) durch einen verfeinerten mathematischen Apparat in zunehmendem Maße berücksichtigt werden können, stehen der Erfassung des Verhaltens des Betons infolge dessen heterogener Natur und seiner nichtlinearen Verformungsgesetze noch große Schwierigkeiten entgegen. Um wirtschaftlich zu konstruieren und Schäden zu vermeiden, muß der Ingenieur daher durchaus vertraut sein mit dem Verhalten und der Zusammenarbeit der Baustoffe Beton und Stahl [28], um diesen soweit als möglich Rechnung zu tragen und dadurch ein dauerhaftes Werk zu schaffen.

Ich beginne meine „Konstruktionslehre" deshalb damit, daß ich mich mit den Hauptbestandteilen des Stahlbetons beschäftige und auf die Bedeutung ihrer Eigenschaften für die Bauwerke hinweise. Insbesondere müssen wir den Beton kennenlernen, dessen Beschaffenheit eine große Variationsbreite besitzt und der während seines ganzen Bestehens laufend seine Gestalt ändert [29]. Er ist keineswegs ein „fester elastischer Körper" im Sinne der klassischen Mechanik, sondern steht darüber hinaus in ständiger Wechselwirkung mit den Lasten sowie der Hygroskopie und Temperatur der Umgebung. Da er zudem in vielen Fällen auf der Baustelle oder von den zahlreichen Lieferwerken hergestellt wird, muß der dort verantwortliche Ingenieur viel eingehender über die notwendigen Bedingungen zur Erzielung der geforderten Betongüte Bescheid wissen als über die Herstellung des Stahles, den er ja fertig aus den Werken mit garantierter, überwachter Qualität geliefert bekommt. Zu dessen Verarbeitung und vor allem seiner Zusammenarbeit mit dem Beton sind jedoch auch eingehende Hinweise nötig, da auf der Dauerhaftigkeit dieser „Ehe" die Zuverlässigkeit des Stahlbetons beruht.

Der grundlegende Unterschied zwischen den beiden Hauptbaustoffen liegt darin, daß die Betoneigenschaften gegenüber den Sollwerten erheblich stärker streuen als diejenigen des Stahles. Bei unvermuteten Kontrollen auf mittleren und kleinen Baustellen sind leider oft erhebliche Abweichungen der Betongüte zumeist nach unten festgestellt worden [30], die fast alle auf unsachgemäße Verarbeitung zurückzuführen waren. Jede Weiterentwicklung sowohl der Bindemittel als auch der Konstruktionen und ihrer Ausnutzung durch verfeinerte rechnerische Erfassung hat aber zur Voraussetzung, daß ihr eine entsprechende Steigerung der Sorgfalt bei der Ausführung gegenüber steht, die mehr und mehr durch automatische Mischanlagen und mechanisierten Einbau gesteigert wird. Wichtige Hinweise aus der Praxis gibt [31].

Ich werde öfter auch auf Fehlschläge hinweisen gemäß dem Leitspruch des schweizerischen Altmeisters der Stoffkunde, Mirko Robin Roš, wonach Forschung und Erfahrung am fertigen Bauwerk eine unerläßliche Einheit bilden [32].

1 Schwerbeton

Als „Schwerbeton" wird Beton bezeichnet, zu dem Zuschläge aus dichtem Material (Naturkorn oder gebrochenes Korn aus verschiedenem Gestein) verwendet werden. In engerem Sinne begreift man hierunter Beton, dessen Hohlräume durch geeigneten Kornaufbau klein gehalten und durch Zementleim voll ausgefüllt werden. Mitunter verwendet man für Sonderzwecke „Einkornbeton" mit schweren Zuschlägen (Kies oder Ziegelsplitt), z. B. als Filter oder für die „Schüttbauweise" zu Wänden im Wohnungsbau (vgl. B 6.1.1), der 20 bis 30% Hohlräume enthält (Haufwerkporigkeit). Die Festigkeit wird hierdurch erheblich herabgesetzt, und es darf nur eine Bewehrung mit besonderem Rostschutzüberzug eingelegt werden. Im folgenden wird nur „dichter Schwerbeton" behandelt.

In Bauteilen aus Stahlbeton werden grundsätzlich die Druckkräfte dem Beton zugewiesen, da seine Zugfestigkeit β_Z im Verhältnis zur Druckfestigkeit β_w verhältnismäßig gering ist ($\beta_Z \cong {}^1/_{10}$ bis ${}^1/_7 \beta_w$, vgl. 1.2.2.2). Zur Aufnahme der Zugkräfte legt man stets Stahlbewehrung ein. Man verzichtet also als Grundregel des Stahlbetons sicherheitshalber auf die Zugfestigkeit des Betons auch in denjenigen Fällen, wo man den Beton so bemißt, daß er die auftretenden Zugkräfte aufnehmen kann (z. B. bei Behältern nach DIN 1045, 17.6.3 oder Spannbeton nach DIN 4227 (79), Tabelle 6.2 und 3). Jedoch ist keine Regel ohne Ausnahme: Kleine Quer- und Schrägzugspannungen werden in gewissen Grenzen allein dem Beton zugewiesen (vgl. z. B. DIN 1045, Tabelle 13, Zeile 1; A 4.1 und 7, sowie B 4.3.1.2).

Der Beton hat weiterhin den Schutz der Bewehrung zu übernehmen, da diese der Korrosion ausgesetzt ist (vgl. 3.1.7). Beide Baustoffe ergänzen sich also in ihren Eigenschaften und kompensieren die Schwächen des anderen Teiles. Eine noch höhere Stufe der Harmonie wird beim Spannbeton erreicht, wo durch künstliche Anspannung der Bewehrung die dem Beton so unbequemen Zugspannungen ganz oder teilweise ausgeschaltet und damit neue konstruktive Möglichkeiten erschlossen werden.

1.1 Herstellen und Verarbeiten des Betons

Ausführliche Darstellungen mit weiterführenden Literaturangaben finden sich jährlich im B.Kal. I (Bonzel: Beton), im Zement-Kalender [E/8] sowie bei [1]. Die einschlägigen Normen sind stets zu beachten, vor allem: DIN 1045 (Kommentar [E/24]), DIN 1048 (72) (Prüfverfahren von Beton), DIN 1084 (72) (Güteüberwachung), DIN 18 331 (74) (Kommentar [2]).

1.1.1 Bestandteile des Betons

Die Voraussetzungen, welche die Komponenten des Betons — Zement, Zuschläge und Anmachwasser — erfüllen müssen, sind in der genannten Literatur über die Herstellung des Betons ausführlich dargelegt und in Normblättern fixiert (Beton: DIN 1045, 6; Zement: DIN 1164 (70), Blatt 1 bis 8; Zuschläge: DIN 4226 (71)). Die gleiche Wichtigkeit besitzt jedoch auch der Faktor „Arbeit", der beim Mischen und Einbringen aufzuwenden ist!

Bei den Zementen sind durch werkmäßige Herstellung und Überwachung Streuungen der Güte gering. Diese übertrifft sogar zumeist die geforderten Mindestwerte. Zu beachten ist das mitunter damit verbundene raschere Erhärten! Die Prüfungen auf der Baustelle (DIN 1045, 7) sind daher im allgemeinen auf die Vorlage der werkseitigen Angaben beschränkt.

Die Konsistenz des angemachten Betons wird dem Verwendungszweck (Einbau) angepaßt (vgl. 1.1.4) und nach DIN 1045, 6.5 in drei Bereiche (K1 bis K3: Steif bis weich) unterteilt und nach DIN 1048 (72) überwacht. Darüber hinaus unterscheidet der Praktiker zwischen „langem" und „kurzem" Zement je nach der Neigung, das für die Verarbeitung notwendige, aber für das Erhärten überschüssige Wasser festzuhalten oder z. T. abzugeben: Das „Bluten" mit der Folge des „Setzens" des frischen Betons (vgl. 1.1.6), das mit der Mahlfeinheit zusammenhängt. Dementsprechend erhält man einen mehr sämigen oder bröckeligen Beton, was allerdings durch Zusätze ausgeglichen werden kann (vgl. 1.1.3).

Der Hauptmangel der Zuschlagstoffe kann erfahrungsgemäß in Verunreinigungen durch organische oder tonige Beimengungen bestehen, die besonders dann gefährlich sind, wenn sie fest an den Körnern haften und damit den Verbund mit dem Zementstein beeinträchtigen. Die in DIN 4226 (71) Teil 1 angegebenen Höchstwerte an abschlämmbaren Bestandteilen (Körnung 0/3 mm: 4%; 1/4 mm: 3%; 2/8 mm: 2%; 8/30 mm: 0,5%) sind nur als grober Anhaltspunkt zu betrachten. Verschmutztes Material muß unbedingt vor der Verwendung für Stahlbetonbauten intensiv maschinell gewaschen werden. Ferner muß es gewissen Anforderungen an Festigkeit und Frostbeständigkeit genügen.

Mitunter treten chemische Reaktionen zwischen Zuschlägen und dem Bindemittel ein. Sie können eine stark festigkeitssteigernde Wirkung haben, wie z. B. die von α-Quarz bei Druck-Wärmebehandlung (vgl. 1.1.8). Anderseits sind aber auch durch alkaliempfindliche Zuschläge (Flint, Opalsandstein) Treiberscheinungen möglich, die das Betongefüge vollständig zerstören können [3] und sogar den Abbruch von Brückenträgern erzwungen haben.

Dem Anmachwasser braucht man weniger Aufmerksamkeit zu schenken als dem Grundwasser, das den Beton umgibt (vgl. 5.2). Der wesentliche Unterschied besteht darin, daß sich letzteres in ständiger Bewegung befindet und daher gegebenenfalls laufend neue aggressive Substanzen herantransportiert. Die geringen Mengen jedoch, die das Anmachwasser enthalten kann, werden rasch gebunden und unschädlich gemacht. Ein Wasser, dessen pH-Wert etwa bei 5 liegt, das also Säuren, selbst aggressive Kohlensäure enthält, ist als Anmachwasser unbedenklich. Auch Meerwasser ist notfalls verwendbar. Nur sehr starker Säure- oder Salzgehalt und grobe chemische (z. B. Phenole!) oder organische Verschmutzung sind gefährlich. Im Zweifelsfall sei man lieber zu vorsichtig und lasse von einer Beratungsstelle [4.10] eine Wasseruntersuchung vornehmen. Zucker ist auch in geringster Konzentration (0,1 % des Zementgewichtes) unbedingt schädlich, da er das Abbinden verhindert. Beispielsweise ist eine ganze Tagesproduktion von Fertigteilen durch Spuren von Zucker in losem Zement unbrauchbar geworden, der in einem vorher für Zucker benutzten Waggon transportiert worden war.

1.1.2 Zusammensetzen und Mischen des Betons

In der Literatur sind ausführliche Anweisungen für das zielsichere Herstellen einer bestimmten Betongüte zu finden [4]. Den Hauptforderungen der Festigkeit und Dichtigkeit wird entsprochen, wenn der Beton ein Minimum an Hohlräumen enthält, wenn also einerseits der Mörtel die Zwischenräume der Grobkörner und andererseits der Zementstein diejenigen der Sandkörner ausfüllt. Dann wird die Festigkeit im wesentlichen von derjenigen des Zementsteines bestimmt, da die Zuschläge in der Regel eine höhere Festigkeit als jener besitzen. Der Zementbedarf wird dabei um so kleiner, je gröbere Zuschläge wir verwenden.

Man gewinnt davon eine Vorstellung durch folgendes Gedankenexperiment: Vermischen wir beispielsweise 1 m³ Zementleim, der etwa 1400 kg Zement (z) enthält, mit Sand, bis jenes Optimum erreicht ist, so erhalten wir etwa 2,5 m³ Mörtel mit rund 550 kg z/m³. Setzen wir nun Kies von 30 mm Korngröße so lange zu, bis wieder die Hohlräume ausgefüllt sind, erhalten wir etwa 5,0 m³ Beton mit rund 280 kg z/m³. Wir können nun weiter Steine von 100 bis 200 mm zusetzen und damit etwa 8,5 m³ Grobbeton mit 165 kg z/m³ herstellen. Mit noch größeren Steinen ließe sich die Betonmenge jeweils mit der gleichen Zementmenge und mit theoretisch gleicher Festigkeit, aber mit stets verringertem Zementgehalt je m³ noch weiter vermehren, da diese in erster Linie von derjenigen des Zementsteines abhängt.

Wir sehen hieraus, daß die Angabe „300 kg Zement je m³ Beton" nur etwas über Festigkeit und Dichtigkeit aussagt in Verbindung mit der Körnungskurve der Zuschläge. Bei Mörtel (bis 3 mm) ist dieser Gehalt zu gering, bei Konstruktionsbeton (bis 30 mm) ausreichend, bei Talsperrenbeton (bis 300 mm) zu groß. Praktisch wirkt sich diese Überlegung wie in Abb. 1.1/0 dargestellt aus.

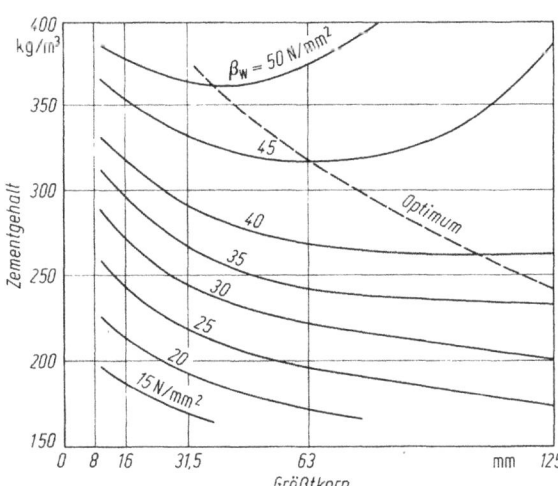

Abb. 1.1/0. Erforderlicher Zementgehalt für eine bestimmte Druckfestigkeit nach 28 Tagen, abhängig vom Größtkorn [4.5]

Diese mögliche Zementeinsparung (und Zement ist ja der teuerste Bestandteil!) durch Vergröberung der Mischung findet aber ihre Grenze an der Verarbeitbarkeit. Bei Stahlbeton darf das größte Korn nur 30 mm (bei dichten Bewehrungslagen nur 15 mm!) sein, da sonst die Bewehrung nicht mehr vollständig umhüllt wird und sich leicht „Kiesnester" bilden. Diese „Sperrigkeit" hängt außerdem noch von der Kornform ab: Runde, glatte Zuschläge (Kies) rollen sich leichter in dichte Lagerung hinein als eckige, rauhe (Splitt), die eher „Brücken" bilden. Das Größtkorn muß auch auf die kleinste Abmessung des Bauteiles abgestimmt werden (etwa $^1/_5$ bis $^1/_4$ davon). Das gilt auch für Fugen- oder Estrichmörtel, deren größtes Korn hiernach etwa 4 mm betragen darf.

Die Kornverteilung paßt man meist den Kurven in DIN 1045 an, die das Minimum der Hohlräume und damit des Zementbedarfes ergibt. Es hat sich jedoch gezeigt, daß bei gleicher Mörtelfestigkeit Abweichungen davon („Ausfallkörnungen", bei denen ein Mittelkorn fehlt), etwa mit Rücksicht auf die Verarbeitbarkeit, zu gleichen Festigkeiten führen, sofern der gleiche Verdichtungsgrad erreicht wird [5].

Der Wasserzusatz hat doppelte Bedeutung. Der Zement benötigt zur Gelbildung und vollständigen Hydratation etwa 40% seines Gewichtes an Wasser [6; 7], die zunächst kapillar gebunden werden (vgl. 1.1.8). Ferner müssen alle Zuschlagkörner benetzt werden, um den Beton verarbeitbar zu machen (Frischbeton-Konsistenz, vgl. 1.1.4), wobei wieder ein erheblicher Unterschied zwischen glattem und rauhem (gebrochenem) Zuschlag sowie dessen Abstufung besteht. Man muß daher bei Stahlbeton etwa $w/z = 0,4 \dots 0,7$ je nach Abmessung des Bauteiles, Bewehrungsgehalt und Verdichtungsmöglichkeit zusetzen (Wasserzementfaktor). Der Wasserüberschuß verdunstet später teilweise und hinterläßt Wasserporen, welche die Festigkeit herabsetzen (Abb. 1.1/1). Viele Fälle von Minderfestigkeiten sind auf zu große Wasserbeigabe zurückzuführen. Das Verhältnis w/z kann bei gleichguter Verarbeitbarkeit durch Plastifizierungsmittel (vgl. 1.1.3) herabgesetzt und damit die Festigkeit bei gleicher Zementbeigabe gesteigert werden. Das bequemere Einbringen eines nassen Betons wird mitunter durch einen Prozeß wegen Minderfestigkeit teuer bezahlt.

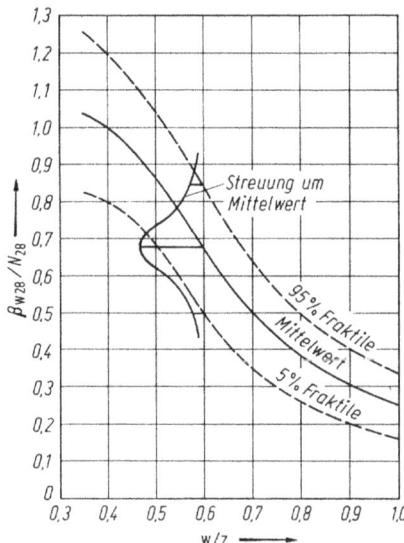

Abb. 1.1/1. Würfeldruckfestigkeit β_{W28} des Betons bezogen auf die Normdruckfestigkeit des Zementes N_{28} (Din 1064), abhängig vom Wasser-Zement-Wert w/z mit Angabe der Häufigkeitsverteilung der Streuungen für $w/z = 0,6$ (vgl. 1.2.2) [1.10]

Die Abmessung nach Raummaß läßt sich bei den Zuschlägen einigermaßen rechtfertigen, ist aber bei Zement ganz unzulässig, da dessen Raumgewicht lose eingelaufen etwa 1,2 t/m^3, fest gepreßt bis 2,0 t/m^3 betragen kann. Auf kleinen Baustellen ist daher der Zement nach Säcken beizugeben. In Betonwerken und auf größeren Baustellen kommt heute nur noch die Dosierung mit automatischen Waagen in Betracht. Das Wasser wird mit einem Durchlaufzähler oder Hohlmaß zugemessen. Man kann die Menge nicht ganz schematisch festlegen, da meist eine Korrektur zum Ausgleich der wechselnden Eigenfeuchte von Sand und Kies nötig ist. Diese kann bis zu 5% des Sand- oder 3% des Kiesgewichtes betragen, also auf 1 m^3 Beton mit etwa 1900 kg Kiessand rund 70 kg Wasser bringen, entsprechend $^1/_2$ des Wasserbedarfes bei 300 kg z/m^3 und einem w/z = 0,5! Nur bei Bestimmung der Eigenfeuchte der Zuschläge [8] ist auch eine automatisch gesteuerte Wasserbeigabe möglich. Man hat versucht, Schwankungen der Kornzusammensetzung und -größe (sog. Unter- oder Überkorn) durch Variieren der Zementleimmenge und deren Vormischung mit Wasser aufzufangen, um das w/z-Verhältnis nicht zu ändern. Bei trockenen Zuschlägen bestehen hiergegen keine Bedenken [9]. Besondere Vorteile bringt diese Methode nicht.

Der Mischvorgang ist beim heutigen Entwicklungsstand der Mischmaschinen kaum jemals zu beanstanden, wenn die vorgeschriebenen kürzesten und längsten Mischzeiten eingehalten werden. Die Entscheidung zwischen Freifall-(Trommel)- oder Zwangs-(Rühr)-mischer ist in dieser Hinsicht ohne Bedeutung und nur eine Frage der Wirtschaftlichkeit und der Betriebsart. Peinliche Säuberung dieser Maschinen nach Gebrauch ist nicht nur ein Gebot der Rentabilität, sondern auch für die Gleichmäßigkeit des Betons notwendig. Kleine Beimengungen bereits abgebundenen, zermahlenen Betons haben die Wirkung eines „Anregers" und verkürzen die Zeit bis zur Erstarrung.

DIN 1045 unterscheidet zwischen zwei Güteklassen des Betons. Gruppe I umfaßt den unbewehrten und den normalen bewehrten Beton (B I), Gruppe II den hochwertigen für Bauteile, bei denen möglichst kleine Abmessungen angestrebt werden. Für letzteren sind die Vorschriften über Zusammensetzung, Überwachung und Prüfung strenger als für B I (DIN 1084 (72) Blatt 1). Für diesen („Rezeptbeton") fordert die DIN je nach angestrebter Festigkeit, Siebkurve der Zuschläge und Konsistenz der Zementgehalte zwischen 140 und 380 kg/m^3; bei B II mit Rücksicht auf den Rostschutz mindestens 240 kg/m^3. Die Norm DIN 1084 (72) regelt ferner in Blatt 2 die Güteüberwachung des Betons für Fertigteile und in Blatt 3 diejenige von Transportbeton. Wenn zur Bestätigung des errechneten Mischungsverhältnisses oder aus anderen Gründen „Eignungsversuche" mit Probewürfeln angestellt werden, so verlangt DIN 1045, 7.4.2.2 eine höhere als die geplante Festigkeit („Vorhaltemaß").

Die Zusammensetzung des Frischbetons kann gegebenenfalls nach [10] geprüft werden.

1.1.3 Zusätze zum Beton

Durch Zusätze verschiedenster Art läßt sich der Beton sowohl hinsichtlich der Verarbeitbarkeit als auch seiner späteren Eigenschaften verbessern [11]. Grundsätzlich ist ein Beton bestimmter Festigkeit umso besser, je weniger Zementstein er enthält. Denn dieser besitzt eine geringere Festigkeit als die Zuschläge (vgl. 1.2) und ist die alleinige Ursache des Schwindens und Kriechens (vgl. 1.3.2 und 1.3.3). Andererseits fordert die Verarbeitbarkeit einen gewissen Anteil an Feinstkorn, damit die Grobkörner gegeneinander „geschmiert" und die Hohlräume ausgefüllt werden. Auch die Dichtigkeit des Betons wird durch die Zusammensetzung, insbesondere seinen geringen Wassergehalt, entscheidend beeinflußt [12]. Diese Gesichtspunkte sind gegeneinander aufzuwiegen, wobei Zusätze den Ausgleich erleichtern können. Es sei schon eingangs erwähnt, daß diese genau nach Vorschrift zu dosieren sind, da ein „Zuviel" ebenso wie ein „Zuwenig" meist gleich schädlich ist. Es gilt hierbei dieselbe Regel wie bei Medikamenten: Gift ist eine Frage der Dosierung! Schließlich weise ich ausdrücklich darauf hin, daß verschiedene Zemente auf denselben Zusatz verschieden reagieren und andere wichtige Eigenschaften ungünstig verändert werden können. Es ist daher stets nötig, wenn keine spezielle Erfahrung vorliegt, vor der Verwendung von Zusätzen Eignungsversuche anzustellen.

Alle Zusätze zu Beton (nicht Mörtel) bedürfen einer Zulassung. Entweder wird diese als „allgemein bauaufsichtliche Zulassung" durch Norm oder Richtlinie geregelt oder es wird für das betreffende Produkt ein „Prüfzeichen" vom IfBt auf Antrag erteilt. Das Verfahren ist in den „Richtlinien des IfBt für die Zuteilung von Prüfzeichen für Betonzusatzmittel" [13] festgelegt, die durch die „Richtlinie für die Prüfung der qualitativen Wirksamkeit von Betonzusatzmitteln" [14] ergänzt wurde (früher wurde nur die Unschädlichkeit geprüft). Für die Verwendung ist ferner die „Richtlinie für die Überwachung von Betonzusatzmitteln" [15] maßgebend.

Man unterscheidet:

(a) Das *Feinstkorn* ($\leq 0,2$ mm) ist für die Ausfüllung der kleinen Hohlräume im Sande wichtig, mithin für die Dichtigkeit des Betons und außerdem, da eindringendes Wasser gefrieren kann, für die Frostsicherheit [5/12]. Schließlich spielt es vermöge seiner großen, benetzten Oberfläche eine wichtige Rolle für die Konsistenz und damit für die Verarbeitbarkeit des Betons. In dieses „Mehlkorn" von 0 bis 0,2 mm teilen sich der Zement und die abschlämmbare Feinstkörnung der Zuschläge. Wir wissen (vgl. 1.1.2), daß der „Leimbedarf" mit zunehmender Korngröße abnimmt. Dementsprechend gibt DIN 1045, 6.5.4 folgende Richtwerte für den Mehlkornanteil: 525 bis 325 kg/m³ bei einem Größtkorn von 8 bis 63 mm. Die für die Festigkeit nötige Zementbeigabe ist daher mitunter durch zusätzliches Mehlkorn zu ergänzen. Hierzu werden Steinmehl, Flugasche von Kraftwerken (wegen sehr verschiedener Zusammensetzung Prüfzeichen-pflichtig) oder Traß (DIN 51 043 (72)) verwendet. Traß und z. T. Flugaschen enthalten Silikate, die mit dem Kalk des Zementes reagieren und ihm dann wertvolle Eigenschaften (vgl. 5.2) verleihen. Naturgemäß ist zur Erzielung eines wasserdichten Betons der Wasserzusatz tunlichst (w/z $\leq 0,45$) zu beschränken, da das vom Zement nicht gebundene Wasser (vgl. 1.1.2) Kapillarporen verursacht.

(b) Die Konsistenz des Betons kann durch *plastifizierende Mittel* bei normalem oder vermindertem Wasserzusatz verbessert werden [17, 5/10]. Anders gesagt: Die angestrebte Festigkeit kann evtl. mit einer verminderten Zementbeigabe erreicht werden, so daß diese Zusätze eine erhebliche wirtschaftliche Bedeutung haben. Es gibt chemisch oder physikalisch wirkende Betonverflüssiger (BV), zu letzterem gehört z. B. Kieselgur („Plastiment"), zu ersterem gehören die Benetzungsmittel. Neuerdings sind „Super"-Verflüssiger im Handel, welche die Verarbeitung ohne Rütteln auch bei normaler Bewehrung sehr erleichtern („Fließbeton") [18]. Diese Mittel werden einem normalen Beton (Konsistenz K2 bis K3) beigegeben und sind nur $^3/_4$ bis 1 h wirksam. Sie müssen durch Vorversuche auf den Zement, die Zuschläge und Verarbeitungstemperatur abgestimmt werden, können aber infolge der geringen Wasserbeigabe einen dichten und frostbeständigen Beton bewirken. Bei extrem dichtliegender Bewehrung besteht allerdings erhöhte Gefahr von Kiesnestbildung, so daß das Rütteln dann nicht entbehrt werden kann. Ferner ist zu beachten, daß Fließbeton höhere Seitendrücke ausübt (vgl. 1.1.9.2), die Schalung mithin verteuert.

Plastifizierend wirken auch die LP-Zusätze („Luftporenbildner"), die feinste Luftblasen im Beton durch chemische Reaktionen erzeugen [19]. Bei einem Größtkorn von 8 bis 63 mm soll der mittlere Luftgehalt 5 bis 3% betragen. Die vorgeschriebene Dosierung ist genau einzuhalten und zusätzlich eine Eignungsprüfung durchzuführen, da ein nur geringfügig vergrößerter Porengehalt die Druckfestigkeit empfindlich herabsetzt (1% Blasen zu viel: bis zu 10% Festigkeitsabfall). Außerdem nimmt die Wirkung des LP-Zusatzes mit steigender Temperatur des Betons ab, so daß dann mehr beizugeben ist (bei 30 °C etwa 40% mehr, bei 10 °C etwa 20% weniger als bei 20 °C). Die Hauptbedeutung der LP-Zusätze liegt in der verbesserten Widerstandsfähigkeit des Betons gegen Frost (vgl. 5.1.1).

(c) *Erstarrungsregler* wurden früher als „Abbinderegler" bezeichnet, obgleich sie nicht den irreversiblen Abbindeprozeß (Hydratation), sondern den rein physikalischen, reversiblen Vorgang des Erstarrens beeinflussen. Dieser beruht auf Kapillarkräften und führt zu einer Scheinfestigkeit. Wenn große Körper zu betonieren sind und die einzelnen Betonschichten sich noch gut miteinander durch Rütteln (vgl. 1.1.4) verbinden sollen, wendet man Erstarrungsverzögerer (VZ) an, um keinen „Blätterteig" zu erhalten. Ist Q die Leistung des Mischers oder der Pumpe, F die Betonoberfläche und d die jeweils aufgebrachte Schichtdicke (≤ 25 cm), so steigt der Beton mit der Geschwindigkeit $v = Q/F$ an. Die Zeit, bis die gewünschte Schichtdicke erreicht ist, beträgt $T = d/v = hF/Q$. Wenn man an einer Ecke mit d beginnt, darf der Beton also in der Zeit T an keiner Stelle erstarren. Die Wirkung des Verzögerers ist von der Außentemperatur, der Zementsorte und Konsistenz abhängig, so daß man zweckmäßigerweise Eignungsversuche anstellt. Bei gewissen Zementen ist sogar die gegenteilige Wirkung beobachtet worden. Umgekehrt kann es erwünscht sein, das Erstarren zu beschleunigen (Betonieren bei kaltem Wetter, rasches Entschalen, Spritzbeton usw.). Man wendet dann BE („Beschleunigungs")-Mittel an. Hierbei ist besondere Vorsicht geboten, damit der Beton nicht erstarrt, ehe er voll verdichtet ist.

(d) *Dichtungszusätze* (DM) werden in der Regel in ihrer Wirkung überschätzt, was manchmal durch geschickte Werbung unterstützt wird. Von ausschlaggebender Bedeutung für die Dichtigkeit ist aber die unter (a) behandelte Zusammensetzung und ein entsprechend sorgfältiges Verarbeiten.

Zur Beurteilung ihrer Wirkung [20] muß man sich vergegenwärtigen, daß auch ein gutverdichteter Beton noch Poren enthält (Abb. 1.1/7) und zwar nach [20.2, S. 48] Luftporen ($\sim 0,1$ mm), Kapillarporen (z. T. durchgehend), 10 bis 20% des Zementsteinvolumens (10^{-2} bis 10^{-4} mm) und Gelporen zwischen den Kristallnadeln

$(10^{-5}$ bis 10^{-7} mm). Versuche [20.1] zeigten, daß bereits eine optimale Zusammensetzung des Betons und die Verwendung eines Verflüssigers bei $w/z \leqq 0,5$ ohne Zusatzmittel zu einer minimalen Wasseraufnahme führten. Es wurde ferner festgestellt, daß die Wirkung organischer Dichtungsmittel mit der Zeit (Beobachtung über 3 Jahre) erheblich nachläßt.

Immerhin können Quellstoffe (Thixotone) die restlichen Kapillaren verstopfen und so einen guten Beton u. U. noch etwas verbessern. Sie können aber nie einen schlecht aufgebauten Beton dicht machen. Die Wirkung von Kunstharzemulsionen zur Erhöhung der Dichtigkeit und Zugfestigkeit ist noch nicht genügend gesichert [20.3]. Unerwünschte Nebenerscheinungen mahnen zur Vorsicht.

(e) *Färbemittel*. Mitunter besteht der Wunsch, dem Beton, dessen kaltes Grau ja keineswegs heiter wirkt, eine andere Farbe zu verleihen. Das einfachste und billigste Mittel ist naturgemäß ein Anstrich. Hierüber sind jedoch in ästhetischer Hinsicht die Meinungen geteilt. Warum soll man aber nur diejenigen Baustoffe, wie Holz und Stahl, mit einem Anstrich versehen, die diesen zur Erhaltung benötigen? Nach Meinung des Verfassers wirken buntgetönte Brücken z. B. in Holland sehr freundlich und widersprechen nicht der „Werkstoffgerechtigkeit". Hierfür haben sich aber nur wenige Bindemittel als geeignet erwiesen, da der Beton ständig auf die Hygroskopie der Umgebung reagiert. Alle Anstrichfilme sind nicht ganz dampfdicht, so daß oft Pocken oder Abblätterungen aus dem Aktivwerden des Kalkes im Beton entstehen. Am besten haben sich noch Anstriche auf einer Basis bewährt, die dem Zement verwandt ist. und das „Atmen" des Betons gestattet [21]. Ein DIN-Ausschuß hat Richtlinien für Anstriche erarbeitet [22].

Am dauerhaftesten, aber sehr arbeitsaufwendig ist es naturgemäß, wenn man den Beton selbst auf wenige Zentimeter Tiefe einfärbt („Vorsatzbeton") [23]. Man benützt dazu eine „Ziehschalung" aus Blechen, die beim Betonieren im gewünschten Abstand parallel zur Schalung hochgezogen werden. Die Auswahl des Pigmentes, meist ein Metalloxid, erfordert Erfahrung, da es beständig sowohl gegen die Alkalien des Betons als auch gegen die äußeren Einflüsse (Licht) sein muß.

(f) *Faserzusätze* zum Beton, um dessen Zugfestigkeit und -dehnung zu erhöhen, sind schon früher vorgeschlagen worden. Sie werden erneut diskutiert und probiert z. B. für den Beton von Reaktordruckgefäßen und für Spritzbeton. Hierfür werden Fasern aus Stahl, Glas (alkalibeständiges) oder Kunststoff vorgeschlagen [24], deren Abmessungen und Menge durch die Verarbeitungstechnik begrenzt werden. Ein abschließendes Urteil über die Nützlichkeit dieses Zusatzes, der aus Kostengründen wohl stets nur in Sonderfällen angewandt werden wird, ist derzeit noch nicht möglich (weiteres vgl. 4.4).

1.1.4 Einbringen und Verdichten des Betons

Der Beton wird zur Einbaustelle auf verschiedene Weise gefördert: Mit Karren, mit Kranen in Klappkübeln, mit Bändern, durch Rohre mechanisch oder hydraulisch gepumpt oder mit Druckluft geblasen. In Gebieten mit größerer Bautätigkeit hat sich die Herstellung des Betons in zentralen Werken und der Transport mit Liefermischern als wirtschaftlich erwiesen [25] (DIN 1045, 5.4 sowie DIN 1084 (72) Blatt 3). Mitunter werden diese gleich mit einer Betonpumpe und einer an einem Ausleger befestigten Rohrleitung ausgerüstet, die den Beton bei mittleren Hochbauten von einem Anfahrpunkt aus ohne Zwischentransport etwa 30 m weit zu fördern gestatten. In ortsfesten Leitungen kann Beton bis zu 400 m weit und 100 m hoch gepumpt werden, wobei 1 m Vertikalförderung etwa 3 m in der Horizontalen entspricht [26]. Bögen geben ebenfalls zusätzliche Widerstände (90° gleich 10 m, 45° gleich 5 m Leitung). Der Beton soll nicht unter 460 kg Korn < 0,25 mm enthalten.

In jedem Falle sind größere Fallhöhen, Werfen mit der Schaufel und Vorkopfschütten zu vermeiden, da dies alles zum Entmischen führt; man schüttet stets *gegen* den vorhandenen Beton. Ferner ist darauf zu achten, daß die Bewehrung nicht durch die Fördermittel verdrückt oder erschüttert wird. Sie löst sich dadurch vom eben erstarrten Beton ab und haftet nicht wieder an.

Der frisch geschüttete, steif bis plastisch eingebrachte Beton enthält stets größere oder kleinere Lufteinschlüsse und wird heute allgemein durch Rütteln verdichtet. (Din 4235 (78), Teil 1 bis 5). Der erreichbare Erfolg ist aus Abb. 1.1/2 zu ersehen und beruht darauf, daß durch Vibration die Reibung zwischen den Körnern vorübergehend vermindert und deren dichte Lagerung durch Entlüftung erreicht wird. Die für die verschiedenen Geräte vorgeschriebenen Einwirkungszeiten sind einzuhalten, da sonst ein Entmischen und damit eine Qualitätsminderung der oberen Betonschichten eintritt.

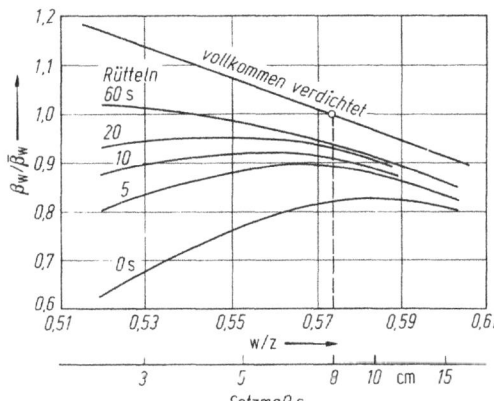

Abb. 1.1/2. Druckfestigkeit β_w bezogen auf $\bar{\beta}_w$ bei voller Verdichtung eines Betons mit w/z ≅ 0,57 [27.1]

Im allgemeinen sind auf der Baustelle Innenrüttler verschiedener Durchmesser mit hoher Drehzahl ($\geq$ 9000/min) am zweckmäßigsten (Din 4235 (78) Teil 2). Ihr Wirkungsbereich liegt zwischen 0,4 und 1,0 m [27]. Sie sind so zu führen, daß sie die Bewehrung nicht berühren, da diese sonst ebenfalls vibriert und sich mit Zementschlämpe umgibt, wodurch die Haftung herabgesetzt wird. Außenrüttler sind weniger verbreitet, da ihre Anbringung an der Schalung schwierig und aufwendig ist und sie nur mittelbar wirken. Außerdem haben sie bei dichter Schalung (Stahl, Sperrholz) leicht eine Verminderung der Oberflächengüte durch Schlämpenbildung zur Folge. Immerhin sind sie für dünnwandige Bauteile geeignet (z. B. Stege hoher Träger, dünne Stützen und Wände), die dem Innenrüttler nur schwer zugänglich sind.

Höchst wirksam für die Herstellung von Fertigteilen sind Rütteltische, welche die ganze stählerne Schalform in Vibration versetzen ([28] (Din 4235 (78), Teil 3). Die

Betonoberfläche ist hierbei durch eine Auflastplatte zu beschweren, da sonst eine Lockerung der oberen Schicht eintritt. Deren Wirkung wird noch erhöht, wenn sie mit einem Oberflächenrüttler ausgerüstet wird. Wandernde Oberflächenrüttler dienen zur Verdichtung von Platten und Straßendecken mit nicht mehr als 20 bis 25 cm Dicke (DIN 4235 (78), Teil 5).

Die mitunter geäußerte Besorgnis, daß durch das Rütteln einer neuen Betonschicht das „Abbinden" der darunterliegenden gestört werde, ist grundlos. Nach neueren Untersuchungen [29] verbessert im Gegenteil ein Nachrütteln noch im Erstarrungszustand ihre Festigkeit, da der Beton sich dann ähnlich wie eine thixotrope Masse verhält, sich also nochmals verflüssigt, und vermindert das „plastische Schwinden" (vgl. 1.1.6).

Die Konsistenz des Betons ist auf das Einbring- und Rüttelverfahren abzustimmen. DIN 1045, Tabelle 2 unterscheidet: „Weicher" Beton (K3, Ausbreitmaß $a = 41$ bis 50 cm) kann nicht gerüttelt werden, da er sich entmischt. „Plastischer" Beton (K2, Ausbreitmaß $a < 40$ cm) wird bei dichter Bewehrung verwendet und durch Rütteln verbessert. „Steifer" Beton (K1, Ausbreitmaß $a < 35$ cm) ist jedoch vorzuziehen. „Erdfeuchter" Beton läßt sich nur auf dem Rütteltisch einwandfrei entlüften und verdichten. Das Verdichtungsmaß nach Walz $v = V_0/V$ [30.1] (V_0: Volumen beim Einbringen, V: Volumen nach Verdichten) liegt entsprechend dem anfänglichen Luftgehalt $(V_0 - V)/V_0$ bei 5 bis 45 % und gibt ein Maß für die „Sperrigkeit" und „Verdichtungsbedürftigkeit" einer Mischung. Im Ausland und bei CEB verwendet man meist das Setzmaß s eines genormten Frischbetonkegels. Abb. 1.1/3 zeigt den Zusammenhang dieser drei Maßzahlen für die Konsistenz, der aber wegen der „Rauhigkeit" verschiedener Zemente und Zuschläge bei gleicher Mischung stark streut. Erst die Rheologie liefert präzise Maße für die Konsistenz [30.2].

Die Verarbeitbarkeit des Betons erfordert ebenso wie die Dichtigkeit einen gewissen Mehlkornanteil, besonders bei Pumpbeton. Sie kann durch Zusätze verbessert werden, wodurch man eine Minderung des Wasseranteiles und dementsprechend eine Erhöhung der Festigkeit bei gleichem Ausbreitmaß erreicht (vgl. 1.1.3).

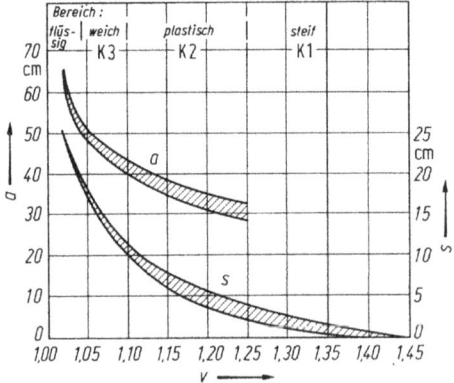

Abb. 1.1/3. Konsistenzmaße frischen Betons, Grenzen ihrer Verwendbarkeit und ungefähre Beziehungen zueinander sowie Einteilung in Bereiche K nach DIN 1045, Tabelle 2. v: Verdichtungsmaß nach Walz [30.1] DIN 1048 (72), 3.1.1; a: Ausbreitmaß nach Graf [E/29, S. 321], DIN 1048 (72), 3.1.2; s: Setzmaß nach Abrams [E/29, S. 320] eines 30 cm hohen Kegels, Durchmesser 20 bis 30 cm, DIN 1048 (72) 3.1.1

Für besondere Bauaufgaben stehen spezielle Einbauverfahren zur Verfügung. Das Absaugen des überflüssigen Wassers bis auf etwa w/z = 0,35 verleiht dem Beton durch Kapillarkräfte eine Pseudofestigkeit, die ein Ausschalen selbst mehrere Meter hoher Bauteile sofort nach dem etwa 20 min dauernden Absaugvorgang gestattet („Vakuumverfahren") [31]. Neben diesem Vorteil eines beschleunigten Bauvorganges ist eine wesentliche Steigerung der Festigkeit sowie eine Verminderung des Schwindens durch die Verringerung des W/Z-Faktors zu erreichen. Das Vakuum wird in einer Streckmetallage zwischen Schalung und Beton erzeugt. Sie ist nach außen durch einen Gummimantel, nach innen durch eine Gewebelage, die den Wasserdurchtritt gestattet, abgedichtet. Allerdings eignet sich das Verfahren nur für Betonschichten von maximal 20 bis 30 cm Dicke, da diese sonst nicht mehr gleichmäßig entwässert werden.

Bei hohen schlanken Mauern, Vorblendungen, Verstärkungen, Unterwasserbeton oder dgl. bereitet das Einbringen des Betons mitunter Schwierigkeiten. Hier kann mittels des Mörtel-Einpreßverfahrens ein einwandfreier Beton hergestellt werden. Dabei wird zunächst die Schalung mit den gröberen Bestandteilen des Betons gefüllt und dann der Mörtel durch eingestellte Rohre von unten her eingepreßt. An dessen Geschmeidigkeit werden besondere Anforderungen gestellt [32]. Diese Bauweise ist auch für die Ausführung des biologischen Schutzschildes von Reaktoren aus Schwerstbeton, in dem zahlreiche, genau justierte Rohrleitungen eingebettet waren, angewandt worden [33].

Bei Schalen und Faltwerken ist zu beachten, daß plastischer Beton bis zu 25 bis 30°, trockener Beton durch Anwerfen bis zu 50° Neigung der Schalung aufgebracht werden kann. Darüber hinaus ist doppelte Schalung erforderlich, um ihn durch Rütteln verdichten zu können.

Beim Betonieren solcher steilen Flächen sowie auch bei Verstärkungen und Ausbesserungsschichten für beschädigte Oberflächen (Brand) (vgl. Abb. 3.2/6b) leistet das Betonspritzverfahren gute Dienste (DIN 18551 (79) und [34]). Hierbei wird das einer Spritzdüse zugeführte Mischgut mittels Druckluft auf große Geschwindigkeit (etwa 15 bis 30 m/s [35]) beschleunigt und auf die Schalung oder die vorhandene Betonfläche oder Felswand geschleudert, wodurch eine ausgezeichnete Verdichtung und guter Verbund mit dem Untergrund erreicht wird. Ein gewisser Rückprallverlust an gröberem Korn muß in Kauf genommen werden. Beim Naßspritzbeton wird das fertige Gemisch entweder in dichtem Strom durch Pumpen oder in dünnem Strom durch Druckluft der Düse zugeführt. Beim Trockenspritzboden werden Anmachwasser und Zusatzmittel erst an der Spritzdüse zugegeben. Die Verwendung von Erstarrungsbeschleuniger ist stets zu empfehlen. Bei dünnen Schichten von wenigen Zentimeter Dicke wendet man meist die pneumatische Trockenförderung an und beschränkt das Größtkorn auf etwa 4 mm. Bei dickeren Schichten kann auch größeres Korn beigegeben werden.

Mit jedem der erwähnten Verfahren kann man einwandfreien Spritzbeton erzielen, wenn die Mischungsverhältnisse sorgfältig festgelegt und vor allem ständig eingehalten werden. Besonders kommt es auf das Geschick und die Zuverlässigkeit des Düsenführers an. Selbst überhängende und über Kopf liegende Flächen (z. B. Stollenauskleidungen) lassen sich auf diese Weise einwandfrei betonieren. Die Oberfläche sollte besser spritzrauh verbleiben und nicht durch „Glätten" verletzt werden, was besonders bei schnell wirkendem Erstarrungsbeschleuniger gefährlich ist.

Obgleich bei sorgfältiger Arbeit ein sehr guter Verbund mit dem Untergrund erreicht wird (Untergrund aufgerauht: bis 2 N/mm², Untergrund nicht aufgerauht: bis 1 N/mm², Handputz nicht aufgerauht: bis 0,4 N/mm² [36.1]), muß bei Ausbesserungen in jedem Fall eine Bewehrung eingelegt werden, um evtl. Schwindrisse zu verteilen und dadurch fein zu halten. Diese Netzbewehrung sollte aber Maschen von mindenstens 10/10 cm besitzen, da die einzelnen Stäbe stets Streifen mit geringerer Verdichtung abschatten. Sie muß aber durch Haken oder Dübel fest mit der Schalung oder dem Altbeton verbunden werden, um nicht zu vibrieren und dadurch den Verbund zu beeinträchtigen. Größere Stabdurchmesser als etwa 12 bis 16 mm sind tunlich zu vermeiden, da sie durch Abschatten zu Zonen schlechter verdichteten Betons führen, sofern sie nicht einzeln „umspritzt" werden. Das Schwinden ist durch Feuchthalten hinauszuschieben, (1 bis 2 Wochen), bis eine ausreichende Zugfestigkeit erreicht ist.

Neuerdings hat man versuchsweise dem Spritzbeton Stahl-, Glas- oder Kunststofffasern beigegeben (vgl. 4.4) [36.2], dessen Zugfestigkeit und -dehnfähigkeit besonders dünne Schichten auch ohne Bewehrung auszuführen erlaubt.

Auch Beton, nicht nur Mörtel, läßt sich pneumatisch fördern [36.3] oder aber auch naß spritzen [36.4].

1.1.5 Unterbrechen des Betoniervorganges

Es ist stets anzustreben, ein Bauwerk monolithisch in einem Guß zu betonieren, wobei die Erstarrungsverzögerer (VZ, vgl. 1.1.3c) gute Dienste leisten. Aus betrieblichen Gründen läßt sich aber oft eine Unterteilung nicht vermeiden. Diese muß bei größeren Bauten gut überlegt und darf nicht dem Gutdünken der Baustelle überlassen werden. Arbeitsfugen sind daher bereits in den Zeichnungen anzugeben. Ferner ist stets für einen Reservemischer usw. zu sorgen, um bei Ausfällen den Betonierbetrieb, notfalls mit geringerer Leistung, weiterführen zu können. Grundsätzlich sind Fugen so zu legen, daß die zu übertragende Betondruckkraft etwa senkrecht dazu, jedenfalls innerhalb eines Reibungswinkels von etwa $\varrho \cong 20°$ steht, obgleich die Reibungszahl zwischen Betonflächen etwa $\tan \varrho = 0,7$ ($\varrho = 35°$) beträgt [37]. Diese Kraft ist die Resultierende aus den Betondruckspannungen und der Querkraft im Querschnitt (Abb. 1.1/4a).

Als warnendes Beispiel für eine falsche Fugenanordnung zeigt Abb. 1.1/4b eine Schrägstütze für ein Schalendach. Man hatte diese bis Unterkante Schale betoniert und eine waagerechte Arbeitsfuge angeordnet. Beim Ausrüsten der Schale zeigte sich eine Gleitbewegung von einigen Zentimetern in der Fuge, die nur dadurch nicht zur Katastrophe führte, daß man sofort das Absenken der Rüstung einstellte. Der Schaden wurde dadurch repariert, daß man den Beton im Fugenbereich herausstemmte und mit neuen Arbeitsfugen, die nunmehr senkrecht zur Kraftrichtung verliefen, wieder einbrachte.

Der Winkel zwischen Fuge und Schalung soll nur wenig von einem rechten abweichen, da eine spitzwinklige Kante leicht abbricht. Ist es nicht möglich, die Druckresultierende innerhalb des Reibungswinkels unterzubringen, ordnet man eine Verzahnung an (Abb. 1.1/4c). Auf die Verdübelung durch die Bewehrung darf man sich nicht verlassen, da die Betondeckung leicht abplatzen kann.

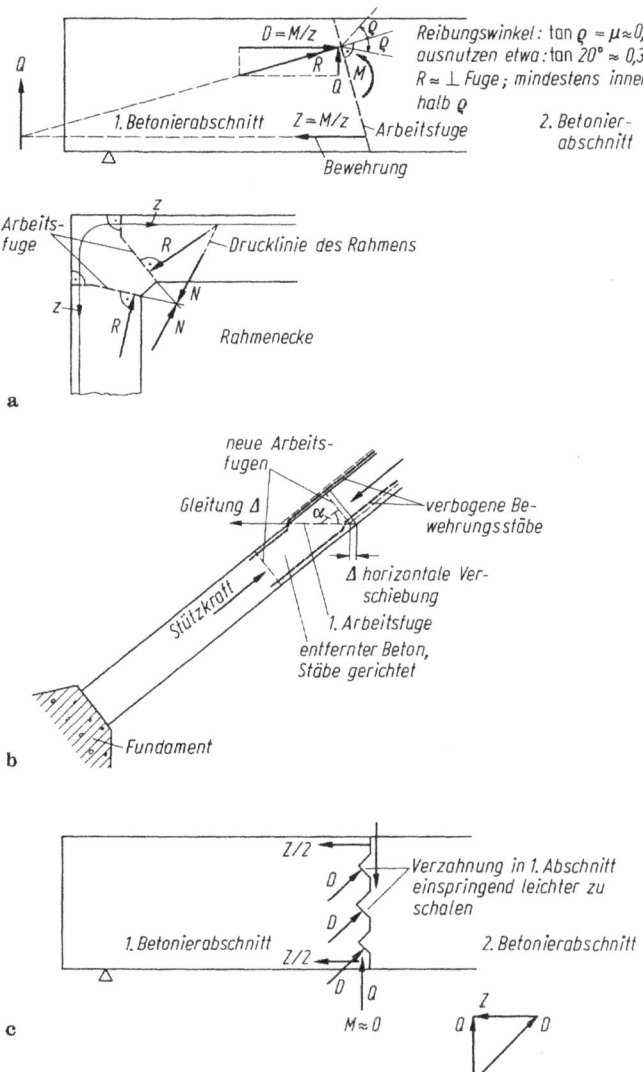

Abb. 1.1/4. Anordnung von Arbeitsfugen. **a** Arbeitsfuge soll annähernd senkrecht zur Druckresultierenden R verlaufen; **b** falsch angeordnete Arbeitsfuge in einer Pendelstütze: Gleitung Δ infolge spitzen Winkels α zwischen Fuge und Druckkraft. Ausbesserung durch Wegstemmen des benachbarten Betons und Einbringen von neuem Beton mit Fugen rechtwinklig zur Druckkraft; **c** Arbeitsfuge mit Verzahnung zur Aufnahme der Querkraft bei kleinem Biegemoment

Senkrechte Fugen wurden früher meist mit Holzschalung abgestellt, die aber wegen der durchzuführenden Bewehrung ebenso mühsam einzubauen wie zu entfernen war. Um diese Arbeit zu ersparen, benützt man oft Streckmetallplatten oder „Rabitzgewebe", die im Beton verbleiben. Sie dürfen aber nur bei plastischem Beton verwendet werden; flüssiger Beton läßt Zementschlämpe durchtreten und verursacht Nesterbildung. Die bloßliegende Bewehrung ist von Verschmutzung durch Mörtel freizuhalten, da dieser bei warmem Wetter rasch „verdurstet" und den Verbund verhindert.

Ein gutes Anhaften von Neubeton an Altbeton ist dadurch zu erreichen, daß man diesen einige Stunden annäßt, damit er nicht jenem zuviel Wasser entzieht; dichten Altbeton läßt man besser trocken [38]. Größere Anschlußflächen sind zweckmäßig mit feinem Mörtel oder Zementschlämpe zu überziehen, am besten einzubürsten, ehe man weiter betoniert. Um Kiesnester, besonders bei waagerechten Fugen (Stützen-füße und Wände) zu vermeiden, bringt man zunächst eine wenige Zentimeter dicke Schicht Beton ohne grobes Korn, dann erst die normale Mischung ein.

1.1.6 Setzen des Betons

Das Setzen (Sacken) des frischen („grünen") Betons, auch „plastisches Schwinden oder Frühschwinden" genannt [39], die meist unvermeidliche Abgabe von Über-schußwasser (vgl. 1.1.2), besonders wenn w/z > 0,6 ist, bedeutet eine Volumenver-minderung des Betons und eine Anreicherung der oberen Schicht mit Wasser („Bluten" des Betons). Letztere hat eine Verringerung der Betonfestigkeit zur Folge (vgl. 1.1.2), erstere ein Zusammensacken. Um die Folge dieser Erscheinung zu mil-dern, schrieb DIN 1045 (43) bei Stützen eine maximale Steiggeschwindigkeit des Betons von 2 m/h vor.

Wenn das Setzen des Betons behindert wird, kann das recht unangenehme Folgen haben [40]. So können sich unter Grobzuschlägen Hohlstellen bilden (Abb. 1.1/5 a),

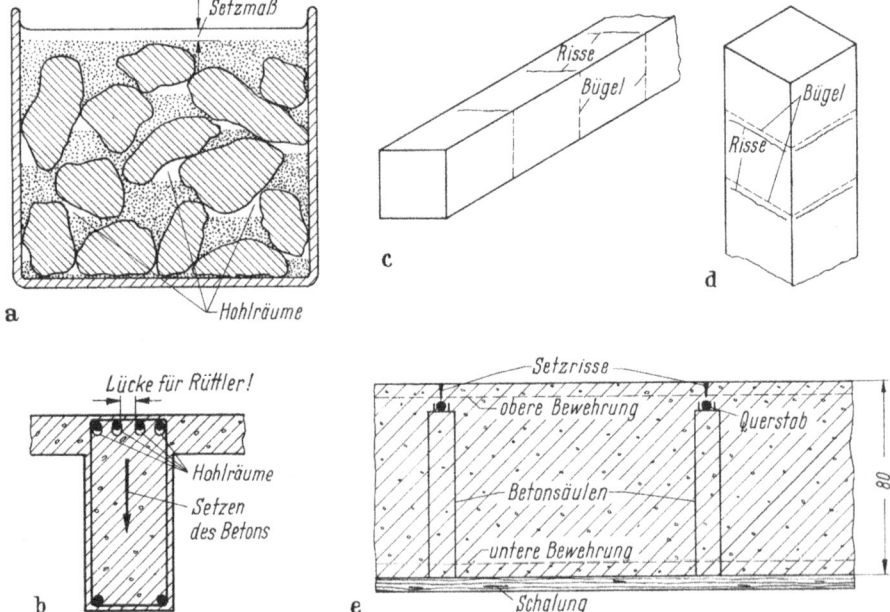

Abb. 1.1/5. Hohlstellen und Risse infolge Setzens des Betons müssen durch Nachrütteln beseitigt werden. **a** Unter groben Zuschlagkörnern: Gefahr für Festigkeit; **b** Unter den oberen Stäben eines Balkens mit starker oberer Bewehrung im Stützenbereich beeinträchtigen den Verbund (vgl. 4.2); **c—e** sichtbare Risse bei Balken, Stützen oder dicken Platten geben Anlaß zu Bean-standungen

die natürlich die Festigkeit herabsetzen. Auch unter der oberen Bewehrung von Balken sind schon solche Hohlstellen nachgewiesen worden (Abb. 1.1/5b), die gerade über einem Auflager, wo die Haftspannungen durch den starken Momentenabfall am größten sind, die Haftflächen empfindlich beeinträchtigen. Der Widerstand, den die Bewehrung dem Sacken entgegensetzt, verursacht oft Risse im Beton. Diese zeichnen dann die Bügel an der Oberseite hoher Balken (Abb. 1.1/5c) oder an den Seitenflächen von Stützen ab (Abb. 1.1/5d). Auch bei einer dicken Platte waren diese für Uneingeweihte „rätselhaften" Risse zu beobachten (Abb. 1.1/5e), die hier durch eine zu starre Abstützung der oberen Bewehrung anstelle der üblichen, elastischen Stehbügel verursacht wurden. Diese ärgerlichen Risse lassen sich durch möglichst geringen Wasserzusatz kleinhalten und durch nochmaliges Rütteln bei beginnendem Erstarren nach dem Ende des „Blutens" beseitigen, etwa 1 bis 4 h nach dem Einbringen, je nach Zementsorte und Temperatur, nicht später, da nach 5 bis 10 h der Beton ein Minimum an Deformationsfähigkeit und Festigkeit besitzt [41]. Ein eingeführter Tauchrüttler darf kein Loch hinterlassen.

Aber auch wenig blutender, mehlkornreicher („langer") Beton ist durch Risse infolge Frühschwindens (bis $6^0/_{00}$ bei scharfem Austrocknen, insbesondere durch trockene Zugluft, starkem Temperaturabfall und Zusatz von Erstarrungsverzögerer) innerhalb 2 bis 16 h nach Einbringen rißgefährdet. Die in 1.1.7 erwähnte Nachbehandlung soll daher möglichst früh einsetzen.

1.1.7 Schutz des jungen Betons

Der Abbindevorgang wird bei Temperaturen unterhalb etwa 5 °C überaus träge, so daß der frische Beton auf wenigstens etwa 10 °C gehalten werden soll. Er wird beim Einhalten dieser Temperatur nach etwa 3 Tagen frostunempfindlich, wenn die Festigkeit $\beta_w \sim 5$ N/mm² erreicht (genauere Angaben vgl. [42]). Bei Zusatz von LP-Stoffen soll w/z $\leq 0,70$, ohne Zusatz $\leq 0,55$ sein. Bei kaltem Wetter ist daher auf eine ausreichende Anfangstemperatur zu achten, die durch Vorwärmen des Wassers und der Zuschlagstapel mittels Dampflanzen erreicht werden kann (DIN 1045, 11).

Auch die Verwendung heißen Anmachwassers oder die Zuleitung von Dampf während des Mischens [43] wird heute angewandt. Es ist zu beachten, daß die Temperaturerhöhung des Wassers eine viel größere Wärmemenge mit sich bringt (1 kg Wasser enthält 1 kcal/K = 4,2 Ws/K, dazu 540 kcal/kg = 2250 Ws/kg Kondensationswärme des Dampfes) als eine Temperaturerhöhung der Zuschläge (1 kg Kies enthält rd. 0,2 kcal/K = 0,84 Ws/K). Die Änderung der Temperatur einer Komponente um 10 K bringt bei mittlerem Mischungsverhältnis eine Änderung der Betontemperatur: Beim Zement um 0,7 K, beim Wasser um 2,3 K, beim Zuschlag um 7,1 K [44].

Ferner müssen bei Kälte die Wärmeverluste des eingebauten Betons durch Abdecken oder Vorhängen von Strohmatten kleingehalten werden. Auch eine starke Holzschalung trägt zur Wärmedämmung ihren Teil bei, während eine Stahlschalung die Wärme rasch ableitet [45].

Außer der Beeinträchtigung des Abbindevorganges ist das Temperaturgefälle zu fürchten (vgl. 1.3.4.1), das bei jungem Beton sehr leicht zu Temperaturrissen führen kann, da seine Zugfestigkeit noch gering ist.

Da bei starkem Frost die Eigen- und Abbindewärme des Zementes nicht mehr
ausreicht, um die Verluste auszugleichen, empfiehlt es sich, unter die Matten zusätzlich Dampf einzuleiten. Bei Eintritt warmer Witterung „zieht" zwar kalter
Beton „nach", jedoch sind durch Kältegrade stets Festigkeitsminderungen zu erwarten. Junger Beton ist auch bei genügender Eigenwärme durch darunterliegenden
sehr kalten Beton gefährdet. Beispielsweise wurde nach längerem, starkem Frost bei
aufgehendem Wetter auf einem fertigen Fundament ein Pfeilerschaft betoniert
(Abb. 1.1/6). Der ältere Beton entzog dem frischen so viel Wärme, daß dieser
ebenfalls gefror und in einer Dicke von 10 bis 15 cm nur sehr mangelhaft erhärtete.
Es blieb nichts anderes übrig, als den Pfeilerschaft abzubrechen und neu aufzuführen.
Heute allerdings würde man mit einem Mörtel-Einpreßverfahren den geschädigten
Beton abschnittweise auswechseln und den Schaft retten können.

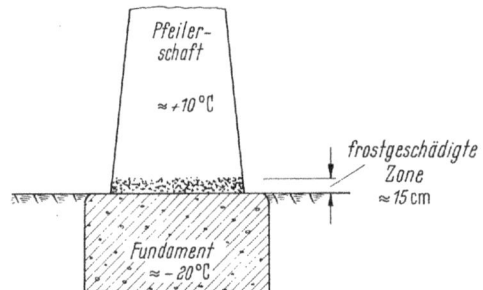

Abb. 1.1/6. Frostschäden an frischem Beton infolge Wärmeentzuges durch älteren Beton

Das Gefrieren des Anmachwassers kann durch chemische Zusätze verhindert und
dadurch das Abbinden auch bei Frost gefördert werden. Da diese meist $CaCl_2$
(Kalziumchlorid) enthalten, das stark rostfördernd wirkt, darf man bei Stahlbeton
keinesfalls Gebrauch davon machen [46] (vgl. 3.1.7). Zudem blühen die zugeführten
Salze später häufig an der Betonoberfläche aus (vgl. 1.1.10).

Bei warmem Wetter und Zugluft kann frischer Beton durch Wasserverdunstung an
der Oberfläche „Schrumpfrisse" zeigen, ja sogar „verdursten", d. h. das zum Abbinden nötige Wasser verlieren. Er erreicht dann je nach Schichtdicke nur 40 bis 80 %
seiner Sollfestigkeit [47, 48]. Daher stammt die Regel, die auch in DIN 1045 niedergelegt ist, den Beton mindestens 7 Tage lang naß zu halten. Allerdings führt man ihm
nur Wasser zu, um Verluste zu vermeiden. Auf dieser Erkenntnis beruhen die neuen
Verfahren, den gerade erstarrten Beton mit einer wasserdichten Kunstharzhaut
zu überziehen, die aufgelegt oder besser aufgespritzt wird. Besonders bei dünnen Platten und Straßendecken läßt sich so die zum Abbindevorgang nötige Feuchtigkeit
konservieren [40.1, 40.4]. Die Entfernung der Haut überläßt man dem Verkehr.

1.1.8 Erhärten des Betons

Der langjährige Streit zwischen Gel- und Kristalltheorie ist durch neuere Forschungen, vor allem durch Einblicke mittels des Elektronenmikroskops, einer einheitlichen
Auffassung gewichen, wonach das Gel sich als ein „Kristallfilz" herausgestellt hat
(Abb. 1.1/7a) [49]. Die Zementkörner binden chemisch bei voller Hydratation irre-
versibel bis 25 % ihres Gewichts Wasser, ferner physikalisch im Zementgel weitere

Abb. 1.1/7. Erhärten des Zementes durch Hydratation der Klinkerkörner. **a** Bildung von nadelförmigem Zementgel [1.10]; **b** Hydratationsgrad je nach Wasserangebot. Überschußwasser bildet Kapillarporen [1.10]; **c** Zusammensetzung des Zementsteines nach vollständiger Hydratation [6.1, S. 63 und 50.2]

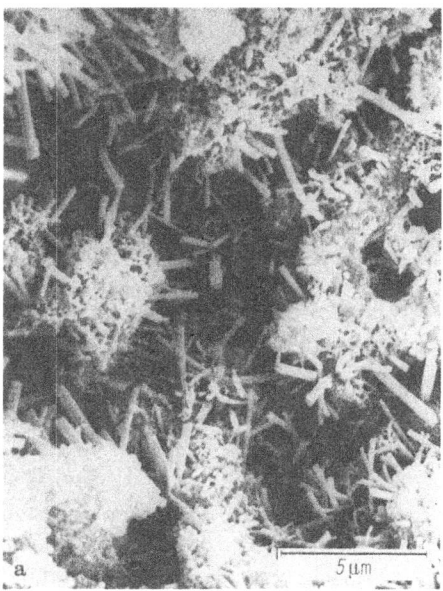

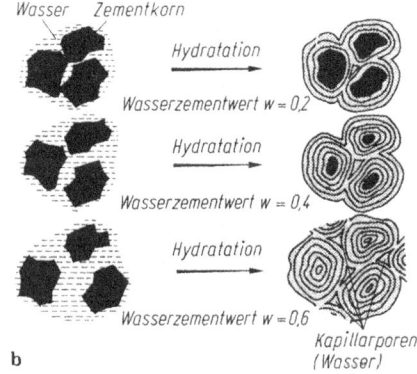

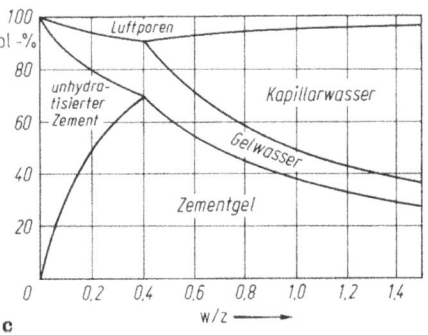

15%, die durch intensive Trocknung wieder ausgetrieben werden können. Damit verringert sich das Zementleimvolumen [50]. Über dieses notwendige Maß hinausgehender Wasserzusatz bildet Kapillarporen, die die Festigkeit herabsetzen (vgl. 1.1.2; Abb. 1.1/7b u. c). Jedoch brauchen keineswegs die gesamten Zementkörper hydratisiert zu werden, so daß der Zement auch mit weniger Wasser erhärtet und, wenn seine Verdichtung gelingt, sogar besonders große Festigkeiten erreicht.

Die Geschwindigkeit und der Grad der Erhärtung sind von Zementsorte, Wasserbeigabe sowie Feuchtigkeit und Temperatur der Umgebung abhängig [51]. Sie läßt sich auch durch Zusätze beeinflussen, wenn man für Sonderzwecke (Abdichtung) Schnellbinder erzeugen will. Unter normalen Bedingungen erhärten die Zemente um so rascher, je feiner sie gemahlen sind und je höher ihre Anfangsfestigkeit ist (bei Mörtel nach 3 Tagen, bei Beton nach 7 Tagen) (Abb. 1.1/8). Diese Kurven weichen naturgemäß für verschiedene Fabrikate voneinander ab, so daß die in DIN 1045, 7.4.4 angegebenen Verhältniszahlen zwischen den Druckfestigkeiten nach 7 und

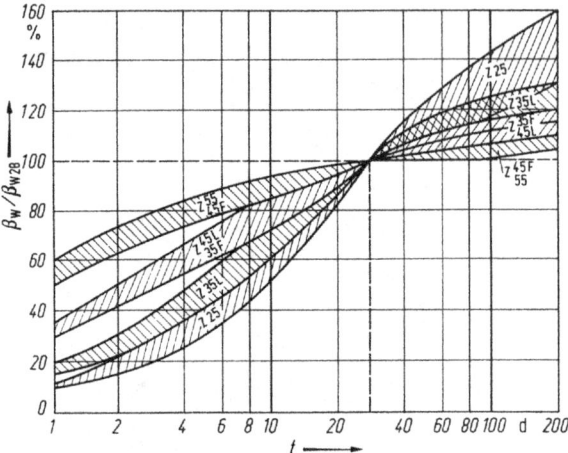

Abb. 1.1/8. Richtwerte der Festigkeitsentwicklung von Beton mit verschiedenen Zementsorten gelagert bei 20 °C bezogen auf die Normfestigkeit β_{W28} nach 28 Tagen [51.1]

28 Tagen nur grobe Mittelwerte darstellen. Genaueren Aufschluß können stets nur Angaben der Werke oder eigene Versuche geben. Nach [52] beträgt die Endfestigkeit von Würfeln bei mehrjähriger Lagerung

      dauernd trocken: $0,8\beta_{W28}$

      1 Monat feucht, dann trocken: $1,2\beta_{W28}$

      dauernd feucht: $1,6\beta_{W28}$

Sie kann nach 30 Jahren 1,6 bis 4,9, im Mittel $2,5\beta_{W28}$ betragen [53].

Sehr gefährlich ist die Abbremsung des Abbindevorganges durch niedrige Temperaturen. Normalzemente werden davon weit stärker betroffen als hochwertige (Abb. 1.1/9), was beim Bauen in der kalten Jahreszeit zu beachten ist.

Trotz der erheblichen Kosten ist es bei der Massenherstellung von Fertigteilen oft wirtschaftlich vorteilhaft, eine Beschleunigung des Erhärtungsprozesses durch zusätzliche Wärme herbeizuführen, da hierdurch Ersparnisse an Schalungen und Fabrikationsraum erreicht werden können [55]. Eine Behandlung mit nassem Dampf ist wegen der gleichzeitigen Befeuchtung vorzuziehen. Die Zemente reagieren hierauf sehr verschieden, so daß in jedem Fall Vorversuche anzustellen sind. Als Anhalt kann bei einem Z 35 oder 45 dienen, daß nach einer notwendigen Vorlagerzeit von etwa 2 bis 3 h die Fertigteile in den Stahlformen, oder bereits vorsichtig ausgeformt („Sofortentschalung"), 8 bis 10 h bei 60 bis 70 °C zu beheizen sind und dann be-

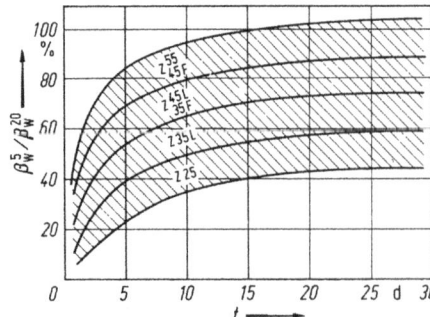

Abb. 1.1/9. Richtwerte der Festigkeitsentwicklung von Beton mit verschiedenen Zementen bei 5 °C (β_W^5) anstatt Normenlagerung bei 20 °C (β_W^{20}) [54]

reits 80 bis 90% ihrer Endfestigkeit besitzen. Spannbetonfertigteile können kurz
darauf der vollen Spannkraft ausgesetzt werden, so daß man sie bereits 12 bis
14 h nach Herstellung einstapeln oder versenden kann. Das Erwärmen sollte auf
20 K/h, das Abkühlen auf 10 K/h begrenzt werden. Neuere Erfahrungen mahnen
bei Höchstwertzement bezüglich späterer Frostbeständigkeit zur Vorsicht.

Die Warmbehandlung bringt nur ein „Vorholen" der Endfestigkeit. Durch Temperaturen über 120 °C und Druck von einigen bar kann jedoch die Festigkeit durch
Intensivierung der chemischen Umsetzungen erheblich gesteigert werden (hydro-
thermale Reaktion) [56]. Dieses „Autoklaven"verfahren besitzt aber wegen der sehr
teuren Einrichtung nur für ausgesprochene Massenartikel (z. B. als Ganzes vorfabrizierte Garagen, Wandsteine und Platten aus Leichtbeton) Bedeutung.

Während des Abbindens des Zementes entsteht Wärme, deren Menge H von der
Zementsorte insbesondere der Mahlfeinheit abhängt [6]. Die gesamte Hydratations-
wärmemenge ist nicht allzu verschieden, jedoch der Rhythmus der Freisetzung [44.1],
der mit der Schnelligkeit des Abbindens parallelläuft (Abb. 1.1/10. Eine Veränderung
der Einbautemperatur um 5 K verschiebt diese Termine um etwa 2 h. Bei adiabati-
schem Vorgang, wie er etwa im Kern dicker Bauteile herrscht, erhöht sich die
Temperatur um $\Delta K = H/k$ (Abb. 1.1/11), wobei die entstehende Wärmemenge
$H \sim 110$ kcal/kg = 465 kJ/kg bei PZ und 95 kcal = 400 kJ/kg bei HOZ ist. Die
Wärmekapazität der zu 1 kg Zement gehörigen Betonmasse bestehend aus Zement

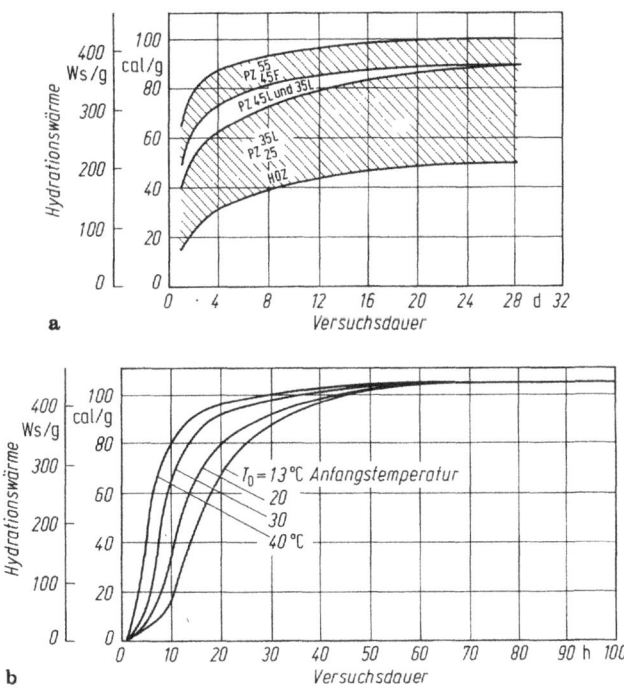

Abb. 1.1/10. Hydratationswärme beim Abbinden des Zementes. **a** Richtwerte für verschiedene Zementsorten [58]; **b** Einfluß der Anfangstemperatur T_0 auf das Entstehen der Hydratationswärme
eines PZ bei adiabatischer Erhärtung [44]

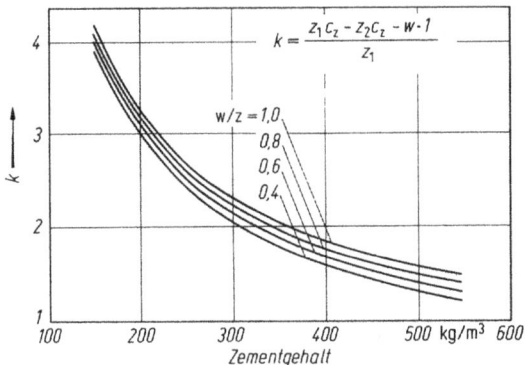

Abb. 1.1/11. Beiwert k zur Berechnung der adiabatischen Temperaturerhöhung $\varDelta$ von Beton infolge der Abbindewärme H des Zementes: $\varDelta K = H/k$ [44].

	Masse kg je m^3 Beton	spez. Wärme kJ/kg K
Zement	z_1	$c_z \cong 0{,}88$
Zuschläge	z_2	
Wasser	w	$c_w = 1{,}0$

(z_1), Zuschlag (z_2) und Wasser (w) ist $(z_1 + z_2)\,c_z + w\,c_w$ mit den spezifischen Wärmemengen

$$c_z \cong 0{,}21 \text{ kcal/kg K} = 0{,}88 \text{ kJ/kg K})$$
$$c_w = 1{,}0 \text{ kcal/kg K} = 4{,}2 \text{ kJ/kg K}.$$

Die Wärme strömt nach außen ab, wodurch ein Temperaturgefälle erzeugt wird, das von der Geschwindigkeit, mit der die Wärme entsteht, von den Abmessungen des Betonteiles und der Außentemperatur abhängt ([59] und 1.3.4).

Die Festigkeit von Tonerdeschmelzzement geht stets mit der Zeit durch Umkristallisation zurück. Außerdem wird dadurch der Rostschutz der Bewehrung vermindert, so daß dieser Zement nicht für tragende Bauteile insbesondere aus Spannbeton verwendet werden darf.

1.1.9 Schalung und Beton

Schalung und Beton stehen in Wechselwirkung. Beton ist von Natur aus formlos und amorph, sowohl hinsichtlich seiner Gestalt als auch der Struktur seiner Oberfläche. Beides verleiht ihm erst die Schalung, wodurch eine nahezu unbeschränkte Gestaltung der Bauteile möglich ist. Man denke nur an die Schalen (vgl. Bd. II) sowie beispielsweise an die eigenwilligen Bauformen von Le Corbusier (Kapelle bei Ronchamp). Anderseits wird die Schalung durch die konstruktiven Formen und durch den Druck, den der frische Beton auf sie ausübt, bestimmt [60].

1.1.9.1 Die Schalung prägt den Beton

Die anderen Baustoffe stehen als Elemente mit vorgegebenem Profil zur Verfügung: Stahl in der Form von ebenem Blech und Walzprofilen, Holz als Bretter und Balken,

Steine als Quader und Ziegel. Der Stahlbeton wurde früher allein durch die Bretter
der Holzschalung charakterisiert, die den Traggliedern die typische „Holzform"
des gleichbleibenden Rechteckquerschnittes aufzwang. Diese Form ist aber konstruktiv ungünstig, da sie sich den wechselnden Schnittkräften nicht anpaßt. Nur bei
der Gestaltung größerer Balken und Rahmen folgt man deren Verlauf und erhält
durch sich verändernde Breite und Höhe der Querschnitte „betongemäßere" Bauformen, deren Vorteile hinsichtlich der Materialausnutzung und Gewichtsersparnis
den Nachteil komplizierterer Schalungen aufwiegen können. Bei der Bemessung
des Spannbetons (vgl. B 4.3.2.1) wird auf die doppelte Bedeutung der Profilierung
der Querschnitte hingewiesen; wir verwenden bei diesem daher oftmals gegliederte
Querschnitte und „straffere" Trägerformen, die die statische Wirkungsweise deutlich hervortreten lassen.

Einfach konische Formen lassen sich in Holz oder Stahl noch ohne großen Mehrauf-
wand schalen. Doppelt konische oder abgerundete Formen bei Holzschalung verursachen viel Arbeit und hohe Kosten. Hierfür bürgern sich zunehmend Holzfaserhartplatten oder kunstharzverleimtes Sperrholz ein, deren Biegsamkeit das Einschalen
gewölbter Flächen erleichtert. Durch Schalenwirkung erhalten diese gekrümmten
Tafeln zudem eine zusätzliche Steifigkeit (Abb. 1.1/12) und bedürfen nur weniger
Lehren.

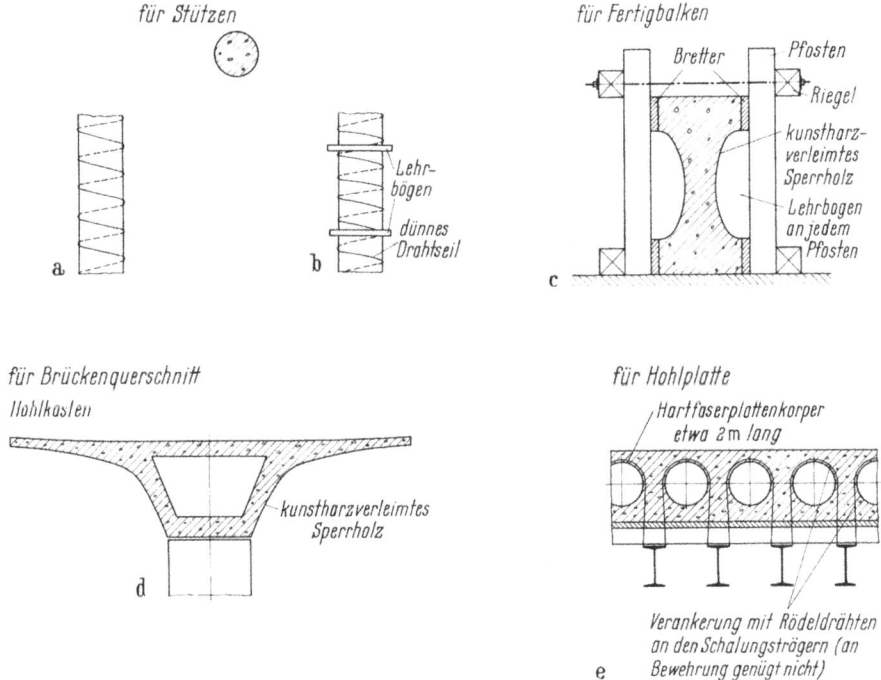

Abb. 1.1/12. Gekrümmte Schalungen. **a** Für Stützen: Aus Blechstreifen gewickelt, Fugen gebördelt
oder geschweißt; **b** für Stützen: Latten, Holzfaserhartplatten oder Sperrholz; **c** für Fertigbalken:
Schalung für werkmäßig vorfabrizierte Balken; **d** für Brückenquerschnitte; **e** für Hohlplatten: Rohre
aus Holzfaserhartplatten oder Blech, auch Einlagekörper aus Polystyrol (z. B. Styropor) oder
Polyurethanschaum. Verankerung gegen Auftrieb dem vollem Betonvolumen äquivalent (Rütteln)
durch Verbinden mit Bodenschalung nötig

Naturgemäß hängt die Betonoberfläche entscheidend von der Schalung ab [61]. Früher verwendete man meist rauhe Bretter, die zwar eine ebensolche Oberfläche ergaben, aber durch die Saugfähigkeit des Holzes sowie die undichten Fugen den Beton entwässerten, dadurch das Verhältnis w/z herabsetzten und so zu einer Erhöhung der Festigkeit führten. Der Bauwerkbeton war dann oftmals fester als die Probewürfel. Heute ist diese nach handwerklicher Tradition ausgebildete, bei jeder Verwendung auseinandergerissene Schalung unwirtschaftlich geworden und man setzt statt dessen meist feste, ingenieurmäßig konstruierte Schaltafeln von mindestens $0,5 \times 1,0$ m bis zu mehreren Quadratmetern aus Holz und Stahl ein. Es gibt verschiedene Systeme von solchen Schalungen für Wände und Decken [1.1, S. 586; 62] die sich durch die Ausbildung der Tafeln, die Versteifungskonstruktionen, die Zugglieder zur Aufnahme des Betondruckes und die Anpassungsvorrichtungen an die Bauwerkmasse unterscheiden. (Über die Verminderung der Schalkosten durch Wanderschalungen vgl. B 6.3.2.3. Hinweise geben DIN 18215 (73) über Schalungsplatten und DIN 18217 (75) über die Schalungshaut).

Mit den glatten, nicht saugenden Schaltafeln aus Stahl oder kunstharzverleimten Sperrholz sagt man nicht nur den „Holzformen", sondern auch der „Holzstruktur" ab. Es ist dabei allerdings kaum möglich, kleine Wasserporen ganz zu vermeiden, da das Wasser nicht wie bei Holzschalung entweichen kann. Es empfiehlt sich daher, bei dichter Schalung steifer zu betonieren. Die Stöße der Schaltafeln zeichnen sich unvermeidlich sichtbar ab. Man macht oftmals aus dieser Not eine Tugend, indem man die Fugen durch Holz-, Leichtmetall- oder Kunststoffleisten einheitlich ausbildet und betont und so die Gesamtfläche rythmisch gliedert (Abb. 1.1/13a und b).

Betonkanten sind beim Ausschalen und auch späterhin besonders gefährdet. Kanten mit einem Winkel $<90°$ lassen sich kaum ausführen. Es ist aber auch beim rechten Winkel zu empfehlen, die Kanten mittels Dreikantleisten auf $2 \times 135°$ zu brechen (Abb. 1.1/13c). Diese stoffgerechte Maßnahme war früher allgemein üblich, ist aber leider abgekommen und nur bei Fließbeton entbehrlich.

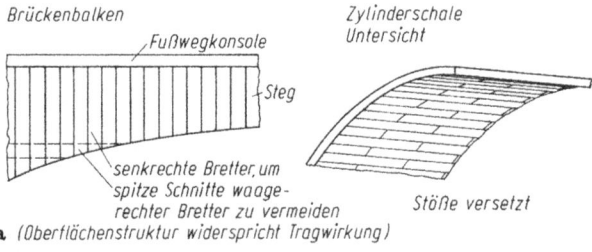

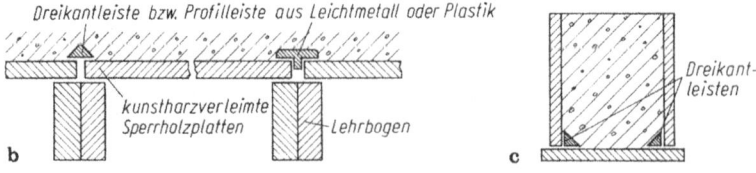

Abb. 1.1/13. Gestaltung von Sichtbetonflächen. **a** Schalung aus gleichbreiten Brettern; **b** Deckplatten auf den Stößen von Schalplatten; **c** Dreikantleisten zum Brechen von Betonkanten

Ganz neue Möglichkeiten der Gestaltung ergeben sich durch plastische Schalungs-
einlagen aus Kunststoff [63], die auf der Betonoberfläche Erhebungen oder Vertiefungen, geometrische oder figurale Motive herstellen („Strukturbeton") und auf diese
Weise große Wandflächen gliedern und beleben.

Alle Schalungen werden vor dem Betonieren mit einem Trennmittel („Schalöl") ge-
strichen oder gespritzt, um das Anhaften des Betons zu vermeiden. Dabei ist auf
folgendes zu achten [64]:

(a) Die Bewehrung darf nicht durch das Trennmittel beschmutzt werden, da es das
    Anhaften des Betons stark beeinträchtigt.
(b) Nicht wenige „Schalöle" enthalten chemische Bestandteile, die mit dem Kalk
    des Zementes reagieren. Hierdurch entsteht eine dünne, seifige Schicht, auf der
    kein Putz oder Anstrich haftet.
(c) Die meisten Entschalmittel sind zur Verwendung bei normaler Temperatur be-
    stimmt. Sie verharzen aber mitunter bei den höheren Temperaturen der Wärme-
    behandlung von Fertigteilen (vgl. 1.1.8) und haben dann die gegenteilige
    Wirkung des Anhaftens.

Bei „Sichtbeton", dessen Oberfläche auch aus der Nähe „gut" aussehen soll, wird
eine besondere Homogenität erwartet. Es ist jedoch unbillig, eine fleckenlose Oberfläche zu verlangen [65]. Gewisse Ungleichmäßigkeiten der Farbe sind unvermeidlich und auf folgende Faktoren zurückzuführen:

(a) Manche Trennmittel und die Dicke ihres Auftrages können die Farbe der Beton-
    oberfläche beeinflussen. Es sind daher vor der Verwendung Versuche anzustel-
    len, wenn keine Erfahrungen vorliegen.
(b) Holzschalung gibt dem Beton stets eine gewisse „Sichtstruktur" aus der mitunter
    ein absichtliches „Motiv" gemacht werden kann (Abb. 1.1/13a). Dazu verwendet
    man gehobelte Bretter, gespundete Schalung mit Nut und Feder, gleichbreite
    und gleichlange Bretter mit versetzten Stößen, selbst astfreie Schalung aus Edel-
    holz. Aber auch hier können Unterschiede in der Farbe durch wechselnde Saug-
    fähigkeit und Harzgehalt des Holzes, durch das Einfügen neuer Bretter zwischen
    gebrauchte und durch den Wasseraustritt an den Brettfugen entstehen. Die Ma-
    serung des Holzes kann man durch Sandstrahlen oder Beflammen der Bretter
    besonders hervortreten lassen.
(c) Das Einführen des Rüttlers in gewissen Abständen gibt streifenweise eine ver-
    schieden intensive Wirkung, die sich in der Ablagerung der Körner, besonders
    bei farbigem Feinstkorn (z. B. Eisenoxid), kundtun kann.
(d) Schließlich besteht Zement aus Naturprodukten, die dafür verantwortlich sind,
    daß sich einzelne Chargen durch verschiedene Farben abzeichnen können. Durch
    Homogenisierungsanlagen in den Zementwerken wird dieser Schönheitsfehler
    bekämpft.
(e) Gut gelungener Sichtbeton hoher Wände wird oft durch herablaufende Zement-
    schlämpe verdorben, sofern in mehreren Höhenabschnitten betoniert wird. Durch
    die unvermeidliche elastische Deformation der Schalung infolge des Beton-
    druckes entsteht an ihrem unteren Rand oftmals ein Spalt, durch den Zement-
    milch austritt. Es empfiehlt sich daher, dort einen Streifen Moosgummi einzu-
    legen. Man begegnet durch diese Maßnahme auch der Gefahr der Kiesnestbil-

dung durch Auslaufen des Zementleimes. Die zusätzliche Einlage von Profil-
oder Dreikantleisten (Abb. 1.1/13b) am oberen Rand eines Betonierabschnittes
ist geeignet, die Wirkung der erwähnten Deformation der oberen Schalung
(Absatzbildung) zu verbergen.

Besondere ästhetische Wirkungen erzielt man durch Entfernen der obersten Betonfläche, wodurch das Gefüge des Betons, insbesondere die groben Zuschläge, zur
Geltung kommen. Hierzu gibt es verschiedene Wege:

(a) Das Abspülen der äußersten Mörtelschicht mittels Wasserstrahl nach dem Er-
    starren des Betons ist nur mit großer Vorsicht für den Bestand des Bauteiles
    möglich.
(b) Der gleiche Erfolg wird sicherer durch Bestreichen der Schalung mit einem das
    Erstarren verzögernden Zusatz und späteres Abspülen der deckenden Mörtel-
    schicht erreicht. Beide Verfahren bezeichnet man als „Waschbeton" und werden
    hauptsächlich in Betonwerken für Verkleidungsplatten usw. angewandt, wobei
    ausgesuchte Zuschläge (Rollkies, Marmor) zur Geltung kommen.
(c) Die oberste, dünne, erhärtete Mörtelschicht wird mittels Sandstrahlgebläse ent-
    fernt, ehe der Beton große Festigkeit erlangt hat, wodurch das Mittel- und
    Grobkorn bloßgelegt wird.
(d) Das steinmetzmäßige Bearbeiten des erhärteten Betons (Stocken, Scharieren) be-
    gegnet Bedenken, weil durch Lockern und Spalten der Grobkörper die Witte-
    rungsbeständigkeit leidet.

Die Betondeckung der Bewehrung ist bei jeder Art der Bearbeitung unbedingt entsprechend zu vergrößern. Außerdem ist zu berücksichtigen, daß sich umsomehr Staub
auf dem Beton ablagert, je rauher er ist.

Die Genauigkeit und Steifigkeit der Schalung ist bestimmend für die Maße der Bauglieder. Die Maßabweichungen zimmermannsmäßiger Schalungen, und damit der
Betonabmessungen, liegen innerhalb von ± 1 bis 2 cm. Kleinere Toleranzen können
nur unter erheblichen Mehrkosten für Versteifungen eingehalten werden. Fertigteile lassen sich in festen Formen aus Stahl oder „GFK" (glasfaserverstärktem Kunstharz) naturgemäß eine Größenordnung genauer herstellen (Toleranz nach Milli-
metern).

Spezifizierte Angaben findet man in [67] sowie:

DIN 18201   (76) Maßtoleranzen im Bauwesen, Begriffe,
DIN 18202, Blatt 1 (74) Zulässige Abmaße im Hochbau,
          Blatt 2 (74) Ebenheitstoleranzen von Wänden und Deckenunterseiten,
          Blatt 3 (70) Desgleichen von Rohdecken und Fußböden,
          Blatt 4 (74) Abmaße von Bauwerken,
          Blatt 5 (77) Ebenheitstoleranzen für Flächen,
DIN 18203, Blatt 1 (74) Maßtoleranzen von Fertigteilen im Hochbau.

Es ist sehr wichtig, die möglichen Abmaße zu kennen, um Ärger zu vermeiden. Für
Aus- und Aufbauten, die Millimeter-Genauigkeit fordern (Fenster, Türen, Beläge,
Stahlkonstruktionen, Maschinen, Apparate usw.) ist stets ein ausreichender Spielraum vorzusehen, der nach dem Ausrichten gegen den erhärteten Beton mit besonderen Stoffen (Mörtel, Kitt, Plastikprofile, vgl. 6. 3.2) auszufüllen ist. Auch Über-
gangsteile wie Kantenschutzwinkel in Decken, Geländertüllen, Rohrdurchführungen

usw. können nie vor dem Betonieren eingesetzt werden, es sei denn, man befestigt sie an besonderen stählernen Stützkonstruktionen.

1.1.9.2 Der Beton prägt die Schalung

Der Beton beansprucht die Schalung durch sein Gewicht und den Seitendruck. Die Schalung wird nach handwerklicher Tradition oder nach ingenieurmäßigen Gesichtspunkten [60] konstruiert. Über den Seitendruck des Betons gehen die Meinungen und sogar die sehr zahlreichen und streuenden Messungen noch stark auseinander [68]. Die Schwierigkeit liegt darin, daß wir es mit drei ineinander übergehenden „Aggregat"zuständen zu tun haben (Abb. 1.1/14): Dem frischen Beton, der eine gewisse innere Reibung besitzt, dem erstarrenden Beton, der thixotrope Eigenschaften, d. h. eine Kohäsion besitzt, aber bei Erschütterungen wieder plastisch wird, und dem im Abbinden begriffenen Beton, der bereits seine echte Festigkeit entwickelt. Die Dicke dieser Schichten hängt von der Steiggeschwindigkeit v des Betons ab, die sich aus der Mischerleistung Q (m³/h) und der zu füllenden Fläche F (m²) zu $v = Q/F$ (m/h) ergibt. Braucht der Zement die Zeit t_e bis zum Beginn des Erstarrens, so ist die Dicke der Frischbetonschicht $z_e = vt_e$, während nach der Zeit t_a bis zum Anfang des Abbindens der Beton die Dicke $z_a = vt_a$ erreicht hat. Die Zeiten t_e und t_a sind von der Zementsorte und der Betontemperatur stark abhängig. Mit dem inneren Reibungswinkel ϱ, der von der Konsistenz des Betons abhängt, läßt sich unter Vernachlässigung der Wandreibung der Seitendruck innerhalb des Frischbetons angeben zu $p_s = \gamma_b z \tan^2 (45° - \varrho/2)$.

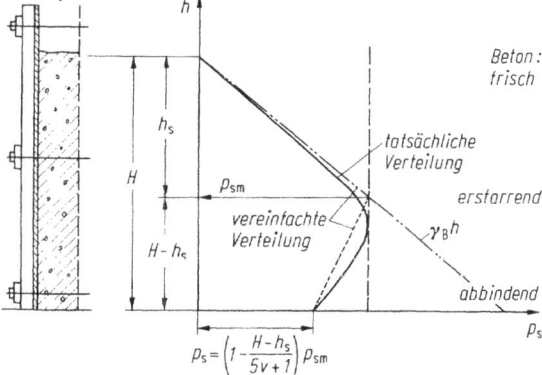

Abb. 1.1/14. Tatsächliche und vereinfachte Verteilung des Schalungsdruckes p_s über die Wandhöhe in kN/m² [69]. γ_b: Wichte des Betons (24 kN/m³), v: Steiggeschwindigkeit des Betons in m/s

Allerdings wird ϱ wiederum von einer Reihe Faktoren bestimmt wie der Körnungsverteilung, der Kornform, der Kornrauhigkeit, dem Zement- und Wassergehalt, dem Verdichtungsgrad, der Konsistenz, die stark von Zusatzmitteln abhängt, usw. Im Bereich des erstarrenden Betons wird die Druckzunahme wegen der Kohäsion kleiner, im abgebundenen Beton verschwindet sie. Das bedeutet aber nicht, daß zwischen Beton und Schalung dann kein Druck mehr herrscht: Die elastischen Deformationen der Schalung werden durch den abgebundenen Beton ja fixiert, so daß dort nun die Schalung ihrerseits gegen den Beton drückt. Die größte, beim Steigen des Betons auftretende Druckordinate bleibt deshalb großenteils erhalten, nimmt aber infolge des Setzens und Anfangsschwindens des Betons etwas ab.

Für einen weichplastisch eingebrachten Beton ist $\varrho \sim 15°$, Wichte $\gamma_b = 24$ kN/m³ und damit in der Tiefe $zp_s \cong \frac{2}{3}\gamma_b z = 16{,}0z$ kN/m². Da man jedoch zur Entlüftung und Verdichtung die Reibung zwischen den Körnern durch Rütteln vorübergehend aufhebt (vgl. 1.1.4), werden wir sicherheitshalber im Wirkungsbereich des Rüttlers $\varrho = 0°$ einsetzen müssen. Außerdem wird bei entsprechender Rütteltiefe die oberste Schicht des erstarrenden Betons wieder verflüssigt, und man hat mit dem hydrostatischen Druck $p_s = \gamma_b z = 24{,}0z$ kN/m² zu rechnen. Der Wirkungsbereich des

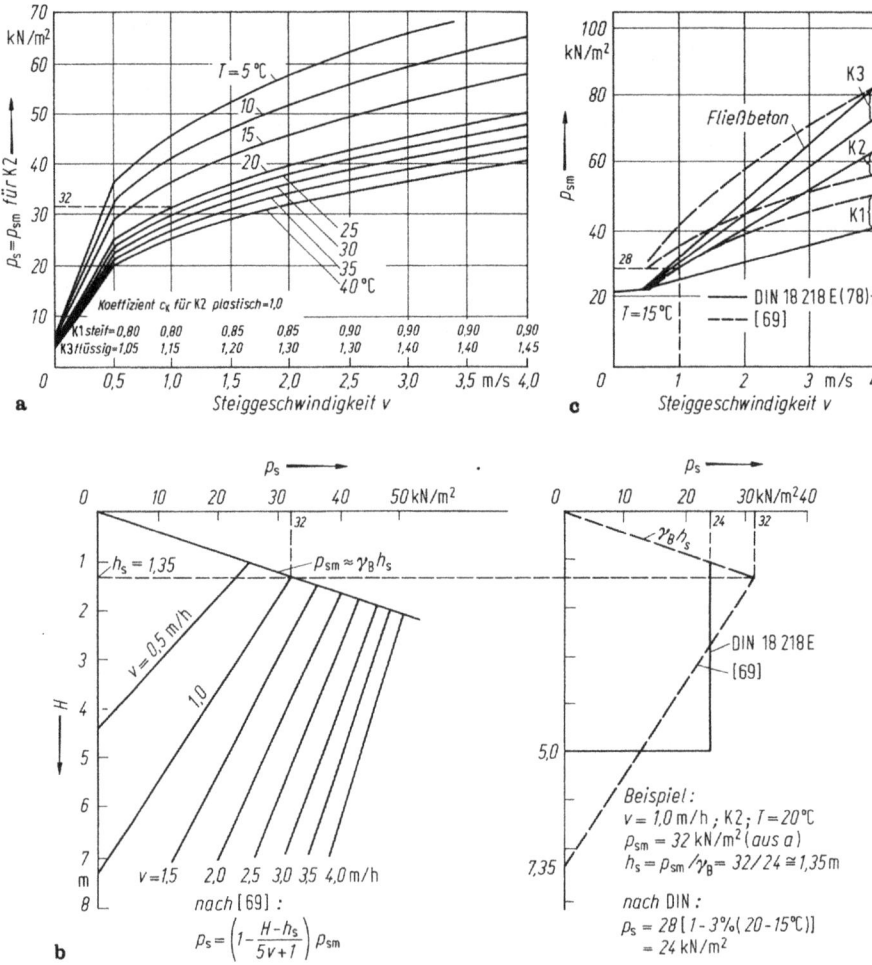

Abb. 1.1/15. Seitendruck p_s [kN/m²] auf lotrechte Schalungen nach [69] von gerütteltem Beton. **a** $p_{sm} = c_k \cdot p_s$ abhängig von Betoniergeschwindigkeit $v = Q/F$ in (m/s) sowie von der Temperatur T des Betons und seiner Konsistenz K nach DIN 1045 Tabelle 2 für Wände $d \geq 40$ cm und Stützen $d \geq 60$ cm; **b** Tiefe $h_s = p_{sm}/\gamma_b$ der Druckordinate p_{sm} unter dem Frischbetonspiegel und Druckverlauf unterhalb h_s nach [69] und DIN 18218E (78) (Beispiel $v = 1{,}0$ m/h); **c** Vergleich der p_{sm} bei $T = 15$ °C nach [69] und DIN 18218E (78) für Betonkonsistenzen K_1 bis K_3; Bei künstlicher Verzögerung des Abbindens über 5 h hinaus erheblich höhere Drücke ansetzen (DIN 18 218E (78))

Rüttlers ist zwar begrenzt, der Druck bleibt aber bei seinem Weiterwandern erhalten. Wenn auch der aktive Druck örtlich wieder abfällt, können doch die Deformationen der Schalung kaum zurückgehen, da die innere Reibung des Betons von $p'_s = \gamma_b z \tan^2 (45 + \varrho/2) = 1{,}7 p_s$ zur Folge hätte. Wie man weiß, ist das Zurückdrücken einer gewichenen Schalung praktisch unmöglich!

Abb. 1.1/15 gibt für Rüttelbeton Drücke an, die die wesentlichen Einflüsse erfassen und durch viele Messungen belegt sind.

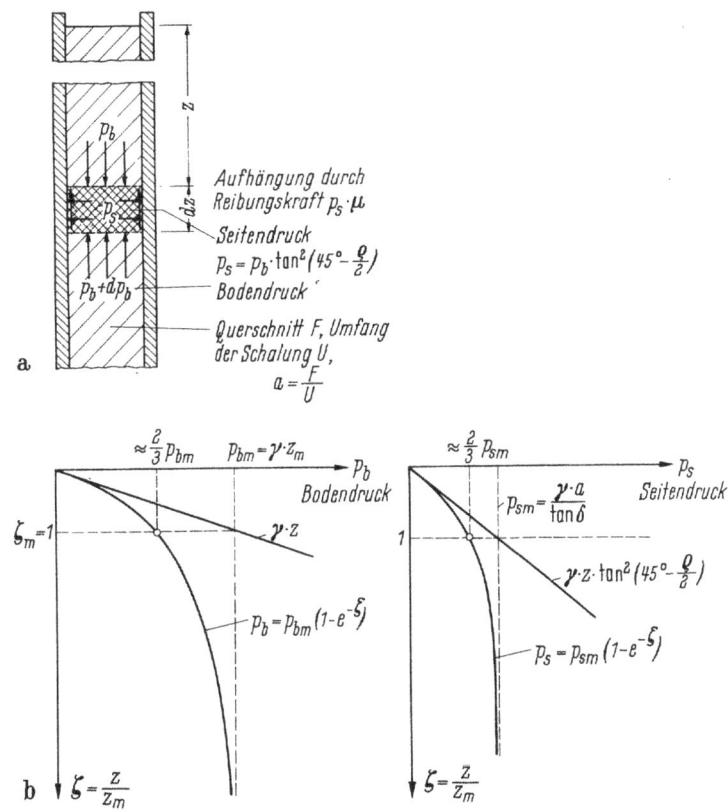

Abb. 1.1/16. Aufhängewirkung des Betons durch Wandreibung gegen die Schalung mit dem Umfang U; $a = F/U = d/4$ (quadratische Stütze), $= d/2$ (Wand). **a** „Silowirkung" [70], innerer Reibungswinkel des Betons: ϱ; Wandreibungswinkel des Betons: δ; $\tan\delta = \mu$, Wichte des Betons $\gamma = 24$ kN/m³; **b** Seiten- und Bodendruck in einer engen Schalung; $\varepsilon = \mu \tan^2 (45 - \varrho/2)$; $z_m = a/\varepsilon$

Beispiel: $\varrho = 17{,}5°$; $\delta \cong \varrho/2 = 8{,}75°$; $\varepsilon = 0{,}0828$

	d cm	a m	z_m m	p_{sm} kN/m²	p_{bm} kN/m²
Wand	10	0,05	0,61	14,6	7,8
	25	0,125	1,51	36,3	19,5
	50	0,25	3,02	72,5	39,0
quadr. Stütze	25	0,0625	0,76	18,2	9,8
	50	0,125	1,51	36,2	19,5

DIN 18218E (78) liefert Schalungsdrücke abhängig von Steiggeschwindigkeit, Konsistenz, Temperatur und Zusatzmitteln, deren maximale Druckordinaten etwas kleiner als nach [69] sind. Jedoch weicht der Gesamtdruck infolge der anderen Druckverteilung nur wenig ab, wie die Abb. 1.1/15 an einem Beispiel zeigt. DIN 18216 (76) behandelt Schalungsanker.

Beim Betonieren von dünnen Wänden und Stützen rechnet man bei plastischer Konsistenz zu ungünstig, wenn man die Wandreibung, die einen Teil des Betongewichtes aufnimmt, bei der im Verhältnis zur Höhe geringen Betondicke vernachlässigt (Abb. 1.1/16a). Da man wie in der Erddrucktheorie das Verhältnis $p_s/p_b = \tan^2(45° - \varrho/2)$ als konstant ansetzt, tritt eine Aufhängungskraft proportional dem Seitendruck ein. Die Änderung des Seitendruckes p_s ist also jeweils von dem erreichten Wert abhängig, so daß er nach dem Gesetz des organischen Wachsens zunimmt:

$$p_s = p_{sm}(1 - e^{-\zeta});$$

$$a = \frac{F}{U}; \quad z_m = \frac{a}{\varepsilon}; \quad \zeta = \frac{z}{z_m}; \quad \varepsilon = \tan\delta \cdot \tan^2\left(45° - \frac{\varrho}{2}\right); \quad p_{sm} = \frac{a\gamma}{\tan\delta}.$$

Der Seitendruck strebt also einem von der Wandhöhe unabhängigen Größtwert p_{sm} zu (Abb. 1.1/16b), sofern der Beton bis zu dieser Tiefe weich bleibt und noch nicht erstarrt. Die Anfangstangente entspricht dem linearen Druckverlauf im unbegrenzten Betonkörper. Auch diese Verhältnisse ändern sich naturgemäß grundlegend durch das Rütteln. Es ist aber aussichtslos, dafür rechnerisch etwas über die Druckverhältnisse aussagen zu wollen, da die „Aufhängewirkung" des Betons an den Wänden nur lokal ausgeschaltet wird. Man wird reichlich sichergehen, wenn man, mangels Messungen, entsprechend der Abschätzung im unbegrenzten Beton, den 1,5- bis 2-fachen Druck des ungerüttelten Betons annimmt. Bei Fließbeton und Anwendung von Außenrüttlern kann man mit einer Aufhängewirkung nicht rechnen.

Diese groben Abschätzungen liegen auf der sicheren Seite. Eine genauere Erfassung des Druckes ist wegen der großen Zahl der schon genannten Einflüsse, zu denen beim Silodruck auch noch die Rauhigkeit und Durchlässigkeit der Schalung sowie die Mitwirkung der Bewehrung kommt, nicht möglich.

1.1.10 Ausblühungen des Betons

Die frisch ausgeschalte Betonoberfläche bedarf anfangs der Pflege durch Feuchthalten (vgl. 1.1.7), ist aber später äußerst widerstandsfähig insbesondere gegen Witterungseinflüsse, und wird nur durch extreme Einwirkungen von außen angegriffen (vgl. 5).

Von innen her drohen nur Umsetzungen des Zementes mit bestimmten Zuschlägen (Flint, vgl. 1.1.1) sowie die harmlosen Kalkausblühungen. Diese sind eine natürliche, wenn auch lästige Erscheinung. Die weißen Flecken und Streifen sind auf kalkgesättigtes Wasser aus der Nachbehandlung zurückzuführen, das an der Oberfläche verdunstet und dort den Kalk zurückläßt. Oberflächen- und Kapillarwasser tragen zu dieser Wirkung bei [72]. Auch manche Zusätze (Chloride) (vgl. 1.1.7) neigen zum Ausblühen. Bei niedrigen Temperaturen geht sowohl der Hydratationsprozeß als auch die Verdunstung langsamer, so daß laufend Kalkhydrat nachgeliefert wird und sich deshalb in der kühlen Jahreszeit öfters Ausblühungen zeigen als in der warmen.

Sie hören auf, wenn der Beton getrocknet ist, und können dann mit der Stahl-
bürste entfernt werden. Bereits karbonatisierter Kalk haftet fester und kann mit
verdünnter Salzsäure abgewaschen werden. Vorher ist der Beton gut anzunässen,
damit die Säure nicht in die Kapillaren eindringen und Schaden anrichten kann. Danach muß kräftig nachgewaschen werden, damit die Kalkauflösung nicht weiter-
geht.

Ausblühungen können zur Dauererscheinung werden, wenn neue Durchfeuchtun-
gen eintreten oder ständig von der Rückseite her Feuchtigkeit nachgeliefert wird, wie
z. B. bei Gewölben oder Stützmauern. Sie können dann zu Stalaktiten ausarten, deren
Wachstum nur durch Isolierung der Rückseite verhindert werden kann (vgl. 5.2).

Kalkarme Zemente blühen weniger aus. Auch die Beigabe kieselsäurereicher Bestandteile (Traß, Thurament) und manche Zusatzmittel mildern diese Erscheinung,
da sie Kalk binden. Letztere reagieren aber je nach Zementsorte verschieden, so daß
vor ihrer Anwendung erst positive Erfahrungen nachgewiesen werden sollten.

1.2 Festigkeiten des Betons

Der Schlüssel zur Beurteilung der Sicherheit der Bauwerke ist die Verknüpfung des
Spannungszustandes mit den Stoffeigenschaften. Dabei zeigt sich, daß die einfachen
Begriffe der einachsigen Druck- und Zugfestigkeit keineswegs zur Beschreibung aller
Brucherscheinungen ausreichen [1], sondern durch die Festigkeiten bei mehrachsiger
Beanspruchung sowie durch den Einfluß des Verlaufes der Beanspruchung in der
Zeit ergänzt werden müssen.

1.2.1 Abhängigkeit der Festigkeit von innerem Aufbau und äußeren Einwirkungen

Die Gesetze der Mechanik, die das Verhalten homogener Stoffe beschreiben, gelten
für den Beton nur als Annäherungen, da dieser aus Bestandteilen mit verschiedenen
Eigenschaften (Zementstein und Zuschläge) zusammengesetzt ist (auch „Zweiphasen-
system" genannt). Wir müssen die Folgen dieser Tatsache eingehend kennenlernen,
um das Verhalten des Betons und die Streuungen aller Versuchsergebnisse verstehen zu können.

1.2.1.1 Auswirkungen der Inhomogenität des Betons

Die beiden Komponenten des Betons verleihen diesem zwar einen natursteinartigen
Charakter (Nagelfluh-Felsen), ihre unterschiedlichen Eigenschaften wirken sich aber
deutlich aus. Die Zuschläge (Sand und Kies oder gebrochener Stein) sind wesentlich
fester und härter (höhere Elastizitätszahl) als der Zementstein und weisen keine merkbaren plastischen Verformungen auf. Der besseren Übersicht halber stelle ich schon
an dieser Stelle die wesentlichsten Eigenschaften der beiden Bestandteile sowie eines
Betons größenordnungsmäßig gegenüber (Tabelle).

Die Eigenschaften von Zementstein sind in hohem Maße vom Porenvolumen,
d. h. vom Wasserzusatz abhängig (Abb. 1.2/1) [5]. Sie schlagen aber auf den Beton
infolge des „Steingerüstes" nur abgeschwächt durch, was im folgenden begründet
werden soll.

	β_W N/mm^2	E kN/mm^2	α_{6d} 10^{-6}/N/mm^2	φ_{6d}	φ_∞	ε_s $^0/_{00}$
Zuschlag (Quarz)	250	60	0	0	0	0
Zementstein (w/z = 0,5)	25	10	70	1	5	2
Beton B25	30	35	11	0,4	2,0	0,2

β_W für Zuschläge nach B. Kal. 1978 1, S. 13,
E: Elastizitätszahl,
$\alpha = \varepsilon_k/\sigma = \varphi/E$: bezogenes Kriechmaß (vgl. 1.3.2); α_{6d}-Wert nach 6 Tagen [3],
$\varphi_{6d} = \varepsilon_k/\varepsilon_{el}$: Kriechmaß nach 6 Tagen, abgeleitet aus φ_∞ nach DIN 1045, Bild 12 für $d = 10$ cm,
ε_s: Schwindmaß nach [4]

Zunächst leuchtet ein, daß ein Verbundkörper mit einer bestimmten Kurzzeit-Druckfestigkeit sich im Langzeitversuch ganz verschieden verhalten wird, je nachdem welche Eigenschaften und Anteile die beiden Komponenten besitzen. Bei Körpern, deren Abmessungen nur ein Mehrfaches des Größtkornes betragen, kann ferner eine Rolle spielen, wie die großen Körner verteilt sind. Ich habe früher auf spannungs-optischem Wege qualitativ gezeigt [8], daß in einem auf Druck beanspruchten Probe-würfel ein ganz unregelmäßiger Spannungszustand herrscht (Abb. 1.2/2). Wäre das Material des Würfels homogen, so würde ein gleichmäßiger Spannungszustand

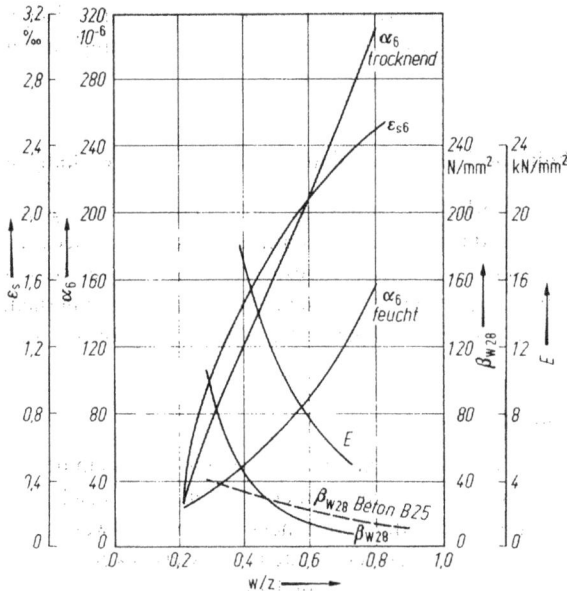

Abb. 1.2/1. Stoffkennzahlen von Zementstein, abhängig vom Verhältnis Wasser/Zement (w/z). Schwindverkürzung ε_{s6} von Zylindern mit Durchmessern von 18 mm, $l = 60$ mm, 28 Tage feucht gelagert, nach Trocknen 6 Tage lang in Luftstrom mit 40% relativer Feuchte [3, S. 39] (Schnell-versuche); Kriechverkürzung $\alpha_6 = \varepsilon_{k6}/\sigma$ der gleichen Körper nach Belastung 6 Tage lang mit $\sigma = 10$ N/mm^2 bei feuchter Lagerung und austrocknend [3]; Elastizitätsmodul E bei $\sigma = 0,3\beta_{W28}$ [7, S. 139]; Druckfestigkeit β_{W28} von Zementstein; vergleichsweise von einem Beton B 25 (vgl. Abb. 1.1/1)

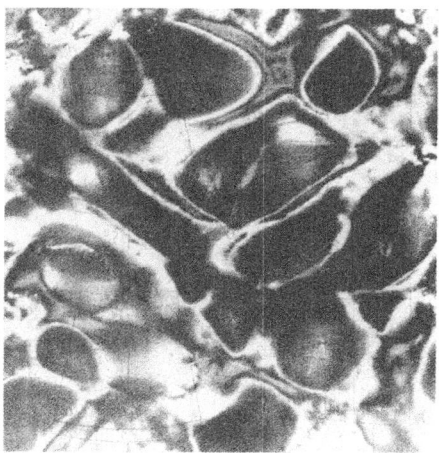

Abb. 1.2/2. Das Isochromatenfeld einer Folie, die auf die Seitenfläche eines belasteten Probewürfels geklebt war, zeigt einen stark ungleichmäßigen Verzerrungs- und Spannungszustand an [8]

herrschen, und es wäre keinerlei optischer Effekt zu sehen. Durch quantitative Auswertung hat Dantu [9] den höchst unregelmäßigen Spannungszustand zahlenmäßig angeben können (Abb. 1.2/3).

Man hat diese Einflüsse vereinfacht auch an einem Modellbeton studiert und sich dabei auf einen ebenen Spannungszustand beschränkt. Als „Zuschläge" wurden Zylinder aus Naturstein verwendet, die etwa die fünffache Härte gegenüber der Grundmasse (Kunststoff) besaßen, in die sie in regelmäßiger Anordnung eingebettet waren. Der Spannungszustand eines solchen Körpers wurde spannungsoptisch sichtbar gemacht [10] und in Form des Trajektorienbildes aufgezeichnet.

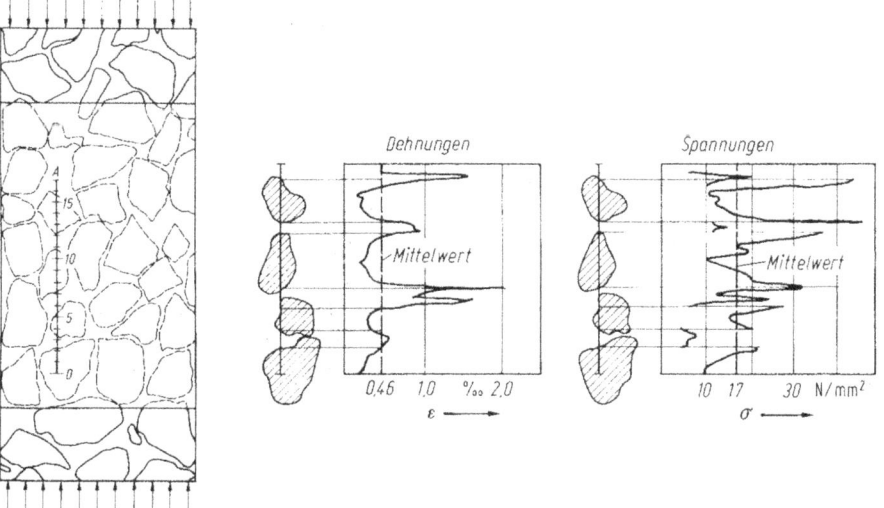

Abb. 1.2/3. Quantitative Auswertung der spannungsoptisch wie bei Abb. 1.2/2 sichtbar gemachten Verzerrungen und Spannungen in einem gedrückten Betonprisma [9]

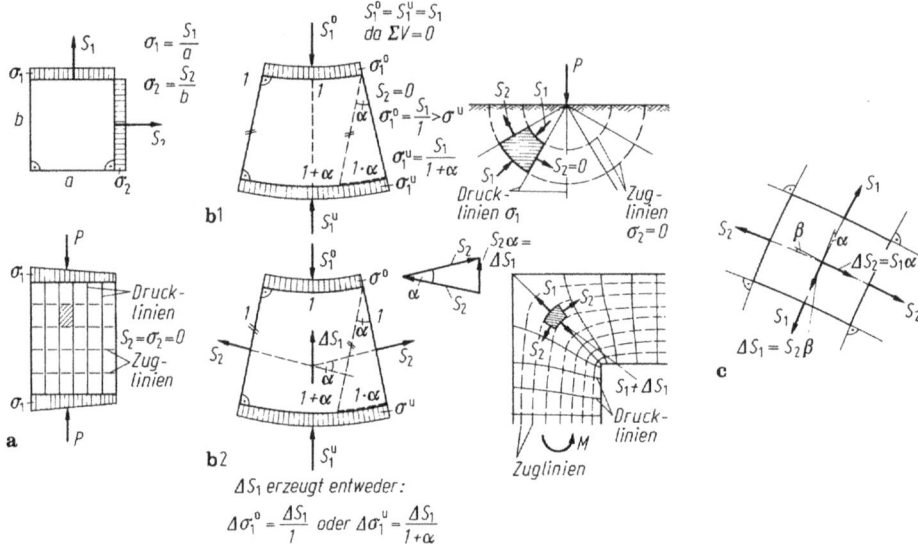

Abb. 1.2/4. Statische Aussagen aus dem Trajektorienverlauf, abgeleitet an einem rechtwinkligen Flächenelement. **a** Alle Seiten gerade; **b** zwei Seiten gerade, zwei gekrümmt; **c** alle Seiten gekrümmt

Diese Linien zeigen die Richtungen der Hauptdruck- und -zugspannungen an und vermitteln qualitativ ein Bild der örtlichen Beanspruchungen, das ich hier kurz erläutern will, um es noch öfters zu verwenden. Wohlgemerkt geben die Trajektorien nicht die Größe der Hauptspannungen an, sondern nur deren Richtung. Denn diese wird entweder rechnerisch mittels der Scheibentheorie oder spannungsoptisch aus den Isoklinen gewonnen [11] und in beliebigen Abständen aufgezeichnet. Auch kann das Vorzeichen einer Hauptspannung längs einer Trajektorie wechseln. Immerhin erhält man aus dem Verlauf dieser Linien einen Einblick in die relativen *Änderungen* der Spannungen längs der Trajektorien d. h. in das Spannungsgefälle. Die absolute Größe der Spannungen gewinnt man mittels der Auswertung des Isochromatenbildes vom Rand her.

Wir betrachten ein kleines Körperelement (Masche) (Abb. 1.2/4), das aus einer Scheibe mit einem ebenen, zweiachsigen Spannungszustand herausgeschnitten wird. Seine Seiten stehen an den Ecken stets senkrecht aufeinander und sind frei von Schubspannungen (Definition und Berechnung der Hauptspannungen vgl. z. B. [12]), so daß die Kräfte aller vier Seiten, gleich den jeweiligen Spannungen mal Seitenlänge, in Seitenmitte angreifend und senkrecht auf den Seiten stehend, eine Gleichgewichtsgruppe bilden müssen.

Die gezeichneten Formen sagen folgendes aus:

(a)   Alle vier Seiten der Masche sind gerade: gleichförmiger Spannungszustand, Beispiel: Element einer Stütze.

(b)   Zwei Seiten der Masche sind gerade, zwei krumm: gleichbedeutend mit $S_2 = \text{const.}$

(b1) $S_2 = 0$: Spannung σ_1 nimmt infolge Konvergenz der Drucklinien umgekehrt proportional zum Abstand der Trajektorien von u nach o zu. Beispiel: Einzellast auf unendlicher Halbscheibe (vgl. Abb. 7/3a).

(b2) $S_2 \neq 0$: Durch Umlenkung von S_2 entsteht eine Umlenkungskraft ΔS_1 in Richtung 1. Diese wird je nach den Randbedingungen des Körpers am oberen Rand durch $\Delta\sigma_1^o$ oder am unteren Rand durch $\Delta\sigma_1^u$ aufgenommen. Beispiel: Rahmenecke mit reiner Biegung.

(c) Vier Seiten der Masche sind krumm: Die beiden Seitenkräfte beeinflussen sich gegenseitig umso stärker, je kleiner die Krümmungsradien sind. Die Richtung der Fortpflanzung der Umlenkungskräfte ΔS_1 und ΔS_2 hängt von den Rand- und Symmetriebedingungen ab (Aufsummation von einem kräftefreien Rand ausgehend).

Daraus lassen sich für Maschenfelder einige qualitative Grundregeln ableiten:

(a) Spannungs$\left\{\begin{matrix}\text{zunahme}\\\text{abnahme}\end{matrix}\right\}$ wird angezeigt durch $\left\{\begin{matrix}\text{konvergierende}\\\text{divergierende}\end{matrix}\right\}$ Trajektorien.

Beispiele: Abb. 1.2/13b: Ausbreitung einer Teilflächenbelastung, Abb. 4.1/11c und d: Spannungskonzentration an einer einspringenden Ecke.

(b) Querzug wird angezeigt durch $\left\{\begin{matrix}\text{konkave Drucklinien („O-Beine")}\\\text{konvexe Zuglinien.}\end{matrix}\right.$

Querdruck wird angezeigt durch $\left\{\begin{matrix}\text{konvexe Drucklinien („X-Beine").}\\\text{konkave Zuglinien.}\end{matrix}\right.$

Beispiele: Abb. 1.2/23c Spaltzugversuch (Querzug), Abb. 1.2/13b Wechsel von Querdruck zu Querzug.

(c) Kräftefreier Rand wird angezeigt durch Trajektorienverlauf parallel und senkrecht zum Rand. Letztere beginnen mit dem Wert Null, bei einer Last senkrecht zum Rand mit deren Wert. Beispiel (B 4.5.1.1): Ober- und Unterseite des Balkens.

(d) Normalspannungsfreier Rand, jedoch mit angreifenden Schubspannungen, wird angezeigt durch unter 45° auf den Rand auftreffende Trajektorien, die dann gleichgroße und entgegengesetzt gerichtete Hauptspannungen $\pm\sigma$ repräsentieren und eine Schubspannung τ in gleicher Größe ergeben. Beispiel (B 4.5.1.1): Stirnfläche eines Balkens (Stützkraft prarabolisch verteilt eingetragen).

Der in Abb. 1.2/5 gezeigte Trajektorienverlauf im Modellbeton unter einachsiger Druckbeanspruchung läßt nun qualitativ erkennen, daß die Druckkräfte zum größeren Teil auf dem „elastisch kürzesten" Weg von Einlagekörper zu Einlagekörper wandern, da sie hier den Weg größten Widerstandes finden und die weichere Grundmasse entsprechend entlastet wird. Dieses Kräftespiel ist auch im Beton zwischen den großen Zuschlagkörnern und dem Mörtel und ebenso zwischen den Sandkörnern und dem Zementleim zu erwarten. Da die Kräfte also nicht geradlinig durch den Beton fließen, sondern vorwiegend im Zickzack von Korn zu Korn, entstehen an diesen Umlenkungsstellen Seitenkräfte (Zugtrajektorien), die durch die Füllmasse aufgenommen werden müssen. Sie werden in ihrer Größe von der Haftfestigkeit an den Körnern begrenzt und diese hängt wiederum von der Güte des Zementsteines ab. Das bedeutet, daß dieser in erster Linie für die Festigkeit

Abb. 1.2/5. Spannungszustand in einem Modellbeton [10]. **a** Einlagekörper härter als die Einbettung (Matrix): Längsbelastung wird hauptsächlich von Einlagen getragen (Beton mit Schwerzuschlag); **b** Einlagekörper *weicher* als Matrix (evtl. Löcher): Längsbelastung wird hauptsächlich von Matrix getragen (Beton mit Leichtzuschlag)

maßgebend ist, daß aber die elastischen Verformungen hauptsächlich von der Härte der Zuschläge bestimmt werden.

Die quantitative Berechnung der Spannungen [13] zeigte ebenfalls, daß bei einachsiger Druckbeanspruchung des Modellbetons an den Seiten der Walzen Querzug entsteht. Wenn nun bei Dauerlast der Zementstein kriecht, was eine zunehmende

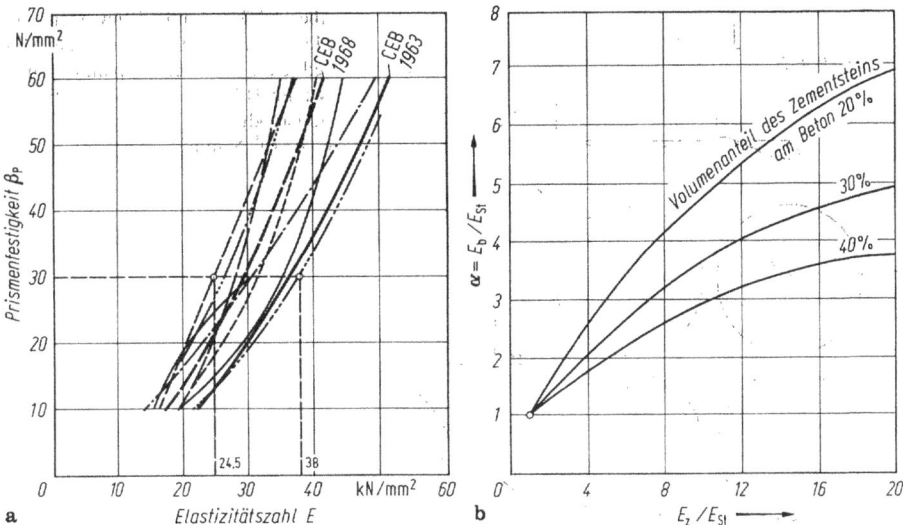

Abb. 1.2/6. Elastizitätsmodul von Beton. **a** Elastizitätsmodul als Funktion der Prismenfestigkeit nach Angabe verschiedener Autoren [CEB]; **b** E-Modul des Betons (E_b) als Funktion der E-Moduln von Zementstein (E_{St}) und Zuschlag (E_z) sowie des Zementsteingehaltes [1.1/1.10, S. 477]

Kompression bedeutet, die jedoch die Zuschläge nicht mitmachen, so „drückt" er sich in zunehmendem Maße von der Kraftaufnahme, und die Belastung lagert sich mehr und mehr auf das feste Korngerüst um. Da sich dieses dabei elastisch verformt, ist das mittlere Verkürzungsmaß infolge Kriechens nicht nur von der plastischen Verformung des Zementsteines sondern auch von der Elastizitätszahl der Zuschläge bedingt. Die weit streuenden Angaben in der Literatur sowohl über die Elastizitätszahl des Betons in Abhängigkeit von dessen Festigkeit (Abb. 1.2/6a) als auch über die Kriechzahlen (über 1000 Veröffentlichungen) sind hauptsächlich auf die Vernachlässigung der geschilderten Mikromechanik des Betons und seine Idealisierung als „homogener Stoff" zurückzuführen. Wie stark sich Anteile und Eigenschaften der Komponenten auswirken, zeigt Abb. 1.2/6b.

Aus dem gleichen Grunde finden sich auch sehr verschiedene Angaben über das Schwinden des Betons, das ebenfalls allein durch den Zementstein verursacht wird. Auch wenn dieser Vorgang nicht von außen behindert wird, sind innere Spannungen (Eigenspannungen ohne Resultierende) im Beton zu erwarten, da die Zuschläge sich der Verkürzung des Zementsteines widersetzen (vgl. Abb. 1.3/13d). Dieser Vorgang wurde auch an einem Modellbeton studiert und quantitativ durch Rechnung und Messung erfaßt (Abb. 1.2/7): Die schrumpfende Grundmasse zieht sich in den Zwickeln zusammen und sucht die „Walzen" in Diagonalrichtung einander zu nähern. Dadurch entstehen Druckspannungen in den Engstellen zwischen den „Walzen" und Zugspannungen in Diagonalrichtung, die durch Haften der Grundmasse an den Walzen auf diese übertragen werden müssen. Die Höhe der Spannungen, deren Resultierende in jedem Schnitt wegen fehlender äußerer Kräfte Null sein muß, ist von dem Schwindmaß, aber auch von dem Verhältnis der elastischen Verformungen der beiden Bestandteile abhängig. Eine gewisse Umlagerung dieser

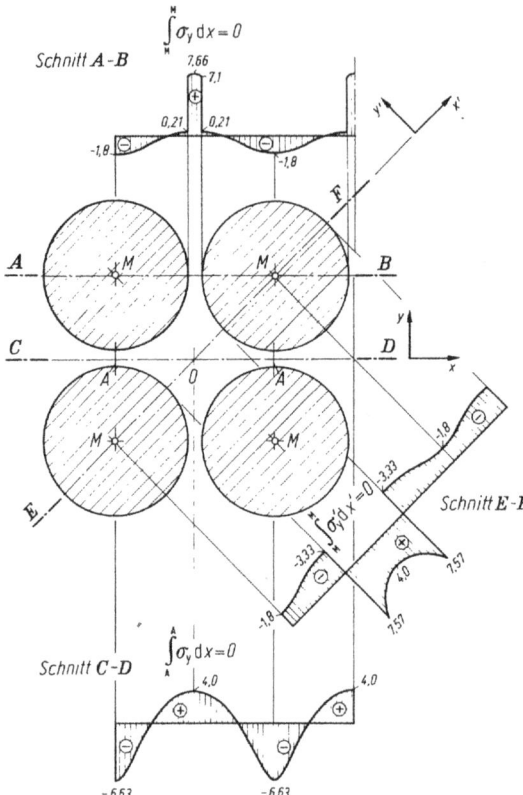

Abb. 1.2/7. Durch Schwinden der Matrix um $\varepsilon_s = 0,5^0/_{00}$ in einem Modellbeton entstehende Spannungen in N/mm² [13.1]. Verhältnis der Elastizitätsmoduln $E_{\text{Matrix}}/E_{\text{Zyl}} = {}^1/_5$; $E_{\text{Zyl}} = 1 \cdot 10^5$ N/mm²

Spannungen ist durch das Kriechen zu erwarten, wurde aber hier nicht verfolgt. Der schwächste Punkt des Betons ist in der Regel die Haftfestigkeit des Zementsteines an den Zuschlägen. Sie ist zumeist sogar geringer als die ohnehin bescheidene Zugfestigkeit des Zementsteines. Es ist durch besondere Fotoverfahren der Nachweis gelungen, daß durch die beschriebenen inneren Zugspannungen infolge Schwindens der Mörtel von einem Teil der Oberfläche größerer Zuschlagkörner abreißt.

Diese Erscheinungen treten bereits im normalen Gebrauchszustand auf.

Was ereignet sich nun bei steigender Beanspruchung? Wir müssen da zunächst vom ebenen Modellbeton auf den räumlichen Verbundkörper umdenken. Diesen Schritt hat Stroeven versucht, auch quantitativ unter Berücksichtigung der wirklichen Verteilung der Zuschläge im Beton zu vollziehen und auch konkrete Ergebnisse erzielt [14]. Die dreidimensionale Interpretation der ebenen geometrischen Informationen gelingt ihm mittels der stereologischen Technik [15]. Meist sind, wie erwähnt, im Beton schon ohne Last einige Ablösungen des Zementsteines von den Zuschlägen vorhanden. Bei einachsiger Druckbeanspruchung werden sie durch Zugspannungen quer zur Lastrichtung vergrößert [16]. (Abb. 1.2/8). Hiermit ist zwar eine Umlagerung der Kraft auf die härteren Zuschlagkörner verbunden, jedoch wird der Beton durch diese Störung insgesamt „weicher", was sich in einer Krümmung der σ/ε-Linie ausdrückt. Im Rahmen der Gebrauchsspannung σ_1 stabilisiert sich dieser Zustand nach mehrmaliger Belastung und man erhält eine lineare Arbeits-

Abb. 1.2/8. Spannungs-Dehnungs-Diagramm und fortschreitende Rißbildung in einachsig gedrücktem Beton (nach H. Hilsdorf und [20])

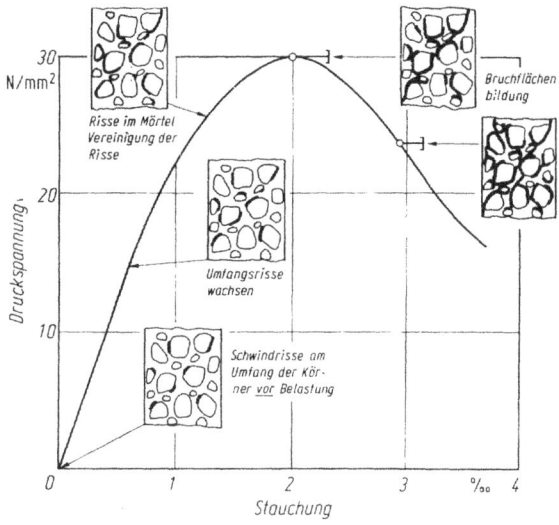

linie, deren Neigung σ_1/ε_1 die konventionelle Elastizitätszahl (Sekantenmodul) angibt. Durch weitere Belastung nehmen die Ablösungen zu und die Neigung der Arbeitslinie wird immer kleiner (Tangentenmodul). Schließlich wird das Gefüge so zerrüttet, daß bei weiterer Kompression die Spannung abnimmt. Die Definition der „Bruchstauchung" ist daher durchaus willkürlich und zudem von der Geschwindigkeit, mit der die Last aufgebracht wird, abhängig. Außerdem ist verständlich, daß der Ablösevorgang durch häufig wiederholten Lastwechsel gefördert wird, so daß die Dauerschwellfestigkeit des Betons nur etwa $^2/_3$ der Kurzzeitfestigkeit beträgt [E/3, S. 53]. Auch eine lange Zeit einwirkende konstante Last läßt das Ablösen anwachsen und setzt die Festigkeit auf etwa 90% herab (vgl. 1.2.1, Abb. 1.2/18).

Welche Wirkung hat nun eine zusätzliche Querdruckbelastung (mehrachsiger Spannungszustand)? Wenn in einer Betonscheibe außer dem Hauptdruck ein kleinerer Querdruck *in* der Scheibenebene wirkt, so kann dieser verständlicherweise nur einen relativ geringen Einfluß ausüben, da nach der dritten Richtung (senkrecht zur Scheibenfläche) die Gefügestörungen nicht behindert werden, sondern nur *in* der Scheibenfläche. In der Tat ist nachgewiesen, daß der Querdruck je nach Größe im Verhältnis zum Längsdruck σ_1 nur eine Erhöhung der Festigkeit um 15% ($\sigma_2 = \sigma_1$) bis maximal 25% ($\sigma_2 = 0{,}5\sigma_1$) bringt [17]. Wesentlich stärker werden naturgemäß die Ablösungen verzögert, wenn auch in der dritten Richtung eine Druckspannung herrscht. Hierdurch wird die Festigkeit des Betons auf das Mehrfache der einachsialen Festigkeit gesteigert (Umschnürungsfestigkeit) (Abb. 1.2/9), gleichzeitig aber auch die Stauchung weit über das Maß bei einachsigem Druck vergrößert (vgl. 1.2.1) [18].

Diese inneren Vorgänge im belasteten Beton lassen sich tatsächlich nachweisen. Schon vor Jahren hat man durch empfindliche Mikrofone ein Knistern in belasteten Prismen abgehört, das bereits bei etwa 60 bis 70% der Festigkeit begann und das fortschreitende Ablösen des Mörtels von den Zuschlägen anzeigte. Wie bei jedem spröden Stoff geht das auch beim Beton ruckweise vor sich. Ferner ließ sich die Vergrößerung der Ablösungszonen durch eine zunehmend geringere Laufgeschwin-

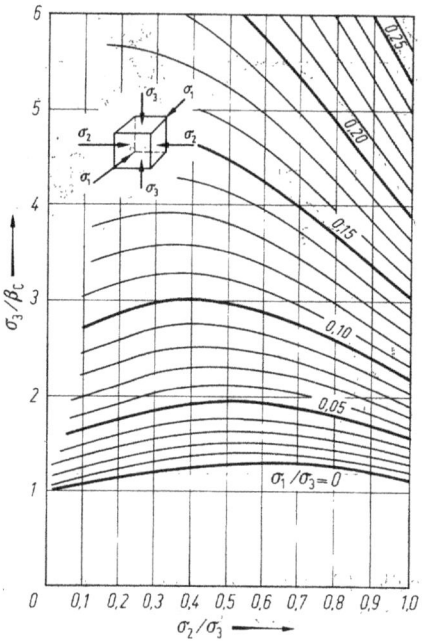

Abb. 1.2/9. Festigkeit des Betons bei dreiachsiger Druckbeanspruchung [18.1]. Beachte: σ_1 bringt viel mehr als σ_2, σ_3 algebraisch größte Hauptspannung, σ_2 algebraisch mittlere Hauptspannung, σ_1 algebraisch kleinste Hauptspannung (Druckspannung positiv), β_C einaxiale Betonfestigkeit (Zylinderdruckfestigkeit)

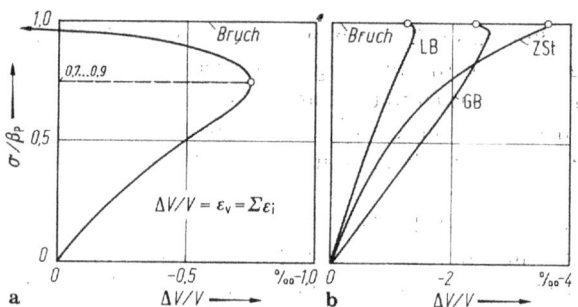

Abb. 1.2/10. Relative Volumenänderung bei einachsiger Druckbeanspruchung. **a** Von Beton B 25 [2.1, S. 20 und 17.1]; **b** von Zementstein (ZSt), Leichtbeton (LB) und Gasbeton (GB) [21, S. 85]

digkeit von Ultraschallwellen quer zur Lastrichtung, beginnend bei der gleichen Grenze, nachweisen (vgl. 1.2.2.3). Schließlich ist diese Grenze auch durch die Umkehrung der Volumenänderung des Prüfkörpers mit steigender Spannung erkennbar (Abb. 1.2/10a). Ebenso sind dann, wenn die Querdehnung $\varepsilon_q \cong 0,15\varepsilon_1$ gleich der größten Dehnung der Zugzone eines Balkens ($\varepsilon_q \cong 0,1^0/_{00}$ bei $\sigma_q = \beta_{BZ} \cong 0,1\,\beta_w$) ist, Längsrisse zu erwarten, also wenn $\varepsilon_q = \sigma_q/E \cong 0,1\beta_w/E \cong 0,15\varepsilon_1 = 0,15\sigma_1/E$, d. h. wenn wiederum $\sigma_1 \cong {}^2/_3\beta_w$ ist [1.3]. Bei einachsiger *Zugbeanspruchung* des Betons versagt an einer Stelle die Haftfestigkeit des Zementsteines an einem Korn, vielleicht ist auch schon eine Ablösung infolge Schwindens vorhanden. Durch die fehlende Übertragungsfläche entstehen an ihrem Rand hohe Kerbspannungen, wodurch ein Riß blitzartig in die Breite läuft, da der Beton als spröder Körper zur

Bildung von Plastifizierungszonen infolge Zug praktisch nicht fähig ist. An dieser Erscheinung ändert in einem weiten Rahmen [17.6] auch eine quer dazu wirkende Druckspannung nichts, so daß alle Autoren einmütig festgestellt haben: Zugrisse verlaufen stets senkrecht zur Zugspannung und bilden sich bei Erreichen der einachsigen Zugfestigkeit. Das gilt fast ausnahmslos auch bei zweiachsiger Beanspruchung (Flächentragwerke), so daß man formulieren kann: Die Zugrisse folgen dem Verlauf der Hauptdruckspannung, die ja ihrerseits senkrecht auf der Hauptzugspannung steht. Bei zwei etwa gleichgroßen Hauptzugspannungen pflegen sich zwei entsprechende Scharen von Rissen zu bilden.

Ich fasse diesen Ausblick in die Erkenntnisse der Mikromechanik des Betons, der allerdings außer einem vertieften Verständnis für das Verhalten dieses Baustoffes im heutigen Stadium der Forschung noch wenig quantitative Aufschlüsse gibt, wie folgt zusammen:

(a) Die phänomenologische Beschreibung der Eigenschaften des Betons bei dessen Betrachtung als homogenem Stoff (Makromechanik) vermag nur stark streuende Werte zu geben.

(b) Der innere Spannungszustand ist wegen der Heterogenität viel komplizierter als in einem homogenen Körper und hängt von den Eigenschaften und der Verteilung der Komponenten ab.

(c) Im Zuge der Belastung treten fortlaufend Umlagerungen der inneren Spannungen auf, die infolge zunehmender Ablösungserscheinungen durch Versagen der Haftfestigkeit einen unstetigen Charakter besitzen und die nichtlineare Arbeitslinie des Betons erklären.

(d) Die Gefügelockerungen bei Druck beginnen weit unterhalb der endgültigen Zerstörung des Betonkörpers durch Querzug und führen im Endstadium zur Bildung schräger Gleitflächen. Sie werden durch Querdruckspannungen mehr oder weniger stark behindert.

(e) Die Zugfestigkeit ist kaum abhängig von Querspannungen und ihre Überwindung führt zu senkrecht zur Zugrichtung stehenden Rissen.

Es ist bemerkenswert, daß Zementstein allein nicht nur, wie erwähnt, andere Stoffwerte als der Beton besitzt, sondern infolge seines homogenen Gefüges auch andere Brucheigenschaften. Nach [21] weicht bei zweiachsiger, gleichsinniger Beanspruchung weder die Druck- noch die Zugfestigkeit von der einachsigen ab. Auch tritt der Wechsel des Vorzeichens der Volumenänderung mangels innerer Ablösungsflächen erst ganz kurz vor dem Bruch auf (vgl. Abb. 1.2/10b).

Mit diesen Kenntnissen der komplizierten Verhältnisse innerhalb des Betons kehren wir zurück zu dessen Beschreibung als „homogener Körper", da alle Versuche diese Idealisierung zugrunde legen. Wir werden uns nur nicht mehr wundern über die Streuungen, denen alle seine Kennwerte unterworfen sind, denn wir kennen deren Grund und begreifen die Notwendigkeit, Vereinbarungen über Prüfkörper und Prüfverfahren zu treffen und Mittelwerte für den praktischen Gebrauch festzulegen, die aus großen Versuchsreihen unter Benutzung der Fehlertheorie gewonnen werden.

Die Erkenntnisse über die Mikromechanik weisen auch den Weg, die Eigenschaften des Betons wesentlich zu verbessern, indem man seine Struktur homogenisiert, d. h. die Störungen, besonders die Poren in seinem Mikrogefüge vermindert. Das ist allerdings bisher nur bei kleinformatigen, vorfabrizierten Teilen mit relativ hohem Kostenaufwand gelungen. Ich führe als Beispiele an:

(a) Beschränkung der Wasserbeigabe auf etwa w/z = 0,25 bis 0,32 und Verdichtung durch sehr hohe Drücke (2 bis 10 N/mm²). Da dann kein Überschußwasser vorhanden ist, entstehen keine Kapillaren und die Druckfestigkeit wird auf etwa 120 N/mm² gesteigert [22].

(b) Bei normal hergestelltem Beton kann mittels Vakuum und Wärme alles Wasser aus Poren und Kapillaren ausgetrieben und durch ein Reaktionsharz ersetzt [23] werden. β_W, β_Z und β_{BZ} werden dadurch um rund 250 % vermehrt, E um rd. 80 %. Auch die Widerstandsfähigkeit gegen Säuren wurde gesteigert.

(c) $\beta_W \sim 100$ N/mm² wird auch von Beton mit einem Reaktionsharz (Epoxid- oder Polyesterharz) als Bindemittel anstatt Zement erreicht [24]. Da die Haftung an den Zuschlägen viel besser als diejenige von Zementleim ist, steigt β_Z auf etwa 30 N/mm². Derartige Mörtel werden bereits vielfach als Estriche und Beschichtungen sowie zur Fugenfüllung zwischen Fertigteilen angewandt. Diese organischen Bindemittel sind zwar chemisch sehr widerstandsfähig, beginnen jedoch bei 80 °C zu erweichen und bei 150 °C zu gasen, auch ist ihre Alterung noch nicht genügend geklärt. Sie können daher nur für Spezialzwecke verwendet werden.

Ich werde mich in diesem Buch jedoch auf den rein anorganischen, dauerhaften „künstlichen Stein" Beton beschränken.

1.2.1.2 Auswirkungen verschiedener Beanspruchungen

Bereits bei der Beanspruchung auf einfachen (einachsigen) Druck stellen wir fest, daß die Gestalt des Körpers, die Art der Lasteintragung sowie die Zeit eine erhebliche Rolle spielen und für ein und denselben Beton verschiedene Druckfestigkeiten ergeben (Abb. 1.2/11). Einen ersten Schritt zur Klärung bringt die geschilderte Erkenntnis des inhomogenen Charakters. Hierzu kommt, daß die Spannungen in den geprüften Körpern keineswegs gleichförmig verteilt sind, daß also die einzelnen Fasern ganz verschieden beansprucht werden. Beispielsweise wird der Beton durch Reibung gegen eine starre Druckplatte festgehalten und seine Querdehnung behindert (Abb. 1.2/12) [25]. Legen wir jedoch eine Gummiplatte zwischen beide, so behindert diese zwar die Querdehnung des Betons nicht mehr, aber ihre eigene Querdehnung läßt sie am Rande ausweichen, wodurch dort die Druckspannungen herabgesetzt werden. Der Beton wird dann in der Mitte stärker gepreßt als außen, was

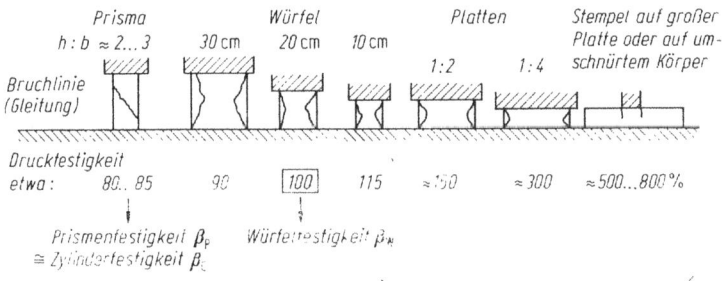

Abb. 1.2/11. Abhängigkeit der Druckfestigkeit von der Körperform

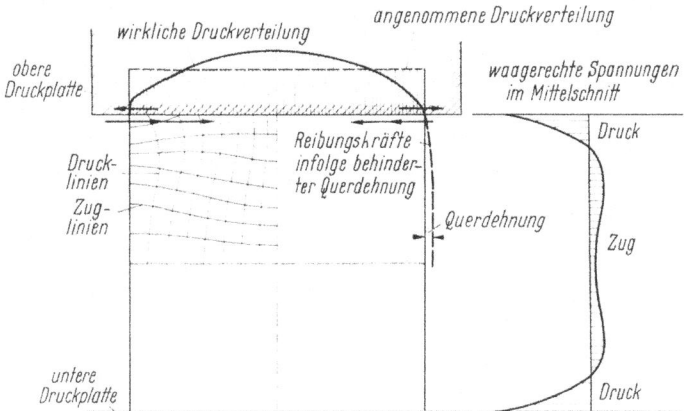

Abb. 1.2/12. Wirkung der behinderten Querdehnung — — — des Betons beim Würfeldruckversuch infolge der Reibung an den Druckplatten [25]

waagrecht gerichtete Zugspannungen infolge der Umlenkungen der Drücke zur Folge hat (vgl. 7). Auch eine zu schwache Druckplatte konzentriert durch ihre Verbiegung die Drücke in der Mitte und verfälscht damit das Ergebnis [26].

Die Endflächenstörungen treten naturgemäß bei einem Prisma oder Zylinder mit einer Schlankheit von wenigstens 2 stark zurück [27], so daß β_P bzw. β_C maßgebend für die Festigkeit einer Balkendruckzone und einer gedrungenen Stütze ist. Leider hat man sich von dem althergebrachten Probewürfel noch nicht lösen können und muß daher aus dessen Festigkeit β_W auf den Wert β_P schließen, der etwa 15 bis 20% darunter liegt (DIN 1045, 7.4.3.5.3).

Unter einem starren Stempel, der auf den Beton drückt, verteilen sich die Pressungen ebenfalls ganz ungleichmäßig (Abb. 1.2/13a). Das gleiche Bild zeigen die Druckspannungen in einem eingeschnürten Druckglied (Abb. 1.2/13b). Die eingezeichneten Drucktrajektorien sind oberhalb des Wendepunktes nach außen hohl und erzeugen mithin Querdruck, der, wenn die Druckfläche kreisförmig ist, in zwei Achsrichtungen wirkt und wie erwähnt die Festigkeit des Betons erheblich steigert. Unterhalb des Wendepunktes entsteht Querzug, der die Gefahr des Aufplatzens (Spalten) bringt (vgl. 7).

Der notwendige Schritt zur quantitativen Klärung der Bruchgefahr ist die Antwort auf die Frage „Wie bricht Beton?" oder genauer: „Welche Größe und Kombination von Spannungen verursacht den Bruch des Betons?"

Dieses Problem ist Gegenstand vieler Forschungen, vgl. z. B. [30]. Die verschiedenen Bruchtheorien für einen mehrachsigen Spannungszustand setzen zumeist einen plastifizierbaren, zug- und druckfesten, homogenen Stoff voraus [31], passen also nicht für Beton, der als „spröder" Stoff unter Druck nur eine geringe, unter Zug fast keine Arbeitsfähigkeit besitzt. Ich habe gezeigt, daß der Betonbruch ein lange vor dem Ende der Tragfähigkeit beginnender, kontinuierlicher Zerstörungsvorgang des inneren Gefüges ist, der bei Druck in der Bildung schräger Gleitflächen, bei Zug in einem Trennriß endet.

Zu den Versuchsergebnissen mit Beton paßt verhältnismäßig noch am besten das Kriterium einer Grenzkurve für den ebenen Spannungszustand von Mohr [32].

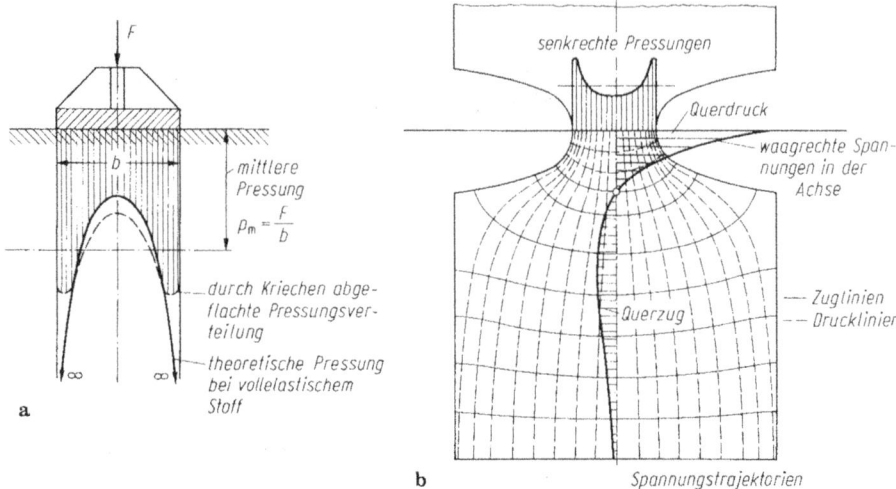

b   Spannungstrajektorien

Abb. 1.2/13. Örtliche Belastung des Betons. **a** Durch starren Stempel (Lagerplatte) [29]; die theoretisch unendlich große Pressung am Rand wird durch nichtlineares und plastisches Verhalten des Betons abgebaut (vgl. 1.3.2); **b** in einer Einschnürung aus Symmetriegründen gleiche Wirkung wie starrer Stempel (vgl. B 7.3.4)

Alle innerhalb einer parabelähnlichen Grenzkurve liegenden Spannungskreise (Abb. 1.2/14) beschreiben Zustände, die vom Material ertragen werden können. Ein Bruch tritt auf, wenn der Kreis die Grenzkurve berührt. Diese Vereinfachung berücksichtigt nur die am weitesten auseinanderliegenden Hauptspannungen σ_1 und σ_2 und vernachlässigt die „mittlere" Hauptspannung σ_3 in der dritten Achsrichtung. Wenn daher σ_1 und σ_2 (wobei $|\sigma_2| < |\sigma_1|$) Druckspannungen in einer Scheibe oder in der Oberfläche einer Platte sind, so ergibt das im Sinne der Mohrschen Theorie einen einachsigen Zustand, bei dem σ_1 den Bruch bestimmt, da an der Oberfläche $\sigma_3 = 0$ ist. In der Tat bricht hier der Beton durch Gleitflächenbildung spitzwinklig zur Oberfläche parallel zu σ_2 entsprechend der Druckzone eines Balkens. Allerdings haben, wie erwähnt, Versuche nachgewiesen, daß σ_2 doch eine kleine Erhöhung der Festigkeit bringt, was nach unseren Gefügebetrachtungen verständlich ist. Jedoch sollte man sicherheitshalber davon keinen Gebrauch machen.

In Abb. 1.2/14 sind einige Spannungskreise eingezeichnet und erläutert. Aufschlußreich ist der Übergang vom Gleit- zum Trennbruch, der bei einer Kombination von Druck σ_1 und Zug σ_2 (Kreis *4*) eintritt. Dabei rückt dann der Berührungspunkt des Spannungskreises in den Scheitelpunkt der Grenzkurve und es wird $\alpha = 0$, d. h. der Beton bricht durch $\sigma = \sigma_2$ allein senkrecht zu σ_2. Bei reiner Schubbeanspruchung (Kreis *3*) ist $\alpha = 45°$ und Trennbruch zu erwarten (Berührungspunkt im Scheitel), womit die bekannte Erscheinung der unter 45° verlaufenden „Schubrisse" erklärt wird, die in Wahrheit Trennrisse infolge σ_2 sind. Schließlich läßt sich auch die Vergrößerung der Festigkeit in Richtung σ_1 durch *zwei* Querdruckspannungen (räumlicher Spannungszustand mit σ_2 und σ_3, wobei $|\sigma_1| \geqq |\sigma_3| \geqq |\sigma_2|$ ist, deren kleinere hierfür maßgebend ist, aus der Grenzkurve ablesen (Kreis *7*). Beispielsweise würde sich mit $\beta_P = 25 \, \text{N/mm}^2$ für $\sigma_2 = 12 \, \text{N/mm}^2$ bereits $\sigma_1 = 53 \, \text{N/mm}^2$, d. h. rund $2\beta_P$ ergeben, was durchaus im Bereich der Erfahrungen liegt.

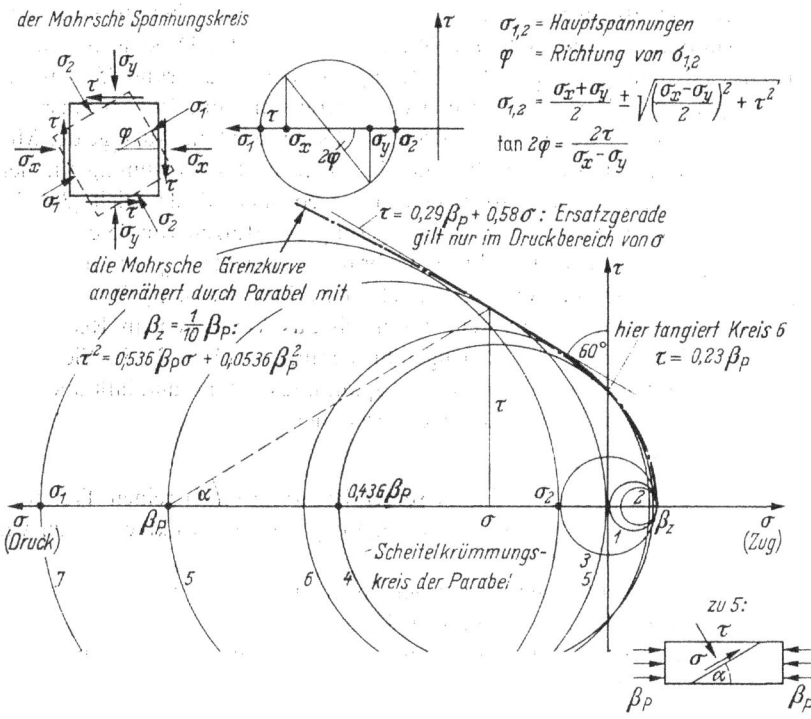

Abb. 1.2/14. Spannungskreis und Grenzkurve der Festigkeit von Beton unter zweiachsiger Beanspruchung nach Mohr. Die mittlere Hauptspannung muß algebraisch zwischen σ_1 und σ_2 liegen. β_p Druck-, β_z Zugfestigkeit des Betons

Kreis Nr.	Beanspruchungsart	Ergibt	Bemerkung
1	einaxiale Zugbeanspruchung	Trennbruch	maßgebend β_z
2	zweiaxiale Zugbeanspruchung	Trennbruch	maßgebend nur größeres $\sigma = \beta_z$
3	reine Schubbeanspruchung	Trennbruch	Riß $\perp$ Hauptzugspannung $\alpha = 45$
4	Druck- und Zugbeanspruchung Grenzfall: $\sigma_d = 0{,}436\beta_p$; $\sigma_z = \beta_z$	Trennbruch	Zugfestigkeit maßgebend, unabhängig vom Querdruck, solange $\sigma_d \leqq 0{,}436 \cdot \sigma_z$
5	einaxiale Druckbeanspr. β_p	Gleitbruch	in der Gleitfläche wirken σ und τ
6	Kombinierte Druck- und Zugbeanspruchung Spezialfall: $\sigma_d = 0{,}68\beta_p$; $\sigma_z = 0{,}85\beta_z$	Gleitbruch	in der Gleitfläche wirkt τ und $\sigma = 0$
7	zweiaxiale Druckbeanspruchung	Gleitbruch	Erhöhung der Druckfestigkeit durch Querdruck

Fälle 4 und 6: Herabsetzung Zug(Druck)festigkeit durch quergerichteten Druck (Zug) durch Versuche bestätigt [46.2, S. 28].

Versuche an 10-cm-Würfeln [33] haben gezeigt, daß bereits eine sehr kleine Druckspannung σ_3 eine weitaus größere Steigerung der Druckfestigkeit bringt als eine Druckspannung $\sigma_2 : \sigma_2 = 0,5$ bis $1,0\,\sigma_1$ vermehrt β_1 um rund 25%, wenn $\sigma_3 = 0$ ist. Dagegen steigt β_1 bei gleichen Werten σ_2 bereits um rund 50%, wenn $\sigma_3 = 0,01\,\sigma_1$ und um rund 100%, wenn $\sigma_3 = 0,015\,\sigma_1$ ist. Damit wird die Aussage der Mohrschen Theorie bestätigt, daß die größte und die kleinste Hauptspannung für den Bruch maßgebend sind und die mittlere eine untergeordnete Rolle spielt [34]. Versuchsweise hat man von dieser Festigkeitssteigerung bei Stützen von 45 cm Durchmesser mit vorgespannter Wendelbewehrung Gebrauch gemacht: σ_{zul} konnte auf 45 N/mm² gegenüber 10 N/mm² bei schlaffer Bewehrung erhöht werden [35] (vgl. Abb. 1.2/9).

Vielfach wird eine andere, rein empirisch aus Versuchen an Rechteckscheiben gewonnene Darstellung der Bruchgefahr benutzt (Abb. 1.2/15). Sie bezieht sich allerdings ausschließlich auf den ebenen Spannungszustand und läßt auch den Übergang vom Gleit- zum Trennbruch nicht erkennen.

Ich fasse zusammen:

(a) Zug verursacht rechtwinklig zu seiner Richtung einen reinen Trennbruch, der innerhalb einer weiten Grenze unabhängig von der senkrecht dazu wirkenden Spannung ist.

(b) Druck verursacht einen Gleitbruch in einem spitzen Winkel ($\alpha \cong 25$ bis $30°$ bei einachsiger Beanspruchung) zur Druckrichtung.

(c) Die Größe der Schubspannung interessiert nicht als solche, da ein reiner Schubbruch praktisch nicht verifizierbar ist. Sie wird nur zur Bestimmung der Hauptspannungen und ihrer Richtungen gebraucht. Diese allein sind für den Bruch des Betons maßgebend [69.1].

Der letzte Satz leuchtet unmittelbar ein, wenn man eine gedrungene Stütze mit zentrischer Last betrachtet, die unter $45°$ durchgeschnitten wird (Abb. 1.2/16). Die hier herrschende Schubspannung $\tau = \sigma_0 / 2 = 5,0$ N/mm² ist erheblich größer als die

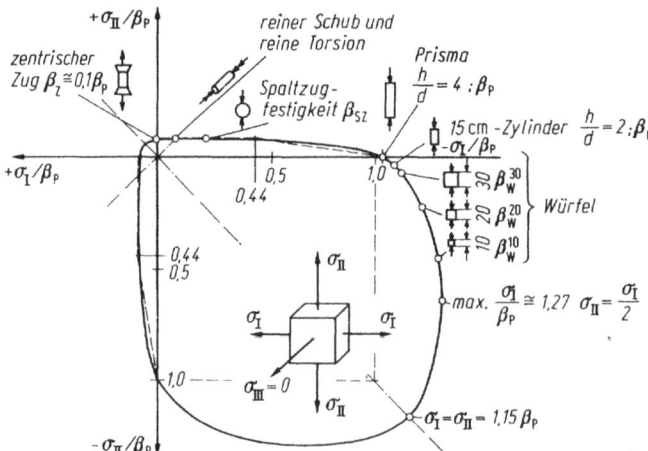

Abb. 1.2/15. Die Festigkeit des Betons unter zweiachsiger Beanspruchung aufgrund von Versuchen. Durchgezogen: nach [E/3, S. 51 und 2.1, S. 119], gestrichelt: nach Mohr (zum Vergleich)

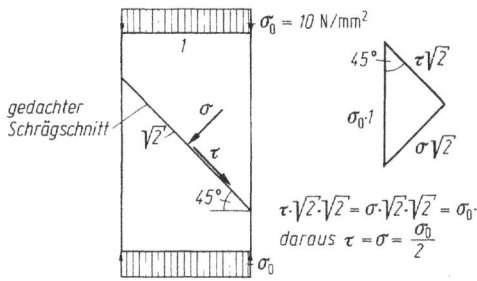

Abb. 1.2/16. Bei einer zentrisch gedrückten Stütze ist für den Bruch maßgebend die Längsspannung σ_0, nicht die Schubspannung $\tau = \sigma_0/2 \gg \tau_{ult}$, da diese mit der Normalspannung $\sigma = \sigma_0/2$ kombiniert ist

„zulässige" Schubspannung von 0,5 bis 1,0 N/mm². Das ist jedoch vollkommen bedeutungslos, weil im Schnitt gleichzeitig eine Normalspannung $\sigma = \sigma_0/2$ herrscht. Es kommt eben, wie die Mohrsche Grenzkurve zeigt, immer auf die Kombination σ/τ oder besser auf die daraus abgeleiteten Hauptspannungen, hier $\sigma_1 = \sigma_0$, $\sigma_2 = 0$, an.

Wir verstehen nun auch die geschilderte große Abhängigkeit der Festigkeit von der Körperform in Abb. 1.2/11 als eine Folge des Spannungszustandes. Dieser ist nur im mittleren Bereich eines Prismas oder Zylinders gleichförmig einachsig. Außerdem kann sich die Gleitfläche hier unbehindert ausbilden. Beim Würfel trifft sie auf die gegenüberliegende Druckplatte, so daß sich die bekannten Doppelkegel ausbilden. Ferner trägt die bereits erwähnte Endflächenreibung (Abb. 1.2/12) dazu bei, daß die Würfelfestigkeit größer als die Prismenfestigkeit ausfällt [37]. Würfel zwischen Druckplatten, die in einzelne Stäbe aufgelöst wurden („Bürste"), zeigten annähernd die Prismenfestigkeit [38].

Noch ausgeprägter wird die Gleitflächenbildung und die Querdehnung bei gedrungeneren Körpern behindert, in deren Innerem dadurch Querdruckspannungen in zwei Richtungen entstehen. Sie erhöhen wie angegeben die Festigkeit bedeutend. Diese ist am größten bei Teilflächenbelastung, da der umgebende Beton die Querdehnung fast ganz behindert (Abb. 1.2/13b), so daß ein dreiachsiger Spannungszustand entsteht [39] (vgl. 7). Man macht hiervon bei der Zulassung höherer Pressungen infolge Belastung von Teilflächen nach DIN 1045, 17.3.3 Gebrauch. Neuere Versuche [40] an Prismen $d/d/l = 30/30/60$ cm aus normalem Konstruktionsbeton mit quadratischen Lastflächen A_1 von $d/2$ und $d/3$ haben erneut gezeigt, daß die Formel (13) in DIN 1045 sehr vorsichtig ist. Bei 44 N/mm² Pressung zeigte sich nur 1 mm, bei 1000 N/mm² nur 2 mm Einsenkung. Der Beton brach grundbruchartig bei rund $3\beta_w(A_1/A = 4)$ bzw. $4\beta_w(A_1/A = 9)$. Die Prismen waren gegen Spaltzug durch Wendel bewehrt, die mindestens etwa 25% der Bruchlast auf die Höhe d aufzunehmen vermochten.

Bei seitlich begrenzten Körpern können die Querdehnungen durch Stahlbewehrung behindert werden, welche die Querdrücke erzeugen (vgl. Abb. 7/4). Ferner erhöht man durch diese Maßnahme (Umschnürungsbewehrung) die Tragfähigkeit runder Stützen (vgl. B2.1), wobei allerdings zu bedenken ist, daß diese im Gebrauchszustand wegen der geringen Querdehnung des Betons nur eine sehr geringe Spannung

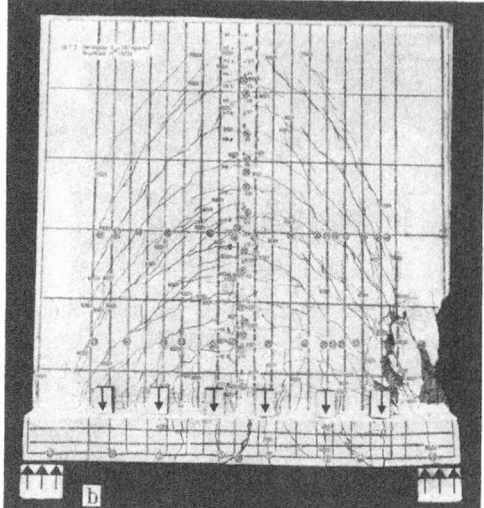

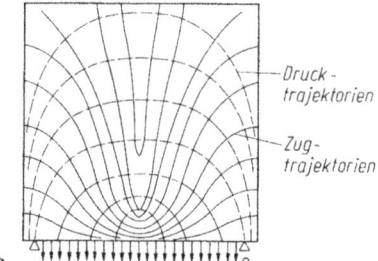

Abb. 1.2/17. Der Rißverlauf in einer freitragenden Scheibe (**b**) folgt genau dem Verlauf der Druck-trajektorien (**a**), im Zug-Zug-Bereich (unten Mitte) demjenigen der „kleineren" Zugtrajektorien (E/2, Teil 2, S. 20]

erhält (etwa 40 N/mm^2) und infolgedessen keinen merkbaren Querdruck ausübt. Sie wirkt erst dann, wenn die Querdehnung des Betons bei Annäherung an den Bruch sehr stark anwächst (Abb. 1.3/4).

Die weitgehende Invarianz der Zugfestigkeit und der unbeirrbare Verlauf der Risse rechtwinklig zu den Hauptzugspannungen zeigen sich bei jedem Versuch mit Balken (B 4.5.1.1) oder mit Scheiben (Abb. 1.2/17). Die Risse folgen stets den Drucktrajektorien, die ja ebenfalls senkrecht zu den Zugtrajektorien verlaufen. „Schubrisse" gibt es im allgemeinen nicht, nur die Gleitflächen bei *Druck*bruch! Im Zug-Zug-Bereich folgen sie den „kleineren" Zugtrajektorien, gegebenenfalls bil-den sich zwei orthogonale Rißscharen.

Bei lang andauernder, ruhender Beanspruchung tritt der Bruch bei einer gerin-geren Spannung ein als bei dem in wenigen Minuten durchgeführten Versuch. Diese sogenannte Dauerstandfestigkeit des Betons liegt für Druck bei etwa 80 bis 90% der entsprechenden Kurzzeitfestigkeit, für Zug bei etwa 70% [42].

Die Festigkeit des Betons wird noch stärker beeinträchtigt, wenn er rasch zwischen einer oberen und unteren Grenze wechselnd beansprucht wird (Dauerschwing-festigkeit β_d Abb. 1.2/18). Die Darstellung zeigt, daß die sogenannte Ursprungs-festigkeit, bei der die Unterspannung $\sigma_u = 0$ ist, nur bei etwa $^2/_3$ der Kurzzeit-festigkeit liegt. Dieser Wert gilt bei schnellen Lastwechseln (ctwa 5 Hz) und nimmt bei langsamen (etwa 0,02 Hz) auf etwa $^1/_2\beta_P$ ab [43]. Es genügt jedoch, wenn die zulässige dynamische Beanspruchung 10% unter β_d liegt, weil das $2 \cdot 10^6$fache Auftreten der höchsten Beanspruchung im allgemeinen außerordentlich unwahr-scheinlich ist. Anstelle der Wöhler-Werte für 2 Millionen Lastwechsel berücksichtigt man heute die Wahrscheinlichkeit der Häufigkeit der verschiedenen Beanspruchungs-stufen (Betriebsfestigkeit) [44].

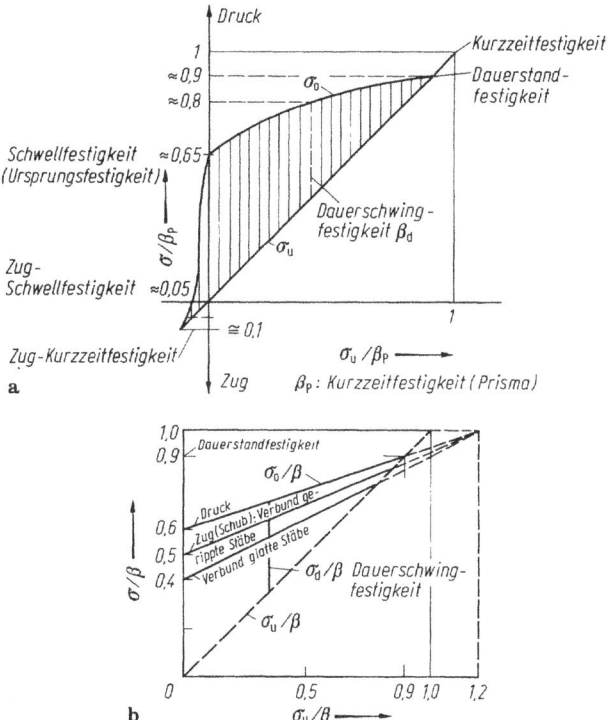

Abb. 1.2/18. Dauerfestigkeit des Betons bei schwingender Druckbeanspruchung zwischen einer oberen Spannung σ_o und einer unteren σ_u nach 2 Millionen Lastwechsel. „Goodman"-Diagramm für Beton geeigneter als „Smith-Diagramm" (Abb. 3.1/3), da der Zugbereich im allgemeinen nicht interessiert. **a** Grenzkurve streuend für verschiedene Betonsorten [43.2]; **b** vereinfachter Vorschlag für verschiedene Beanspruchungsarten bezogen auf die jeweilige Endfestigkeit β [42.1]

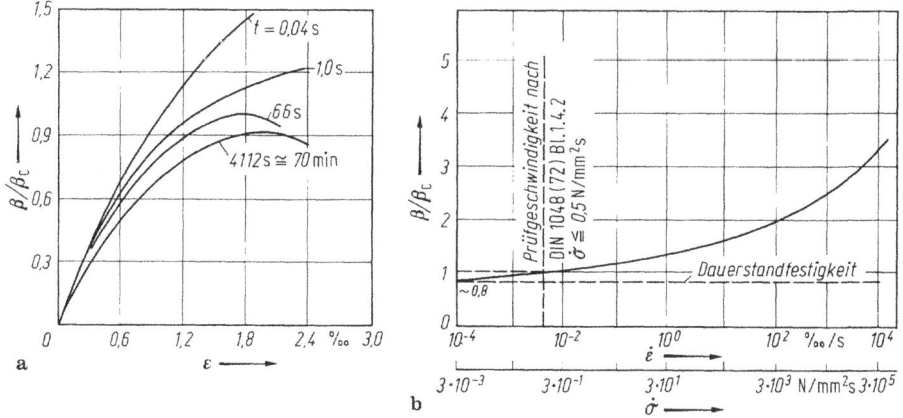

Abb. 1.2/19. Einfluß der Belastungsgeschwindigkeit $\sigma = d\sigma/dt$ auf die Zylinderfestigkeit β_C. **a** Zeitdauer t bis Vollast [47.1]; **b** Stauchungsgeschwindigkeit $\dot\varepsilon = d\varepsilon/dt$ und $\dot\sigma = E_b\dot\varepsilon$ mit $E_b = 30000$ N pro mm² [47.2]

Bei einmaliger, rascher Beanspruchung weist der Beton eine höhere Druckfestigkeit als bei langsamer Laststeigerung auf, da die beschriebenen Gefügestörungen
eine gewisse Einwirkungszeit benötigen, was sich auch in einer zunehmenden
Krümmung der Arbeitslinie bei langsamerer Belastung kundtut. Für eine mittlere
Betongüte fand man an Zylinderprüfkörpern (Abb. 1.2/19) $\varepsilon_{bu} \cong 2\,^0/_{00}$ und bei
Erreichen der Bruchlast in der Zeit t entsprechend einer Spannungssteigerung
$\dot{\sigma} = E_b \varepsilon_{bu}/t$ die Werte der Tabelle.

t	0,4 s	1,0 s	66 s	70 min
$\dot{\sigma}$	1500	60	0,9	0,015 N/mm² s
β_{W}	1,5	1,2	1,0	$0,9 \cdot \beta_C$

In den zulässigen Spannungen bzw. der Sicherheitszahl gegenüber Betonbruch
der DIN 1045 ist die Wirkung der Ermüdung enthalten. Bei zweiachsiger Beanspruchung des Betons ähnelt das dynamische Verhalten demjenigen bei einachsiger
[45]. Lastwiederholungen etwa 20% unter den Grenzfestigkeiten führen bei B35
und besser zu einer leichten Verfestigung, bei geringem Beton jedoch zur Schädigung
[46.1]. Eine ruhende Dauerbeanspruchung ($< \beta_p$) erhöht die Festigkeit um rund 5%
[46.2].

1.2.2 Prüfung der Festigkeiten des Betons

Die in verschiedenen Normblättern
    (DIN 1045, 7.4; DIN 1048, Teil 1 (78) Prüfverfahren für Beton an Probe-
    körpern, Teil 2 (76) dgl., an Festbeton in Bauwerken, Teil 4 (78) dgl., besondere
    Verfahren, ferner: DIN 1084 (78), dazu Merkblatt für [B.Kal. 74, I, S. 1227]
    und Verzeichnis von [B.Kal.. 80, II, S. 406] Betonprüfstellen
festgelegten Prüfverfahren stellen Vereinbarungen dar, die zwar keinen Erkenntnis-
wert über das Verhalten im Bauwerk besitzen, aber als Vergleichszahlen zur Beurteilung der Betongüte und damit der Sicherheit unentbehrlich sind. Tieferen Einblick
in die Prüfverfahren geben die Handbücher [48], sowie eine „Studie über das Trag-
und Verformungsverhalten von Stahlbeton" unter Kurzzeitbelastung [2.1]. Mit der
Steigerung der Güte der Baustoffe gewinnt die erforderliche Sorgfalt ihrer Herstellung und Intensität der Überwachung beim Einbau zunehmend an Bedeutung.
Das gilt für jedes technische Produkt und wirft die Frage der Kosten für gesteigerte
Qualität auf (Abb. 1.2/20), die gegen den wirtschaftlichen Nutzen, den man damit
erreicht, abzuwiegen ist.

1.2.2.1 Prüfung der Druckfestigkeit und ihre Bedeutung für die Sicherheit

Die Druckfestigkeit wird nach DIN 1045, 6.5 zur Einteilung der Betonsorten in
Güteklassen benutzt. B5 und 10 dürfen nur für unbewehrten Beton verwendet

werden (Fundamente, Wände), da sie wegen geringer Zementbeigabe und Dichtigkeit die Rostsicherheit der Bewehrung nicht gewährleisten. Die Konstruktionsbetone B15 und 25 werden mit den vorgenannten Klassen als „Betongruppe I" bezeichnet. Für ihre Herstellung werden bestimmte Regeln gegeben (daher auch die Bezeichnung „Rezeptbeton"), und die Überwachung nach DIN 1045, 7.4 ist weniger umfangreich.

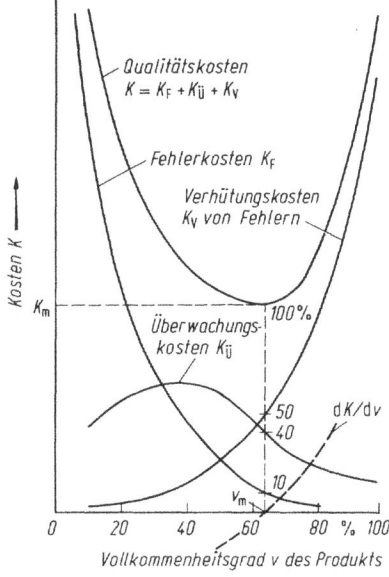

Abb. 1.2/20. Kostenaufwand für steigende Qualität eines technischen Produktes, schematische Darstellung der Hauptfaktoren [49]. Generell ändert sich das Kostenminimum k_m nur unbedeutend, wenn v um wenige % von v_m abweicht. Große Genauigkeit ist daher bei derartigen Minimalaufgaben nicht erforderlich.

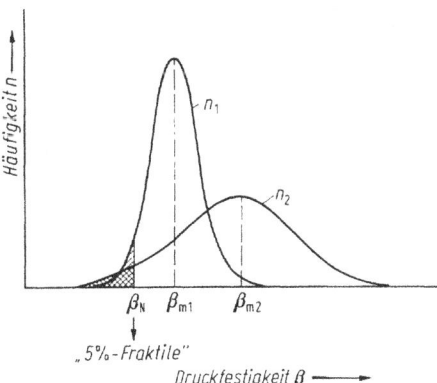

Abb. 1.2/21. Häufigkeitsverteilung der Festigkeit einer großen Anzahl von Proben eines Betons gleicher Sollgüte β_N. Die Glockenkurve n umschließt die Gesamtzahl aller Proben einer bestimmten Betonsorte mit dem Mittelwert β_m.

$\left.\begin{array}{l} n_1 \\ n_2 \end{array}\right\}$ einer $\left\{\begin{array}{l} \text{gut} \\ \text{schlecht} \end{array}\right\}$ arbeitenden Baustelle mit gleicher Nennfestigkeit β_N.

Schraffierte Fläche umschließt jeweils 5% der Gesamtzahl der Proben (5%-Fraktile)

Für die „Betongruppe II" (B35, 45, 55) werden sorgfältige Vorbereitungen (Eignungs-würfel) zur Festlegung des Mischungsverhältnisses und der Überwachung nach DIN 1084 (78) gefordert. Die Bezeichnung B ist identisch mit der „Nennfestigkeit β_{WN}", die nur jeder 9. Probewürfel unterschreiten darf (DIN 1045, 6.5.1). Ihr liegt die „5%-Fraktile" einer „größeren Gesamtheit" von Probewürfeln zugrunde (Abb. 1.2/21) [50], deren Festigkeiten stets streuen und sich nach einer Fehlerkurve um einen Mittelwert herum ordnen [51]. Die Form dieser Kurve (Gaußsche Glocken-kurve) wird charakterisiert durch die Wurzel aus der Summe der quadrierten Ab-weichungen vom Mittelwert (Standardabweichung), besser noch durch die dimensions-lose Verhältniszahl: Standardabweichung bezogen auf den Mittelwert (Variations-koeffizient).

Eine sorgfältige Bereitung des Betons wird nur geringe Streuungen seiner Festigkeit, einen kleinen Variationskoeffizienten und eine steile Glockenkurve bringen. Dann rückt auch die 5%-Fraktile identisch mit β_{WN}, (Festigkeit, die von 95% der Probe-würfel überschritten wird), näher an den Mittelwert heran als auf einer schlechten Baustelle, bei der die Betonfestigkeit stark streut. Da nun der Beton nach der 5%-Fraktile bezeichnet und auch beansprucht wird, kommt die gut geleitete Bau-stelle mit einem kleineren Mittelwert aus, d. h. sie kann Zement sparen und die Sorgfalt macht sich bezahlt. Umgekehrt kostet „Großzügigkeit" im Betonbetrieb Geld, da bei gleicher Betongüte B ein höherer Mittelwert der Festigkeit, also mehr Zement, aufgewendet werden muß.

Natürlich können nicht auf jeder Baustelle so viele Probewürfel hergestellt werden, daß man eine ganze Glockenkurve aufzeichnen kann. Mit Hilfe des Begriffes der „Annahmekennlinie" [52] ermöglicht DIN 1084, 2.2, die Ableitung von $\beta_{WN} = B$ aus einer geringeren Zahl von Proben, was in [53] eingehend begründet wird. Immer-

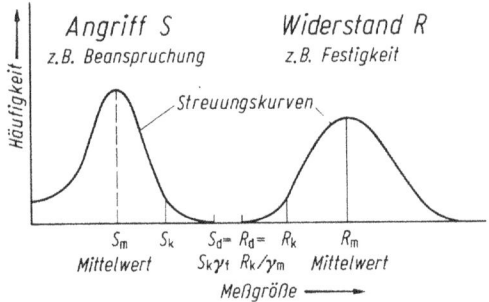

Abb. 1.2/22. Vereinfachte Darstellung der Sicherheitsdefinition auf „semiprobabilistischer" Grund-lage nach CEB [54.7, S. 81]

| S_k | } | „charakteristische" | { | Beanspruchung |
| R_k | | | | Festigkeit |

| $S_d = S_k \gamma_f$ | } | „Rechenwerte" der | { | Beanspruchung |
| $R_d = R_k / \gamma_m$ | | | | Festigkeit |

Die Sicherheit ist gewährleistet für den Fall, daß $S_d \leq R_d$ ist

hin ist nunmehr mit Hilfe der Wahrscheinlichkeitstheorie eine bessere Grundlage als früher für die Beurteilung der Sicherheit, soweit sie durch die Druckfestigkeit des Betons bedingt wird, gegeben (DIN 55302 (70), Blatt 1 und 2, Statistische Auswertungsverfahren).

Wir wollen hier einen kurzen Blick auf die neuere Sicherheitstheorie werfen, da die Druckfestigkeit die maßgebende Größe auf der Betonseite ist. Diese geht von der Erkenntnis aus, daß alle Größen, von denen die Sicherheit abhängt, Streuungen ausgesetzt sind, und wendet daher die Wahrscheinlichkeitsrechnung (Probalistik) an [54]. Grundsätzlich ist die Sicherheit, wie immer man sie definiert, als „statistische Versagenswahrscheinlichkeit" (denn eine absolute Sicherheit gibt es nicht, nur eine „genügend kleine Wahrscheinlichkeit") oder als „zufallsbedingtes Versagen" abhängig von dem Abstand zwischen Grenzwerten von „Angriff" und „Widerstand" (Abb. 1.2/22). Der „Angriff" wird durch die äußeren Einwirkungen repräsentiert: Belastungen, Zwangskräfte, Erschütterungen usw., der „Widerstand" durch die kritische Beanspruchung eines Bauteiles. Aufgrund von Wahrscheinlichkeitsbetrachtungen werden Grenzwerte („charakteristische Beanspruchung" S_k und „charakteristische Festigkeit" R_k z. B. gleich der 5%-Fraktile) definiert, aus denen mittels Teilsicherheitsfaktoren der „Rechenwert der aufzunehmenden Schnittgröße" $S_d = S_k \gamma_f$ und der „Rechenwert der aufnehmbaren Schnittgröße" $R_d = R_k / \gamma_m$ abgeleitet werden. γ_s variiert je nach der Ursache der Beanspruchung (ständige Last $\gamma_g = 1,35$; Nutzlast $\gamma_q = 1,5$; Vorspannung $\gamma_p = 1,2$), γ_m je nach dem Baustoff (Beton $\gamma_c = 1,5$; Stahl $\gamma_s = 1,15$). Die Sicherheit ist gewährleistet, wenn $S_d \leqq R_d$ ist. Dieser Vergleich kann sich auf Schnittkräfte, Bauteile oder ganze Bauwerke beziehen.

Von dieser Sicherheitsanalyse und „Sicherheitsphilosophie", die den möglichen Schaden beim Versagen gegen den zu dessen Verhinderung nötigen Aufwand abwägen [54.3], kann ich hier nur stark vereinfacht die praktische Anwendung andeuten, wie sie von CEB/FIP [54.7] vorgeschlagen wird. Diese „Empfehlungen" werden in ihrer endgültigen Fassung eines Tages auch in unseren Normen ihren Niederschlag finden. Derzeit begnügt man sich in DIN 1045, 17.2.2 noch mit einer Gesamtsicherheitszahl $v = \gamma_m \gamma_s$ für Beton von $\gamma_b = 2,1$ und für Stahl von $\gamma_s = 1,75$. Ausführlicher wird diese Thematik in Band II behandelt.

Die Druckfestigkeit wird bei uns nach DIN 1045, 7.4.3.5.3 an Würfeln 20/20/20 cm, neuerdings auch 15/15/15 cm mit $\beta_W^{15} = 1,05 \beta_W^{20}$ im Alter von 28 Tagen bestimmt (β_{W28}). Den für feinkörnigen Beton verwendeten Würfeln 10/10/10 cm schreibt man bei gleicher Betonqualität $1,15\beta_W^{20}$, den für besonders groben Beton verwendeten Würfeln 30/30/30 cm $0,9\beta_W^{20}$ zu [E/3, S. 47]. Diese Unterschiede sind bei relativ wasserreichem Beton hauptsächlich auf das Abgeben von Wasser (vgl. 1.1.6) zurückzuführen, das sich beim großen Würfel stärker als beim kleinen bemerkbar macht. Da die Würfel quer zur Füllrichtung der Formen gedrückt werden, wirken sich die verschiedenen Festigkeiten der Schichten in einer Herabsetzung des Mittelwertes aus. Außerdem macht sich beim großen Würfel die erwähnte Verbiegung der Maschinendruckplatte durch eine relativ größere Lastkonzentration stärker als beim kleinen bemerkbar. DIN 1045, 7.4 empfiehlt Vergleichsversuche.

Umfangreiches Literaturstudium [56] zeigte große Streuungen je nach Güte, Größtkorn, Lagerung, Verdichtung und Prüfpresse [55]. Bezogen auf den 20-cm-Würfel = 100 ergaben sich die in der Tabelle angegebenen Verhältniszahlen von β_W.

Würfel cm			Zylinder cm				Prisma cm
30	15	10	30/60	15/30	10/20	5/10	15/45
90	105	115	75	83	88	94	80
(73 ... 93)	(96 ... 115)	(87 ... 128)					

Ich führe diese Ergebnisse nur an, damit man die Verhältniszahlen genügend kritisch anwendet.

Wird der Eile halber im Alter von 7 Tagen geprüft (β_{W7}), so ist das Verhältnis der Festigkeiten nach DIN 1045, 7.4.4 je nach Zementklasse etwa $\beta_{W28}/\beta_{W7} \cong 1,4$ (Z 25) bis 1,1 (Z 55). Diese Mittelwerte streuen aber stark je nach Zementsorte und Temperatur (vgl. 1.1.8).

Für die Druckfestigkeit von Bauteilen (Stützen, Druckzone von Balken) ist die Prismenfestigkeit β_P maßgebend, weshalb man in manchen Ländern dazu übergegangen ist, den Beton in Form von Prismen oder Zylindern (β_C) zu prüfen. DIN 1045, 7.4.3 gibt einen Umrechnungsfaktor β_W/β_C von 1,25 bei einfachem Beton ($B \leqq 15$) und von 1,18 bei besserem Beton ($B \geqq 25$) an.

Die Festigkeit des Bauwerkbetons stimmt durchaus nicht immer mit derjenigen der nach DIN 1048 (78) 4.1 „normengelagerten" Prüfkörper genau überein, da die Erhärtungsbedingungen (Feuchtigkeit und Temperatur) beim Bauwerk oft davon abweichen. Auch die andere Art der Verarbeitung und die Abmessungen der Bauglieder können bewirken, daß die Festigkeit im Bauwerk höher oder auch niedriger als diejenige der Probewürfel ausfällt [57]. Selbst innerhalb eines Bauteiles pflegt die Festigkeit infolge der Anreicherung mit Wasser in den oberen Schichten von unten nach oben selbst bis zum Verhältnis von etwa 2:1 abzunehmen und das umsomehr, je weicher der Beton eingebracht wurde (vgl. 1.1.6). Das hat man indirekt durch die abweichende Verbundfestigkeit gerippter Stäbe, die untenliegend, stehend und obenliegend einbetoniert wurden, nachgewiesen [E/3, S. 55] (vgl. Abb. 4.2/2).

Daß die Druckfestigkeit selbst ein und derselben Mischung so stark streuen kann, sollte nachdenklich stimmen bezüglich der Erreichbarkeit einer gleichmäßigen Festigkeit. Das ist auch der Grund dafür, warum DIN 1045, Tabelle 13 nur im Mittel $^2/_3$ der „Nennfestigkeit B" des Betons als „Rechenwert" β_R zuläßt und außerdem bei Versagen eines Querschnittes „ohne Vorankündigung", d. h. durch Betondruckbruch, einen Sicherheitsbeiwert von 2,1 vorschreibt, bei Versagen „mit Vorankündigung", d. h. durch Fließen des Stahles, sich mit 1,75 begnügt. Allerdings ist die Relation β_R/B ab B 35 vorsichtiger gewählt als für geringere Betongüten, obgleich die hohen Betongüten B II zumeist sorgfältiger hergestellt werden, besonders bei werkmäßiger Verarbeitung (Vorfabrikation), als einfacher „Rezeptbeton" B I.

Mitunter besteht, besonders in Streitfällen, Unklarheit über die Betonfestigkeit eines Bauwerkes, wenn Zeugnisse über Würfelproben abhanden gekommen sind. Man bedient sich dann der mittelbaren Messung der Festigkeit (vgl. 1.2.2.3) oder entnimmt aus dem Bauwerk Proben mittels Kernbohrung [58] oder (seltener) Herausschneiden von Würfeln mit der Trennscheibe. Man erhält mit ersteren unmittelbar die Zylinderfestigkeit $\beta_C \cong \beta_P$, sofern der gewonnene Körper höchstens doppelt so lang wie sein Durchmesser ist. So kann man die tatsächliche Festigkeit am Entnahmeort feststellen. Die Bohrkernprüfung ist allerdings nicht einheitlich geregelt. Umfangreiche Probeentnahmen [59] haben je nach der Entnahmestelle im Bauwerk (Hochbau) stark streuend nur in 50 % der Fälle den Sollwert β_w, im Mittel 0,8 bis 0,9 β_w erbracht. Bei Brücken und Straßendecken war die Streuung geringer, und man hat 0,85 bis 1,05 β_w nachgewiesen.

Die Herabsetzung auf einen „Rechenwert", die ja Streuungen berücksichtigen soll, wird somit unnötig, wenn man die Tragfähigkeit nachrechnen will. Aus juristischen Gründen wird mitunter ein Rückschluß auf die Würfelfestigkeit β_{W28} im Alter von 28 Tagen gewünscht, was überschläglich anhand der Erhärtungskurve des betreffenden Zements (vgl. 1.1.8) möglich ist. Allerdings sind auch diese Bohrproben bei Beton geringerer Güte (B 10 und weniger) nicht zuverlässig, denn die diamantbesetzte Bohrkrone reißt oft harte Zuschlagkörner los und übt auf angetroffene Bewehrungsstäbe große Kräfte aus. Dadurch kann das Gefüge der Bohrkerne auf einige mm Tiefe gelockert werden, so daß man dann bei Prüfung der Tragfähigkeit nur mit einem verminderten Durchmesser rechnen sollte, um nicht eine zu geringe Festigkeit zu erhalten.

1.2.2.2 Prüfung der Zugfestigkeit

Die Zugfestigkeit wurde früher an einem 8förmigen Körper (Abb. 1.2/23a) ermittelt. Man erhielt hierbei verhältnismäßig geringe Werte, die man mit Exzentrizitäten der Krafteintragung usw. zu erklären suchte. In Wirklichkeit waren infolge der Kerbwirkung die Spannungen ungleichmäßig verteilt und für den Bruch die erhöhte Randspannung maßgebend. Ein plastischer Ausgleich kann bei dem spröden Beton nicht eintreten. Der Mörtel besaß scheinbar nur eine Festigkeit gleich der Mittelspannung $\beta_z = \sigma_{Zm}$. Dieses Beispiel zeigt die Wichtigkeit theoretischer Überlegungen vor dem Beginn eines Versuches. Mit Hilfe von Reaktionsharzen lassen sich heute auch prismatische Körper auf zentrischen Zug prüfen, indem man sie in topfförmige Stahlendstücke einklebt (Abb. 1.2/23 b).

Man prüft die Zugfestigkeit von Mörtel meist an kleinen Biegebalken 4/4/16 cm nach DIN 1056 (69), die von Beton an Balken 10/15/70 cm nach DIN 1048 (78), 4.3, da die Einleitung einer zentrischen Zugkraft in einen größeren Körper schwierig ist (Abb. 1.2/23b). Der Balken liefert eine etwa 50 % höhere Zugfestigkeit (β_{BZ}) als der zentrische Versuch (β_z). Man führte früher die Differenz darauf zurück, daß der Beton auf Zug einen kleineren und mit der Spannung abnehmenden Elastizitätsmodul als auf Druck habe und sich hieraus eine gekrümmte Spannungsverteilung mit geringerer Randspannung ergebe. Der Unterschied der Elastizitätszahlen ist aber bei diesen kleinen Spannungen nicht zur Erklärung hinreichend.

Einen erheblichen Einfluß besitzt nach neueren Beobachtungen die Größe der beanspruchten Fläche. Der Zugbruch geht wegen der Sprödigkeit des Betons stets von der Spannungsspitze an einer Störung — z. B. einer Blase, einer Schmutzstelle an einem Zuschlagkorn — aus und breitet sich schlagartig auf die ganze Fläche aus (Abb. 1.2/23d). Das gilt für alle spröden Stoffe, z. B. auch Glas. Da nun ein Probebalken stets eine bestimmte Zahl von Störstellen enthält, so kann beim zentrischen Zugversuch jede einzelne den Bruch herbeiführen. Beim Biegeversuch hingegen wird nur die Randfaser einer Seite auf eine kurze Strecke voll auf Zug beansprucht und daher die Wahrscheinlichkeit eines Bruches infolge einer Störstelle weitaus geringer

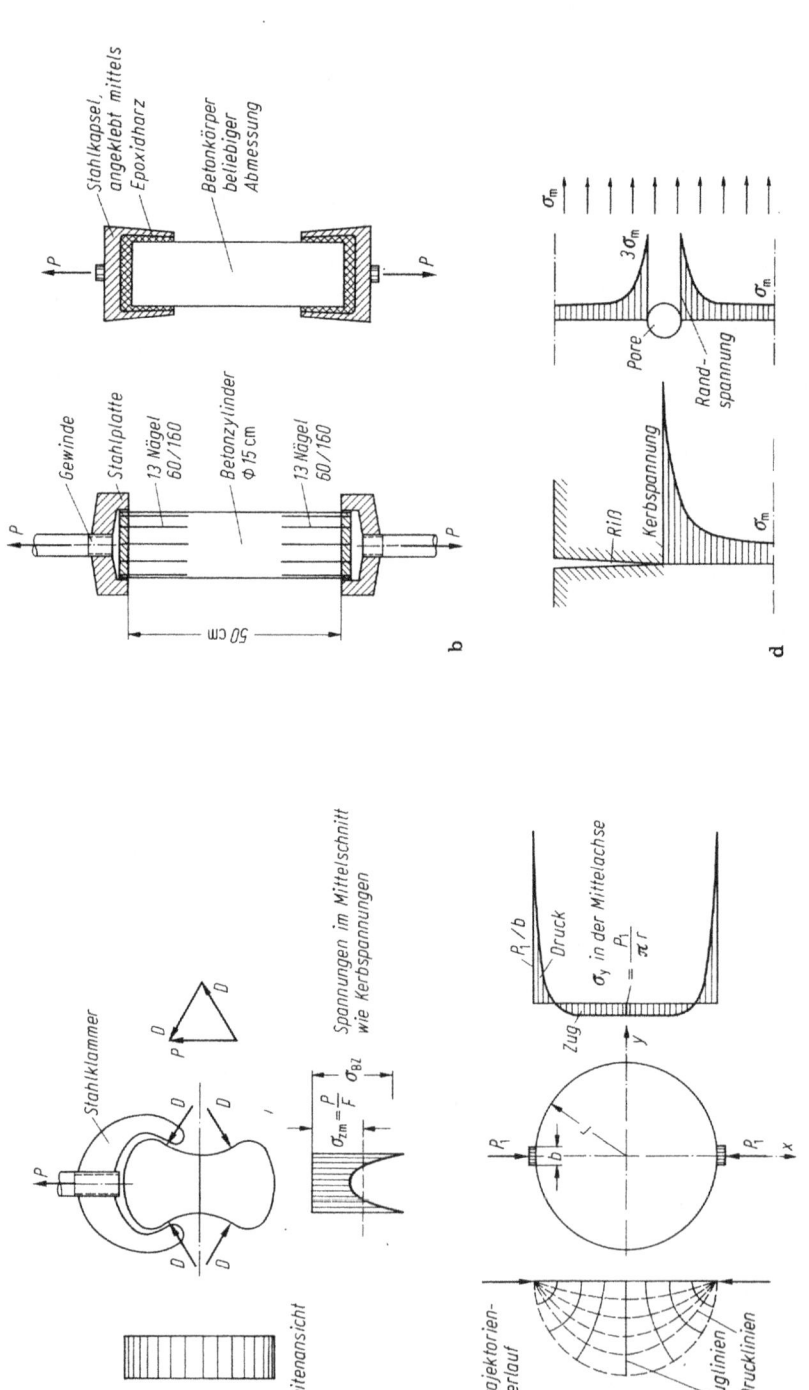

Abb. 1.2/23. Ermittlung der Betonzugfestigkeit. **a** Früherer Zugkörper (vgl. Abb. 1.2/13) [60]; **b** Einleitung einer Zugkraft in ein Betonprisma durch Haftung 1. für den Zugversuch betonierter Körper; 2. für den Zugversuch aus erhärtetem Beton entnommener Körper (gebohrt oder gesägt); **c** Spaltzug-Versuch (splittig-test) zwischen Schneidenlasten P_1 je Längeneinheit [61]; **d** Ausgang des Zugbruches von einer Störung aus durch Kerbwirkung [62]

[60]. Daraus ließe sich die scheinbar höhere Zugfestigkeit eines Balkens erklären, die aber bei größeren Querschnitten in der Regel wieder abfällt [2.1, S. 20]. Vermutlich lassen sich bei diesen Feuchtigkeitsdifferenzen zwischen den inneren und äußeren Fasern kaum vermeiden, wodurch Zugeigenspannungen entstehen (vgl. 1.3.3), die sich den Biegezugspannungen überlagern, aber nicht nachweisen lassen. DIN 1048 (78) Teil 1, 4.1.6 schreibt daher vor, daß Probekörper zur Prüfung der Zugfestigkeit unter Wasser zu lagern sind.

Ferner ist darauf hinzuweisen, daß β_{BZ} bei Balken mit einer Einzellast in der Mitte als ein fiktiver Wert erhalten wird, den man für eine Spannungsspitze unter der Last berechnet. In Wirklichkeit wird der Zugspannungsverlauf an der Unterseite infolge der Balkenhöhe von 10 cm ausgerundet, so daß β_{BZ} etwa 10 % zu groß erhalten wird [65]. Bei zwei Lasten in den Drittelpunkten wird dieser Einfluß ausgeschaltet.

In einer neueren Arbeit [66] wird die Fehlstellen-Wahrscheinlichkeitshypothese zur Erklärung der Abnahme der Betonbiegezugfestigkeit mit wachsendem Querschnitt quantifiziert. Als wesentliche Ursache der Erscheinung wird der Spannungsgradient, d. h. das Gefälle der Biegespannungen angesehen: Je größer dieser ist, umso kleiner ist beim Bruch die Zone, in der der „Zerstörungsgrad" erreicht wird. Dadurch könne der Bruch zunehmend durch größere Zuschlagkörner und ein plastisches Verformungsvermögen des Zementsteines abgebremst werden und eine Umlagerung der Zugkraft auf benachbarte Fasern eintreten, allerdings in viel geringerem Maße als bei plastifizierbaren Stoffen (Stahl). Bei zentrischer Beanspruchung besteht diese Möglichkeit naturgemäß nicht. Es werden Interaktionslinien der Längs- und Biegespannungen σ_N und σ_M angegeben (in Abb. 1.2/24a vereinfacht als gerade Linie gezeichnet), die auf der Abszissenachse die Zunahme der Biegezugfestigkeit β_{ZM} für $\sigma_N = 0$ bei kleinerer Balkenhöhe erkennen lassen. Abb. 1.2/24b zeigt das Spannungsgefälle $\sigma' = d\sigma/dx = 2\sigma_M/d$ beim Bruch, das die mit der Höhe d abnehmende Breite der Zone größter Zugbeanspruchung σ_M verdeutlicht. Da sich alle Linien in $\sigma_N = \beta_{ZN}$ für $\sigma_M = 0$ schneiden, wird hier die Abhängigkeit von β_{ZN} von d vernachlässigt, ebenso wie der erhebliche Einfluß verschiedener Belastungsgeschwindigkeiten.

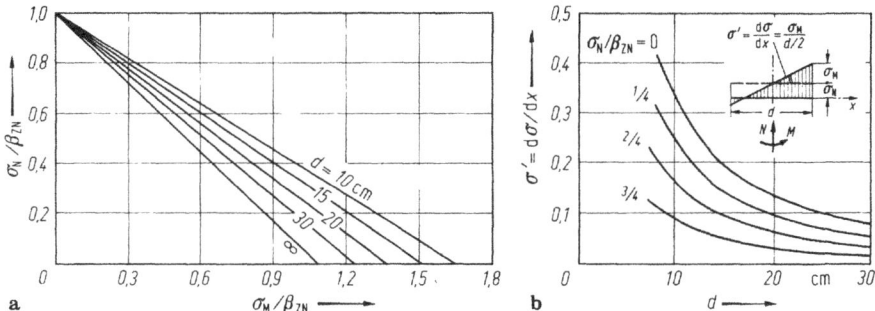

Abb. 1.2/24. Einfluß des Spannungsgefälles $\sigma' = d\sigma/dx$ auf den Zugbruch bei einem Rechteckquerschnitt [66]. **a** Schematisch linearisierte Interaktionslinien, die die Bruchkombinationen von σ_M und σ_N angeben, für verschiedene Balkenhöhen (Rechteckquerschnitte); **b** Gefälle $\sigma' = d\sigma/dx$ $= 2\sigma_M/d$ der Biegespannungen, das den Zugbruch veranlaßt, für verschiedene Balkenhöhen

Übrigens hat der Spannungsgradient nur auf der Zugseite solch großen Einfluß, da der Beton nur zu Dehnungen von 0,1 bis $0,15^0/_{00}$ fähig ist. Auf der Druckseite betragen die Bruchstauchungen 2 bis $4^0/_{00}$, so daß hier die Druckkraft sich auf eine breitere Zone verteilen kann (vgl. 1.3.2 und B 4.3.1.2) und den Spannungsgradienten in der Randzone abbaut.

Eine zuverlässigere Art als der Zugversuch, die Zugfestigkeit des Betons zu prüfen, ist in USA entwickelt worden (splitting test) und jetzt auch bei uns zugelassen (DIN 1048 (78), 4.4). Sie beruht darauf, daß eine Schneidenlast längs zweier Erzeugender eines Zylinders eine fast gleichförmige Querzugspannung im Durchmesser hervorruft, die aus der Umlenkung der Drucktrajektorien herrührt (Abb. 1.2/23c) [61]. Da hiermit eine größere Querschnittsfläche im *Inneren* geprüft wird, sind die Ergebnisse (β_{SZ}) zuverlässiger als beim Biegebalken (β_{BZ}), wo nur die *äußerste* Faser, also ein sehr kleiner Bereich beansprucht wird, der oft nicht frei von Eigenspannungen ist. Schließlich kann man den Spaltzugversuch auch an ungefähr quadratischen Abfallstücken von Biegebalken durchführen und erhält nur geringe Abweichungen, die in der ohnehin großen Streubreite der Zugfestigkeit untergehen.

Die Ergebnisse der drei Prüfarten auf Zug streuen noch viel stärker als diejenigen der Druckprüfungen. Wegen der Abhängigkeit von den früher erwähnten Inhomogenitäten überrascht das nicht. Die Werte aus Zug- und Spaltversuch liegen noch leidlich zusammen, diejenigen aus dem Biegeversuch pflegen etwa 50% höher zu sein.

In erster Linie ist für die Zugfestigkeit β_Z des Betons die Haftung des Zementsteines an den Grobzuschlägen maßgebend. Sie ist im allgemeinen bei gebrochenem Korn größer als bei Rundkorn, so daß jenes meist ein höheres β_Z liefert. Eine neue Methode, die Zugfestigkeit am Bauwerk zu prüfen, wird in [61.5] vorgeschlagen. Sehr rasche Spannungssteigerung (Schlag) setzt die Zugfestigkeit — im Gegensatz zur Druckfestigkeit — herab.

Für das Verhältnis Zug- zu Druckfestigkeit geben verschiedene Autoren abweichende, rein empirische Formeln an, die leider meist dimensionsbehaftet sind, deren Koeffizienten also von den Maßeinheiten abhängen. Zum Beispiel wird oft benutzt [67.1]:

$$\beta_Z = c \sqrt[3]{\beta_W^2}.$$

Besser schreibt man diese Formel als dimensionslose Verhältniszahl

$$\frac{\beta_Z}{\beta_W} = \frac{c}{\sqrt[3]{\beta_W}}$$

und erkennt, daß c die Dimension $\sqrt[3]{kp/cm^2}$ hat. Wenn man von kp/cm^2 auf N/mm^2 übergeht, so muß sein

$$\frac{c}{\sqrt[3]{\beta(kp/cm^2)}} = \frac{c'}{\sqrt[3]{\beta(N/mm^2)}},$$

also

$$c' = c \sqrt[3]{\frac{\beta(N/mm^2)}{\beta(kp/cm^2)}} = c \sqrt[3]{\frac{1}{10}} = 0,464\, c.$$

Wir finden in [E/3, S. 49] für c von rd. 0,5 bis 0,7 streuende Werte für β_{sz} (Spaltzug-festigkeit), im Mittel $c = 0,6$, d. h. $c' = 0,28$. Damit ergeben sich für die verschiedenen Betongüten die in der Tabelle zusammengestellten Werte.

B	15	25	35	45	55	
β_W	20	30	40	50	60	N/mm²
β_{sz}/β_W	0,103 (1/9,7)	0,95 (1/10,5)	0,85 (1/11,7)	0,78 (1/12,8)	0,73 (1/13,6)	
β_{sz}	2,1	2,7	3,3	3,8	4,3	N/mm²
β_{BZ}	3,0	4,0	5,0	5,7	6,5	N/mm²

Die Biegezugfestigkeit liegt also bei etwa $^1/_7$ bis $^1/_{10}\beta_W$, die aus Spaltzug bei $^1/_{10}$ bis $^1/_{14}\beta_W$. Die zentrische Zugfestigkeit β_Z wird 10 bis 20 % kleiner als β_{sz} angenommen. Bonzel [61.1] gibt folgende Werte an:

B	10	30	60	
β_{W28}	8,0	10,9	14,5	
β_{BZ}	2,0	1,5	1,5	$\Big\} \cdot \beta_{SZ}$
β_Z		0,75		

Die Zugfestigkeit nimmt also nicht in gleichem Maße zu wie die Druckfestigkeit. Sie streut außerdem sehr stark [67.2], so daß man aus Gründen der Sicherheit, wie einleitend in 1 erwähnt, — von Ausnahmefällen abgesehen — grundsätzlich so konstruiert, daß alle Zugkräfte von Bewehrung aufgenommen werden können.

In engem Zusammenhang mit der Zugfestigkeit steht die *Schubfestigkeit* [69]. Wie der Kreis 3 für eine reine Schubbeanspruchung in Abb. 1.2/14 zeigt, gibt es dann keinen Schubbruch, sondern einen Zugbruch. Denn dieser Kreis tangiert die Grenzkurve im Scheitel d. h. es ist ein Zugbruch infolge $\sigma_2 = \tau$ in einem Riß zu erwarten, der unter 45° zur Schubrichtung verläuft, also senkrecht zu der Richtung des Hauptzuges steht. Deshalb interessieren uns die Schubspannungen als solche gar nicht, obgleich sie, wie z. B. in dem erwähnten Schrägschnitt durch eine Stütze (Abb. 1.2/16), durchaus existieren. Sie dienen lediglich zur Berechnung von Richtung und Größe der Hauptspannungen, die allein für den Bruch des Betons maßgebend sind. Der Ausdruck „Schubbewehrung" ist daher gänzlich ungeeignet und irreführend, weil sie nicht Schubspannungen, sondern Hauptzugspannungen abdecken soll.

Mechanisch unklar ist es, einen Unterschied zwischen Schub- und Scherbeanspruchung zu machen. Hierzu angestellte Versuche und die Analyse des dabei entstehenden Spannungszustandes mittels der Trajektorien zeigen, daß letzten Endes sich in beiden Fällen ein Feld von Hauptzugspannungen entwickelt, das den Bruch einleitet. Im Scherversuch (Abb. 1.2/25 b) entsteht unten ein Querzug, der zum Aufspalten führt, wenn ein Auflager beweglich ist. Sofern die Auflager starr

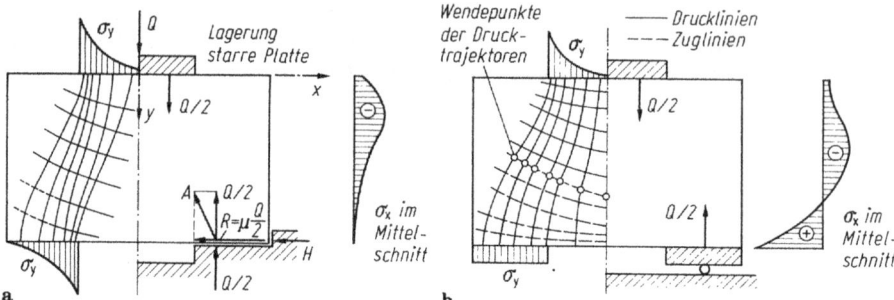

Abb. 1.2/25. „Scherversuch" mit verschiedener Auflagerung und starrer Lastplatte. Schematische Darstellung des Kräftezustandes. **a** Starre, unverschiebliche Auflager (Nocken); durch die Dehnung der Unterseite entsteht eine Horizontalkraft *H*, die eine sprengwerkartige Lastübertragung bewirkt. Bei ebenem Auflager hat die Reibungskraft *R* eine ähnliche Wirkung; **b** verschiebliche, drehbare Auflager; durch die unbehinderte Dehnung der Unterseite entsteht die Wirkung eines „gedrungenen Balkens" mit durch die σ_y verminderten Hauptzugspannungen

miteinander verbunden sind, vermindert die Lagerreibung den Querzug und es bilden sich zwei Schrägdruckstäbe aus, so daß der Körper erst bei viel höherer Last bricht (Abb. 1.2/25a). Diese scheinbare „Scherfestigkeit" ist natürlich viel größer als die Zugfestigkeit, hat aber nur Bedeutung für eine Beanspruchung, die derjenigen in der Versuchseinrichtung gleicht.

Ebenso relativ sind die Ergebnisse des „push off tests" (Abb. 1.2/26). Die eingezeichneten qualitativen Spannungsverläufe zeigen, daß in der „Schubfuge" ein sehr ungleichmäßiger Spannungszustand herrscht, der keineswegs nur aus Schubspannungen besteht. Der beim Bruch gefundene Mittelwert τ_m hat daher wieder nur sehr beschränkte Bedeutung. Meist erhielten die Versuchskörper [70] noch eine waagerechte Bügelbewehrung F_B. Diese steigert natürlich die Tragfähigkeit durch

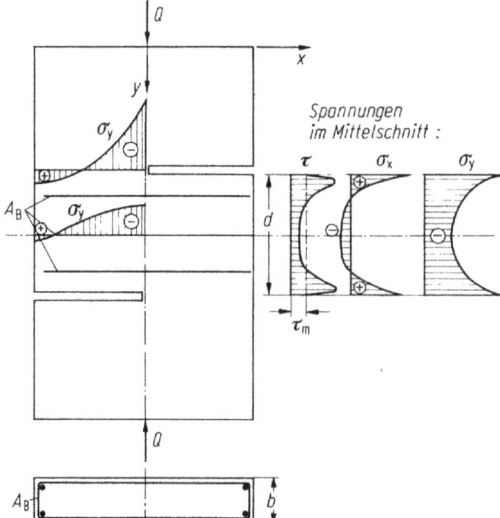

Abb. 1.2/26. Scherversuch (push off test) nach [70] an einem Betonkörper ohne und mit Bügelbewehrung. Schematische Darstellung des Spannungsverlaufes vor der Rißbildung in ausgezeichneten Schnitten zur Demonstration der Abhängigkeit des ermittelten Wertes τ_m von der Körperform

Aufnahme des Querzuges. Denn es wird im Falle des Gleitens ein entsprechender Querdruck und damit Reibung in der Bruchfuge erzeugt. Die „shear friction"-Versuche [70.2] unter Verwendung von Beton „normaler Festigkeit" (wohl β_W = 30,0 N/mm^2) haben ergeben:

$$\tau_\mathrm{u} = Q/A = 4,0 + 0,8\mu_\mathrm{B}\beta_\mathrm{S},$$

wobei $\mu_\mathrm{B} = A_\mathrm{B}/A$, $A = bd$ und β_S die Streckgrenze der Bügel war. τ_u ist der Mittelwert τ_m im Bruchzustand und wurde mit $4,0 = 1/7,5\beta_\mathrm{W}$ etwa gleich der Biegezugfestigkeit, wie auch anderwärts gefunden. Die Bewehrung kommt erst nach dem Betonbruch zur Wirkung und gibt einen Anteil, der mit dem Faktor $0,8 = \tan\cdot\varphi$ ($\varphi = 38,5°$) als Reibungskraft anzusehen ist.

Die Ergebnisse beider Versuchsanordnungen sind nur mit Vorsicht auf andere Fälle zu übertragen, da man hierbei zweiachsige Spannungszustände erzeugt, in denen die vom Balken gewohnte Gleichheit der Schub- und Hauptzugspannung in der Nullfaser nicht mehr zutrifft. In beiden Fällen wird die Hauptzugspannung durch die σ_y stark vermindert, so daß die gemittelte Schubspannung τ_m wesentlich größer als die Zugfestigkeit des Betons ausfällt — allerdings abhängig von der Form und Lagerung des Körpers, wie beispielsweise bei einem Balken mit einer Einzellast nahe einem Auflager oder bei einer gedrungenen Konsole (vgl. B 4.7).

1.2.2.3 Zerstörungsfreie Betonprüfung

Die Normprüfungen der Betongüte nach DIN 1048, Teil 1 (78) setzen voraus, daß sachgemäß hergestellte und gelagerte Probekörper in genügender Zahl vorhanden sind und die Entnahme über das ganze Bauwerk verteilt war. Für den Fall, daß eine nachträgliche Güteprüfung nötig wird, hat man daher verschiedene Prüfverfahren entwickelt, die ohne die Entnahme von Probekörpern Aufschluß über die Betonfestigkeit geben sollen (DIN 1048, Teil 2 und 4).

(a) Die mechanischen Prüfverfahren benutzen die Wirkung einer Stahlkugel, die mit einem bestimmten, durch eine Feder aufgespeicherten Arbeitsvermögen auf den Beton „geschossen" wird. Diese Schlagenergie wird teils in bleibende Formänderungen des Mörtels an der Oberfläche (Stoßverlust), teils in elastische Verformung des umgebenden Betons umgesetzt, wobei der letzte Anteil ein Rückprallen der Kugel bewirkt. Beim „Frankschen Hammer" wird die plastische Verformung des Betons als Maß seiner Festigkeit durch Ausmessen des Kugeleindruckes bestimmt. Die Relation zwischen diesem und der Würfelfestigkeit wurde rein empirisch durch „Beschießen" von Würfeln bekannter Festigkeiten gewonnen und ist in einer dem Gerät beigegebenen Tabelle angegeben [71]. Der ähnlich wirkende „Schmidt-Hammer" mißt dagegen den durch elastische Rückfederung des Betons wiedergewonnenen Anteil der Energie, indem die rückprallende Kugel mit einer Feder aufgefangen wird, deren Zusammendrückung man abliest. Die ebenfalls empirische Eichung beruht darauf, daß mit steigender Betongüte der Stoßverlust gegenüber der elastischen Verformungsarbeit des Betons zurückgeht. DIN 1048, Teil 2 und 4 (ersetzt DIN 4240 (62)) gibt Richtlinien für die Anwendung und Eichkurven beider Geräte. Sie enthält auch Korrekturfaktoren, die das Alter des Betons sowie die Schlagrichtung berücksichtigen, um näherungsweise auf die 28-Tage-Festigkeit schließen zu können. Bei mehrere Jahre altem Beton streuen die Ergebnisse allerdings sehr stark [59].

Mit beiden Geräten wird die Zerstörungsarbeit (Stoßverlust) als Maß der Betonfestigkeit benutzt, da ein Schluß auf die Elastizitätszahl nicht möglich ist. Sie haben
sich im Rahmen einer gewissen Streuung von etwa ± 15 bis 25% als brauchbar
erwiesen. Die Eichkurven beziehen sich auf wenige Monate alten Beton und sind
bei porösem Beton, also bei Verwendung von LP-Zusätzen (vgl. 1.1.3) nicht brauchbar. Die Genauigkeit läßt sich verbessern, wenn Vorversuche an Betonproben bekannter Festigkeit aus den gleichen Bestandteilen und Mischungsverhältnissen angestellt werden können. Nach Erfahrungen des Verfassers scheint das erste Verfahren
für die geringen und mittleren Festigkeiten geeigneter zu sein, da sich bei hohen
Festigkeiten sehr kleine und damit nur ungenau auszumessende Eindrückungen
ergeben. Umgekehrt lassen sich mit dem zweiten Verfahren die minderen Betonsorten weniger gut untersuchen als die hochwertigen, da bei jenen der Stoßverlust
relativ groß und die Rückfederung klein ist. Außerdem macht sich bei beiden eine
geringe Betonmasse, wie etwa bei dünnen Wänden und Schalen, störend im Sinne
einer zu kleinen Rückfederung bemerkbar, da dann der Beton lokal federt und das
Ergebnis verfälscht. Systematische Versuchsreihen unter verschiedenen Umständen
(Beschaffenheit der Oberfläche, der Feuchtigkeit und des Alters des Betons) liegen
noch nicht in genügendem Umfange vor. Jedenfalls erhält man mit diesen Verfahren
nur für die *Oberfläche* des Betons zutreffende Werte. Das Herausbohren von
Zylindern (vgl. 1.2.2.1) ist stets zuverlässiger.

(b) Die akustischen Prüfverfahren bedienen sich der Beziehung zwischen der
Schallgeschwindigkeit v in einem Stab, der Elastizitätszahl E und der Dichte ϱ:
$v = \sqrt{E/\varrho}$ [72]. Schall im Hörbereich ist ungeeignet, da seine Wellenlänge in der
gleichen Größenordnung wie die Abmessungen der zu prüfenden Körper liegen.
Man verwendet daher Ultraschall mit wesentlich höheren Frequenzen und dementsprechend kürzeren Wellenlängen [73]. Sender und Empfänger werden an gegenüberliegenden Flächen im Abstand a kraftschlüssig angeklemmt und die Laufzeit t
des Schalles elektrisch gemessen, woraus sich die Geschwindigkeit $v = a/t$ ergibt.
Die bei homogenen Körpern (Stahl) anwendbare Messung des Eintreffens des an
der gegenüberliegenden Begrenzungsfläche reflektierten Schalles ist bei Beton nicht
möglich, da schon jede Kornoberfläche eine teilweise Reflexion und Brechung der
Schallwellen bewirkt. Wir erhalten nur einen Mittelwert zwischen der Laufzeit
im Mörtel und in den Zuschlägen, wobei ersterer für die Betonfestigkeit maßgebend
ist, aber nur rund $^1/_4$ des Volumens einnimmt. Ferner wird die Laufzeit noch durch
die Körperform infolge der mehr oder weniger behinderten Querdehnung, durch
den Wassergehalt, die Porosität usw. beeinflußt. Die erhaltene Elastizitätszahl
stimmt meist nicht gut mit derjenigen aus dem Kompressionsversuch überein, die
durch Mittelbildung im Bereich der Gebrauchsspannungen gewonnen wird (vgl.
1.3.1), weil beim Ultraschall nur ganz kleine Spannungsintervalle um den Nullpunkt
herum auftreten, also der „dynamische E-Modul" erhalten wird.

Man hoffte nun, aus der Laufgeschwindigkeit auch auf die Festigkeit schließen
zu können. Hierüber vermag die Schallmessung aber unmittelbar nichts auszusagen,
da die Beziehung zwischen der Elastizitätszahl E und der Würfelfestigkeit β_W ein
reines Problem der Betontechnologie ist. Da erstere die reversiblen Formänderungen, letztere eine Gefügezerstörung des inhomogenen Stoffes „Beton" be-
schreibt (vgl. 1.2.1.1), kann nur eine stark streuende, generelle Beziehung angegeben
werden. Verschiedene Autoren haben sehr abweichende Formulierungen gewählt.

Häufig wird die empirische Formel [E/3, S. 60] $E = k\sqrt{\beta_{\mathrm{w}}}$ mit $K \cong 5300$ (vgl. 1.3.1) angegeben. Man erhält hieraus $\beta_{\mathrm{w}} = E^2/k^2$ und mit der Laufgeschwindigkeitsbeziehung $E = v^2 \varrho$ und $\beta_{\mathrm{w}} = v^4 \varrho^2/k^2$. Die Festigkeit reagiert also sehr empfindlich auf Streuungen der Laufgeschwindigkeit ($v \pm 5\%$ ergibt $\beta_{\mathrm{w}} \pm 20\%$; $v \pm 10\%$ ergibt bereits $\beta_{\mathrm{w}} \pm 45\%$!).

Diese Überlegung zeigt schon, abgesehen von der Unsicherheit des Wertes k, daß man die Festigkeitsbestimmung mit Ultraschall mit großer Vorsicht aufnehmen muß. Außerdem geht in die Messung in erster Linie die Festigkeit der Zuschläge ein, die etwa 80% des Betonvolumens ausmachen, und nicht die des Zementleimes, auf die es ja hauptsächlich ankommt. Immerhin kann der Ultraschall in gewissen Fällen ein wertvoller Helfer sein [73]:

(a) Wenn Körper bekannter Festigkeit vorliegen, kann die Laufzeitmessung an Bauteilen aus dem *gleichen* Beton einen Anhalt über lokal abweichende Festigkeiten, Hohlstellen usw. und damit rasch und bequem einen Überblick über den Gesamtzustand eines Bauwerkes liefern.

(b) Gefügestörungen durch Frost oder chemische Einflüsse können mit Ultraschall im Entstehen verfolgt werden, längst ehe sie sich in Formänderungen auswirken. Auch die Dauerstandfestigkeit verrät sich schon im Kurzzeitversuch durch zunehmende Laufzeiten infolge beginnender Gefügestörungen bei etwa 70 bis 80% der Prismenfestigkeit (vgl. 1.2).

1.3 Verformungen des Betons

Der Beton ist zwar nur zu relativ sehr kleinen Stauchungen und Dehnungen fähig. Diese genügen aber einerseits bei schlanken Bauteilen zu merkbaren Verformungen, anderseits führen innere oder äußere Zwänge infolge der Steifigkeit zu Spannungszuständen, die wegen der kleinen Zugfestigkeit leicht Risse zur Folge haben. Da praktisch alle Dehnungen zeitabhängig sind, hat die Betrachtung des Betons als „fester elastischer Körper" im Sinne der klassischen Mechanik nur die Bedeutung einer Idealisierung: Beton „lebt" immer und er enthält zudem durch Einflüsse der Umgebung (Wärme und Feuchtigkeit) Spannungen, die keine Berechnung erfaßt und zu Schäden führen können [1].

1.3.1 Elastizität des Betons

Elastizität und Plastizität bezeichnen den bei Entlastung umkehrbaren bzw. den nicht umkehrbaren Anteil der Stauchungen des Betons. Beide lassen sich wie auch die Druckfestigkeit nicht durch konstante Werte beschreiben und im Versuch zudem nur schwer voneinander trennen, da zwischen beiden eine zeitabhängige, langsame umkehrbare Verformung (Anelastizität) beobachtet wird. Bereits bei der Erstbelastung eines Versuchskörpers zeigt sich eine bleibende Verformung (anfängliche oder „jungfräuliche" Zusammendrückung) (Abb. 1.3/1a). Man ermittelt daher den E-Modul für den Gebrauchszustand durch mehrmalige Be- und Entlastung mit der zulässigen Spannung als sog. Sehnenmodul $E = \sigma/\varepsilon_{\mathrm{el}}$. Steigert man die Oberspannung, so zieht sich die Verformungsgerade in Hysteresisschleifen auseinander, die letzten Endes (etwa bei $^2/_3 \beta_{\mathrm{w}}$) nicht mehr zum Stehen kommen. Man nähert sich dann der

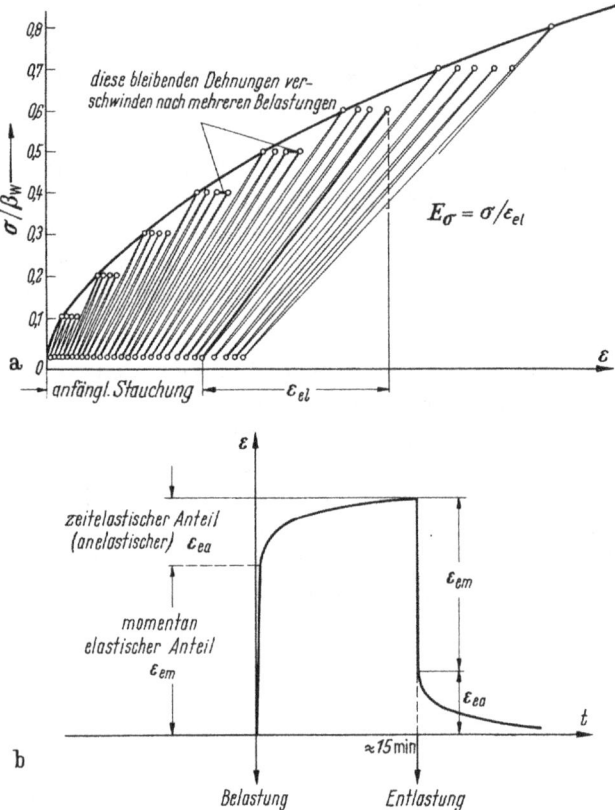

Abb. 1.3/1. Spannungs-Dehnungs-Diagramme des Betons im Kurzzeitversuch. **a** Im wiederholten, raschen Druckversuch [2 und E/3, S. 59]; **b** Zeiteinfluß bei einmaliger Belastung von Beton: momentane und „aufgeschobene" Elastizität [3]

Ursprungsfestigkeit (vgl. 1.2.1.2). Jedenfalls kann man aus dem Erstversuch nicht etwa einen „Tangentenmodul" in der Form $E = d\sigma/d\varepsilon$ ableiten, da bei Lastrückgang die Verformungskurve des Hinganges nicht eingehalten wird.

Ein Zeiteinfluß macht sich aber wie erwähnt auch schon bei rein elastischen, d. h. voll umkehrbaren Verformungen bemerkbar, wenn man dem Beton dazu Zeit läßt (Abb. 1.3/1 b). Diese Erscheinung ist z. B. bei der Messung von Brückendurchbiegungen zu beobachten. Wenn die Lasten rasch aufgebracht werden, wachsen die Senkungen innerhalb etwa 10 min um rund 10 bis 15 % der anfangs gemessenen Werte an. Ebenso gehen die Durchbiegungen nach Entlastung zu 85 bis 90 % sofort zurück; der Rest folgt wieder in einigen Minuten (anelastische Stauchung). Der Einfluß der Belastungsgeschwindigkeit auf den E-Modul ist in dem rheologischen Charakter des Zementleimes zu suchen [4]. In DIN 1048, Tl. 1 (78) 4.8 ist die „Bestimmung von E" genormt, um zu vergleichbaren Ergebnissen zu gelangen. Bei der Messung von E an meist zylindrischen Körpern darf man nur etwa das mittlere Drittel benutzen, da durch die Reibung gegen die Druckplatten die Endbereiche gestört werden [5]. Trotz dieser Vielfalt der Erscheinungen hat man Mittelwerte für die Elastizitäts-

zahlen E der verschiedenen Betonklassen abgeleitet, um eine allgemein verbind-
liche Grundlage zur Berechnung der Verformungen zu schaffen, und in DIN 1045,
16.2 niedergelegt.

Diesen Werten entspricht mit maximal 5 % Abweichung die oft benutzte Formel
$E \cong 5300 \sqrt{\beta_W}$, wobei β_W rund 5,0 N/mm^2 größer als die Nennfestigkeit β_N angenommen werden darf. Der Zusammenhang von E und β_W wird deutlicher, wenn man
das Verhältnis $E/\beta_W = 5300/\sqrt{\beta_W}$ bildet, d. h. E nimmt bezogen auf β_W mit steigender Festigkeit ab:

β_W	15,0	30,0	60,0 N/mm^2
E/β_W	1370	970	685

Allerdings können in Versuchen gemessene Werte von E wesentliche Abweichungen
von dieser Konvention zeigen, da zwar die Festigkeit in erster Linie vom Zement
abhängt, bei den Verformungen aber die stark variierende Elastizität der Zuschläge
eine wesentliche Rolle spielt. Abb. 1.2/6a zeigte bereits die außerordentliche Streubreite von E/β_P aus verschiedenen Quellen [6]. Sie wird verständlich, wenn man allein
den Einfluß der verschiedenen Elastizitätszahlen von Zuschlag (E_Z) und Zementstein
(E_{St}) (vgl. 1.2.1.1) berücksichtigt. Nach Abb. 1.2/6b ist z. B. für $E_Z/E_{St} = 8$ bei
einem Volumenanteil am Beton von:

V_{St}	40	30	20	%
E/E_{St}	2,6	3,2	4,2	

und mit $E_{St} = 12$ kN/mm^2 ergibt sich für

V_{St}	40	30	20	%
E	31	38	50	kN/mm^2

Ergebnisse umfangreicher Verformungsversuche findet man bei [7].

Die in der DIN 1045 festgesetzten Werte gelten für wenige Monate alten Beton.
Mit wachsendem Alter nimmt die Elastizitätszahl wie auch die Festigkeit noch
erheblich zu (vgl. 1.1.8). Man wird auch in höherem Alter angenähert das gleiche
Verhältnis E/β_W annehmen dürfen.

Für die Berechnung des Schwingungsverhaltens von Stahlbetonbauteilen (Bd. II,
B 2.2.4) braucht man den „dynamischen E-Modul" E_d, der für kleine Ausschläge und
Spannungsschwankungen theoretisch mit der Neigung der Arbeitslinie im Ursprung
identisch sein müßte. Er wurde bei hohen Frequenzen nach [8] für Beton mit
$\beta_W = 20$; 30; 45 N/mm^2 rund 30; 20; 10 % höher als der statische Modul E_s ge-

funden. Allerdings ist E_s gemäß seiner Definition als Sehnenmodul zu einem bestimmten Spannungsintervall eine unsichere Bezugsgröße. Vorgespannte Versuchsbalken haben bei etwa 50 Hz bei $\beta_w = 30$; 45; 60 N/mm² ein $E_d = 30\,000$; 32\,500; 34\,000 N/mm² ergeben [9]. Bei kleineren Frequenzen unter etwa 5 Hz rechnet man mit E_s.

Die Dämpfung von Beton ist bei kleinen Spannungsschwankungen $\Delta\sigma$ sehr klein ($D \cong 0{,}01$); sie wächst aber bei größeren $\Delta\sigma$ und namentlich im Stadium II (gerissene Zugzone) stark an [10] auf 0,02 bis 0,03.

Die Elastizitätszahl bei Zug wird etwa gleich der bei Druck angegeben [B. Kal. 1978 I, S. 45] (DIN 1045, 16.2). Da die Querschnitte für Stadium II bemessen werden, spielt dieser Wert ohnehin kaum eine Rolle. Die größte Zugdehnung des Betons kurz vor dem Bruch liegt bei nur 0,1 bis 0,2°/$_{00}$, ohne daß die Arbeitslinie eine wesentliche Krümmung erkennen läßt, d. h. Beton reißt wie ein spröder Stoff.

Außer der Stauchung in Richtung x der Spannung zeigt der Beton Querdehnungen in den beiden anderen Achsrichtungen y und z. Da kein gedrückter Körper im Bereich der Gebrauchsspannungen sein Volumen vergrößert, kann sich die Querdehnungszahl $\mu = \varepsilon_y/\varepsilon_x = \varepsilon_z/\varepsilon_x$ äußerstenfalls dem Wert 0,5 nähern. Für gewöhnlichen Beton wird $\mu = 0{,}15 \cong {}^1/_6$ gesetzt, bei hochwertigen Betonsorten steigt μ bis etwa 0,2. Das Elastizitätsgesetz des Betons bei mehrachsiger Beanspruchung wird durch Überlagerung der Wirkungen wie bei einachsiger Beanspruchung in linearer Form angesetzt: $\varepsilon_x = (\sigma_x - \mu\sigma_y - \mu\sigma_z)/E$. Dieses Superpositionsgesetz begründet die Anwendung der Elastizitätstheorie auf zwei- und dreidimensional wirkende Bauteile und ist durch Erfahrungen und Versuche im Gebrauchszustand hinreichend bestätigt.

1.3.2 Plastizität und Kriechen des Betons

Unter Plastizität des Betons versteht man die Abweichungen der Arbeitslinien von der reinen linearen Elastizität, die in dem plastischen Verhalten des Zementleimes sowie in Gefügestörungen (vgl. 1.2) begründet und daher zeitabhängig sind. Sie beginnen im Bereich der Gebrauchsspannungen (Kriechen) und verstärken sich, je mehr man sich dem Bruch nähert. Mit zunehmender Betongüte sind die Abweichungen von der Anfangstangente geringer, so daß auch die Bruchstauchungen abnehmen (Abb. 1.3/2a).

Diese Erscheinungen wurden von Rüsch [12] an Prismen gründlich untersucht und bilden die Grundlage der heutigen Bemessung der Querschnitte. Die Bruchstauchungen am Rand von Balken sind ferner erheblich von der Querschnittsform (Abb. 1.3/2b) und von der Belastungsgeschwindigkeit abhängig (Abb. 1.3/5b) [19]. Bei mehrachsiger Druckbeanspruchung sind sie wesentlich größer (Abb. 1.3/3a) als bei einachsiger, wie ja in diesem Falle auch die Festigkeit stark ansteigt (vgl. Abb. 1.2/9). Bei hoher allseitiger Querbeanspruchung können sich Mörtelzylinder, ohne Zerstörungserscheinungen (Gleitflächenbildung) zu zeigen, dann bis zu 20% verkürzen. (Abb. 1.3/3b). Wir kennen die nahezu unbeschränkte Verformungsfähigkeit selbst sehr spröder Stoffe aus der Geologie: Urton- und Kalkschiefer haben z. B. in den Alpen unter sehr hohen Drücken durch zusätzliche Horizontalkräfte aus Schollenverschiebungen Falten bis herab zu Radien von wenigen Zentimetern gebildet, ohne zerstört zu werden.

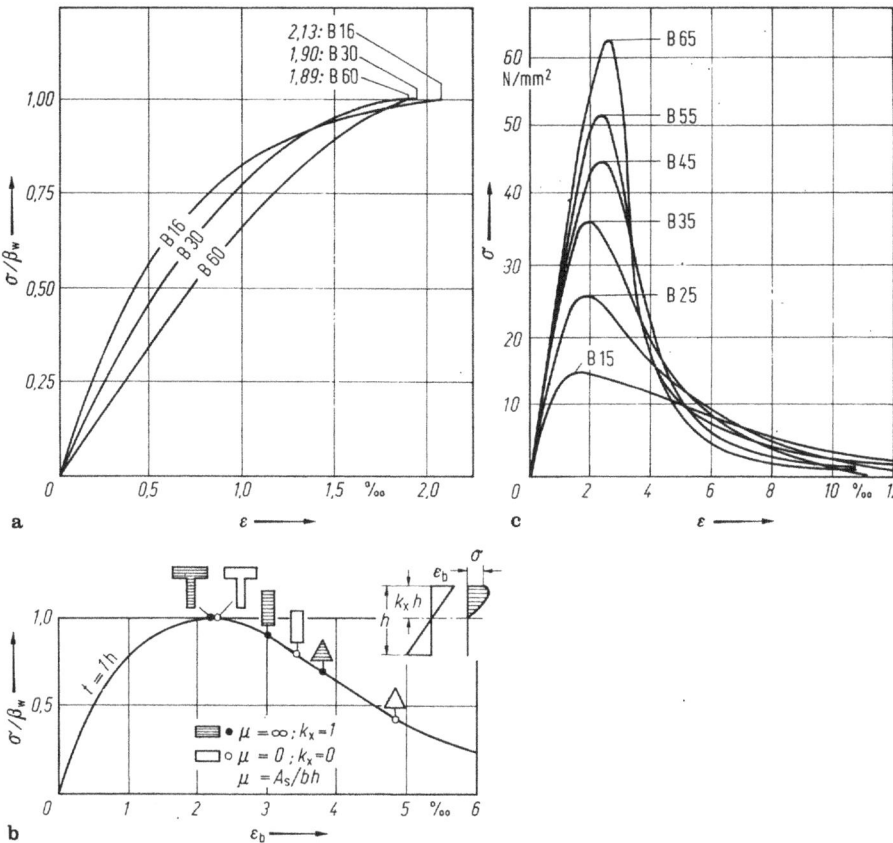

Abb. 1.3/2. Druckstauchungen beim Bruch des Betons. **a** Verformungsdiagramme von Prismen aus verschiedenen Betonsorten [12]; **b** größte Bruchstauchungen am Rande der Druckzone gebogener Balken für verschiedene Querschnittsformen und Bewehrungsgrenzen [13]; **c** Arbeitslinien verschiedener Betonsorten bei völliger Zerstörung: Gesamtes Arbeitsvermögen unterscheidet sich nur wenig [14.2]; absteigende Äste der Arbeitslinien stark von Versuchsbedingungen abhängig

Die Querdehnungszahl nimmt bei hohen einachsigen Spannungen stark zu, d. h., die Verminderung des Volumens verschwindet und geht schließlich kurz vor dem Bruch in eine Vermehrung über (Abb. 1.3/4). Auf diesem Verhalten beruht die Wirkung von Umschnürungen (vgl. B 2.1), in denen dann Ringkräfte erzeugt werden, die ihrerseits Querdruckspannungen im Beton und dadurch eine Erhöhung seiner Festigkeit ergeben.

Bereits unter Gebrauchsspannungen ($\sigma \cong \beta_W/3$), anwachsend bei höheren Laststufen, treten bei länger dauernder Belastung unelastische Stauchungen auf, die den Begriff der vollen Elastizität als Grenzwert für $t = 0$ charakterisieren (Abb. 1.3/5b) und als „Kriechen" bezeichnet werden. Dieses ist, wie schon gesagt (vgl. 1.3.1) teils bleibend, teils rückfedernd. Wie kommt das „Rückkriechen" (Anelastizität) zustande? Wiederum verhilft uns die Mikromechanik des Betons zum Verständnis: Nur der Zementstein verformt sich bei Belastung zeitabhängig plastisch, begründet durch

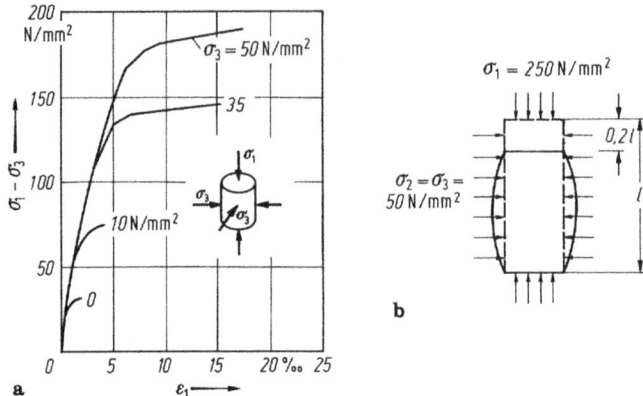

Abb. 1.3/3. Verformungsfähigkeit von Zementmörtel bei mehrachsiger Druckbeanspruchung [1.2/62, S. 195]. **a** Versuche an Zylindern; **b** Versuchskörper nach Verkürzung um 20%

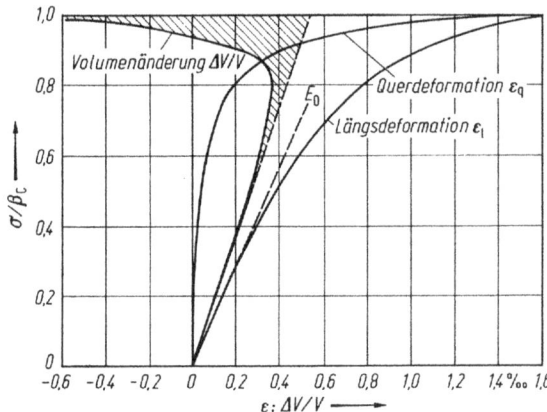

Abb. 1.3/4. Formänderungen eines unbewehrten Betonzylinders für verschiedene Laststufen bei einachsiger Beanspruchung [1.2/2.1, S. 2 und 1.2/17.1, S. 40]

Umlagerungen innerhalb der mehrmolekularen Wasserhüllen der Gelpartikel [20], die Zuschläge jedoch elastisch (vgl. 1.2.1.1), wobei diese einen relativ höheren Lastanteil aufnehmen. Bei Entlastung dehnt sich das feste Korngerüst wieder aus, setzt den Zementstein unter Zug, dem dieser wieder langsam plastisch nachgibt, bis ein neuer Gleichgewichtszustand erreicht ist. Hieraus resultiert das in Abb. 1.3/5a dargestellte merkwürdige Verhalten.

Alle Versuche haben gezeigt, daß die Kriechstauchung im Bereich der Gebrauchsspannungen proportional zur elastischen Stauchung $\varepsilon_{el} = \sigma/E_0$ gesetzt werden kann, woraus sich die Definition der Kriechzahl $\varphi = \varepsilon_k/\varepsilon_{el}$ ergibt, wobei φ eine Funktion der Zeit ist. Damit läßt sich die Gesamtverformung $\varepsilon = \varepsilon_{el} + \varepsilon_k = \varepsilon_{el}(1 + \varphi)$ $= \sigma(1 + \varphi)/E_0$ mit Hilfe eines Zeitverformungsmoduls $E_t = E_0(1 + \varphi)$ als $\varepsilon = \sigma/E_t$ schreiben. Durch diesen linearen Ansatz wird die mathematische Behandlung entscheidend vereinfacht, da verschiedene Kriechvorgänge wie statische Belastungszustände einfach überlagert werden können, das Superpositionsgesetz also auch für

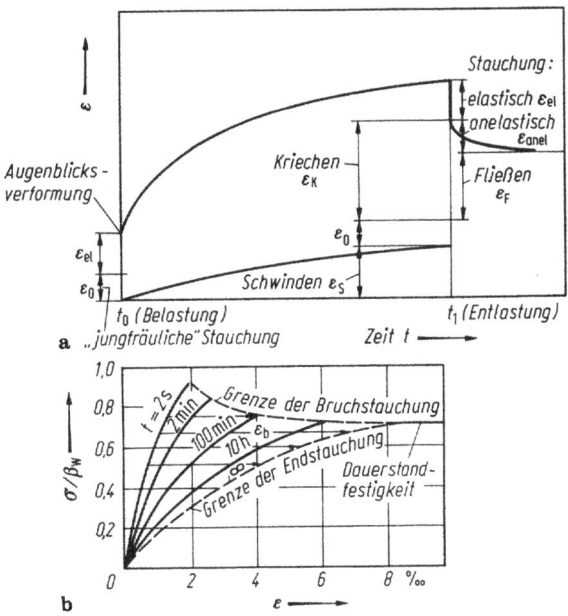

Abb. 1.3/5. Gesamtstauchungen des Betons im Langzeitversuch. **a** Im Bereich der Gebrauchs-spannungen rund $^1/_3\beta_{\mathrm{W}}$ [E/3, S. 65]; **b** bis zur Bruchstauchung als Funktion der Belastungsdauer. Elastische Stauchung als unterer Grenzwert der Zeitformänderung für $t = 0$ (Kurzzeitbelastung) [E/3, S. 62]

die Kriechverformungen gültig ist. Allerdings gilt das nur solange, als $\sigma = \mathrm{const} = \sigma_0 \cong \beta_{\mathrm{W}}/3$ bleibt. Bei höheren Laststufen wächst φ an.

Die Kriechzahl φ_∞ gibt das Endkriechmaß an, das nach mehreren Jahren erreicht wird. Da wir über die physikalische Natur des Kriechens erst neuerdings etwas wissen [20], sind für die Kriechzahl, insbesondere für deren Verlauf in der Zeit, von verschiedenen Forschern überaus zahlreiche, z. T. erheblich voneinander abweichende empirische Formeln aufgestellt worden [21]. Die großen Streuungen rühren teilweise von dem Bezug der plastischen Verformung $\varepsilon_k = \varphi\sigma_0/E$ auf die elastische Verfor-mung her. Denn über die Größe von E bestehen sehr verschiedene Auffassungen (vgl. Abb. 1.2/6). Zudem ist E mit der Zeit veränderlich, und man erhält des-halb verschiedene Werte von φ, wenn man das E zum jeweiligen Belastungszeit-punkt einsetzt (vgl. Abb. 1.3/6a). Man pflegt daher φ meist auf E_{28} zu beziehen, d. h. auf die in DIN 1045, 16.2 angegebenen Werte. Die Definition $\varepsilon_k = \alpha_k\sigma_0$ ($\alpha_k = \varphi/E$) würde den Parameter E ausschalten und die Proportionalität zu σ deut-lich hervortreten lassen.

Die älteste mathematische Formulierung des Kriechvorganges $\varepsilon_k = \varepsilon_0\varphi_t$ stammt von Dischinger [22]: $\varphi_t = \varphi_\infty(1 - e^{-t/360})$; t in Tagen; $\varepsilon_0 = \sigma_0/E_0$. Sie besitzt den großen Vorteil, auch für Behinderungen des Kriechvorganges, etwa durch schlaffe oder vorgespannte Bewehrung (vgl. B 2.1; B 4.3.2.1) oder geometrische Randbe-dingungen (Zwängungen) (vgl. B 4.2.2) ohne mathematische Schwierigkeiten einfache, übersichtliche Ergebnisse zu liefern, die für den Endzustand leidlich zutreffen. Da der Kriechvorgang jedoch anfangs rascher verläuft, als die e-Funktion angibt [23], ist die Berechnung von Zwischenzuständen, insbesondere bei Belastungswechsel, weniger zuverlässig. Caquot [24] hat deshalb $\varphi = \varphi_\infty(1 - 10^{-\sqrt{t/500}})$ (t in Tagen) vorgeschlagen (Abb. 1.3/6a). Schließlich darf man ohnehin angesichts der großen Streuungen von E, erst recht von φ, keine große Genauigkeit der Kriechverformungs- und -spannungsberechnungen erwarten, so daß der Wert der Anwendung eines verfeinerten mathematischen Apparates wie z. B. in [25] recht problematisch ist. Die umfassenste Darstellung der Kriechvorgänge und ihrer Auswirkungen findet man bei Rüsch [26].

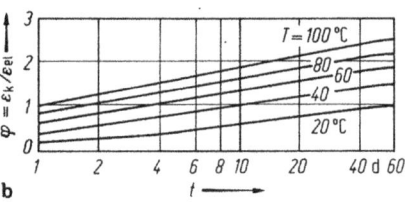

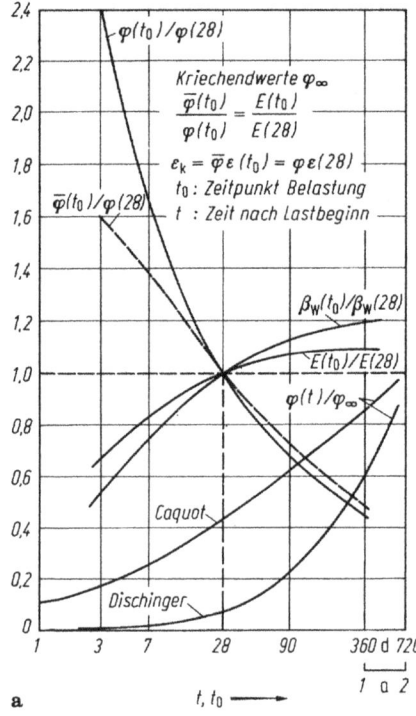

Abb. 1.3/6. Verformungskennziffern für Beton. **a** Auf die 28-Tage-Werte bezogene Kennziffern sowie zeitlicher Kriechverlauf φ_t nach Caquot [24] und Dischinger [22]; **b** Kriechzahlen von Zylindern mit 11,5 cm Durchmesser und 30 cm Höhe unter $\sigma = 7{,}0$ N/mm² (Schwinden eliminiert) bei verschiedenen Temperaturen T [27]

Die plastische Verformung hängt von einer großen Zahl von Faktoren ab, als deren wichtigste ich folgende anführe:

(a) Das Kriechen spielt sich nur im Zementstein ab, so daß die Kriechzahl um so höher ausfällt, je mehr Zement der Beton enthält.

(b) Die höherwertigen Zementsorten zeigen ein geringeres Kriechmaß als die normalen.

(c) Je fester der Beton zur Zeit des Belastungsbeginnes im Verhältnis zu seiner Endfestigkeit ist (Erhärtungsgrad), um so mehr verringert sich das Kriechmaß. Die plastische Deformation wird also durch Hinausschieben des Belastungszeitpunktes vermindert („Kriechschonzeit") [28]. Im Alter von 10 Jahren belasteter Beton kriecht kaum noch ($\varepsilon_k < \varepsilon_{el}$) [28.2].

(d) Größere Feuchtigkeit der Umgebung setzt das Kriechen herab. Austrocknen unter Last wirkt erhöhend. Der Kriechvorgang hängt also mit der Feuchtigkeit des Betons zusammen.

(e) Das oft beobachtete kleinere Kriechmaß großer Bauwerke gegenüber Probekörpern im Laborformat ist darauf zurückzuführen, daß jene im Inneren noch lange feucht bleiben. Dünnwandige Querschnitte kriechen daher schneller und stärker.

(f) Die Zuschläge spielen insofern eine Rolle, als sie nicht kriechen und sich dadurch die Spannungen vom Zement teilweise auf die Körner umlagern, die sich nur elastisch deformieren, wie oben und in 1.2.1.1 beschrieben. Die Wirksamkeit dieser Umlagerung, d. h. die Entlastung des Mörtels, ist um so größer, je härter die Zuschläge sind, so daß mit Basalt, Quarz oder Kalk hergestellter Beton kleinere Gesamtformänderungen zeigt als solcher mit Sandstein oder Basalttuff (kleineres E).

(g) Die Porigkeit des Betons setzt das Kriechmaß bedeutend herauf und kann den Einfluß des Mörtelgehaltes überdecken. Es ist daher zur Herabsetzung des Kriechens wirkungsvoller, einen dichten Beton durch etwas mehr Zement und geringere Wasserbeigabe anzustreben, als den Zementzusatz zu kürzen und dafür einen porigen Beton zu erhalten.

(h) Erhöhte Temperatur läßt das Kriechmaß stark ansteigen. Bei 50 °C beträgt es etwa das Doppelte, bei 70 °C etwa das Drei- bis Vierfache, bei 120° das Vier- bis Fünffache gegenüber dem bei 20 °C [29] (Abb. 1.3/6b). Vermutlich spielt der mit der Erwärmung verbundene Austrocknungsvorgang eine wesentliche Rolle bei den sehr stark streuenden Versuchsergebnissen [30] (vgl. 1.3.4 und Abb. 1.3/16).

Da diese Einflüsse bei praktischen Aufgaben nicht alle zahlenmäßig berücksichtigt werden können — abgesehen davon, daß sie erst zum Teil quantitativ erforscht sind —, enthält DIN 1045, 16.4 für Stahlbeton und DIN 4227 Teil 1 (79), 88 für Spannbeton sowie der CEB-Vorschlag [1.2/54.7, S. 319] Angaben über Verlauf und Endwert unter Berücksichtigung nur der Hauptfaktoren. Jedenfalls sollte der Konstrukteur Maßnahmen treffen, um das meist unerwünschte Kriechen zu vermindern. Die angeführten Punkte (a) bis (h) enthalten hierzu Hinweise.

Die Vorschriften und die meisten Versuche beziehen sich auf das Druckkriechen. Naturgemäß gibt es aber auch ein Kriechen unter Zugspannungen. Da man auf die Mitwirkung des Betons in der Zugzone zumeist verzichtet, hat man sich ebenso wie mit den elastischen Verlängerungen mit den plastischen wenig beschäftigt und wird diese gegebenenfalls mit den gleichen Kriechzahlen wie bei Druck abschätzen [31.1].

Über das Querkriechen sind nur wenige systematische Versuche in der Literatur zu finden, so daß man im Bereich der Gebrauchsspannungen die gleiche Querdehnungszahl μ wie für elastische Verformungen ansetzt. Einzelne Versuche deuten allerdings darauf hin, daß die Querkriechzahl unter den üblichen Spannungen hinter der elastischen Querdehnungszahl μ zurückbleibt [31.2].

Das Kriechen des Betons hat sowohl erwünschte als auch unerwünschte Folgen, die dem Konstrukteur geläufig sein müssen [32]. Wir erwähnen hier zunächst nur qualitativ einige wichtige Erscheinungen, die z. T. später an geeigneter Stelle noch quantitativ weiter verfolgt werden (B 4.2.2).

1.3.2.1 Unerwünschte Wirkungen

(a) Stahlbetonbalken vergrößern mit der Zeit ihre anfängliche Durchbiegung durch zunehmende Kompression der Druckzone. Würden sie nur aus Beton bestehen und Zug- und Druckkriechen gleich sein, so würde sich das φ-fache der elastischen Durchbiegung einstellen. Da aber die Zugkräfte durch den nicht kriechenden Stahl aufgenommen werden, stellt sich nur etwa $^1/_3$ jenes Wertes ein (vgl. B 4.2.4.1).

(b) Spannbetonbalken ändern ebenfalls mit der Zeit ihre anfänglichen Verformungen. Vorzeichen und Größe der Durchbiegung richten sich nach dem Verlauf der Spannungen in den Querschnitten, die in ihrer ganzen Fläche Druckspannungen aufweisen. Sind unter Dauerlast die unteren Fasern stärker gedrückt als die oberen, so wölbt sich der Balken infolge Kriechens nach oben, im umgekehrten Falle biegt er sich nach unten durch. Sie nähern sich in ihrem Verhalten daher homogenen Betonbalken und dürften wegen der dem Kriechen widerstehenden Bewehrung ganz angenähert das $0,8\varphi$-fache ihrer Anfangsdurch- oder -aufbiegung als Kriechverformung zeigen (vgl. B 4.2.4.2).

(c) Vorgespannte Bewehrung steht im Verbund mit dem umgebenden Beton, der unter ständiger Last gedrückt wird. Da dieser mithin eine plastische Stauchung erleidet, verkürzt sich auch die Bewehrung mit der Zeit und verliert an Spannung (vgl. B 4.3.2.1).

Da der Ausgleich dieses Verlustes den Stahlaufwand und damit die Kosten erhöht, hat man sich erst gelegentlich der Entwicklung des Spannbetons intensiv mit dem Kriechen beschäftigt.

(d) In zentrisch belasteten Stahlbetonstützen verkürzt sich der Beton plastisch, aber der Stahl nur elastisch. Da beide ihre Länge um das gleiche Maß vermindern, tritt eine starke Umlagerung der Last vom Beton auf die Längsstäbe ein, deren Spannung erheblich anwächst (vgl. B 2.1).

(e) Stahlbetonstützen mit exzentrischer Belastung besitzen eine Anfangskrümmung (Abb. 1.3/7a), die sich plastisch mit der Zeit vergrößert. Dadurch wachsen die Lastexzentrizitäten und Spannungen nichtlinear nach Theorie 2. Ordnung an [33] und die Baustoffspannungen können die kritischen Werte selbst dann erreichen, wenn die Stützen im elastischen Zustand mit der vorgeschriebenen Sicherheit bemessen wurden (vgl. B 2.1 und II B 4.1.2).

(f) Werksteinverkleidungen von Betonstützen nehmen am Kriechen nicht teil, da sie ja als Gestein zumeist unter viel größerem Druck gestanden haben als in einem Stahlbetonbauteil. Sie widersetzen sich daher wie der Stahl in Stützen dem Kriechen des Betons und beteiligen sich mit der Zeit an der Lastaufnahme (Abb. 1.3/7b). Die dabei im Naturstein auftretende Spannung kann so groß werden, daß dessen Festigkeit erschöpft wird oder daß die Verkleidung ausknickt. Dieser Erscheinung kann man dadurch abhelfen, daß man in geringen Abständen (etwa 1 bis 2 m) die Fugen mit einer plastischen Masse ausfüllt oder die Platten einzeln, mit offenen Fugen anheftet. Solche Überbeanspruchung ist auch an Werksteinverkleidungen hoher Brückenpfeiler und an keramischen Verkleidungen von Betonstützen beobachtet worden (Abb. 1.3/7c). Die Umlagerung kann wie bei Stahlbetonstützen berechnet werden (vgl. B 2.1).

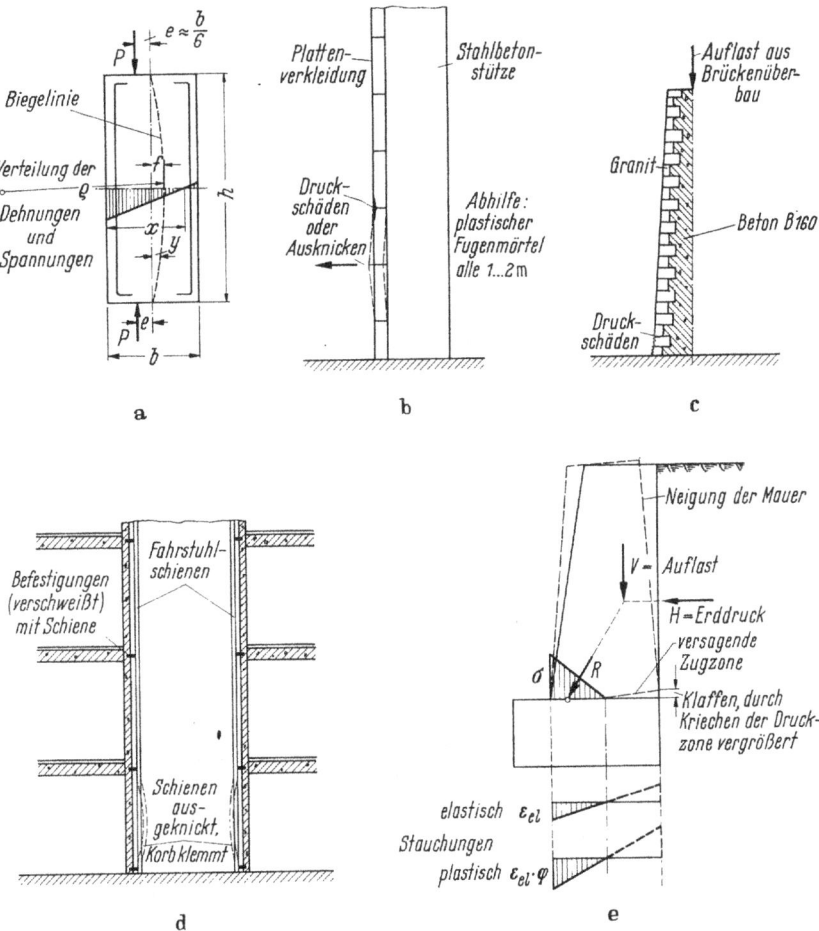

Abb. 1.3/7. Nachteilige Auswirkungen der Kriechverkürzung des Betons. **a** Vergrößerung der Verbiegung einer exzentrisch belasteten Stütze (Theorie 1. Ordnung, ohne Knickgefahr). Konstante Exzentrizität e erzeugt konstantes Moment $M = Pe$.
Elastischer Zustand: $\varepsilon_{el} = \sigma_0/E_0$; ε_{el}: Randstauchung

σ_0: Randspannung

Krümmung in der Mitte: $1/\varrho_0 = \varepsilon_{el}/x$ (gerissene Zugzone)
Ausbiegung der Stütze: $f_0 \cong h^2/10\varrho_0$.
Plastischer Zustand (angenähert ohne Berücksichtigung der Bewehrung) $\varepsilon = \varepsilon_{el} + \varepsilon_k = \varepsilon_{el}(1 + \varphi)$,
$1/\varrho_0 = \varepsilon_{el}(1 + \varphi)/x$; $f \cong f_0(1 + \varphi)$.
Diese Vergrößerung der Ausbiegung vermehrt die Lastexzentrizität in der Mitte, damit weiterhin σ, so daß eine Gefährdung durch Druckbruch eintreten kann (vgl. B 2.1); **b** Schäden an der Naturstein-verkleidung einer Hochhausstütze; **c** hoher Brückenpfeiler mit Werksteinverkleidung; **d** Klemmen eines Fahrstuhles im Erdgeschoß eines Hochhauses; **e** Vergrößerung der Schiefstellung einer Stützmauer und der Öffnung der Aufstandsfuge

(g) Durch dieselbe Wirkung des Ausknickens klemmten die Leitschienen eines Aufzuges in einem Hochhaus nach 3 Monaten Betriebszeit den Korb fest (Abb. 1.3/7d). Sie waren zu einem Stück verschweißt und mit dem Stahlbetonschacht fest verbunden. Hier setzte wiederum eine Lastumlagerung auf die Schienen ein, unter deren Wirkung sie ausgeknickt waren. Der Schaden wäre leicht durch bewegliche Schienenstöße oder gleitende Befestigung des ganzen Stranges von unten bis oben zu vermeiden gewesen.

(h) Risse in unbewehrtem Beton infolge exzentrischer Belastung (Abb. 1.3/7e) öffnen sich zunehmend durch das Kriechen, sofern die zugehörige Verdrehung nicht behindert ist (vgl. B 4.5.1.2).

(i) Durch einmalige künstliche Verschiebungen an den Stützstellen oder gegenseitige Verschiebungen zweier Querschnittsufer im Inneren läßt sich der elastische Spannungszustand eines statisch unbestimmten Systems in einem gewünschten Sinne beeinflussen. Die dadurch erzeugten elastischen Zwangsschnittkräfte haben jedoch mit der Zeit auch plastische Verformungen zur Folge, welche an die Stelle der elastischen treten und dadurch die zusätzlichen Schnittkräfte bis auf einen Bruchteil abbauen. Die dauernde Beeinflussung des Spannungszustandes beispielsweise durch die Absenkung einer Stütze eines Durchlaufträgers oder durch die hydraulische Expansion der Scheitelfuge eines Gewölbes erweist sich daher weitgehend als eine Illusion (vgl. B 4.2.2 und II A 2.1.2).

1.3.2.2 Erwünschte Wirkungen

(a) Abbau von Spannungsspitzen. Nach der linearen Elastizitätstheorie errechnete unendlich große Spannungsordinaten (vgl. 7) überschreiten ohnehin den Gültigkeitsbereich des linearen Formänderungsgesetzes und werden außerdem durch Plastifizierung abgebaut. Darüber hinaus flachen sich nichtlineare Spannungsverteilungen in ebenbleibenden Querschnitten durch das Kriechen ab. Beispielsweise wird sich auf

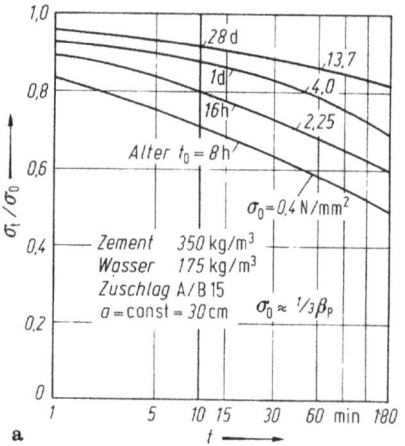
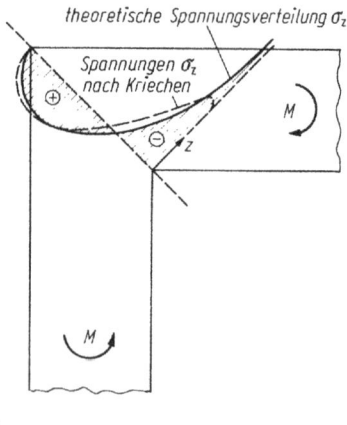

Abb. 1.3/8. Abbau von Spannungsspitzen infolge plastischer Verformung bei konstanter Stauchung (Relaxation). **a** Druckspannungsabbau in Abhängigkeit vom Alter t_0 des Betons. σ_t Spannung nach t min; σ_0 Anfangsspannung [28.1 und 1.1/40.5]; **b** Abbau der Spannungsspitze in der Druckecke eines Rahmens

diese Weise die große Pressung am Rande eines starren Stempels mit der Zeit dem Mittelwert nähern (Abb. 1.2/13a). Diese Tatsache spielt eine große Rolle bei den Ankerkörpern von Spanngliedern. Wenn diese nicht, wie gewöhnlich, in jungem, stark kriechfähigem Beton [28.1 und 1.1/40.5] unter Last gesetzt würden, sondern in altem, sprödem, würden sich zweifellos in manchen Fällen lokale Risse einstellen. Auch die sehr großen Druckspannungen in einspringenden Ecken, z. B. bei Rahmen werden plastisch abgebaut (Abb. 1.3/8), da sonst oftmals Schäden zu beobachten sein müßten. Zugspannungen in einspringenden Ecken führen allerdings häufig zu Einrissen, da der Beton spröde und die Zugfestigkeit ja klein ist, und das Zugkriechen daher gar nicht erst zur Wirkung kommt.

(b) Umschnürungen von gedrückten Betonkernen werden, wie erwähnt, bei Kurzzeitbelastung erst in höheren Laststufen in nennenswerte Spannungen versetzt. Diese Wirkung ist bei Dauerlast durch die Kriechquerdehnung aber schon unter den ständigen Lasten zu erwarten und erhöht damit die Querdruckspannungen im Beton und mittelbar dessen Festigkeit (vgl. B 2.1).

(c) Wenn die ständige Last nur einen mäßigen Anteil der Gesamtlast ausmacht, wird der Beton in der Zugzone von Stahlbetonbalken noch nicht reißen. Das Zugkriechen wird hier, ähnlich wie bei den Stützen, eine Umlagerung der Zugkraft auf die Bewehrung und damit eine Herabsetzung der Zugspannungen im Beton bewirken. Die Rißbildung infolge hinzukommender Nutzlast wird dadurch wesentlich hinausgeschoben. Die Stahlbetonbauweise verdankt diesem stillen, unbeachteten Wirken des Kriechens zweifellos das Ausbleiben eines großen Teiles von Rissen, die sie — wenn auch ungern — in Kauf zu nehmen bereit ist und aus Sicherheitsgründen in Rechnung stellt. Diese Erscheinung trägt zweifellos viel zum guten Ruf des Stahlbetons bei.

(d) Zwangsspannungen, die durch langsame Vorgänge wie Schwinden oder Stützensenkungen infolge von bindigen Böden entstehen, werden ebenfalls durch Kriechen wesentlich abgebaut, sofern der Rhythmus beider Vorgänge einigermaßen übereinstimmt (vgl. B 4.2.2). Diese Erscheinung spielt auch bei Gewölben, Rahmen und Durchlaufbalken oftmals eine ungeahnt günstige Rolle.

(e) Den statischen Berechnungen werden meist vereinfachte Systeme der Tragwerke zugrunde gelegt, indem man einige Zusammenhänge vernachlässigt. Die hierdurch entstehenden zusätzlichen Biegungen und Torsionen (Zwängungen) werden ebenfalls durch das Kriechen abgebaut, die Konstruktion „kriecht sich zurecht", allerdings unter der Bedingung, daß durch sogenannte „konstruktive Bewehrungen" den zugehörigen Zugkräften Rechnung getragen wird, um grobe, sich mit der Zeit ständig erweiternde Risse zu vermeiden.

1.3.3 Schwinden des Betons

Das Schwinden des Betons besteht in einer langsamen Verkürzung ohne Belastung. Neuere Forschungen haben gezeigt, daß es sich nicht einfach um einen Austrocknungsvorgang handelt, sondern um recht komplexe Vorgänge. Wenn man z. B. einen Zementbrei durch ständiges Rühren am Abbinden hindert und keinen Wasserverlust zuläßt, tritt trotzdem eine Abnahme des Zementleimvolumens um rund 7% ein [35.1]. Hierauf beruht ein Verfahren zur Vorausberechnung der Festigkeit [35]. Ein Teil des Anmachwassers „verschwindet", da er chemisch, ein weiterer, da er physika-

lisch gebunden wird (vgl. 1.1.8). Letzterer kann teilweise unter Schrumpfen des Zementes abgegeben und auch wieder aufgenommen werden (Quellen des Zementes)
[36]. Dieser Wasserverlust ruft zunehmende Oberflächenspannungen des in den Kapillaren verbleibenden, in Menisken endigenden Wassers hervor, die den Beton zusam-
menziehen [37] (Abb. 1.3/9a). Da das Kriechen gleichfalls mit dem Wasserhaushalt
zusammenhängt, besteht mit dem Schwinden eine gewisse Verwandtschaft in den
erwähnten fördernden und hemmenden Faktoren (vgl. 1.3.2). Beide Vorgänge werden
bei konstanter Last meist als zeitlich proportional verlaufend behandelt [20, 21, 26],
was aber nur angenähert zutrifft. Der Mörtel und damit der Zementsteingehalt sowie
der Wasserzementfaktor w/z sind hierfür ausschlaggebend; insbesondere die Feuchtigkeit der Umgebung (Abb. 1.3/9b); Abmessungen des Bauteiles und Härte der
Zuschlagstoffe wirken sich entsprechend aus. Eine Erhöhung des Schwindmaßes um
20 bis 50% verursachen auch manche Plastifizierungsmittel (vgl. 1.1.3), was u. a. bei
Spannbeton eine Rolle spielt. Durch Naßhalten während der ersten 2 bis 3 Wochen
läßt sich eine gewisse Herabsetzung des Endschwindmaßes erreichen (vgl. 1.1.7),
was der Kriechschonzeit entspricht.

Einen Anhalt, um das Schwinden des Betons zu beurteilen und zu verringern,
bieten die Abb. 1.3/10a bis c. Ausgangspunkt ist der lineare Zusammenhang zwischen
Schwindmaß ε_s des Zementsteines und Wasser-Zement-Faktor w/z (Abb. 1.3/10a).
Das Schwindmaß ε_s des Betons wird wie erwähnt durch die Zuschläge vermindert
(Abb. 1.3/10b). Hieraus läßt sich Diagramm 10c ableiten, aus dem zu erkennen ist,
daß ε_s nur in geringem Maße von w/z, sondern im wesentlichen von der Wasserbeigabe
je m³ Beton abhängt.

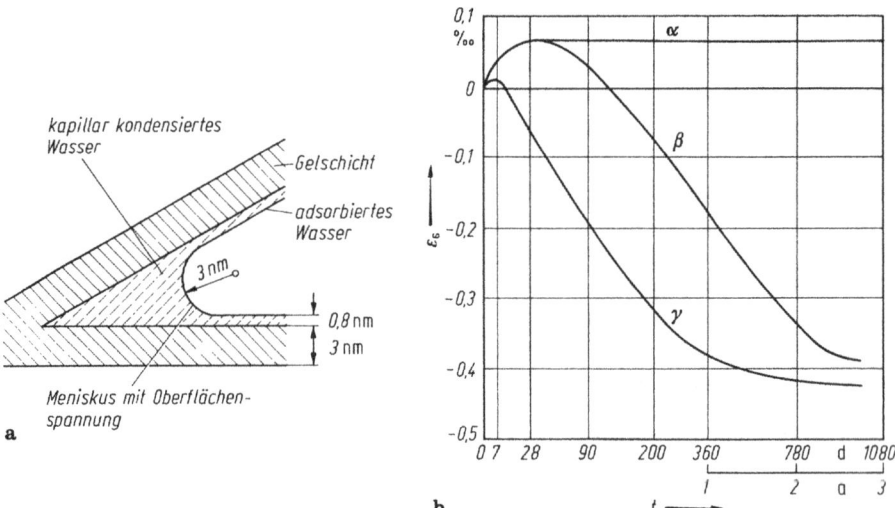

Abb. 1.3/9. Schwinden des Betons (schematisch). **a** Modell von Powers [37, S. 40 und 38] zur Erklärung des Schwindens und Kriechens. Das Gleichgewicht zwischen sich berührenden Zement-
körnern hängt von den Molekularkräften des anhaftenden Wassers ab, die von der relativen Luft-
feuchtigkeit und der Belastung beeinflußt werden; **b** Die Schwindverkürzung ε_s von gleichen Betonprismen hängt von der Art der Lagerung ab [E/29, S. 246] ergänzt vom Verf. α ständig feucht,
β 2d Luft, 28d Wasser, dann Luft, γ dauernd Luft

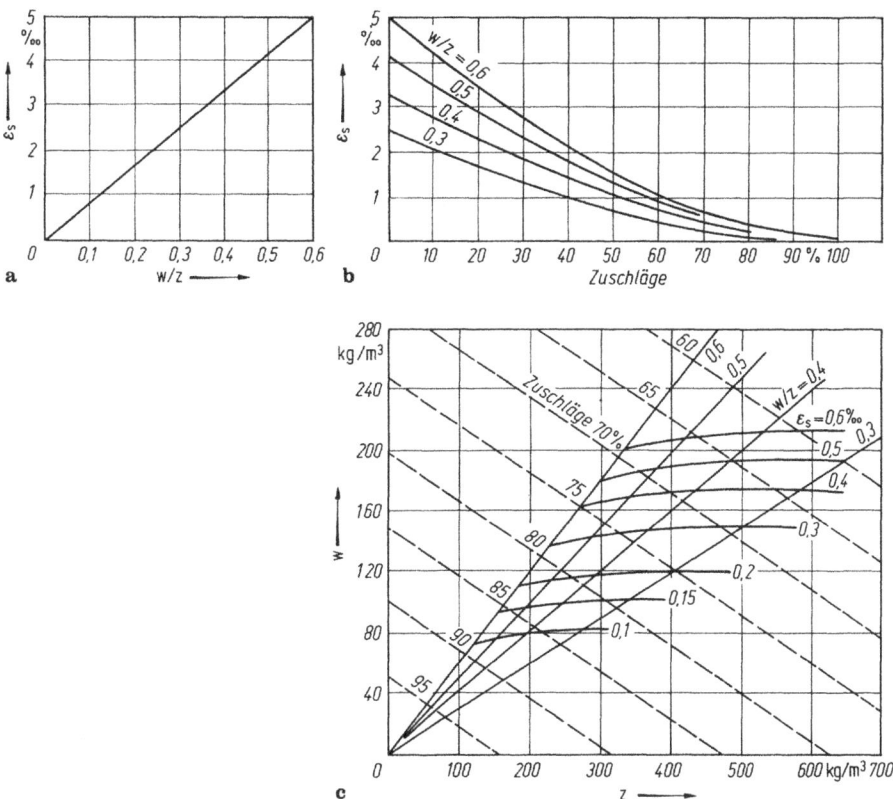

Abb. 1.3/10. Schwindverkürzungen, Endwerte unter Normalbedingungen [41]. **a** Von Zementstein, abhängig vom Wasserzusatz; **b** von Beton, abhängig vom Raumgehalt an Zuschlägen; **c** von Beton, abhängig von Wasser- und Zementbeigabe

Allerdings läßt sich das Schwindmaß mit Rücksicht auf die angestrebte Festigkeit und Verarbeitbarkeit nur in engen Grenzen beeinflussen. Die Diagramme geben aber nur einen gewissen Anhalt, da das Schwinden wesentlich von den äußeren Umständen und den Abmessungen der Bauteile abhängt.

Die dargestellten Schwindverkürzungen beziehen sich auf Probekörper in Laborformat. Bauteile mit größeren Abmessungen geben ihr Kapillarwasser viel langsamer (über Jahre) und im Freien unvollkommener ab. Ihre Schwindmaße sind daher wesentlich geringer, was in den vorgeschriebenen Werten der DIN 1045, 16.4 berücksichtigt ist.

Der zeitliche Rhythmus des Schwindens hängt einerseits vom Abbindevorgang ab, der bei energischen Zementen rascher verläuft, andererseits vom Feuchtigkeitsgehalt der Außenluft und den Abmessungen des Bauteiles. Im allgemeinen nimmt man ihn, bequem für die Rechnung, parallel zum Kriechrhythmus an, obgleich erhebliche Abweichungen durch spätere Belastung oder rasche Austrocknung möglich sind (vgl. B 4.2.2 und B 4.3.2.1), wie Versuche an Mörtelringen über einem Stahlkern zeigen (Abb. 1.3/11). Hierbei wird ein ringförmiger Stab auf konstanter Länge gehalten und die Verkürzung durch Schwinden muß in elastische und plastische Ver-

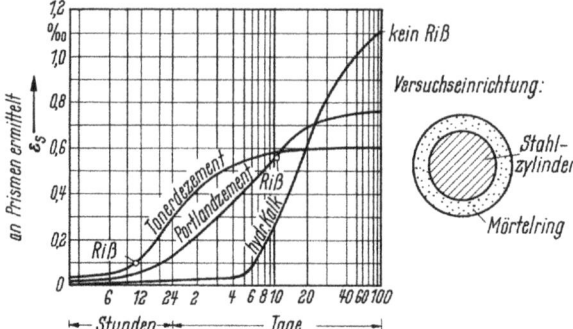

Abb. 1.3/11. Ringversuch mit Mörteln 1:1 bei 75% relativer Feuchtigkeit [1.1/6.1, S. 107]. Zusammenwirken von Schwinden mit elastischer und plastischer Dehnung, dadurch Abbau der Schwindspannungen. Freies Schwinden ε_s gemessen an besonderen prismatischen Probekörpern

längerung umgesetzt werden. Erstere bauen Spannungen auf, letztere ab (Relaxation). Gleichzeitig nimmt die Zugfestigkeit des Stoffes zu. Es findet gewissermaßen ein Wettrennen zwischen Schwinden und Kriechen, Elastizität und Festigkeit statt.

Eine Versuchsreihe zeigte: Selbst ein kleines Schwindmaß bei extrem raschem Schwindvorgang und voller Behinderung der Zusammenziehung führte zu einem Riß, wenn der Abbau der Schwindspannungen durch Elastizität und Kriechen nicht nachkam. Der Tonerdezement „brachte sich dabei selbst um", da er sehr stürmisch abbindet und schwindet. Der Portlandzement erhärtet langsamer, baute aber währenddessen die Schwindspannungen soweit ab, daß er erst bei der sechsfachen Schwindverkürzung (an Parallelproben gemessen) riß. Der hydraulische Kalk ließ sich noch mehr Zeit zum Erhärten, aber auch zum Kriechen, so daß er bei der elffachen Schwindverkürzung noch nicht gerissen war. Man kann aber erkennen, daß die Rißgefahr keineswegs nur vom Schwindmaß und der Zugfestigkeit abhängt, sondern auch sehr stark von der Schnelligkeit des Schwindvorganges [42].

Welche Folgen hat das Schwinden für unsere Konstruktionen? Die Schwindverkürzungen sind zumeist ungleichmäßig über den Querschnitt verteilt, da die Austrocknung von der Oberfläche ausgeht. Das Feuchtigkeitsgefälle ist daher bei dicken Baugliedern und an Kanten besonders stark (Abb. 1.3/12a), ähnlich wie bei dem Temperaturgefälle (vgl. Abb. 1.3/20b).

Bei einem stabförmigen Bauglied, dessen Länge das Vielfache der Querabmessungen beträgt, müssen die Querschnitte eben bleiben, so daß elastische Dehnungen ε und Spannungen $\sigma = \varepsilon E$ entstehen, die die Schwindverwölbung rückgängig machen. Die Fasern müssen sich also alle auf eine mittlere Verkürzung derart einigen, daß die Summe der entstehenden Spannungen mangels äußerer Kräfte gleich Null ist (Abb. 1.3/12b).

Ein solcher Zustand wird als „Eigenspannungen" bezeichnet und hat, sofern die Verformung nicht von außen behindert wird, die zwangsläufige Begleiterscheinung, daß keine Stützkräfte auftreten. Man merkt von diesen Eigenspannungen nichts, bis infolge Zug an der Außenseite Risse auftreten. Alle dickeren Stahl- und Spannbetonbauglieder pflegt man daher an der Außenseite mit einem leichten Bewehrungsnetz zu versehen, das diese Risse zwar nicht verhindert, aber ihre Abstände und

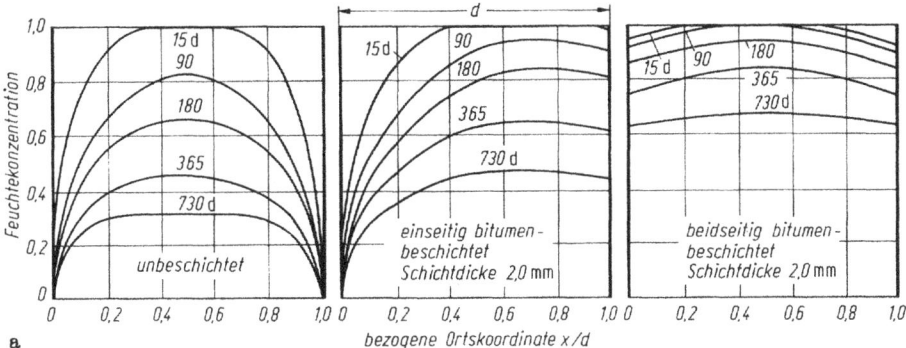

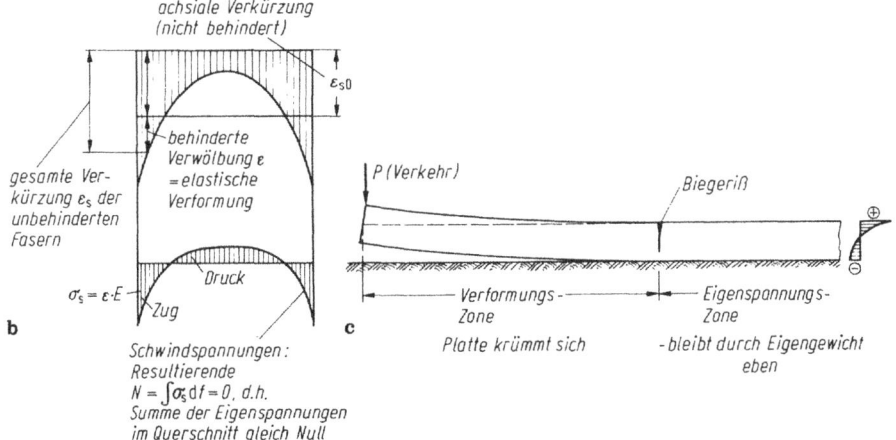

Abb. 1.3/12. Folgen von Schwinddifferenzen infolge Feuchtigkeitsgefälle. **a** Austrocknungsvorgang einer 20 cm dicken, hohen Betonwand [43]; **b** Eigenspannungen durch Behinderung der Querschnittsverwölbung in einer Wand (Querschnitte bleiben eben) (vgl. Abb. 1.3/20c und d); **c** einseitige Austrocknung führt in einer Straßendecke am Rand zu „Schüsselbildung" und der Gefahr von Rissen infolge Randlasten P (überhöht dargestellt)

Breite klein hält [44] (vgl. B 4.2.5.2). Auch eine geringe Vorspannung von 0,5 bis 1,0 N/mm² vermag in massigen Betonkörpern Schwindrisse zu vermeiden (vgl. 4.4 und [4/36]).

Wenn sich noch Zugspannungen aus Lasten überlagern, wird schon bei auffällig niedrigen Laststufen scheinbar die Zugfestigkeit des Betons überschritten. Beispielsweise zeigte ein 20 m langer, 1 m hoher, vorgespannter Versuchsbalken bereits bei einer rechnerischen Zugspannung von 2,5 N/mm² (Differenz zwischen Last- und Vorspannung) die ersten Kantenrisse, obgleich eine Zugfestigkeit von wenigstens 5,0 N/mm² zu erwarten war. Der Unterschied von $5,0 - 2,5 = 2,5$ N/mm² ließ auf Eigenspannungen infolge von Schwind- und Temperaturdifferenzen schließen.

Bei der Ermittlung der Biegefestigkeit an Probebalken muß man diese 3 Tage vor der Prüfung in Wasser lagern, um die Eigenspannungen möglichst auszuschalten (vgl. 1.2.2.2 und DIN 1048 Teil 1 (78) 4.1.6).

Nach den Vorschriften (DIN 1045, 16.4 und DIN 4227 Teil 1 (79) 8.4 für Spannbeton) ist allein die achsiale Verkürzung ε_{s0} (Abb. 1.3/12b) rechnerisch zu berücksich-

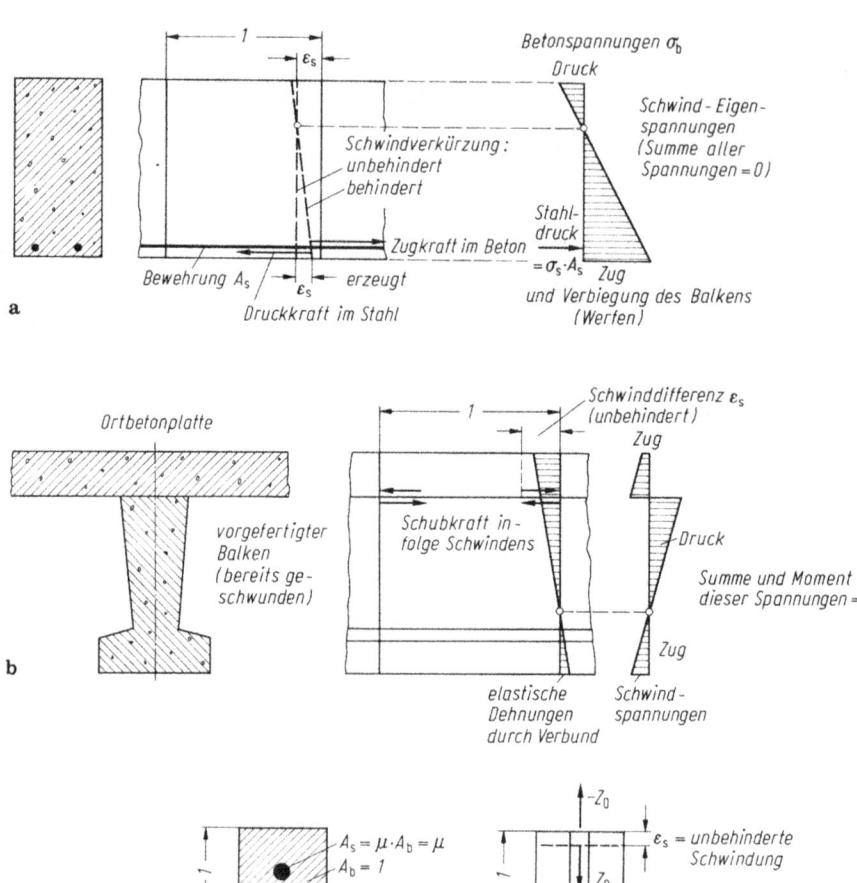

a

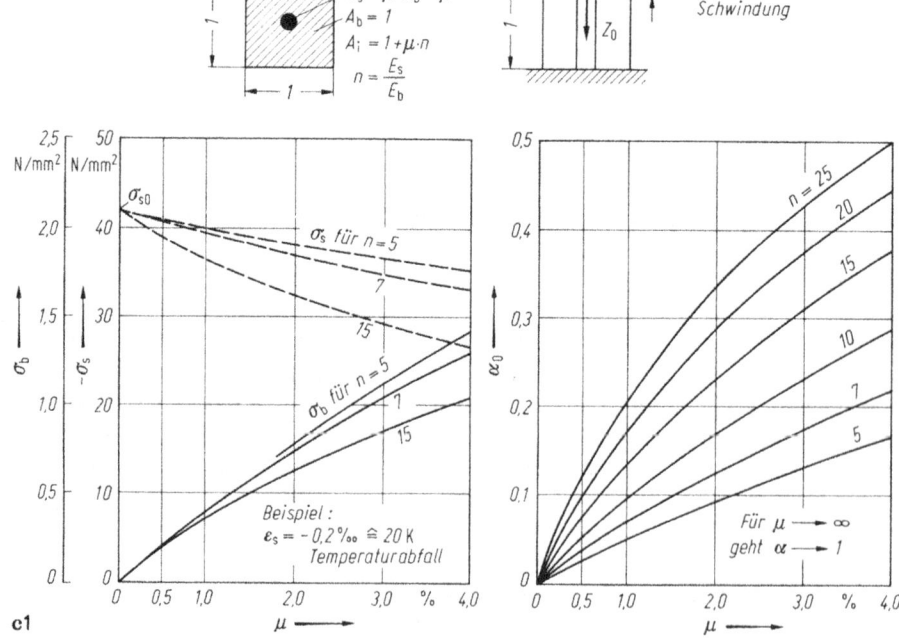

b

c1

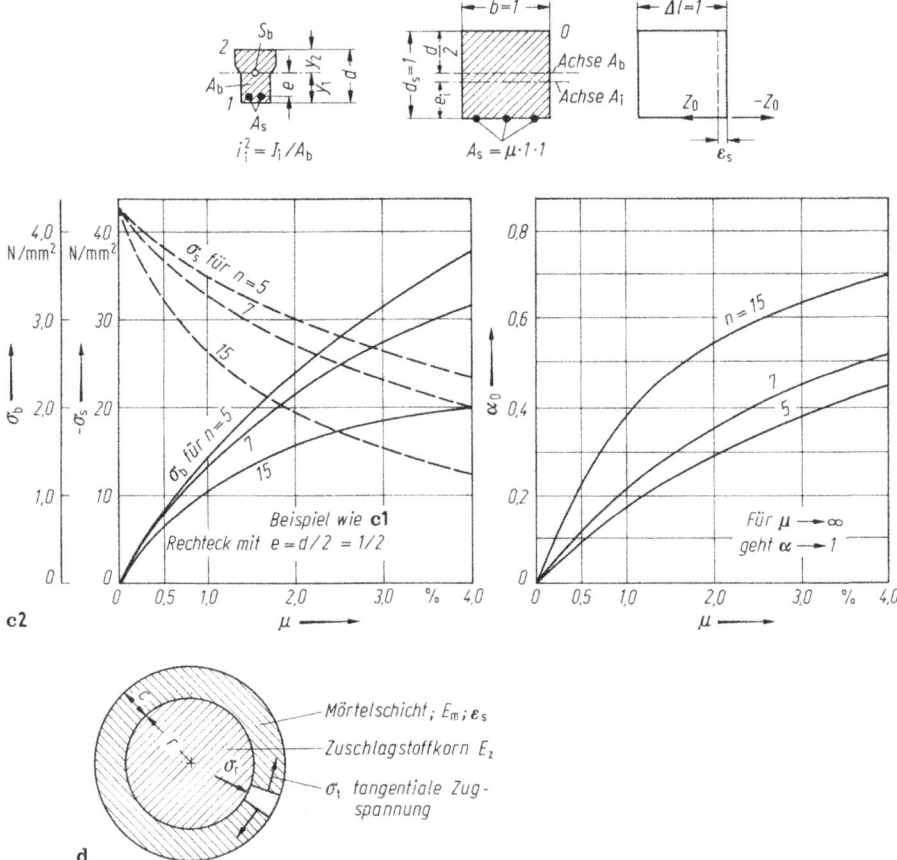

Abb. 1.3/13. Behinderung gleichmäßigen Schwindens aller Fasern erzeugt Eigenspannungen im ungerissenen Zustand. Stets ist $N = \int \sigma \, dA = 0$ und $M = \int \sigma z \, dA = 0$ (z von bel. Achse gemessen). **a** Behinderung durch Bewehrung; **b** Behinderung durch Verbund von altem mit neuem Beton; **c** Abschätzung der Spannungen infolge Behinderung des gleichmäßigen Schwindens durch die Bewehrung. Annahme: Ebenbleiben der Querschnitte, elastisches Verhalten der Baustoffe, Beton wirkt homogen (vgl. B 4.2.5.2), **c, 1**) zentrische Bewehrung $\mu = A_s/A_b$, **c, 2**) exzentrische Bewehrung; **d** schematische Darstellung der Schwindspannungen im Mörtel, abhängig von der Korngröße und der Dicke der umgebenden Mörtelschicht (relativ dünn)

tigen. Wenn sie entweder durch innere oder äußere Widerstände behindert wird, werden Spannungen erzeugt. Eine *äußere* Behinderung der Schwindverkürzung tritt nur bei statisch unbestimmten Systemen ein, verursacht Stützkräfte (Zwängungen) und als Folge davon „Zwangsspannungen": Die entstehenden Schnittkräfte sind mit den vorgeschriebenen Schwindverkürzungen nach den Regeln der Statik zu berechnen und den Kräften aus den äußeren Lasten zuzuschlagen. Sie spielen besonders bei flachen, steifen Bögen und Rahmen eine wesentliche Rolle. Auch diese Spannungen werden im Entstehen durch das Kriechen teilweise abgebaut (Relaxation) (vgl. Abb. 1.3/8a und B 4.2.2), was in den vorgeschriebenen ε_s teilweise berücksichtigt ist. Auch das Reißen des Betons setzt die Zwangskräfte erheblich herab (vgl. B 4.2.5).

Die Behinderung *innerhalb* der Querschnitte geht von den Zuschlagstoffkörnern (vgl. 1.2.1.1), von der Bewehrung (Abb. 1.3/13a) oder bei „Verbundquerschnitten" von dem älteren Beton aus (Abb. 1.3/13b). Der behindernde Teil erfährt dabei Druck, während im jüngeren Beton Zug verursacht wird (Abb. 1.3/13c). Bei Stahlbeton sind diese Stahldruckspannungen belanglos, müssen aber bei Spannbeton als eine Herabsetzung der Spanngliedkraft berücksichtigt werden (vgl. B 4.3.2.1).

Abb. 1.3/13c soll einen Begriff von der Größe der zu erwartenden Schwindspannungen infolge der Bewehrung geben. Die beiden unbekannten Spannungen σ_s im Stahl und σ_b im Beton folgen aus zwei Bedingungen: Dem Gleichgewicht zwischen der Kraft Z_s im Stahl und derjenigen Z_b im Beton, ferner aus der Übereinstimmung der Dehnungen (Kontinuität) von Stahl σ_s/E_s und vom Beton $\varepsilon_s + \sigma_{bs}/E_b$ (σ_{bs}: Betonspannung neben dem Stahl). Wir lassen in einer ersten Stufe den Beton im Verbund mit dem Stahl spannungslos schwinden, wodurch im Stahl die Spannung $\sigma_{s0} = \varepsilon_s E_s$ und die Kraft $Z_{s0} = \sigma_{s0}A_s$ entsteht. Um das Gleichgewicht herzustellen, müssen wir diese Kraft Z_{s0} durch Anbringen einer fiktiven äußeren Kraft $- Z_{s0}$ auf den ideellen Verbundquerschnitt A_i wirkend abziehen. Dabei entstehen Spannungen σ_b im Beton und $\Delta\sigma_s$ im Stahl, wobei die Dehnung nebeneinander liegender Stahl- und Betonfasern gleich groß sein müssen:

$$\Delta\sigma_s/E_s = \sigma_b/E_b \,,$$

woraus

$$\Delta\sigma_s/\sigma_b = E_s/E_b = n$$

folgt.

Bei *zentrischer* Lage der Bewehrung (Abb. 1.3/13c, 1) ist dann

$$Z_{s0} = \sigma_b A_b + \Delta\sigma_s A_s = \Delta\sigma_s A_s(1 + \sigma_b A_b/\Delta\sigma_s A_s)$$

$$= \Delta Z_s \left(1 + \frac{1}{n\mu}\right)$$

und

$$\Delta Z_s = Z_{s0}\alpha_0$$

mit $\alpha_0 = n\mu/(1 + n\mu)$. α_0 gibt also den Anteil an, der von einer auf einen Verbundquerschnitt in Stahlachse wirkenden Kraft auf den Stahl entfällt und ist ein häufig gebrauchter Wert (vgl. B 4.3.2.1).

Die resultierenden Spannungen sind:

$$\sigma_s = \sigma_{s0}(1 - \alpha_0) = \sigma_{s0}/(1 + n\mu) \,,$$

$$\sigma_b = \sigma_s A_s/A_b = \sigma_s\mu = -\sigma_{s0}\alpha_0/n = -\sigma_{b0}\alpha_0$$

mit

$$\sigma_{b0} = -\varepsilon_s E_b \,.$$

Das dargestellte Beispiel wurde für $\varepsilon_s = -0{,}2^0/_{00}$ und $E_s \doteq 210\,000 \text{ N/mm}^2$ ($\sigma_{s0} = -0{,}2^0/_{00} \cdot 210\,000 = -42{,}0 \text{ N/mm}^2$ sowie $n = 15\,;7\,;5$ entsprechend $E_b = 14\,000\,;$

30 000; 42 000 N/mm² gerechnet. Man sieht, daß ein mittleres Schwindmaß von 0,2⁰/₀₀ auch bei starker Bewehrung noch keine Risse durch Überschreiten der Zugfestigkeit (vgl. 1.2.2.2) hervorzurufen vermag.

Bei *exzentrisch* liegender Bewehrung (Abb. 1.3/13c, 2) führt der gleiche Gedankengang zu

$$\Delta Z_s = Z_0 \alpha \,,$$

wobei jetzt

$$\alpha = \alpha_0 [(1 + (e_i/i_i)^2] = \alpha_0(1 + \eta^2)/(1 + \alpha_0\eta^2)$$

mit

$$\eta^2 = (e/i)^2 \,; \qquad i^2 = I_b/A_b \,; \qquad i_i^2 = I_i/A_i \,.$$

Die Kraft $Z_s = Z_{s0}(1 - \alpha)$ liefert die Spannungen

$$\sigma_s = Z_s/A_s = \sigma_{s0}(1 - \alpha)$$

$$\sigma_{b1,2} = \frac{Z_s}{A_b}\left(1 \pm \frac{ey_{1,2}}{i^2}\right) = \sigma_s\mu\left(1 \pm \frac{ey_{1,2}}{i^2}\right).$$

Die Berechnung wird für den Rechteckquerschnitt $d/b = 1/1$ mit am Rand 1 liegender Bewehrung und $\varepsilon_s = -0,2⁰/₀₀$ weitergeführt. Hierfür ist

$$y_1 = y_2 = d/2 = {}^1/_2 \,; \qquad A_b = bd = 1 \,;$$
$$I_b = bd^3/_{12} = {}^1/_{12} \,; \qquad i^2 = {}^1/_{12} \,; \qquad \eta^2 = 3 \,; \qquad \alpha = 4n\mu/(1 + 4n\mu) \,.$$

Mit $\sigma_{s0} = -42,0$ N/mm² ergibt sich

$$\sigma_s = \sigma_{s0}(1 - \alpha) = \sigma_{s0}/(1 + 4n\mu)$$
$$\sigma_{b1,2} = \sigma_s\mu(1 \pm 3) \,; \qquad \sigma_{b1} = 4\sigma_s\mu; \qquad \sigma_{b2} = -2\sigma_s\mu \,.$$

Die Betonrandspannung σ_{b1} wächst auf das $4(1 + n\mu)/(1 + 4n\mu)$-fache gegenüber zentrischer Bewehrung an, z. B. bei $n = 7$ und $\mu = 0,5; 2,0; 4,0\%$ auf das 3,6; 3,0; 2,4-fache. Sie kann also z. B. bei $\mu = 2\%$ mit $\sigma_{b1} = 0,75 \cdot 3,0 = 2,25$ N/mm²

Die Betonzugspannungen aus behindertem Schwinden (Zwang) im Stahlbeton addieren sich zu den Schwindeigenspannungen und zu denjenigen aus den äußeren Lasten. Ihre Summe entsteht also erst im Zuge des Austrocknungsvorganges und löst durch Überschreiten der Zugfestigkeit nach und nach Risse aus. Hierdurch werden die in den ersten Wochen mitunter zunehmenden Durchbiegungen von Stahlbetonbalken erklärt (vgl. B 4.2.4.1). Da aber in dieser Zeit auch schon das Kriechen in die Nähe von β_z kommen, also Risse verursachen.

beginnt, lassen sich die einzelnen Anteile nicht getrennt beobachten.

Die Behinderung des axialen Schwindens durch einseitige Bewehrung führt zu einer Verdrehung der Querschnitte gegeneinander, die man als „Werfen" bezeichnet und die eine zusätzliche Durchbiegung der Stahlbetonbalken zur Folge hat (Abb. 1.3/13a) (vgl. B 4.2.4.1). Auf die hieraus folgende Krümmung des Baugliedes

$$1/\varrho = d_y^2/dx^2 = (\varepsilon_o - \varepsilon_u)/d = (\sigma_{b1} - \sigma_{b2})/dE_b$$

wird in B 4.2.4 näher eingegangen.

Die inneren Spannungen infolge des Schwindens des Zementsteines wachsen mit der Korngröße der Zuschlagstoffe, bezogen auf die mittlere Dicke der umgebenden

Mörtelschicht, während das Gesamtschwindmaß abnimmt (vgl. 1.2.1.1). Abb. 1.3/13d zeigt überschlägig die Schwindspannung im Zementmörtel, der ein Zuschlagkorn umhüllt. Gegenüber dem „Ringversuch" (Abb. 1.3/11) wird hier die Elastizität des Kornes berücksichtigt, der Kriechabbau jedoch nicht. Die Ringspannung ist

$$\sigma_t = \sigma_{t0} \Big/ \left(1 + \frac{c}{r} \frac{E_m}{E_z} \right)$$

mit $\sigma_{t0} = \varepsilon \, E_m$ (bei starrem Korn) und die Dehnung

$$\varepsilon_t = \varepsilon_r = \varepsilon_s (1 - \sigma_t/\sigma_{t0}) \, .$$

Als Beispiel wird gewählt $E_m = 20\,000$ N/mm²; $E_z = 40\,000$ N/mm²; $c = 5$ mm und $\varepsilon_s = 0{,}4^0/_{00}$ (für Mörtel allein); $\sigma_{t0} = 0{,}4^0/_{00} \cdot 20\,000 = 8$ N/mm². Es ergeben sich die Werte der Tabelle.

r mm	c/r	σ_t/σ_{t0}	σ_t N/mm²	$\varepsilon_r/\varepsilon_s$
0,5	10	0,17	1,35	0,83
5,0	1	0,67	5,4	0,33
50	0,1	0,95	7,6	0,05

Relativ dünne Mörtelschichten werden praktisch voll am Schwinden gehindert und erhalten hohe Zugspannungen, die Gefügerisse erklären. Genaueres über den Spannungszustand zeigt Abb. 1.2/7.

1.3.4 Wärmedehnung und -spannungen des Betons

Umfangreiche Angaben über die bauphysikalischen Eigenschaften von Beton findet man in [45].

Im Temperaturbereich, in dem sich unsere Bauwerke normalerweise befinden, rechnet man mit der runden Dehnzahl von $\alpha_T = 1 \cdot 10^{-5}$/K oder anschaulicher mit 1 mm Verlängerung je m bei 100 K Erwärmung. Bei höheren Temperaturen als etwa 100 °C wächst α_T an (Abb. 1.3/14), nimmt jedoch mit wachsender Druckspannung ab. Bei zentrisch gedrückten, auf 300 °C erwärmten Prismen fand Kordina [47] für

σ/β_P	0	0,1	0,2	0,3
α_T	1,0	0,9	0,7	$0{,}35 \cdot 10^{-5}$

Allerdings wird α_T auch durch Austrocknungsvorgänge und Zeitdauer sowie durch die Eigenschaften der Betonkomponenten stark beeinflußt [48]. In [1.1/1.10, Kap. 7.3] wird für den Zementstein $\alpha_T = 1{,}0$ (trocken) bis $2{,}0 \cdot 10^{-5}$ (bei Luftfeuchte 60%) angegeben und für den Beton mit rund 25% Zementstein

bei Quarzzuschlag: $\alpha_T \cong 1{,}0 \cdot 10^{-5}$,
bei Kalkzuschlag: $\alpha_T \cong 0{,}5 \cdot 10^{-5}$,
bei Barytzuschlag: $\alpha_T \cong 2{,}0 \cdot 10^{-5}$.

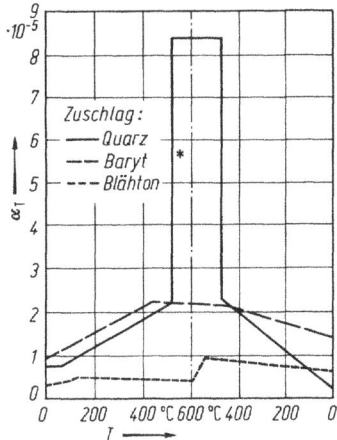

Abb. 1.3/14. Wärmedehnzahl α_T von PZ-Beton bei verschiedenen Temperaturen. Alter der Körper mit 5 cm Durchmesser, $h = 7$ cm: 7 Mon. [46]. ———— Zuschlag Quarz; — — — Zuschlag Baryt; -------- Zuschlag Blähton (Leca)
* Der Anstieg bei Quarzbeton ist auf den Zerfall von Ca(OH)$_2$ bei 535 °C und von Quarz bei 575 °C zurückzuführen.

Auch die elastischen sowie die plastischen Verformungen des Betons werden durch Wärme stark beeinflußt (Abb. 1.3/15), was ein Anwachsen der Verformungen zur Folge hat. DIN 1045, 6.5.7.6 läßt für tragende Bauglieder eine Erwärmung bis auf 250 °C zu. Kordina [47.3] schlägt für diesen Bereich die in der Tabelle zusammengestellten mittleren Stoffziffern für den Beton vor.

Werte in % bei	20 °C	100 °C	250 °C
β_W Druckfestigkeit[1]	100	90	80
β_Z Zugfestigkeit	100	80	70
τ_1 Verbundfestigkeit			
für glatte Stäbe	100	50	40
für gerippte Stäbe	100	90	80
E Elastizitätsmodul	100	75	50
φ Kriechzahl[1]	100	150 ... 250	350 ... 600
ε_s Schwindmaß[1]	100	100 ... 120	120 ... 150

[1] Stark vom Feuchtegehalt des Betons abhängig. Den Einfluß auf β_W zeigt Abb. 1.3/16.

Die Temperaturänderung des Betons bei Wechsel der Außentemperatur wird außer von der Wärmeübergangszahl $1/\alpha$ an der Oberfläche von zwei anderen Stoffkennwerten: Der Wärmekapazität c (Speicherzahl) und der Wärmeleitzahl λ bestimmt. Letztere hängt von der Natur der Zuschläge, der Porosität usw. ab, läßt sich aber angenähert als Funktion des Raumgewichtes darstellen. Abb. 1.3/17a zeigt allerdings nicht wie üblich die Leitzahlen λ, sondern die Kehrwerte $1/\lambda$ in 0,86 K m/W = 1 K m h/kcal. die durch Multiplikation mit einer Schichtdicke d in m unmittelbar deren Dämmwert d/λ liefert, der proportional zum Temperaturgefälle

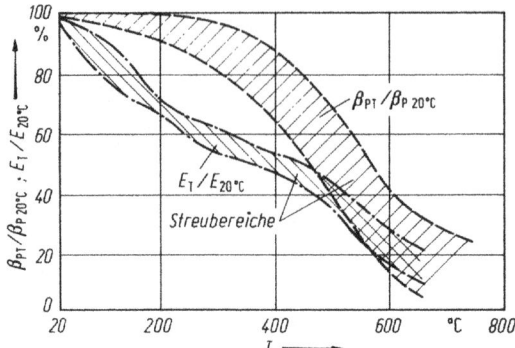

Abb. 1.3/15. Elastizitätszahl E_T und Druckfestigkeit β^T von normalem, quarzitischem Konstruktionsbeton mit PZ bei erhöhten Temperaturen in % von E_{20} und β_P^{20} bei 20 °C [K. Kordina, pers. Mitt.], große Streubreiten

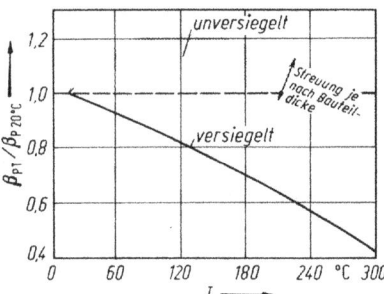

Abb. 1.3/16. Heißdruckfestigkeit von Kiesbeton abhängig von Temperatur und Diffusionsgrad (versiegelte oder unversiegelte Oberfläche).
Die Kaltdruckfestigkeit nach Erwärmung ist je nach Umständen größer, meist aber kleiner als bei erhöhter Temperatur [50]

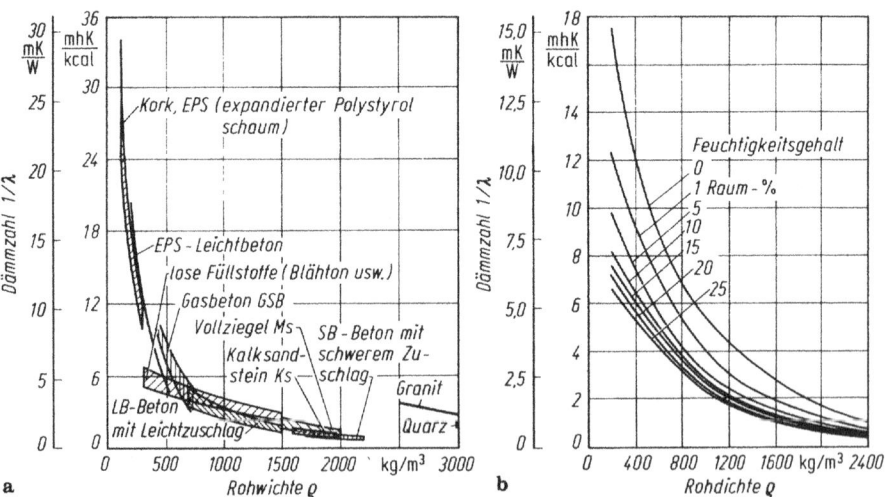

Abb. 1.3/17. Wärmedämmwerte und Rohwichten einiger Baustoffe. **a** Wärmedämmwerte $1/\lambda$ ververschiedener Materialien (λ Wärmeleitzahl). Mittlere Rechenwerte nach DIN 4108 (69), (dazu Ergänzungen B. Kal. 1979 II S. 487); Tafel 1 und [51]. Für Schaumkunststoffe als Dämmstoffe DIN 18164 (79). **b** Einfluß der Feuchtigkeit auf die Wärmedämmwerte. Streubereich der Werte ~ ±20%.

in dieser Schicht beim Durchströmen einer bestimmten Wärmemenge ist. Die Dämmwerte d/λ mehrerer Schichten können dann einfach zum Durchlaßwiderstand $1/\lambda$ addiert werden [52]. Sie sind allerdings stark vom Feuchtigkeitsgrad abhängig (Abb. 1.3/17b). Die Wärmekapazität von Beton streut jedoch wenig und beträgt je kg und K etwa $c \cong 0{,}86$ kWs $= 0{,}2$ kcal bei mittlerer Feuchtigkeit, die von Wasser $4{,}18$ kWs $= 1{,}0$ kcal.

Die Temperaturen im Innern des Betons werden gewöhnlich für einen stationären Wärmestrom durch einen Bauteil (zugeführte gleich abströmende Wärmemenge) mit linearer Temperaturverteilung nach DIN 4108 (69) und DIN 18421 (76) berechnet. Das Temperaturgefälle wird dann um so stärker, je kleiner die Leitzahl und je dicker die Schicht ist. Zwischen festen und gasförmigen Stoffen besteht ferner stets ein Temperatursprung (Wärmeübergangszahl $1/\alpha$; $0{,}86$ km²/W $= 1$ km² h/kcal), der stark von der Strömungsgeschwindigkeit des Gases abhängt und das Umwälzen eines ruhenden Gases bewirkt. Hierdurch wird ebenfalls Wärme zu- oder abgeführt (Konvektion). Die gute Dämmwirkung von Gasen kommt nur zur Geltung, wenn diese Konvektion verhindert wird (enge Spalte von wenigen Millimeter, Glas- und Steinwolle, Schaumstoffe, Porenbeton, Faser- und Spanplatten). Die von einer Flüssigkeit benetzte Fläche eines Körpers nimmt deren Temperatur ohne Sprung an. Die Wärmestrahlung wird bei den im Bauwesen üblichen Ansätzen meist nicht berücksichtigt, obgleich sie bei großen Fensterflächen in beiden Richtungen eine große Rolle für den Wärmehaushalt eines Raumes spielen kann.

Wenn die Außenfläche einer Platte dagegen plötzlich durch einen Luft- oder Flüssigkeitsstrom oder durch Strahlung (Sonne) erwärmt wird, dringt die Wärme allmählich im Beton vor (Abb. 1.3/20a) und erzeugt eine nichtlineare Temperaturverteilung, die erst nach einiger Zeit, je nach Dicke der Platte, in einen stationären, linearen Zustand übergeht [53]. Die Erwärmung einer Wand durch Sonnenein-

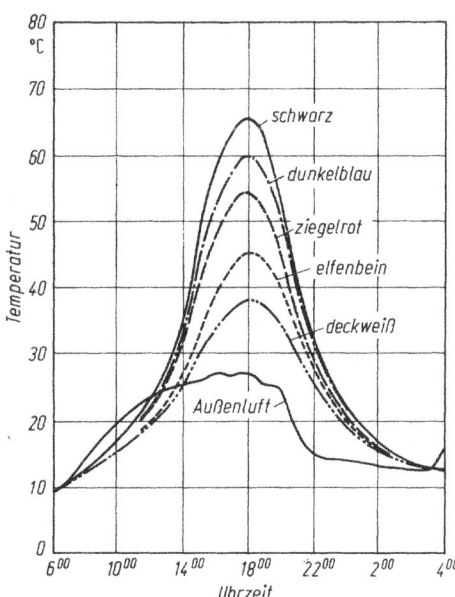

Abb. 1.3/18. Zeitliche Verläufe der Temperatur von verschieden gefärbten Außenoberflächen (Westwände), gemessen an einem strahlungsreichen Sommertag (Juni). Die Wände besitzen den gleichen konstruktiven Aufbau, sie unterscheiden sich nur in der Farbe der Außenoberfläche [54]

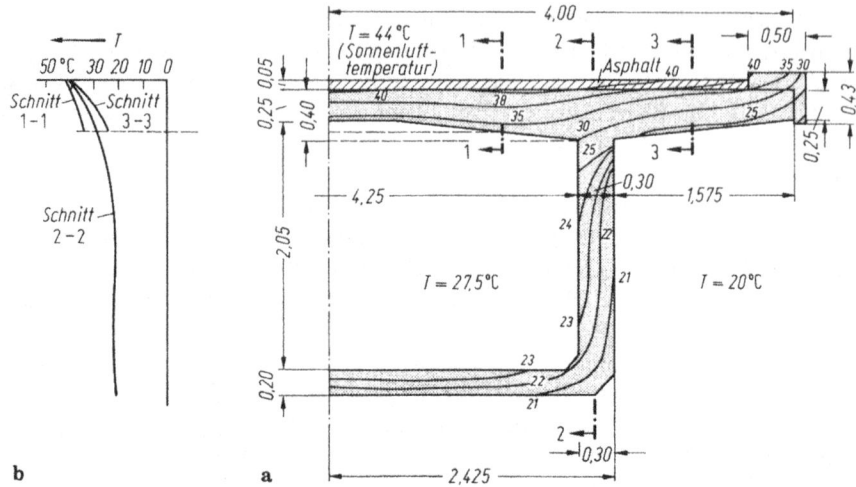

Abb. 1.3/19. Isothermen in einem Brückenquerschnitt mit Asphaltbelag (gemessener stationärer Zustand bei Sonnenbestrahlung) [55.1], vgl. auch [55.2]. **a** Isothermen; **b** Temperaturverlauf in den Schnitten *1, 2, 3*

strahlung hängt sehr stark von der Farbe der Oberfläche ab (Abb. 1.3/18), da eine schwarze Wand nur etwa 5 %, eine weiße etwa 70 % der Wärmestrahlung reflektiert.

Als weiteres Beispiel zeigt Abb. 1.3/19 das Temperaturgefälle in einem sonnenbestrahlten Brückenträger ·mit Kastenquerschnitt und Asphaltbelag. Ein ähnliches ungleichförmiges Temperaturgefälle stellt sich auch infolge der Wärme ein, die der Zement beim Abbinden entwickelt (vgl. 1.1.8) und nach den Außenflächen abströmt (wie beim Austrocknen, Abb. 1.3/12). Kanten werden von zwei Seiten abgekühlt und weisen daher die tiefsten Temperaturen im Querschnitt auf, genau entsprechend — mit umgekehrtem Vorzeichen — wie bei einer Erwärmung von außen (Abb. 5/4).

In stabförmigen Bauteilen werden die Dehnungen ε_T infolge Wärmedifferenzen wie beim Schwinden durch äußere oder innere Zwängungen behindert und müssen sich dann in elastische Verformungen und Wärmespannungen σ_T umsetzen. Wir stellen aber einen wichtigen grundsätzlichen Unterschied zu den Schwindspannungen fest: Diese entwickeln sich mit dem Austrocknen des Zementes nach und nach, so daß sie durch Kriechen, wie in 1.3.3 erwähnt, teilweise abgebaut werden und zudem einen Beton wachsender Festigkeit antreffen. Die Erwärmungen oder Abkühlungen des Betons gehen dagegen meist in Stunden oder wenigen Tagen vor sich, so daß keinerlei Kriechabbau eintritt. Die Temperaturspannungen führen daher viel häufiger zu Rissen, besonders in Stadien, in denen der Beton erst eine geringe Festigkeit besitzt; sie arbeiten auf diese Weise dem Schwinden gewissermaßen vor, da sie meist gleiches Vorzeichen besitzen. Das Schwinden erweitert dann oft die Temperaturrisse.

1.3.4.1 Nichtlineare Temperaturverteilung

Nichtlineare Temperaturverteilungen erzeugen wieder „Eigenspannungszustände" (vgl. 1.3.3), die durch das Fehlen von Schnitt- und Stützkräften charakterisiert

sind (Abb. 1.3/20b und c) [56]. Man kann sie daher auch nicht durch statisch bestimmte Lagerung ausschalten. Der Stab bleibt bei symmetrischer Temperaturverteilung gerade (z. B. infolge abfließender Abbindewärme oder beidseitiger, plötzlich
einsetzender Abkühlung). Wird der Beton von einer Seite her erwärmt (z. B. Sonnenbestrahlung, Füllung eines Behälters mit heißer Flüssigkeit, Abb. 1.3/20a), so überlagert sich den Eigenspannungen ein linearer Dehnungszustand der unter 1.3.4.2
behandelt wird (Abb. 1.3/20d).

Als Beispiele für Eigenspannungen, die sich zumeist der Berechnung entziehen,
schwer meßbar sind, aber mitunter durch Risse verraten, führe ich zunächst einen
Brückenträger an (Abb. 1.3/21a), der bei Frostwetter mit hochwertigem Zement
betoniert wurde und nach dem Ausschalen der Seitenflächen (nach 3 Tagen) in etwa
2 m Abstand Risse aufwies. Der Beton hatte sich im Inneren auf über 60 °C erwärmt.
Die Ecken waren bewehrt, so daß die Risse dort aufhörten. Nach Ausgleich der
Temperaturen und Vorspannungen verschwanden die Risse größtenteils. In einem
unbewehrten Schleusenhaupt mit Umläufen (Abb. 1.3/21b) zeigten sich jeweils im
Scheitel der Umläufe als der schwächsten Stelle wenige Tage nach dem Betonieren
Risse. Nach drei Wochen war die Abbindewärme abgeströmt; die Risse waren
dann auch mit einer Lupe nicht mehr zu finden. Schließlich sei von militärischen
Bunkerbauten mit 1,5 m Wandstärke berichtet, die der Eile halber mit hochwertigem
Zement (entgegen dem Rat der Bauleute) hergestellt wurden. Im Innenraum ent-
wickelte sich nach einigen Tagen eine Temperatur von über 50 °C, im Wandinneren
noch erheblich höher, und auf der abgekühlten Außenseite ein reiches Netzwerk
von Rissen, zum Entsetzen der „Verteidiger".

Wie können diese unliebsamen Erscheinungen vermieden werden? Es stehen verschiedene Wege zur Verfügung, die sich gegebenenfalls auch kombinieren lassen
[57]:

(a) Verwendung eines langsam abbindenden Zementes mit geringer Wärmeentwicklung PZ25; HOZ, gegebenenfalls speziellem „low heat"-Zement mit kleiner
„Wärmetönung" (vgl. 1.1.8). Es kommt dabei in erster Linie auf eine Verzögerung
der Wärmeentstehung, weniger auf die gesamte Wärmemenge an. Besonders entwickelt Tonerdeschmelzzement zwar nur etwa die Hälfte der Gesamtwärme wie
Portlandzement, tut das aber in den ersten 24 h, während letzterer einige Tage dazu
braucht. Ersterer ist deshalb nur für dünne Bauglieder (< 10 cm) (jedoch nicht für
tragende, vgl. 1.1.8, letzter Absatz) ausnahmsweise verwendbar, bei denen die Wärme
rasch abströmt.

(b) Abführung der Abbindewärme des Zementes in gekühlte Zuschlagstoffe. Die
Beigabe des Anmachwassers in Form von fein verteiltem Eis ist ein wirkungsvolles
(hohe „Kältekapazität" allein durch Schmelzwärme von 80 kcal/kg = 335 kWs/kg),
aber teures und etwas riskantes Verfahren wegen evtl. verbleibender Hohlräume. Bei
massigen Bauten, wie Talsperren oder großen Brückenträgern, bei denen man einen
zu langsam abbindenden Zement mit Rücksicht auf den Baufortschritt nicht brauchen
kann, kann man Rohre einbauen, durch die Kühlflüssigkeit geleitet wird, um die Abbindewärme abzuführen. Statt der teuren, verlorenen Rohre stellt man neuerdings
Kanäle im Beton mittels Aufblähschläuchen her, die wieder herausgezogen und durch
eingepreßten Mörtel ersetzt werden [57.5].

(c) Verhinderung der Abkühlung und Verminderung des Wärmegefälles durch
Wärmedämmung der Außenseiten nach dem „Kochkistenprinzip". Man verwendet

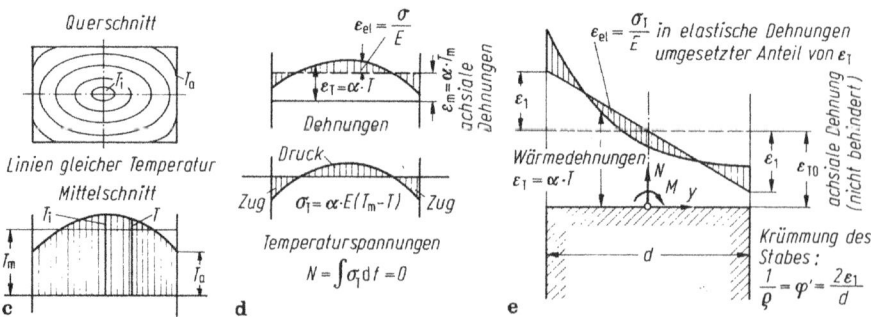

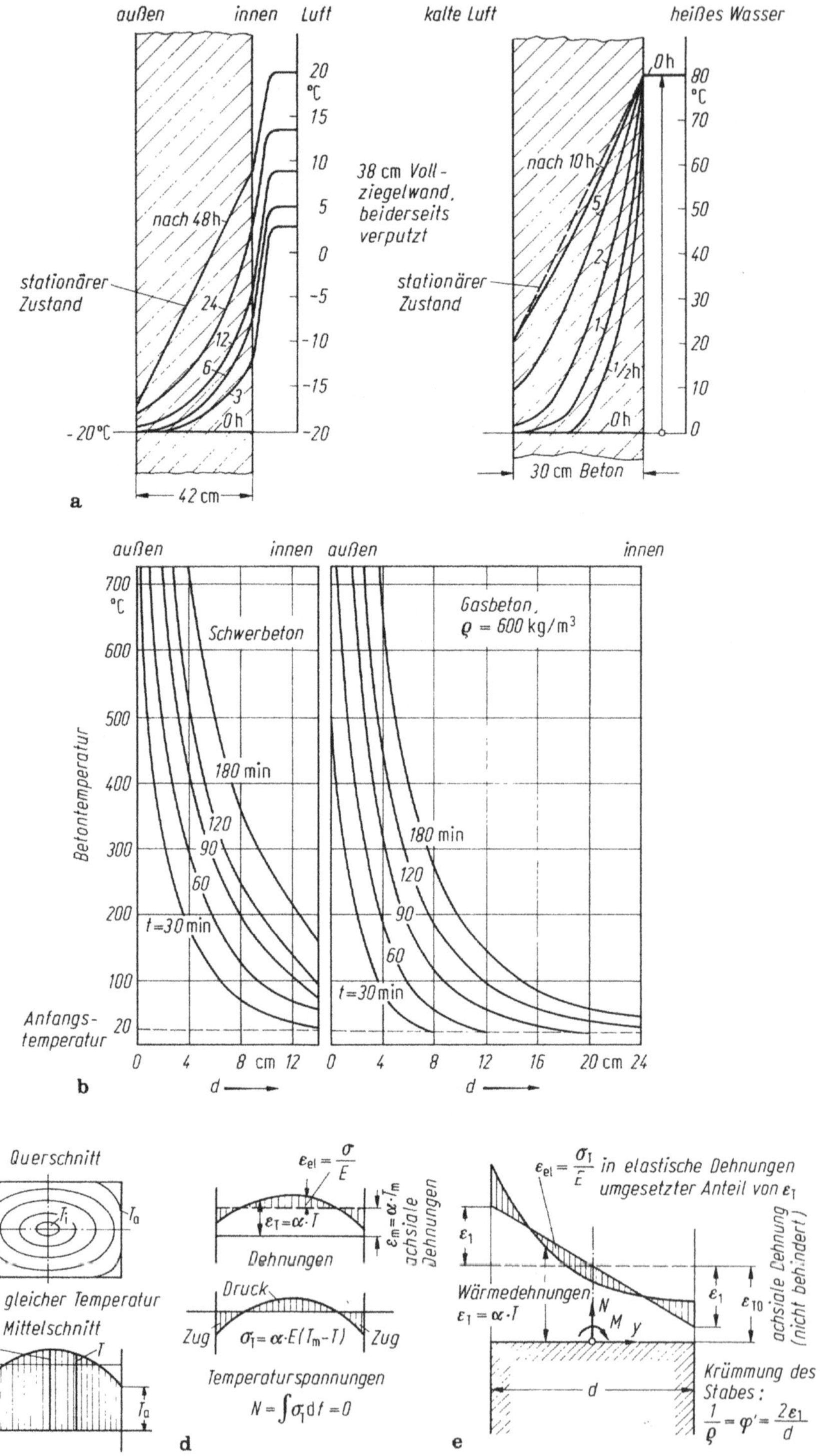

a

außen   innen Luft   kalte Luft   heißes Wasser

38 cm Voll-
ziegelwand,
beiderseits
verputzt

nach 48h

stationärer
Zustand

stationärer
Zustand

nach 10h

- 20°C

42 cm

30 cm Beton

b

außen   innen außen   innen

Betontemperatur

Schwerbeton

Gasbeton,
$\varrho = 600 \, kg/m^3$

180 min

120
90
60

180 min

120

90

60

$t = 30\,min$

$t = 30\,min$

Anfangs-
temperatur

0   4   8 cm 12   0   4   8   12   16   20 cm 24

$d \longrightarrow$

$d \longrightarrow$

c

Querschnitt

Linien gleicher Temperatur

Mittelschnitt

T_i T_a

T_m T_i T T_a

d

$\varepsilon_{el} = \dfrac{\sigma}{E}$

$\varepsilon_m = \alpha \cdot T_m$

achsiale Dehnungen

$\varepsilon_T = \alpha \cdot T$

Dehnungen

Druck

Zug $\sigma_1 = \alpha \cdot E(T_m - T)$ Zug

Temperaturspannungen

$N = \int \sigma_1 \mathrm{d}f = 0$

e

$\varepsilon_{el} = \dfrac{\sigma_1}{E}$ in elastische Dehnungen
umgesetzter Anteil von ε_T

ε_1

Wärmedehnungen:
$\varepsilon_T = \alpha \cdot T$

N

M y

d

ε_1

ε_{T0}

achsiale Dehnung
(nicht behindert)

Krümmung des
Stabes:
$\dfrac{1}{\varrho} = \varphi' = \dfrac{2\varepsilon_1}{d}$

◄ **Abb. 1.3/20.** Nichtlineare Temperaturverteilungen. **a** Instationäre Anwärmvorgänge zweier Wände unter normalen Umständen, berechnet nach [53.1]:
Links Vollziegelwand, Anfangstemperatur $T_0 = -20$ °C, einseitig erwärmt durch ruhende Luft von $+20$ °C,
rechts Betonwand $T_0 = 0$ °C, einseitig erwärmt durch Wasser von $+80$ °C;
b Temperaturfelder zweier Wände aus Schwer- und Gasbeton im Brandfall zur Zeit T min nach Beginn; Außenseite beheizt mit bis zu 1000 °C nach DIN 4102(77) Teil 3 [2/21, Manual S. 65];
c Isothermen in einem langen Betonprisma infolge der Abbindewärme des Zementes (vgl. Austrocknung, Abb. 1.3/12); **d** hierdurch verursachte Temperatureigenspannungen (Querschnitte bleiben eben), die eine Gleichgewichtsgruppe bilden: $N = 0$ (α statt α_T); **e** Eigenspannungen in einer einseitig erwärmten, freistehenden Wand nach a). Bezugslinie der Spannungen σ_T ergibt sich aus den Gleichgewichtsbedingungen $N = 0$ und $M = 0$

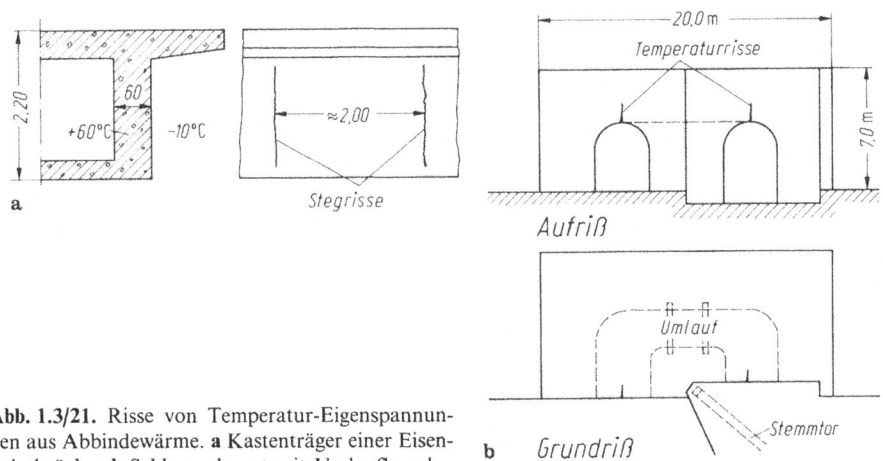

Abb. 1.3/21. Risse von Temperatur-Eigenspannungen aus Abbindewärme. **a** Kastenträger einer Eisenbahnbrücke; **b** Schleusenhaupt mit Umlaufkanal

dazu mehrlagige Strohmatten, die bei großer Kälte mit Dampf oder warmem Wasser beheizt oder warm berieselt werden. Auch die Holzschalung hält bereits die Wärme gut und sollte bei kaltem Wetter etwa 1 bis 2 Wochen belassen werden. Unangebracht ist in dieser Hinsicht das kalte Berieseln während des Abbindens bei Massenbauten.

(d) Da solche Wärmespannungen vor allem bei dicken Bauteilen (>30 cm) auftreten und wie das ungleichmäßige Schwinden an der Oberfläche Zug erzeugen, hat die bereits in 1.3.3 geforderte, leichte Netzbewehrung also eine doppelte Aufgabe.

1.3.4.2 Lineare Temperaturverteilung

Eine lineare Temperaturverteilung, mit der allein zumeist gerechnet wird, läßt sich in einen symmetrischen und einen zur Schwerlinie verschränkten Anteil zerlegen (Abb. 1.3/22a). Letzterer bedeutet eine Verkrümmung der Längeneinheit des Stabes (Kontingenzwinkel $d\varphi$ der Biegelinie w auf die Länge ds) um

$$\varphi' = \frac{d\varphi}{ds} = \frac{1}{\varrho} = \frac{d^2w}{dx^2} = \alpha_T \frac{T_1 - T_2}{d} = \frac{\alpha_T \, \Delta T}{d} = \frac{\alpha_T \, \Delta T_1}{y_1} = \frac{\alpha_T \, \Delta T_2}{y_2},$$

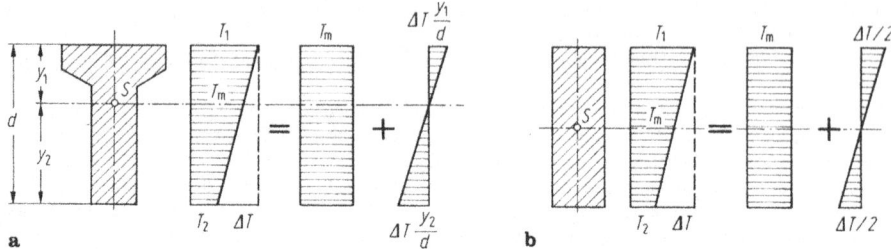

Abb. 1.3/22. Lineares Temperaturgefälle zerlegt in gleichförmigen Anteil (Schwerpunktwert) T_m, trapezförmigen Anteil (verschränkt) ΔT Temperaturdehnung der Fasern $\varepsilon_T = \alpha_T T$. **a** Für profilierten Querschnitt; **b** für Rechteckquerschnitt

während der gleichförmige Anteil die Dehnung $\varepsilon_T = \alpha_T T_m$ der Längeneinheit des Stabes bringt. Beide Verformungen gelten sowohl für Stadium I (homogener Stab) als auch für Stadium II (auf der Zugseite gerissener Stab).

Eine Behinderung durch die Bewehrung tritt im Gegensatz zum Schwinden nicht ein, da der Stahl praktisch die gleiche Dehnzahl besitzt und durch die Einbettung im Beton auch dessen Temperatur annimmt. Bei statisch bestimmter Lagerung weist der Stab die Endverdrehungen

$$\varphi_a = \varphi_b = \varphi' l/2$$

und die Durchbiegung

$$f \cong l^2/8\varrho = \alpha_T \, \Delta T l^2/8d$$

auf und es gibt *keine* Temperaturspannungen. Nur in einem innerlich oder äußerlich statisch unbestimmten Tragwerk werden diese Verformungen behindert, z. B. diejenigen eines Rahmenriegels durch die Stiele. Die entstehenden Stütz- und Schnittkräfte sind dann aus den angegebenen Verformungen des einseitig erwärmten Stabes nach den Regeln der Statik zu berechnen.

Wenn die Temperaturverformungen *voll* behindert werden, wie beispielsweise bei einem geschlossenen Rahmen, einem Ring oder dem Mittelfeld eines langen durchlaufenden Balkens mit konstanter Steifigkeit, lassen sich die Zwangsspannungen leicht angeben. Dann müssen die Temperaturdehnungen voll in elastische Verformung umgesetzt werden, d. h. es muß in jeder Faser eine Spannung σ vorhanden sein, welche die Temperaturdehnung $\varepsilon_T = \alpha_T T$ rückgängig macht: $\sigma = \varepsilon_T E_b = \alpha_T t E_b$. E_b wird man aus DIN 1045, 16.2 mit rund $25\,000$ N/mm^2 für einen mittleren Konstruktionsbeton (ein kleiner Kriechabbau berücksichtigt) und $\alpha_T = 1 \cdot 10^{-5}$/K entnehmen und erhält $\sigma_T = T \cdot 25\,000 \cdot 10^{-5} = 0{,}25 T$ N/mm^2.

Am Rand eines symmetrischen Querschnittes ist $T = \Delta T/2$ und $\sigma \cong \pm 0{,}13 \, \Delta T$ N/mm^2, (Abb. 1.3/22b), allgemein $\sigma_{1{,}2} \cong \pm 0{,}25 \, \Delta T y_{1{,}2}/d$ N/mm^2 (Abb. 1.3/22a).

Dieser Ansatz gilt für homogene Querschnitte so lange, bis die Biegezugfestigkeit β_{BZ} des Betons erreicht wird, also für einen mittleren Beton B 25 bis etwa $\sigma_T = \beta_{BZ}$ (vgl. 1.2.2.2) $\cong 4{,}0$ N/mm^2. Will man rissefrei konstruieren, so darf also bei einem Rechteckquerschnitt $\Delta T = 2\beta_{BZ}/\alpha_T E_b = 2 \cdot 4{,}0 \cdot 100\,000/25\,000 \cong 30$ K nicht überschreiten, was z. B. bei heißgehenden Kaminen oder Flüssigkeitsbehältern zu beachten und durch Wärmedämmung einzuhalten ist. Wenn diese Grenze überschritten wird, bilden sich Risse und die Bewehrung kommt ins Spiel. Dann genügt nicht mehr die Betrachtung eines einzelnen Stabelementes. Dieser Fall wird in B 4.2.5 behandelt.

1.3.4.3 Gleichförmige Temperaturverteilung

Eine gleichförmige Temperaturverteilung ergibt eine axiale Verlängerung oder Verkürzung $\Delta l = \varepsilon_T l = \alpha_T T_m l$ des Stabes. Es ist unbedingt anzuraten, diesen Bewegungen keinen wesentlichen Widerstand entgegenzusetzen. Bei ihrer Behinderung treten sonst außerordentlich große Kräfte auf, die sich meist gewaltsam einen Weg schaffen. Beispielsweise vermag eine Betonplatte von 1 m Breite und 10 cm Dicke, wenn die Wirkung einer *gleichmäßigen* Erwärmung um $T_m = 10$ K voll behindert wird, einen Druck von rund 250 kN bei normaler Betongüte ($E_b \cong 25\,000$ N/mm²) auszuüben. Um die Verformung der gleichen Platte bei einer Temperatur*differenz* von $\Delta T = 10$ K rückgängig zu machen, genügt ein Moment von nur 2,2 kN m (Abb. 1.3/23). Diese Temperaturkräfte sind von der Dehnzahl α_T und dem Elastizitätsmodul E_b abhängig und daher bei Beton wesentlich größer als etwa bei Steinen und Ziegeln (vgl. 6), so daß man ihnen eine um so größere Aufmerksamkeit schenken muß.

Auf die nötigen konstruktiven Vorkehrungen wird in den Abschnitten „Fugen" und „Lager" (6 und B 8) eingegangen. Wir erwähnen als Beispiel die überaus häufigen Temperaturschäden an Flachdächern, die keine genügende Wärmedämmung besitzen („Flachdachkrankheit") (vgl. B 5.4.1). Ferner gehört hierher die „Pfeilerkrankheit" [57.4], als welche Risse infolge der Behinderung einer Verkürzung aus Abkühlung und Schwinden in Pfeilerschäften oberhalb von starren Fundamenten zu diagnostizieren sind (vgl. B 7.3.2.2). Sie befällt auch frisch betonierte Wände, die auf älteren Unterbauten stehen. Der junge Beton erwärmt sich beim Abbinden auf etwa 30 bis 40 °C, während der alte etwa 10 bis 20 °C haben mag. Die bei Temperaturausgleich entstehenden Risse erweitern sich später durch Schwinden. Diesem wird sozusagen wieder durch die Temperatur vorgearbeitet.

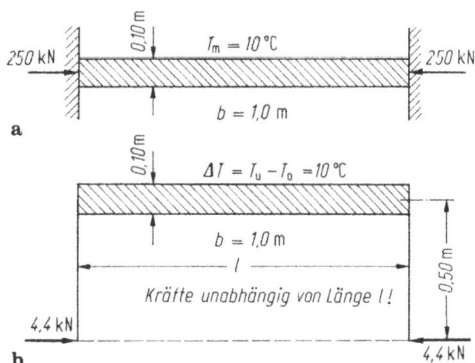

Abb. 1.3/23. Zwangskräfte einer Betonplatte bei voller Behinderung der Temperaturdehnungen ($E_b = 25\,000$ N/mm²). **a** Gleichförmige Erwärmung; **b** ungleichförmige Erwärmung

2 Leichtbeton

Der Schwerbeton hat außer dem Nachteil einer großen Wichte (24 bis 26 kN/m³) den einer geringen Wärmedämmung. Letztere nimmt zu, je mehr Luft ein Baustoff enthält, d. h. je leichter er ist (Abb. 1.3/17a).

Die Lufteinschlüsse setzen jedoch zwangsläufig die Druckfestigkeit herab [1]. Man muß daher bei tragenden Bauteilen entweder einen Kompromiß zwischen Festigkeit β auf der einen Seite und Dichte ϱ bzw. Wärmedämmung $1/\lambda$ auf der andern Seite schließen oder die tragende Funktion von der wärmedämmenden trennen (z. B. Schwerbetontragwerk mit Leichtstoffausfachung oder Mehrschichten-„Sandwich"-Platten). Der Zielsetzung dieses Werkes entsprechend werde ich vornehmlich den bewehrten zementgebundenen „konstruktiven Leichtbeton" behandeln, der mindestens eine Festigkeit $\beta_w = 15$ N/mm² besitzen muß. Die Dichte wird dadurch vermindert, daß im Zementstein oder Zementmörtel kleine Hohlräume gebildet oder ihm leichte Zuschlagstoffe beigegeben werden.

Vergleichsversuche zwischen verschiedenen Leichtbeton-Arten [3] zeigten, daß die Druckfestigkeit β in Richtung σ_1 bei zweiachsiger Beanspruchung umso weniger vom Seitendruck σ_2 beeinflußt wird, je homogener die Struktur des Leichtbetons ist. Bei $\sigma_2 \sim 0{,}5\sigma_1$ ergab sich ein Anstieg von β gegenüber einachsiger Beanspruchung bei

Schwerbeton	B 25 von	$\sim 25\%$,
Leichtbeton	B 25 von	$\sim 17\%$,
Gasbeton	von	$\sim 15\%$,
Zementstein	von	$\sim 0\%$.

Die Druckfestigkeit von Leichtbeton ist im allgemeinen unabhängig von einem Querzug. Die zweiachsige Zugfestigkeit ist gleich der einachsigen. Der Druckbruch tritt stets in Gleitflächen auf (vgl. 1.2.1), die nach der unbelasteten Fläche zu geneigt sind. Zug verursachte stets Trennflächen rechtwinklig zur Zugrichtung. Eingehende Information über Leichtbeton findet man in [4].

2.1 Gasbeton

Diese übliche Bezeichnung für Produkte aus reinem Zementstein oder aus Festigkeitsgründen mit Zusatz von Feinsand, also Zementmörtel, werden gemeinhin ebenfalls unter „Leichtbeton" geführt, obgleich sie sich in Zusammensetzung, Herstellung, Eigenschaften und Verwendung stark von „Beton" unterscheiden. Die kleinen, kugeligen Hohlräume, die das Gewicht vermindern, werden entweder mit einem Treibmittel (häufig Al, das mit dem Kalk des Zementes reagiert und Gas entwickelt) [5] oder durch Beigabe von Schaumstoffkügelchen ohne Eigenfestigkeit (expandiertes Polystyrol EPS, Polyurethan) erzeugt [6]. Bei ersterem, dem sog. Gasbeton (DIN 4164 (51), in Neubearbeitung), wird in Autoklaven (Heizkammern) die chemische Reaktion und Erhärtung beschleunigt. Man stellt aus ihm Großblocksteine und stockwerkshohe Platten für Wände her, die ganz auf ausgezeichnete Wärmedämmung gezüchtet sind (vgl. Abb. 1.3/20b). Mörtelfugen beeinträchtigen diese und zeichnen sich leider häufig infolge von Thermodiffusion auf dem Putz ab (vgl. B 6.1.2). Man kann diesem Übelstand abhelfen, indem man die Steine in Leichtmörtel vermauert [7] oder nachträglich genau abfräst und mit Reaktionsharz verklebt.

Gasbeton höherer Festigkeit (GSB 3,5 und 5,5) wird für bewehrte Dachplatten bis zu etwa 6 m Spannweite, für Deckenplatten bis etwa 5 m, verwendet, wodurch eine zusätzliche Wärmedämmung meist erspart werden kann (DIN 4223 E (78)) [8.1]. Die poröse Struktur gewährleistet bei Feuchträumen nicht den nötigen Rostschutz der Bewehrung, so daß diese zuvor einen Schutzüberzug erhalten muß [8.2]. „Beton" aus mit Zementleim verklebten Schaumstoffkügelchen (EPS-LB) darf vorerst mangels Zulassung nicht zu tragenden Bauteilen, sondern nur für Fassadenplatten und als ein ausgezeichneter Dämmstoff verwendet werden [9]. Beispielsweise wiegt ein rund 70% Schaumstoff enthaltender „Beton" nur etwa 500 kg/m³ und besitzt eine Dämmzahl von $1/\lambda = 1/0,15 \cong 7$ m h K/kcal $\cong 6$ m K/W [10]. Eine daraus hergestellte 8 cm dicke Platte ist feuerbeständig für die Brandklasse F90. Bei der Anwendung ist zu beachten, daß Gas- und Schaumstoffbauteile sehr verschieden stark schwinden. Nach [11] ist ε_s nach einer Einbaufeuchte von 10% bis zu einer Endfeuchte von 3% ein Schwindmaß zu erwarten: bei Gasbeton von $0,2^0/_{00}$, bei Polystyrolschaumbeton bei $\varrho = 0,8 \, (0,5)$ kg/dm³: $\varepsilon_s = 2,0 \, (3,5)^0/_{00}$.

Die σ/ε-Linie ist bei „Gasbeton" wie auch bei Zementstein fast bis zum Bruch geradlinig (Abb. 2/1), im Gegensatz zu Beton mit Leichtzuschlägen und Schwerbeton, was in der allmählichen Bildung von Gefügerissen infolge der inhomogenen Struktur der beiden letzteren begründet ist (vgl. 1.2.1, Abb. 1.2/10).

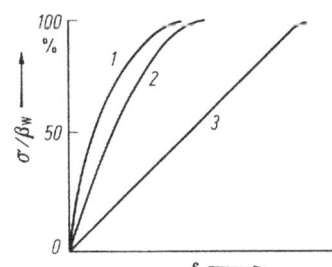

Abb. 2/1. Druck-Stauchungs-Diagramme. *1* Kiesbeton, *2* Beton mit Leichtzuschlägen, *3* Gasbeton nach [12.1] (betr. Zugfestigkeit vgl. [12.2])

2.2 Beton mit Leichtzuschlägen

Der älteste Leichtzuschlag ist das Naturprodukt Bims. Seit Jahrzehnten wird er teilweise ersetzt durch geschäumte, granulierte Hochofenschlacke, den sogenannten Hüttenbims. Neuerdings werden aus Naturstoffen durch Brennen bei hohen Tem-

peraturen runde, schaumige Körner verschiedener Größe hergestellt. Ausgangs-
materialien sind Tone mit organischen Beimengungen (Wattenschlick) und bläh-
fähige Schiefergesteine. Sie müssen DIN 4226 (71), Teil 2 genügen.

Der mit diesen Zuschlägen hergestellte Beton besitzt nur dann eine ausreichende
Festigkeit, wenn die Hohlräume zwischen den Körnern vollständig mit Zementstein
oder -mörtel als tragendes Gerippe ausgefüllt werden, da die Blähkörner nur geringe
Festigkeit besitzen [13]. Das Kräftespiel ist daher gerade entgegengesetzt dem bei
Schwerbeton (vgl. 1.2.1.1 und Abb. 1.2/56), wo die harten Körner den Hauptteil der
Last übernehmen. Die Verstärkung des „Stützgerüstes" durch größere Zement- und
Sandbeigabe erhöht daher bei Leichtbeton (LB) die Festigkeit, während diese
bei Schwerbeton (SB) am wirksamsten durch ein dichtes Steingerüst mit möglichst
wenig Zementstein gesteigert wird. Dementsprechend ist Leichtbeton elastischer als
Schwerbeton (E ganz rund halb so groß wie bei SB gleicher Festigkeit) und sein
absolutes Schwind- und Kriechmaß ε_s und $\varepsilon_k = \alpha_k \sigma$ ist (nach [14] 20 bis 50% größer
als bei SB, da die Zuschläge weniger Widerstand leisten. Allerdings wird das bezogene
Kriechmaß $\varphi = \varepsilon_k/\varepsilon_{el}$ kleiner als bei SB, da in der Verhältniszahl $\varphi = \varepsilon_k E/\sigma = \alpha_k E$
zwar α_k größer, aber E kleiner ist [15].

E wird bei LB in viel höherem Maße von Anteil und Eigenschaft des Zuschlages
beeinflußt als bei SB. Bei diesem streut die Dichte ϱ verschiedener Zuschläge nicht
sehr, so daß genähert $E = k\sqrt{\beta_W}$ gesetzt werden kann (vgl. 1.3.1). Bei LB hingegen
ist der Gehalt an Leichtzuschlag ausschlaggebend, so daß nach [12] und [14.2]
$E = \psi \sqrt{\varrho^3 \beta_W}$ oder $E/\beta_W = \psi \sqrt{\varrho^3/\beta_W}$ stärker von der Dichte ϱ als von β_W abhängt.
Die Mittelwerte liegen für β_W in N/mm² und ϱ in kg/dm³ oder t/m³ für

  Blähton bei $\psi = 1140 \dots 1360$,

  Blähschiefer bei $\psi = 1360 \dots 1770$,

  nach ACI bei $\psi = 1250$,

  nach CEB [21] bei $\psi = 1600$.

Den großen Einfluß der Elastizität des Grobzuschlagkornes >3 mm ($E_z = 60$
$\dots 100\,000$ N/mm² bei SB, $E_z = 10 \dots 20\,000$ bei LB) im Verhältnis zu der des Sand-
mörtels ($E_m = 20 \dots 30\,000$ N/mm²) zeigt Abb. 2/2. Die Dauerschwingfestigkeit

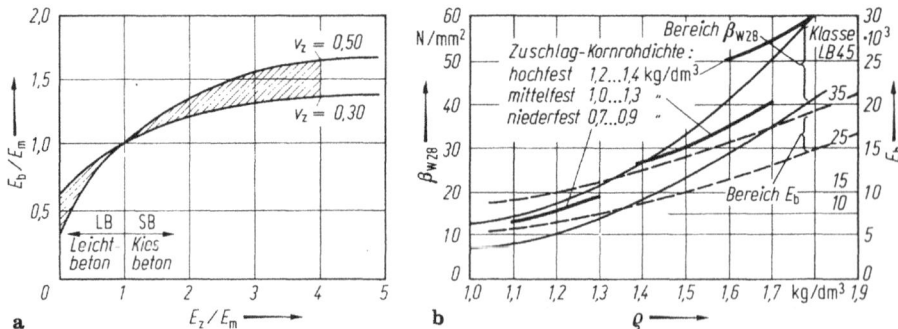

Abb. 2/2. Mechanische Eigenschaften (Bereiche) von Beton mit Leichtzuschlägen (LB). **a** Vergleich
mit Schwerbeton (SB): Verhältnis der E-Moduln E_b bezogen auf den E-Modul E_m des Mörtels, abhängig von der Härte E_z und dem Volumenanteil v_z des Zuschlages [12.1]; **b** Festigkeit β_{W28} und
Elastizitätszahl E_b abhängig von der Rohdichte ϱ des LB [11 und E/2, Teil 2, S. 126]

σ_0/β_W ist bei LB etwa 0,06 kleiner als diejenige von SB gleicher Festigkeit [2] (vgl. Abb. 1.2/18 b). Hinsichtlich der Rißbreiten bei Zugbeanspruchung verhält sich bewehrter LB günstiger als SB [16], da er etwas dehnungsfähiger als SB ist.

Die Wärmedämmung von LB ist wesentlich besser als bei SB (bei mittleren Verhältnissen ist λ von LB rund $^1/_3\lambda$ von SB gleicher Festigkeit). Seine Wärmedehnzahl α_T nimmt mit der Dichte etwa linear zu und ist für $\varrho = 1,0$ rund $0,4 \cdot 10^{-5}$, für $\varrho = 2,0$ rund $1,0 \cdot 10^{-5}$ [17].

Ein richtig (gefügedicht) zusammengesetzter LB gewährleistet den Rostschutz der Bewehrung. Die Maße der Betondeckung sollen jedoch mit Rücksicht auf die Porosität der Körner und die kleinere Zugfestigkeit etwas größer als bei SB sein [18].

Geregelt ist die Verwendung von LB durch DIN 4219 (79), DIN 18552 (73) und Richtlinien [19] sowie drei zusätzliche Merkblätter [20], international in [21]. Außerdem sind noch zwei Ergänzungserlasse betreffend λ (Wärmeleitzahl) zu DIN 4108 (69) und betreffend ϱ zu DIN 1055, Blatt 1 (69) zu beachten. Die hierin angegebenen Stoffwerte sind nach Schilderung der verschiedenen Einflüsse als Richtwerte anzusehen. Eingehende Angaben findet man in [4.1, 4.4].

Leichtbeton besitzt seine größte Bedeutung naturgemäß für Bauwerke, bei denen die geringere Dichte und damit Wichte besonders zur Wirkung kommt. So etwa bei Hochhäusern, für deren Decken LB verwendet wird, während die Stützen, die nur einen kleinen Teil der Betonkubatur ausmachen, aber hoch beansprucht werden, in SB ausgeführt werden. Beispielsweise konnten zwei Hochhäuser in Chicago [22] nur auf diese Weise 64 und 70 Geschosse erhalten. Bei Montagebalken aus LB, wie den in USA vielfach verwendeten vorgespannten Hallenbindern, führt das geringere Gewicht nicht nur zu kleineren Schnittkräften, sondern setzt auch Transport- und Montagekosten herab [23]. Im Ausland wird von LB für Brücken, Tribünendächern usw. häufiger Gebrauch gemacht als bei uns. Der noch relativ hohe Preis des Blähmaterials, der zudem durch die steigenden Kosten für Rohöl wesentlich beeinflußt wird, steht der Verbreitung hinderlich im Wege. Über die Verarbeitung und Verwendung von konstruktivem Leichtbeton findet man Anregungen in [24].

Ein Beispiel soll überschlägig zeigen, welche Ersparnis durch LB zu erzielen ist: Wir benutzen hierzu einen einfachen Balkenträger, der einmal in SB und dann in LB gleicher Festigkeitsklasse entworfen werden soll. Wenn wir zunächst in beiden Fällen den gleichen Querschnitt A zugrunde legen, kommt die Gewichtsersparnis allein der Bewehrung zugute. Ferner nehmen wir die Wichte von LB mit 17,5 kN/m³ an, so daß die Eigenlast g_B des Balkens aus SB: $g_{BS} = A \cdot 25,0$ und desjenigen aus LB: $g_{BL} = A \cdot 17,5$ kN/m mithin $g_{BL} = 0,7 g_{BS}$ ist. Die Auflast g_A auf dem Balken einschließlich der Nutzlast soll in beiden Fällen gleichgroß sein.

Das Größtmoment ist

$$M_m = (g_B + g_A) \, l^2/8 = g_A(1 + g_B/g_A) \, l^2/8 \,,$$

das Verhältnis der Momente für die beiden Baustoffe

$$\frac{M_{mL}}{M_{mS}} = \frac{1 + 0,7 \, g_{BS}/g_A}{1 + g_{BS}/g_A} = \frac{1 + 0,7 \, k}{1 + k} \quad \text{mit} \quad k = g_{BS}/g_A$$

und die Ersparnis durch Leichtbeton

$$\Delta M \% = (1 - M_{mL}/M_{mS}) \, 100 \,.$$

Ergebnis: Je höher der Anteil des Balkengewichtes an der Gesamtlast ist, umso nützlicher ist die Verwendung von LB.

Paßt man jedoch den Querschnitt A den Momenten an, wobei A_L und A_S geometrisch ähnlich und die Randspannung σ_0 am oberen Rand (im Stadium I gerechnet) sowie die obere Breite in beiden Fällen gleichgroß sein sollen, so ist

$$\sigma_0 = \frac{M_S}{cb_S d_S^2} = \frac{M_L}{cb_L d_L^2}$$

und

$$\frac{d_S^2}{d_L^2} = \frac{M_S}{M_L}$$

mithin das Verhältnis der Querschnittshöhen $d_L/d_S = \sqrt{M_L/M_S}$. Dann ergibt sich

$$\frac{M_{mL}}{M_{mS}} = \frac{1 + 0,7\,k\,A_L/A_S}{1 + k} = \frac{1 + 0,7\,k\,\sqrt{M_L/M_S}}{1 + k}.$$

da

$$A_L/A_S = d_L/d_S$$

ist. Als Leitwert führen wir den Anteil k' des Balkengewichtes aus Schwerbeton g_{BS} an der Gesamtlast: $k' = g_S/(g_A + g_{BS})$ ein, woraus $k = h_{BS}/g_A = k'/(1 - k')$ folgt. Abb. 2/3 zeigt, daß die Verminderung der Größtmomente $\Delta M/M_S$ durch LB das Maß für die Ersparnis an Bewehrung bei $A_L = A_S$ ist. Durch Anpassung der Querschnitte A an die Momente verringert man dagegen die Bewehrungszugkraft um $\Delta Z/Z = (\Delta M/M_S) \cdot (d_S/d_L) = \Delta A/A_S$. Das Maß für die Ersparnis an Beton ist ebenfalls $\Delta A/A_S$.

Die Verminderung des Baustoffaufwandes macht sich etwa bei Dachbindern ($k' = 0,3 \ldots 0,6$) noch nicht so stark bemerkbar wie bei Brücken ($k' = 0,6 \ldots 0,9$), bei denen das Gewicht der Träger den Ausschlag gibt.

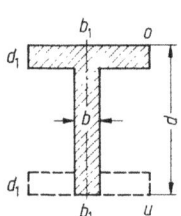

Für T und I-Querschnitte charakterisiert durch d_1/d und b_1/b nach Hütte III, 28. Auflage, S.1274
$A = c_1 bd$ $K_u = c_2 d$
$W_0 = A K_u = c_1 c_2 bd^2$
$M = \sigma_0 W_0 = c_1 c_2 \sigma_0 bd^2$

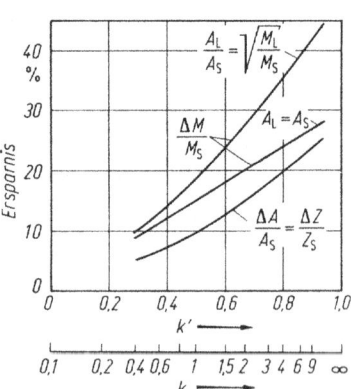

Abb. 2/3. Ersparnismöglichkeit an Beton ΔA und Bewehrung ΔZ durch Verwendung von Leichtbeton LB anstelle von Schwerbeton SB für einen Balkenträger bei gegebenem Verhältnis.
$k' = g_{BS}/(g_A + g_{BS})$ oder $k = g_{BS}/g_A$.
g_{BS}; g_{BL}: Eigenlast des Balkens aus Schwer- bzw. Leichtbeton; g_A: Aufzunehmende Auflast (ständige + Nutzlast); A_S; A_L: Querschnitt des Balkens aus Schwer- bzw. Leichtbeton, $\Delta A = A_S - A_L$; Z_S; Z_L: Stahlzugkraft des Balkens aus Schwer- bzw. Leichtbeton, $\Delta Z = Z_S - Z_L$

3 Baustahl

Der Baustahl wird als fertiges Produkt auf die Baustelle geliefert. Über seine Technologie braucht der Bauingenieur daher bei weitem nicht so eingehend unterrichtet zu sein wie über die des Betons, den er selbst herstellt. Der Bauleiter kann sich daher aus den Lieferscheinen (für Baustahl) bez. Lieferzeugnissen (für Spannstahl) der einzelnen Lieferungen ein Bild über die Einhaltung der vorgeschriebenen Qualitäten machen [1], die durch DIN 488 (72), Blatt 1 bis 6 geregelt werden.

Maßgebend für die Ausnutzung der Stähle ist im allgemeinen ihre Streckgrenze β_S, aus der mit der erwähnten pauschalen Sicherheitszahl (vgl. 1.2.2.1) $\gamma_s = 1,75$ die Spannung im Gebrauchszustand zul $\sigma_s = \beta_S/\gamma_s$ abgeleitet wird. Bei den hochfesten Stählen für Spannbeton liegt β_S relativ hoch zur Zugfestigkeit β_Z, so daß dann zul σ_s mit $\gamma_s \cong 1,75$ aus letzter abgeleitet wird (vgl. DIN 4227 Teil 1 (79), 15.1), jedoch nicht höher als $0,75\beta_S$ sein darf [2]. Die Entwicklung zur Höherzüchtung und Differenzierung, die die Technik unseres Jahrhunderts auszeichnet, haben die Baustähle ebenfalls mitgemacht. Die Verwendung dieser leistungsfähigeren, aber auch empfindlicheren Produkte setzt einerseits eine genaue Kenntnis der Umstände voraus, unter denen sie ihren Dienst verrichten sollen, andererseits eine genügende Vertrautheit mit den Eigenarten ihrer Verarbeitung und ihrer Zusammenarbeit mit dem Beton.

3.1 Eigenschaften des Stahles

Die Betonstahlsorten sind in DIN 488 (72), Blatt 1 bis 6 definiert. Sie werden z. B. als Bst 220/340 bezeichnet, wobei die erste Zahl die Mindest-Streckgrenze β_S, die zweite die Mindest-Festigkeit β_Z in N/mm^2 angibt. Ich werde mich hier der in DIN 1045, 6.6 Tabelle 6 zugelassenen Kurzzeichen (römische Zahlen) bedienen.

3.1.1 Wirtschaftlichkeit

Die Entwicklung der Baustähle geht außer auf technische in erster Linie auf wirtschaftliche Antriebe zurück. Um eine bestimmte Zugkraft Z aufzunehmen, braucht man einen Stahlquerschnitt $A_s = Z/\sigma_{s\,zul}$. Dem entspricht auf die Länge 1 eine Stahlmasse $G_s = A_s \cdot \varrho = \varrho Z/\sigma_{s\,zul}$. Die aufzuwendenden Kosten K belaufen sich dann auf $K = P_1 G_s = \sigma Z P_1/\sigma_{s\,zul} = cP_1/\sigma_s$, wenn der Grundpreis der betreffenden Stahlsorte P_1 DM/t beträgt. Das Verhältnis $P_1/\sigma_{s\,zul}$ kann also ein Maß für die Wirtschaftlichkeit einer Stahlsorte abgeben. Die Aufwendungen für die Verarbeitung dürften etwa proportional zum Einheitspreis sein, was nur auf eine Vergrößerung des konstan-

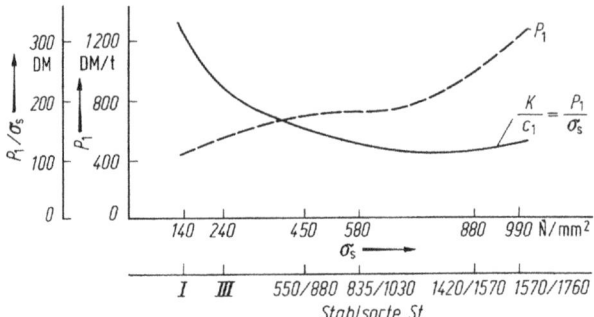

Abb. 3.1/1. Stahlkosten für die Aufnahme einer konstanten Zugkraft Z auf 1 m Länge.

Stahlquerschnitt: $A_s = Z/\sigma_s$ σ_s: zulässige Spannung
Stahlmasse: $G_s = A_s P_s$ ϱ_s: Dichte des Stahles
Stahlkosten: $K = G_s P_1$ P_1: Einheitspreis/t (heute proportional höher)
                $= c P_1/\sigma_s$ $c = \varrho_s Z = \text{const}$
Verarbeitungskosten etwa proportional zu Dichte und Preis, daher $K = c_1 P_1/\sigma_s$.

ten Faktors c hinausläuft. Wenn man die verschiedenen Stahlsorten miteinander vergleicht (Abb. 3.1/1), zeigt sich der wirtschaftliche Vorsprung der hochwertigen Stähle, der auch zur Entwicklung des Spannbetons, abgesehen von dessen konstruktiven Vorteilen (vgl. B 4.3.2) beigetragen hat.

3.1.2 Festigkeiten des Stahles

Der steigenden Zugfestigkeit verschiedener Stahlsorten steht eine abnehmende Bruchdehnung gegenüber (Abb. 3.1/2), so daß ihr Arbeitsvermögen nicht allzusehr voneinander abweicht. Es wird durch die Fläche des σ/ε-Diagramms („Arbeitslinie") dargestellt.

Der Abfall der Arbeitslinie rechts von ihrem Kulminationspunkt ist eine Folge der Vereinfachung, die Spannung durch Repartieren der Zugkraft auf den Ausgangsquerschnitt zu berechnen. In Wirklichkeit steigt die Arbeitslinie durch Verfestigung des Stahles infolge des Reckens sogar noch etwas an, wenn man die Kraft auf den eingeschnürten Querschnitt bezieht. Die Bruchspannung β_Z liegt dann höher als das Ende der konventionellen Arbeitslinie. Der Kulminationspunkt gibt auch das Ende der „Gleichmaßdehnung" an, bei der die Einschnürung beginnt, und ist daher praktisch viel wichtiger als die von der Meßlänge abhängige Enddehnung, wie in 3.1.3. gezeigt wird. Diese Erhöhung der Streckgrenze β_S durch Kaltrecken wird praktisch bei den IIIK- und IV-Stählen (DIN 1045, Tabelle 6) verwendet. Sie geht zwar bei einer plastischen Stauchung wieder verloren (Bauschinger-Effekt), jedoch nicht bei den III K-Stählen, deren Streckgrenze man durch Kalttordieren (daher: Torstahl) erhöht. Dieses Verfahren besitzt diesen Nachteil nicht und ist an der Wendelform erkennbar, die die aufgewalzten Rippen dabei annehmen.

Die Festigkeit eines Stahlstabes ist wiederum keine Konstante, sondern nimmt in geringem Maße mit der Stablänge ab [3]: Denn die Wahrscheinlichkeit einer Schwachstelle (kleiner Walzfehler oder Gefügestörung), von der der Bruch in jedem Falle ausgeht, nimmt mit der Stablänge zu, ähnlich wie die Zugfestigkeit eines Betonprismas mit der Größe des Querschnittes abnimmt [1.2/2.1, S. 21] (vgl. 1.2.2.2).

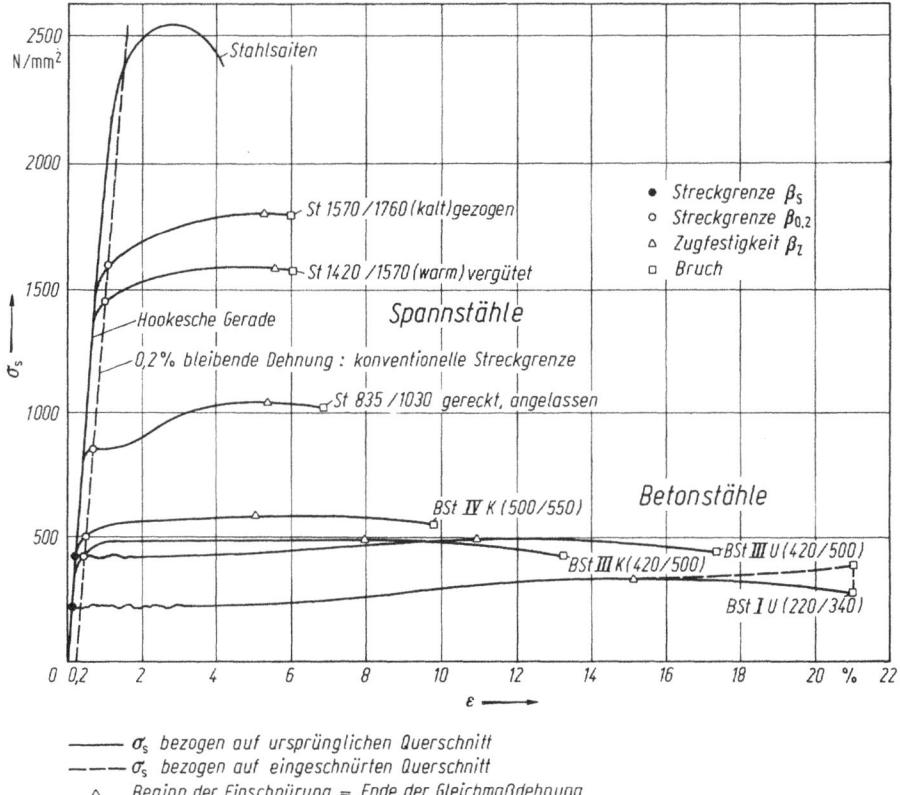

Abb. 3.1/2. Arbeitslinien einiger Baustähle am δ_{10}-Stab (σ/ε Diagramme) [E/3, S. 81]; Meßlänge = 10d. Brucharbeit $\int\sigma_s\,d\varepsilon_s$ = Fläche des Diagramms. Anfangsneigung (,,Hookesche Gerade") bei allen Stählen fast gleich geneigt, d. h. es ist $E_s = \sigma_s/\varepsilon$ stets praktisch gleich 210000 N/mm². U: unbehandelte, naturharte Baustähle; K: kaltverformte (gereckte oder tordierte) Baustähle, weitere Unterteilung vgl. DIN 1045, 6.6, Tabelle 6

Umgekehrt ist die mittlere Festigkeit eines Stabbündels, dessen Enden gegeneinander unverschieblich in einem festen Körper verankert sind, stets *größer* als diejenige eines Einzelstabes. Dem Bruch geht stets die lokale, plastische Verformung einer Schwachstelle (vgl. 3.1.3) voraus, deren Wirkung aber durch die Nachbarstäbe verhindert wird, so daß die Kraft im überbeanspruchten Stab nicht mehr anwachsen kann. Erst wenn mehrere Stäbe versagen, können die restlichen deren umgelagerte Kraftanteile nicht mehr übernehmen und das Bündel wird als Ganzes reißen. Diese Erscheinung spielt bei Bündeln, die aus mehreren einbetonierten Stäben bestehen (Spannglieder, mehrlagige Zugbewehrung von Balken), praktisch eine große Rolle: Obgleich die verschiedenen Entfernungen der Stäbe von der ,,Nullfaser", um die sich benachbarte, durch einen Riß in der Zugzone getrennte Balkenelemente gegeneinander verdrehen (vgl. B 4.3.1.2), unterschiedliche Dehnungen der Stäbe zur Folge haben, erreichen sie doch durch ,,plastische Umlagerung" alle gleichzeitig die Streckgrenze. Daher ist auch aus diesem Grunde die Aufteilung einer Zugbewehrung auf mehrere Stäbe angezeigt (vgl. 4.4).

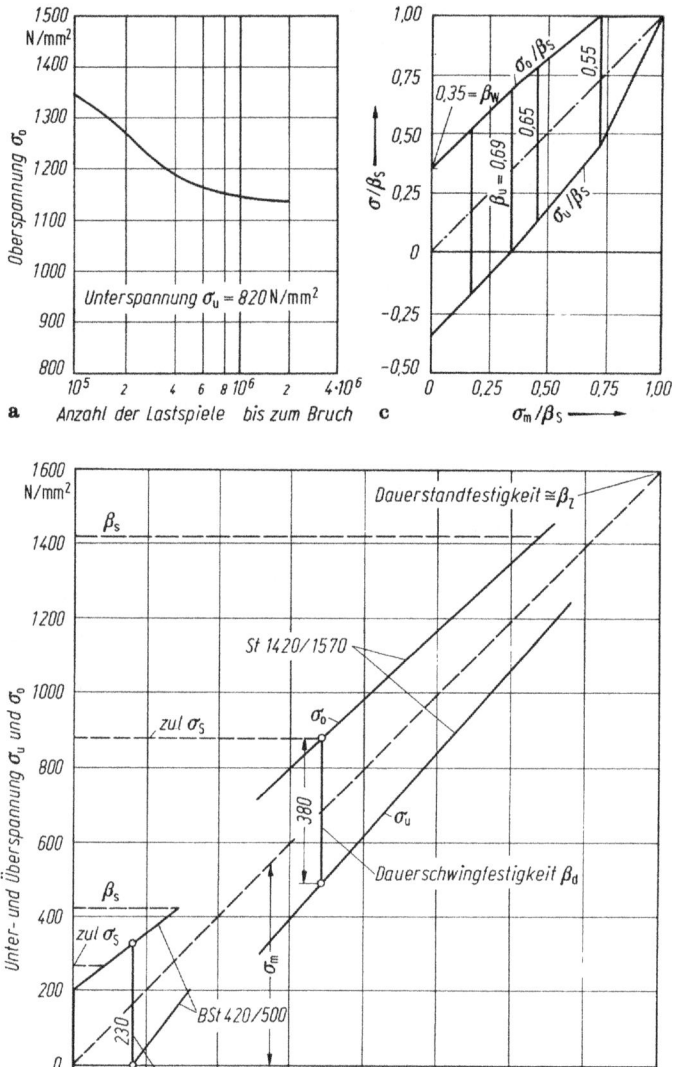

Abb. 3.1/3. Beispiele für die Festigkeiten eines Stahles bei schwingender Spannung [4]. **a** Wöhler-Diagramm für einen vergüteten Spannstahl St 1320/1470 8 mm Durchmesser [5.1]; **b** Schwingweiten β_d für einen vergüteten Spannstahl St 1420/1570 [5.1] und einen Baustahl St III [6, H.24], die nach 2 Millionen Lastwechseln zum Bruch führen, als Funktion der Mittelspannung (Smith-Diagramme); **c** für die praktische Anwendung vereinfachter Verläufe für St III ($\beta_S = 400 \ldots 450$ N/mm²), 16 mm Durchmesser nach [6, H.24].

β_w: Wechselfestigkeit für $\sigma_u = -\sigma_o$
β_u: Ursprungfestigkeit für $\sigma_u = 0$

Angesichts der veränderlichen Nutzlasten bei Bauwerken spielt das Verhalten des Stahles bei wechselnden Spannungen eine wichtige Rolle, insbesondere die „Dauerschwingfestigkeit" β_d als ertragbare Differenz zwischen unterer und oberer Spannungsgrenze. Die Ermüdungsfestigkeit liest man aus dem „Wöhler"-Diagramm (Abb. 3.1/3a) ab, das für eine bestimmte Unterspannung σ_u die zum Bruch führende Oberspannung σ_o als Funktion der Lastwechselzahl N angibt. Man sieht für Bauwerke die Differenz β_d beider Werte für $N = 2 \cdot 10^6$ Spannungszyklen als geeignetes Maß an. Da bei Stählen ohnehin größere N keinen wesentlichen Abfall von β_d bringen, trägt man im „Smith"-Diagramm β_d für $N = 2 \cdot 10^6$ als Funktion von $\sigma_m = {}^1/_2(\sigma_o + \sigma_u)$ (Abb. 3.1/3b), mitunter auch als Funktion von σ_u auf („Goodmann-Diagramm" vgl. Abb. 1.2/18a, für Beton geeigneter). Man erkennt, daß die Dauerschwingfestigkeit β_d mit steigender Unterspannung σ_u abnimmt; aber bei Annäherung von σ_o an die Streckgrenze β_S unbestimmt wird. Die Dauerstandfestigkeit entspricht gewissermaßen der Dauerschwingfestigkeit mit $\sigma_o = \sigma_u$ und liegt unter β_Z [6, H. 24]. Rippenstähle BSt III K besitzen bei $\sigma_u \cong 30 \text{ N/mm}^2$ ein $\beta_d \cong 280 \text{ N/mm}^2$ (sic!) was etwa als Ursprungsfestigkeit ($\sigma_u = 0$) anzusehen ist. Bei $\sigma_u = 200 \text{ N/mm}^2$ geht β_d auf ~ 230 N/mm^2 zurück. Guter Verbund mit dem Beton erhöht die Ermüdungsfestigkeit um 10 bis 20% gegenüber dem „Luftversuch", schlechter Verbund bewirkt eher das Gegenteil [7]. Bei gebogenen Stäben wird β_d bis zu $D = 25d_s$ (d_s: Stabdurchmesser, D: Biegerollendurchmesser) nicht herabgesetzt. Bei stärkeren Krümmungen tritt ein Abfall ein. Allerdings werden bereits bei $D = 15d_s$ die Leibungsdrücke so hoch, daß der Beton hierdurch oder durch Spaltzug zerstört werden kann (vgl. 4.1). Es genügt nach [6], daß die zulässige dynamische Beanspruchung 10% unter β_d liegt, weil das zweimillionenfache Auftreten der höchsten Beanspruchung im allgemeinen außerordentlich unwahrscheinlich ist. Infolgedessen wäre bei BSt IIIK (erst recht bei dem viel „geduldigeren" BSt IU) selbst bei der kaum je vorhandenen Ursprungsbelastung eine Abminderung des zulässigen σ_s für ruhende Belastung nicht nötig. Neuerdings versucht man diese Abschätzung durch den Begriff der „Betriebsfestigkeit" zu präzisieren, die auf die wahrscheinliche Häufigkeit und Höhe der Spannungswechsel gegründet wird [1.2/44].

DIN 1045, 17.8 ist jedoch vorsichtiger und verlangt bei BSt III die Einhaltung einer Schwingbreite von 180 N/mm^2, wenn $D \geq 25d_s$ und 140 N/mm^2 in Abbiegungen, bei denen $D = 15d_s$ zugelassen ist. Baustahlmatten aus gezogenen Drähten und mit Schweißstellen dürfen schwingend nur mit 80 N/mm^2 beansprucht werden. Es genügt der Nachweis, daß näherungsweise in diesen drei Fällen der schwingende Anteil $\Delta M = 75,60$ oder 30% von M_{max} nicht überschreitet.

Bei hochwertigen Stählen, wie man sie beim Spannbeton verwendet, ist β_d etwa gleich groß wie bei Baustählen, also relativ zu σ_m kleiner. Das ist jedoch ohne Bedeutung, da Spannglieder stets eine hohe Grundspannung besitzen (vgl. B 4.3.2.1) und diese infolge der Lasten nur wenig (bis maximal 100 N/mm^2) oszilliert. Maßgebend ist jedoch die Herabsetzung der Dauerschwingfestigkeit durch die Verankerungen (vgl. 4.3) infolge Klemm-, Umlenkungs- oder Gewindewirkungen. Über die demzufolge für die verschiedenen Spannverfahren wechselnden, anwendbaren Beanspruchungen geben deren „Zulassungen" [9] Auskunft, wobei noch die Grundwerte von DIN 4227 Teil 1 (79), 15 zu berücksichtigen sind.

Schließlich sei noch darauf hingewiesen, daß die Verformungsgeschwindigkeit einen merkbaren Einfluß auf die Festigkeit des Stahles besitzt, was besonders bei

Stoßbeanspruchung und Schwingungen eine Rolle spielt. Auch bei Stahl ist somit die „Festigkeit" kein konstanter Wert! Man mußte daher eine Konvention treffen, um die Stähle unter gleichen Bedingungen zu charakterisieren. Daher besagt DIN 50145 (75), 7.4, daß die Arbeitslinie mit einer Spannungssteigerung von maximal $\dot{\sigma}(t) = \mathrm{d}\sigma/\mathrm{d}t$ von 30 N/mm² s aufzunehmen ist, also z. B. bei einem BSt III: β_{S} in 14 s erreicht werden darf. Bei höherer Verformungsgeschwindigkeit hat der Stahl gewissermaßen „keine Zeit" mehr zum Fließen. Dieses ist ja ein rheologischer Vorgang, also abhängig von innerer Reibung und mithin von der Zeit, denn mechanische Arbeit wird dabei in Wärme umgesetzt. Hierbei tritt eine Erhöhung der Streckgrenze, d. h. eine Erweiterung des elastischen Verhaltens ein. Man gewinnt zwar an elastischem Arbeitsvermögen, aber das gesamte Arbeitsvermögen fällt, wie man aus Abb. 3.1/2 ablesen kann. Stoßversuche haben die in der Tabelle zusammengestellten Werte ergeben [10]:

$\dot{\varepsilon} \doteq \mathrm{d}\varepsilon/\mathrm{d}t$	$\dot{\sigma}$	
1/s	N/mm²/s	
$0{,}5 \cdot 10^{-4}$	10	β_{S}
$0{,}1$	$20 \cdot 10^3$	$1{,}3\beta_{\mathrm{S}}$
10^2	$20 \cdot 10^6$	$1{,}9\beta_{\mathrm{S}}$ bei BSt III, $2{,}5\beta_{\mathrm{S}}$ bei BSt I
10^3	$20 \cdot 10^7$	Sprödbruch

Ein Einfluß auf E_{s} wurde nicht festgestellt.

Bei durch Explosion von Sprengstoff zertrennten, bewehrten Betonprismen [11] trat noch kein Sprödbruch der Stäbe ein, sondern diese zeigten an den Bruchstellen noch deutliche Einschnürungen, also plastische Verformung.

3.1.3 Verformungen des Stahles

Bei allen Stahlsorten ist die im Kurzzeitversuch ermittelte Elastizitätszahl E auch für schwingende Belastung sowie im Zug- und Druckbereich mit 210 kN/mm² praktisch gleich groß. Wenn die Dehnung von der „Hookeschen Geraden" um mehr als $0{,}1^0/_{00}$ abweicht, wird die Elastizitätsgrenze $\beta_{0{,}01}$ überschritten, die bei den üblichen Stählen etwa 5 bis 10 % unter der Streckgrenze β_{S} liegt. Diese ist bei den naturharten U-Stählen durch einen ausgesprochenen Fließvorgang gekennzeichnet, während sie bei den durch Recken vergüteten K-Stählen mit der allmählich beginnenden Krümmung willkürlich durch die bleibende Reckung von $2^0/_{00}$ definiert ist (Abb. 3.1/2). Maßgebend für den „Versagenszustand" der Bewehrung eines Bauteiles (vgl. B 4.3) ist nicht die Bruchgrenze β_{Z}, sondern das Auftreten grober Risse im Beton infolge Fließens des Stahles, so daß diese Grenze für die Bemessung bei den normalen Baustählen maßgebend ist.

Bei den warm vergüteten und kalt gezogenen hochfesten „Spannstählen" mit ihrer hoch liegenden Streckgrenze (Abb. 3.1/2) bleibt ein durchaus erwünschter Abstand (etwa $0{,}6\sigma_{\mathrm{s\,zul}}$) bis zur Streckgrenze β_{S}, um den Stahl vorübergehend „überspannen" zu können, da er sich dann noch federnd verformt. Diese hoch liegende Streckgrenze bringt auch den Vorteil, daß solche Drähte bis zu $d = 12$ mm Durchmesser als Ringe mit dem Durchmesser D versandt werden können, bei denen die

Biegespannung $\sigma = Ed/D$ über der Gebrauchsspannung, aber noch im elastischen Bereich liegt. Zum Beispiel ist für $d = 5$ mm und $D = 1,0$ m: $\sigma = 1000$ N/mm^2 und für $d = 12$ mm, $D = 2,0$ m: $\sigma \sim 1200$ N/mm^2 $< \beta_S \cong 1350$. Bei den mittelharten Spannstählen liegt β_S zu β_Z relativ niedriger, so daß man mit dem „Überspannen" vorsichtiger sein muß. Mit diesem Spielraum hängt auch der Begriff der „Grenzlast" (vgl. B 4.3.2.2) zusammen, bis zu der sich ein Spannbetonbalken noch elastisch verhält.

Auch die Stahldehnung ist keine Konstante, sondern eine Konvention. Denn die Verlängerung ε_m eines Stahlstabes ist nach Überschreiten der Gleichmaßdehnung ε_g, die etwa mit dem Kulminationspunkt der Arbeitslinie zusammenfällt, stark von seiner Länge abhängig. Kurz vor dem Bruch gerät ein kurzer Abschnitt a des Stabes (mehrfacher Stabdurchmesser) ins Fließen und schnürt sich gleichzeitig ein. Seine bezogene Bruchdehnung $\varepsilon_B = \varepsilon_{..} + \Delta\varepsilon_B$ die mehrfach größer als die Gleichmaßdehnung ist, liefert dann zur mittleren, bezogenen Gesamtdehnung ε_m den Beitrag $a\Delta\varepsilon_B$, so daß die Gesamtverlängerung $\Delta l = l\varepsilon_g + a\,\Delta\varepsilon_B$ und die mittlere Dehnung $\varepsilon_m = \Delta l/l$ $= \varepsilon_g + \Delta\varepsilon_B\,a/l$ beträgt. Je länger ein Stab ist, desto kleiner wird der Beitrag von $\Delta\varepsilon_B$, bei einem sehr langen Stab ist schließlich $\varepsilon_m \cong \varepsilon_g$, d. h. die lokale Bruchdehnung geht in der Gleichmaßdehnung unter. Bei einem kurzen Stab fällt dagegen der zweite Anteil zunehmend ins Gewicht und ε_m wird wesentlich größer als ε_g. Die „Bruchdehnung" wird daher auf eine bestimmte Meßlänge l als Vielfaches des Stabdurchmessers d bezogen. Maßgebend ist für Baustähle in DIN 1045, 6.6 und DIN 488 (72), Blatt 3 die Bruchdehnung am „δ_{10}-Stab", d. h. für eine Stablänge von $l/d = 10$. Demgegenüber wird in DIN 50145 (75), 5 für andere Stahlsorten die Länge der Zugproben $l/d = 5$ vorgeschrieben, die dann ganz andere Bruchdehnungen ergibt. Beispielsweise ist nach Abb. 3.1/2 für BSt IIIK: $\varepsilon_g \cong 6\%$ und $\varepsilon_m \cong 14\%$ für den δ_{10}-Stab. Daraus ergibt sich, wenn man die Länge a, auf der sich die Einschnürung abspielt, zu $a \cong 4d$ schätzt, $\varepsilon_m = 6,0 + \Delta\varepsilon_B\,4d/10d = 14,0$, daraus $\Delta\varepsilon_B = 20\%$ und für andere Stablängen $\varepsilon_m = 6,0 + 20 \cdot 4d/l = 6,0 + 80d/l$:

$l/d = 5$	10	20	40	80	160
$\varepsilon_m = 22$	24	10	8,0	7,0	6.5% .

Für hochwertige Spanndrähte mit 5 mm Durchmesser St 1420/1570 entnimmt man aus Bruchversuchen mit verschiedenen Stablängen [3.1] die Werte der Tabelle.

	l	0,2	2,0	20 m
Patentiert	ε_m	4,7	3,0	$2,7\% = \varepsilon_g$
gezogener	$\varepsilon_m - \varepsilon_g$	2,0	0,3	0%
Draht	$(\varepsilon_m - \varepsilon_g)\,l = a\,\Delta\varepsilon_B$	0,4	0,6	cm, i. M. 0,5 cm
	$\Delta\varepsilon_B$ [a]			$0,5/2,5 = 0,2 = 20\%$
Warm	ε_m	6,7	3,7[b]	3,3%
vergüteter	$\varepsilon_m - \varepsilon_g$	3,4	0,4	0%
Draht	$(\varepsilon_m - \varepsilon_g)\,l = a\,\Delta\varepsilon_B$	0,7	0,8	cm, i. M. 0,75 cm
	$\Delta\varepsilon_B$ [a]			$0,75/2,5 = 0,3 = 30\%$

[a] Mit dem geschätzten Wert $a = 5d = 2,5$ cm.
[b] Ausgeglichener Wert.

3.1.4 Wärmedehnung und -leitung

Die gute Zusammenarbeit von Stahl und Beton (vgl. 4) wird dadurch gefördert, daß beide praktisch die gleiche Wärme*dehnzahl* $\alpha_T \cong 1 \cdot 10^{-5}/K$ haben. Deshalb entstehen zwischen beiden bei gleicher Erwärmung keine Zwängungen. Die Wärme*leitzahl* λ von Stahl ist dagegen rund 50mal so groß wie die von Beton. Wenn also Stahlstäbe aus dem Beton herausstehen, wird die Dehnungsgleichheit empfindlich gestört. Sie übertragen die Temperaturwechsel der Umgebung viel rascher in das Innere des Betons als dieser selbst. Bei beträchtlicher Erwärmung eines fest einbetonierten Stabes, z. B. eines Geländerpfostens, kann es bis zur Sprengwirkung kommen (Abb. 3.1/4a). Der erste Riß ist dann der Anfang zur „Geländerkrankheit" vieler Brücken. Dieser Zustand verschlimmert sich durch Eisbildung im Riß, ferner dadurch, daß die dünnen Fußwegkonsolen stärker schwinden als die kompakten Hauptträger. Es ist daher besser, die Pfosten mit einem gewissen Spiel einzuklemmen (Abb. 3.1/4b) und den Rand der Konsole stets mit einer kräftigen, gut verteilten Schwindbewehrung zu versehen.

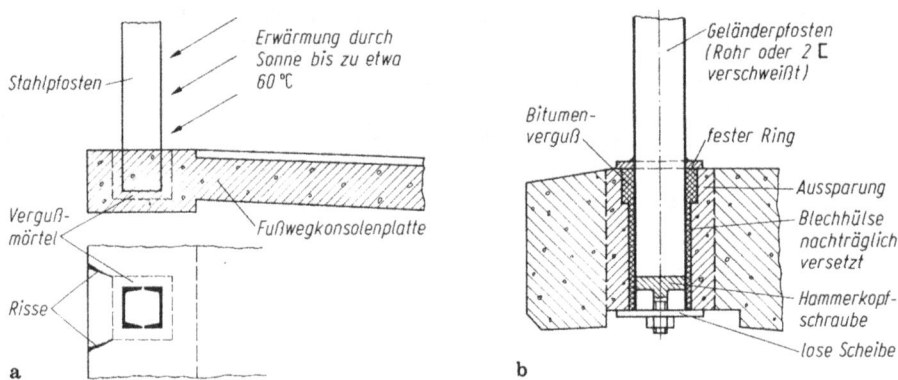

Abb. 3.1/4. Sprengwirkung erwärmter, einbetonierter Stahlprofile. **a** Pfosten von Brückengeländer („Geländer-Krankheit"); **b** verbesserte Geländerbefestigung

3.1.5 Temperatureinfluß

Die Sicherheit von Betonbauten ist nur im Brandfalle durch erhöhte Temperaturen gefährdet, die dabei oder mitunter betriebsbedingt auftreten und sowohl Streckgrenze als auch Festigkeit des Stahles erheblich herabsetzen [12]. Bei normalen und mittelharten Baustählen beginnt der Abfall bei etwa 400 °C, bei Spannstählen bereits bei etwa 250 °C (vgl. Abb. 3.1/5). Da die Wärme im Brandfall wegen der relativ geringen Leitfähigkeit des Betons jedoch nur langsam zum Stahl vordringt, solange die Bewehrung durch den Beton geschützt ist, widerstehen in der Regel Stahlbetonbauten bekanntlich stundenlang selbst einem Großbrand (vgl. 5.3). Nach dem Glühen während 1 h bis 600° „erholen" sich die Baustähle bei Normaltemperatur wieder bis zu fast 100%, die hochwertigen Spannstähle auf fast 60% ihrer Ausgangswerte [E/3, S. 84].

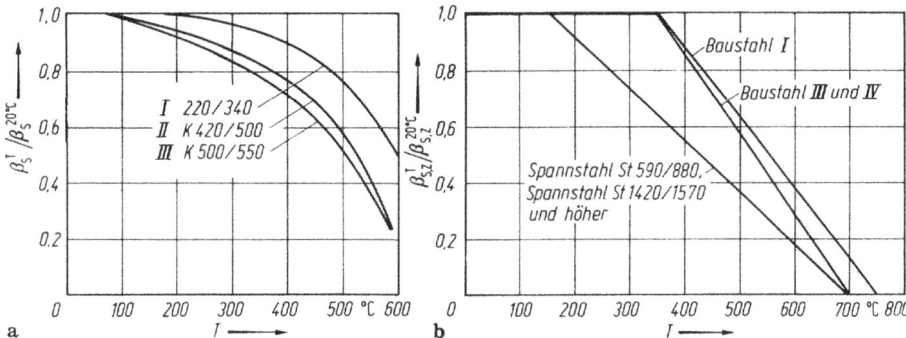

Abb. 3.1/5. Abnahme von Festigkeit β_Z und Streckgrenze β_S verschiedener Stahlsorten infolge erhöhter Temperaturen. Genormte Werte: DIN 4102, Teil 4 (78), 5.2.4 [B.Kal. 1979, II, S. 419]. **a** relative Zahlen für Baustähle, Vorschlag der FIP [14, S. 223]; **b** für die praktische Anwendung vereinfachter Verläufe [15, S. 39], gerechtfertigt durch die Streuungen der Versuche

3.1.6 Kriechen des Stahles

Das Kriechen spielt bei den Baustählen im Bereich der Gebrauchsspannungen keine Rolle; auch bei den warmvergüteten Spannstählen kann es im allgemeinen vernachlässigt werden [5]. Eine Erwärmung auf 300 °C ergab bei Torstahl 50 eine Kriechzahl von 0,12, jedoch wurde die Tragsicherheit nicht beeinträchtigt [5.2]. Die gewöhnlichen, kaltgezogenen Drähte hingegen zeigen merkbares Kriechen, das allerdings um eine Größenordnung schneller verläuft als bei Beton, so daß die Relaxation der Drähte (Nachlassen der Spannung bei unveränderter Dehnung) durch Nachspannen nach etwa einer Woche größtenteils beseitigt werden kann. So verfährt man im Ausland, wo solche Drähte mitunter noch verwendet werden, oder man zieht dort von der Anfangsspannung 8 bis 12% für den Kriechverlust ab. Seit einigen Jahren werden gezogene Drähte künstlich gealtert, so daß auch bei ihnen Kriechdehnungen im Gebrauchszustand praktisch nicht mehr vorhanden sind. DIN 4227 Teil 1 (79), 8.2 verweist bezüglich der Relaxation der Spannstähle auf die Zulassungen [9].

3.1.7 Korrosion des Stahles

Die Korrosion von Stahl ist ein komplizierter chemisch-physikalischer Vorgang [17]. Sie wird, obgleich Beton stets mehr oder weniger Feuchtigkeit enthält, durch die alkalische Reaktion des Zementes infolge von freiem CaO wirksam verhindert. Dieser Schutz hört aber auf, wenn der Beton durch Bindung von CO_2 aus der Luft voll karbonisiert ist, denn $CaCO_3$ reagiert nicht mehr alkalisch. Dieser Prozeß beginnt an der Oberfläche, schreitet aber bei dichtem Beton äußerst langsam fort [18]. Entscheidend wichtig für den Korrosionsschutz ist daher das W/Z-Verhältnis, für das die ÖNORM B 4200 Teil 10, 6.3 die Werte der Tabelle vorschreibt [18.10]. Bei Lagerung unter Dach über 30 Jahre fand man nach [18.3] folgende Karbonatisierungstiefen: B 15: 30 mm; B 25: 17 mm; B 35: 10 mm; B 45: 3 mm. Die damit verbundene Neutralisierung des Betons stellt also bei dichter und ausreichend dicker Betondeckung im allgemeinen keine Gefahr dar. Allerdings sind bei porösem Beton Karbonatisierungstiefen von mehreren cm nach wenigen Jahren gemessen worden,

Umgebungsbedingung während der Benützung	Deckung	w/z	Sicherheitsbeiwert bei Biegung
Innen, trocken ständig unter Wasser	$\geqq 2,0$ cm $\geqq d_s$	$\leqq 0,7$	$\geqq 1,7$
feucht, Industrie Witterung	$\geqq 2,0$ cm $\geqq d_s$	$\leqq 0,6$	$\geqq 1,7$
Witterung + Frost-Tausalz-Angriff	$\geqq 3,5$ cm $\geqq d_s$	$\leqq 0,5 +$ LP	$\geqq 2,0$
Aggressiv je nach Grad und Art eventuell Sonderzemente, vgl. ÖNORM B 3305	$\geqq 3,0$ cm $\geqq d_s$	$\leqq 0,5$	$\geqq 2,0$

die oft Absprengungen der Betondeckung durch Rost, dessen Volumen das fünffache desjenigen des Stahles ist, verursacht haben. Auch saure Agenzien in der Außenluft sind in diesem Falle gefährlich. Eine saure Reaktion und Rosten kann auch durch Elektrolyse des im Beton enthaltenen Wassers (Entstehen von H-Ionen) infolge vagabundierender Ströme eintreten. Eine *vorhandene* Rostschicht am eingebauten Stahl wird mitunter vom Beton „aufgefressen", indem sich Eisenkarbonate als brauner Hof um den Bewehrungsstab herum bilden, ohne daß der Beton abgesprengt wird, und Zementkristalle in die Rostschicht „hineinwachsen".

Ein Rosten ist aber auch zu erwarten, wenn dem Beton Kalziumchlorid ($CaCl_2$) enthaltende Frostschutzmittel oder Erhärtungsbeschleuniger beigegeben werden [19] oder Tausalze (NaCl) eindringen (vgl. 5.2, c). Bei Spannbeton ist die Beigabe dieser Mittel besonders gefährlich, so daß Zusätze mit Chlorgehalt verboten sind.

Bei ihrer Verwendung muß aber nicht nur an die Bewehrung, sondern auch an andere rostempfindliche Eisenteile gedacht werden; z. B. wurden bei einem Krankenhausneubau im Winter zahlreiche Gas-, Wasser- und Heizungsrohre in Mauer- und Deckenschlitze verlegt und diese mit erheblichem Kalziumchloridzusatz als Abbindebeschleuniger vermörtelt. Alle Leitungen rosteten stark und eine Gasleitung wurde vollständig durchgefressen, so daß es fast zu einer Explosion kam. Dieser Prozeß ging selbst in trockenen Innenräumen vor sich, da $CaCl_2$ hygroskopisch ist und sich die zu seiner Wirkung notwendige Feuchtigkeit aus der Luft heranzieht. Unter erheblichem Kostenaufwand mußten sämtliche Leitungen erneuert werden!

Zusätzlich gefährdet sind die hochwertigen Stahldrähte, besonders die warmvergüteten, durch eine interkristalline Korrosion, die sogenannte „Spannungsrißkorrosion" [20]. Sie wird in gespannten oder stark gebogenen Drähten durch Wasserstoffionen, vor allem durch gewisse Chemikalien (Zusätze mit Chloriden oder anderen Halogenen) in Gegenwart von Wasser eingeleitet und führt zu verformungslosen, plötzlichen Sprödbrüchen. Der Gehalt von Cl im Zement darf daher maximal 0,4%, bei Spannbeton 0,2% der Masse, derjenige im Zuschlag 0,02%, im Anmachwasser 0,06% nach DIN 4227 Teil 1 (79), 3.1 nicht überschreiten. Tonerdeschmelzzemente sind auch in dieser Hinsicht unbrauchbar, da sie bei ihrer Umkristalisation (vgl. 1.1.8) Chloride entwickeln [21].

Spannstähle müssen stets einwandfrei trocken gelagert werden. Das Behandeln mit einem „abwaschbaren Korrosionsschutzöl" macht die Drähte unempfindlicher

und hat den Vorteil, die Reibung der Bündel in den Spanngliedkanälen etwas herab-
zusetzen. Durch starkes Spülen der Kanäle, zum Schluß mit einem Benetzungsmittel,
muß das Öl vor dem Verpressen mit Zementmörtel entfernt werden.

3.2 Verarbeiten der Bewehrung

Die Verarbeitung des Stahles erfordert große Gewissenhaftigkeit, da Lage und
Beschaffenheit der Bewehrung nach dem Betonieren nicht mehr sichtbar, aber für
die Tragfähigkeit des Bauwerkes von ausschlaggebender Bedeutung sind. Es ist daher
in DIN 1045, 4.1 vorgeschrieben, daß der verantwortliche Bauleiter des Unternehmers
sich *vor* dem Betonieren von der Übereinstimmung von Bewehrungszeichnung und
verlegter Bewehrung überzeugen muß. Von dieser Verantwortung entbindet ihn
auch nicht die gelegentliche Kontrolle „im bauaufsichtlichen Sinne" durch einen
Baubeamten oder einen Beauftragten (Prüfingenieur), obgleich diese von den
„Landesbauordnungen" (LBO) im allgemeinen vorgeschrieben wird.

Abb. 3.2/1. Nachweis der Stahlstäbe im erhärteten Beton. Foto mit Hilfe von γ-Strahlen [22].
Verdickung: Koppelmuffe. Aufnahme BAM/Berlin

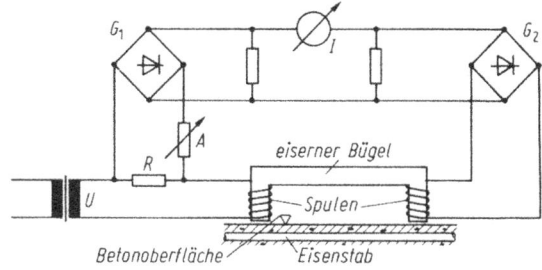

Abb. 3.2/2. Elektromagnetischer Eisensucher [23] (Schaltschema). A Widerstand zum Abgleich der
Anzeige, $G_{1,2}$ Gleichrichter, I Ampèremeter (Differenz der Stromstärke), R Vorwiderstand, U Span-
nungswandler

Nach dem Betonieren kann die Bewehrungslage entweder bei Betonstärken bis zu 60 cm durch Fotografieren mit harten γ-Strahlen (gefährlich, nur von Spezialisten ausführbar) (Abb. 3.2/1) oder in Tiefen bis zu etwa 10 cm durch einen „Eisensucher" nachgewiesen werden. Dieser besteht aus einem starken Elektromagneten, aus dessen Feldstörungen auf Richtung, Tiefe oder Durchmesser der Stahlstäbe geschlossen werden kann (Abb. 3.2/2). Mit diesem Instrument, das in verschiedenen Ausführungen im Handel zu haben ist, wurde schon in vielen Fällen nachgewiesen, daß z. B. die obere Bewehrung von durchlaufenden und auskragenden Platten zu tief lag, so daß diese sich übermäßig durchbogen und mitunter abgerissen werden mußten. Auch bei Silos, die mit Gleitschalung hergestellt wurden, konnten auf diese Weise zu große Abstände der Ringbewehrung nachgewiesen werden, die in Verbindung mit zu gering angesetzten Innendrücken zu Rissen führten. Auch beim Bohren von Löchern ist dieses Gerät nützlich, um nicht auf Bewehrungsstäbe zu stoßen.

3.2.1 Biegen der Bewehrung

Beim Kaltbiegen der Stäbe treten plastische Verformungen verbunden mit Verfestigungen auf, die einen Eigenspannungszustand hinterlassen (Abb. 3.2/3a). Dieser überlagert sich den Lastspannungen und beeinflußt bei häufig wiederholter (schwingender) Belastung die „Ermüdung" des Stahles (vgl. 3.1.2). Um Anrisse und Spröd-

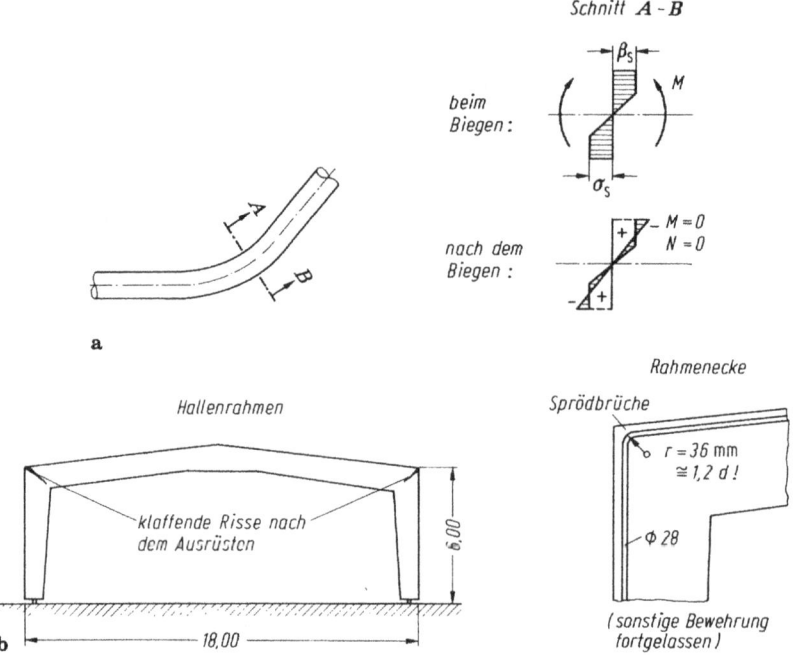

Abb. 3.2/3. Folgen der Verformung von Bewehrungsstäben bei plastischer Biegung. **a** entstehende Spannungen und elastische Restspannungen am Rand bei voller Plastifizierung eines Rechteckes max. $\beta_S/2$ [B.Kal. 1979, I, S. 479]; **b** Versprödung als Folge zu scharfer Biegung

brüche unter Belastung auszuschließen, müssen deshalb die Biegedurchmesser (DIN 1045, 18.2) mindestens 10d (d: Stabdurchmesser) betragen.

Wie wichtig die Anwendung der richtigen Aufsatzplatten in der Biegemaschine ist, zeigte sich beispielsweise bei mehreren Rahmen, die alle bereits beim Ausrüsten grobe Eckrisse aufwiesen (Abb. 3.2/3b). Die Untersuchung ergab, daß ein großer Teil der Stäbe mit 28 mm Durchmesser mit $D = 6$ bis 8 cm, also etwa 2 bis 3d, gebogen worden und verformungslos gebrochen waren. Die Rahmenriegel mußten daraufhin durch eine Ummantelung mit neuer Tragbewehrung verstärkt werden. Die Versprödung wirkte sich in den Rahmenecken besonders verhängnisvoll aus, da dort die Bewehrung ihre höchste Spannung erhält.

Man sollte jedoch aus Gründen einer besseren Kraftumlenkung (vgl. 4.1) an dieser Stelle größere Biegedurchmesser als die nach DIN 1045 geforderten anwenden. Bei Balkenbewehrungen liegen die Aufbiegungen meist gestaffelt und an Stellen geringerer Stahlbeanspruchung, so daß sich diesbezügliche Fehler im allgemeinen weniger auswirken werden.

Bei der Krümmung von Spannbetonstählen ist zu unterscheiden zwischen ruhenden Umlenkungen, z. B. in Ankerkörpern, wo Biegedurchmesser von 10d für Drähte mit 5 mm Durchmesser zugelassen sind. Wenn jedoch die Spannglieder beim Spannvorgang über Umlenkungen mit dem Radius r hinweggleiten, müssen die hierdurch verursachten Zusatzspannungen $\sigma = Ed/D$ auf 15% des zulässigen σ_s begrenzt werden. Daraus ergibt sich der kleinste Radius $r = D/2 = 3{,}3dE_S/\sigma_{s\,zul}$. Allerdings gibt es Spannverfahren, bei denen infolge kleinerer Radien erheblich größere Krümmungen und Streckungen der Stäbe im Verlauf des Spannvorganges auftreten und anstandslos ertragen und daher auch stillschweigend zugelassen sind!

3.2.2 Stoßen von Bewehrungsstäben

Wenn die in normalen Lagerlängen von rund 14 m gelieferten Stäbe (Überlängen kosten Aufpreis) nicht ausreichen, müssen sie gestoßen werden. Die verschiedenen Stoßarten werden in DIN 1045, 18.6 behandelt.

Der Stoß von Zugstäben durch Übergreifen nimmt den Verbund in Anspruch. Der Verlauf der Verbundspannungen hängt entscheidend von den Verformungen der beiden Stäbe und des Verbundmittels ab (vgl. 4.2) (Abb. 3.2/4). Da bei Stahlbeton der Fall c vorliegt, wird die Kraft von einem Stab auf den anderen durch schräge Druckstreben übertragen und es entstehen schräg gerichtete Zugkräfte (Abb. 3.2/4d, e) die durch die vorgeschriebene Verbügelung aufgenommen werden müssen (vgl. 4.2) [28] (DIN 1045, 18.6.3.4). Dynamische Versuche [29] haben gezeigt, daß ein Vollstoß und Stäbe mit zu geringer Betonüberdeckung besonders gefährdet sind; Teilstöße sind jedoch bei normalen Lastwechseln nicht gefährdet [30].

Die für glatte Stäbe nötigen Haken verursachen zusätzliche Biegearbeit und sind bei mehrlagiger Bewehrung schlecht unterzubringen. Allein schon aus diesem Grund (außer dem Preisvorteil, vgl. Abb. 3.1/1) wendet man meist Rippenstähle an, die ohne Haken gestoßen werden können. In einem Querschnitt dürfen nach DIN 1045, 18.6.2 bis zu 100% aller Rippenstäbe durch Übergreifen gestoßen werden (Abb. 3.2/4f und g), bei glatten Stäben nur 33% mit Haken.

Werden an einer Arbeitsfuge die Stöße gestaffelt, so steht mitunter ein Teil der Stäbe weit vor. Es ist dafür Sorge zu tragen, daß diese Enden durch Montagebügel

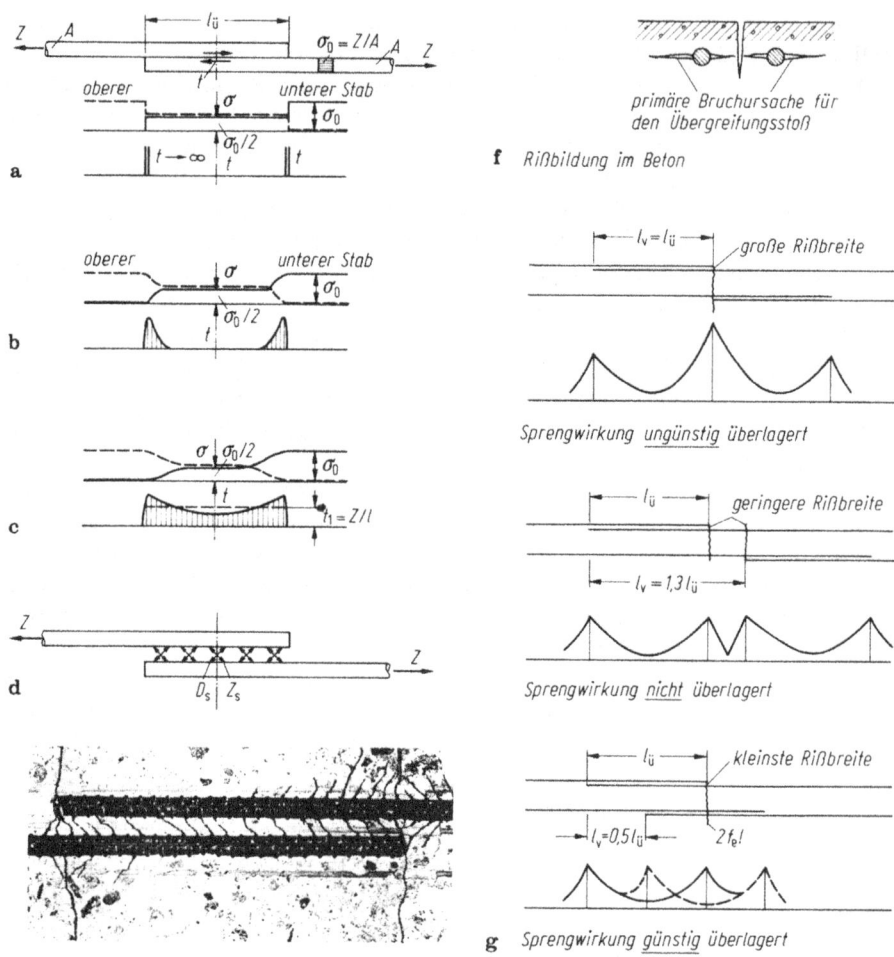

f Rißbildung im Beton

Abb. 3.2/4. Kräfteübertragung (schematisch) zwischen zwei gestoßenen, eingebetteten Stäben durch Schubkräfte t/cm. Biegung infolge Exzentrizität der Zugkräfte Z vernachlässigt. **a** Starre Stäbe, unnachgiebige Verbindung (Grenzfall); **b** Stäbe und Verbindung (Schweißnaht) elastisch; **c** relativ starre Stäbe, elastisches Verbundmittel (Beton, vgl. 4.2) Beispiel [25]; **d** Zerlegung der Schubkraft t in Hauptkräfte unter $\sim 45°$: D_s Druck, Z_s Zug; **e** Foto eines freigelegten Stoßes nach hoher Beanspruchung. Schrägrisse infolge Z_s, gemäß c) an den Enden dichter, da t dort größer [26.1]; **f** die Verbundkräfte Z_s und D_s wirken auch senkrecht zur Ebene der Stäbe und erzeugen die t proportionale Sprengkräfte $\perp$ zu den Stäben (vgl. Abb. 4.2/6a) [26.2]; **g** es ist zu empfehlen, die Enden benachbarter Stabstöße um l_v derart gegeneinander zu versetzen, daß sich die Maxima von t und der Sprengkräfte nicht addieren. Daher soll $l_v/l_{\ddot{u}} = 0{,}5$ oder $1{,}3$ sein [27]; $l_v/l_{\ddot{u}} = 0{,}5$ ist jedoch in DIN 1045, 18.6.3 nicht zugelassen

vor Bewegungen geschützt werden, da sonst Lockerungen des Verbundes und Absprengungen des jungen Betons entstehen können (Abb. 3.2/5). Diese sind schwer zu beseitigen, meist nur durch Aufbringen von Spritzbeton mit zusätzlicher Netzbewehrung (vgl. 1.1.4). Für Betonstahlmatten gibt es naturgemäß nur den Vollstoß DIN 1045, 18.6.4 [31].

Zentrische Stöße der Stäbe erfordern weniger Platz als Übergreifungsstöße. Die Abbrennstumpfschweißung von Betonstählen nach DIN 1045, 18.6 Tabelle 24 sowie DIN 4099 Teil 1 (79) und Teil 2 V (78) (Schweißen von Betonstahl) wird vor dem Einbau der Stäbe ausgeführt. Sie darf aber bei „nicht vorwiegend ruhender Belastung" (z. B. Brücken) wegen der Gefügeänderung an der Schweißstelle nur zu 85 % ausgenutzt werden [32]. Alle Spannstähle dürfen keinesfalls geschweißt werden, da hierdurch ihr Kristall-Gefüge gestört wird. Selbst das Auftropfen von Schweißperlen führt zu örtlicher Härtung und kann einen Sprödbruch zur Folge haben, ist daher peinlichst zu vermeiden!

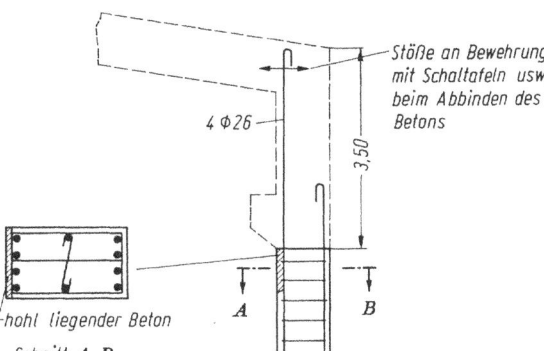

Abb. 3.2/5. Hohlstellen an Arbeitsfuge bei Rahmenstiel infolge zu lang überstehender, schwankender Bewehrung. Abhilfe: Montagebügel oberhalb der Arbeitsfuge

An Ort und Stelle können Rippenstähle mit Schraubmuffen nach DIN 1045, 18.6.5 oder hydraulisch aufgepreßten Muffen [33] verbunden werden. Eine Sonderausführung von Stäben $\emptyset$ 20 bis 50 BSt IIIU besitzt aufgewalzte grobe Gewinde-Rippen (Gewi-Stahl) und kann daher mit entsprechenden Muffen, deren Spiel durch Kontermuttern beseitigt wird, gestoßen werden [34].

Druckstäbe werden in gleicher Weise wie Zugstäbe gestoßen (DIN 1045, 18.4.2). Allerdings unterscheidet sich der Druck- vom Zugstoß grundsätzlich dadurch, daß bei letzterem die Stirnflächen der Stäbe spannungsfrei sind, während sie bei ersterem infolge der elastischen Verformung des Betons noch einen wesentlichen Teil der Stabkraft übertragen. Diese lokale Belastung des Betons erzeugt durch ihre Ausbreitung Querzugspannungen (vgl. 7), die zur Absprengung des Betons führen können. Es ist daher nötig, an den Enden der Druckstäbe jeweils zusätzliche Bügel anzuordnen [35], [B.Kal. 1979 II, S. 741]. Besser und platzsparender ist daher bei ausschließlich auf Druck beanspruchten Stäben die unmittelbare Kraftübertragung von Stab zu Stab durch Stumpfstoß der genau rechtwinklig abgesägten Stirnflächen nach DIN 1045, 18.4.2.5. Eine seitliche Führung muß die Zentrierung gewährleisten. Auch die Preß- oder Schraubmuffenstöße können für Druckstäbe verwendet werden.

Alle diese Montagestöße setzen voraus, daß wenigstens *ein* Stabende in Querrichtung verschieblich ist, damit es zentriert werden kann. Wenn zwei bereits einbetonierte Stabenden zug- und druckfest verbunden werden sollen, z. B. bei Fertigteilstützen (vgl. B 2.3.1), können Vergußmuffen mit Silumin- oder Thermitfüllungen verwendet werden [34.5], die geringe Achsversetzungen ausgleichen können. Alle erwähnten Montagestöße sind nicht genormt und daher zulassungspflichtig!

3.2.3 Einbau der Bewehrung

Für den Einbau der Bewehrung sind die wichtigsten Grundsätze, daß einerseits die statisch richtige Lage gesichert, andererseits ihre Betondeckung für den Rostschutz gewährleistet ist. Leider sieht man oft an der Außenseite von Gebäuden häßliche Rostflecke infolge zu geringer Betondeckung, denen mit der Zeit meist Abplatzungen folgen. Selbst nach zehnjährigem, zunächst einwandfreiem Bestand habe ich an einer Fachwerkbrücke über Eisenbahngleisen schwere Schäden infolge zu geringer Über-

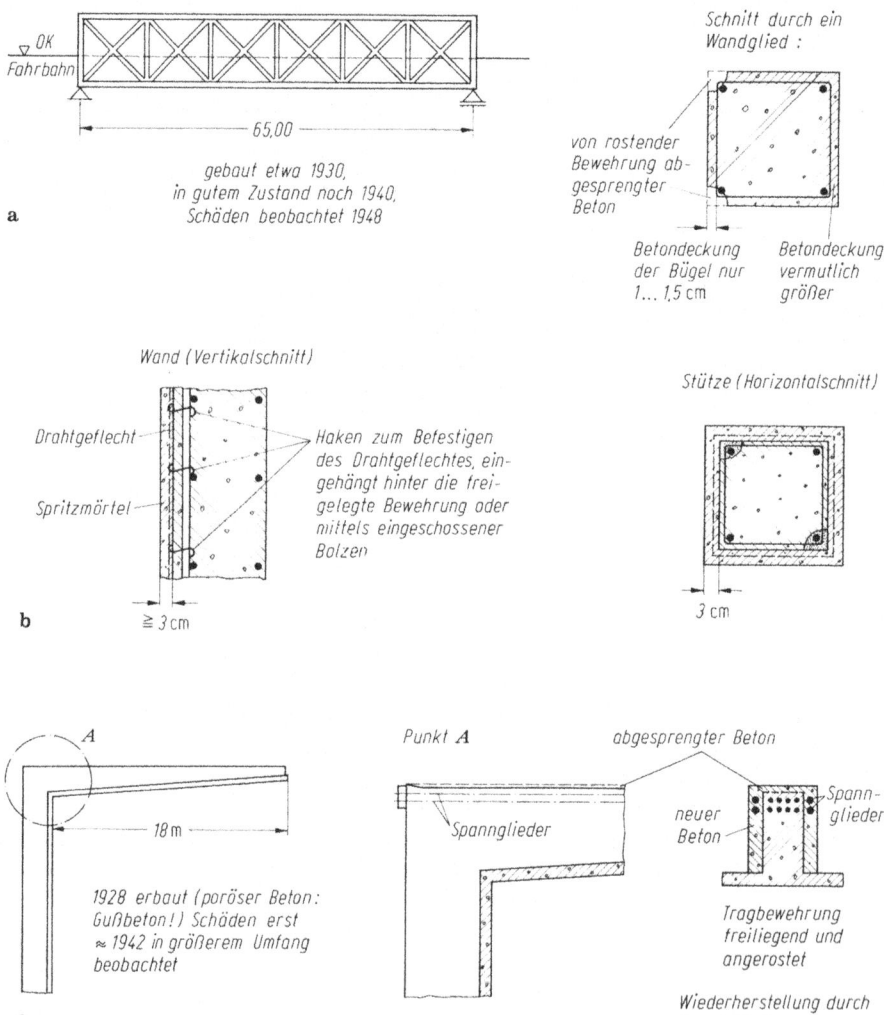

Abb. 3.2/6. Abplatzungen infolge Rostens der Bewehrung und ihre Beseitigung. **a** Straßenbrücke über Eisenbahngleisen; **b** Reparatur mittels Spritzmörtel oder -beton mit durch Dübel oder Haken verankerter Bewehrung (vgl. 1.1.4 Betonspritzverfahren); **c** Kragdach einer Tribüne. Beton durch Rosten der Tragbewehrung z. T. abgesprengt. Verstärkung durch Spannglieder, in Stahltraversen verankert

deckung an tragenden Gliedern aufgefunden (Abb. 3.2/6a). Diese Abplatzungen wie auch solche aus Brandschäden (vgl. 5.3) können durch Ummanteln mit Stahlbeton (Abb. 3.2/6c) oder mittels Spritzbeton (Abb. 3.2/6b) repariert werden. Neuerdings verwendet man hierzu auch faserbewehrte Reaktionsharze (nur erfahrene Spezialunternehmen beauftragen).

Die Zeichnungen müssen daher die Bewehrung mit deutlichen Maßen, bezogen auf die *Außenseite* der Stäbe, festlegen. Zur Einhaltung der Deckung werden Klötzchen aus Beton, Stahlblech, Kunststoff oder ähnlichem an die Bewehrung gebunden oder geklemmt (Abb. 3.2/7). Die Überdeckung mit einem dichten Beton ist daher, wie leider zahlreiche Schäden immer wieder lehren, von *lebenswichtiger* Bedeutung für die Bauwerke und in DIN 1045, 13.2 festgelegt.

Damit die Bewehrung von Balken und Stützen beim Betonieren nicht verschoben wird, fixiert man sie am besten durch Bildung fester Körbe (DIN 1045, 13.1). Daher sind geschlossene Bügel den früher oft üblichen offenen Bügeln vorzuziehen (Abb. 3.2/8). Außerdem wird der Bauvorgang beschleunigt, wenn die Bewehrung von Stützen und Balken schon während des Schalens geflochten und dann im ganzen versetzt wird. Daran ist bereits beim Aufzeichnen der Bewehrung zu denken [36]. Eine Diagonalversteifung (Abb. 3.2/9a) kann man im allgemeinen der Baustelle überlassen. Sollen jedoch hohe, schwere Bewehrungen z. B. für Rahmen freistehend aufgestellt werden, so ist der Baustelle eine wirksame Abstützung auf der Zeichnung anzugeben, da die Steifigkeit und Stabilität des Geflechtes meist klein ist.

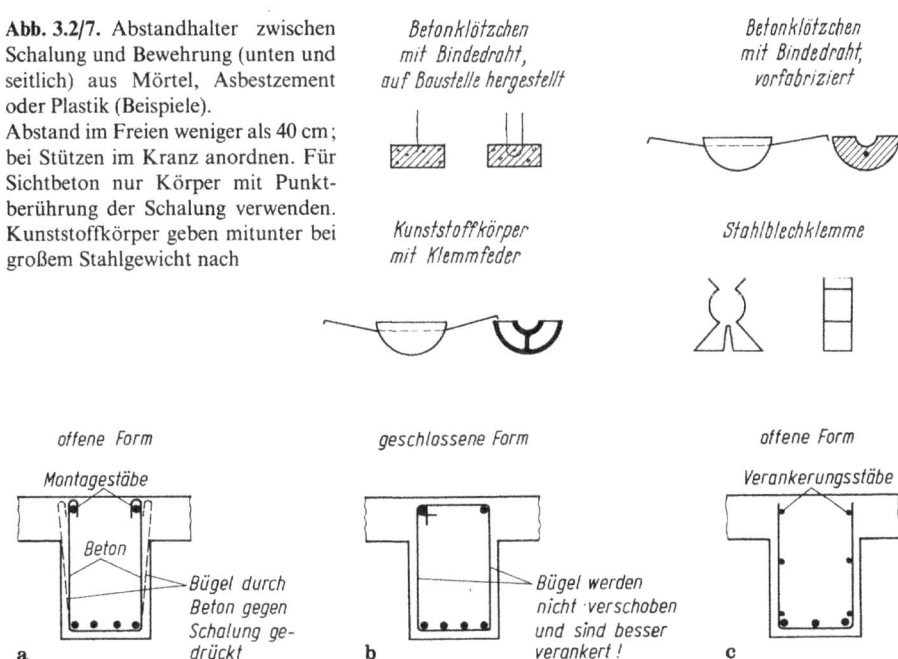

Abb. 3.2/7. Abstandhalter zwischen Schalung und Bewehrung (unten und seitlich) aus Mörtel, Asbestzement oder Plastik (Beispiele).
Abstand im Freien weniger als 40 cm; bei Stützen im Kranz anordnen. Für Sichtbeton nur Körper mit Punktberührung der Schalung verwenden. Kunststoffkörper geben mitunter bei großem Stahlgewicht nach

Abb. 3.2/8. Balkenbügel. **a** Offene Form kann gegen Nachgeben durch obere Querbewehrung gesichert werden; **b** geschlossene Form besonders für vorfabrizierte Bewehrungskörbe geeignet; **c** Bügelkorb aus geschweißten Betonstahlmatten nach DIN 1045, 18.8.2

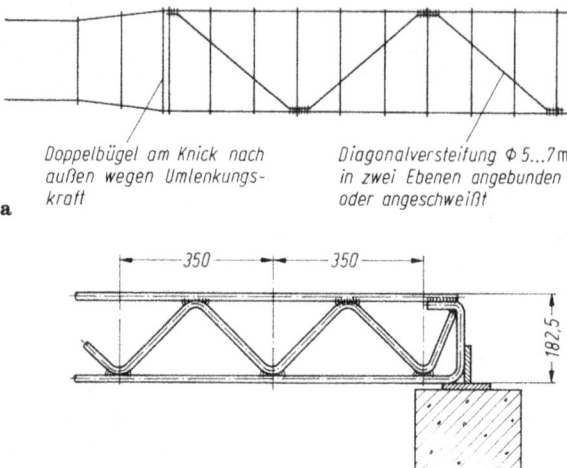

Doppelbügel am Knick nach   Diagonalversteifung Φ 5...7mm
außen wegen Umlenkungs-   in zwei Ebenen angebunden
kraft   oder angeschweißt

a

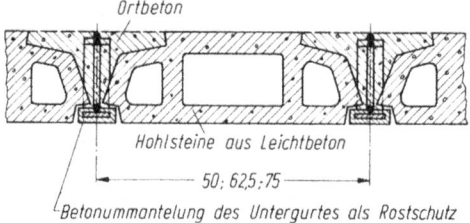

b   Längsschnitt des Stahlleichtträgers

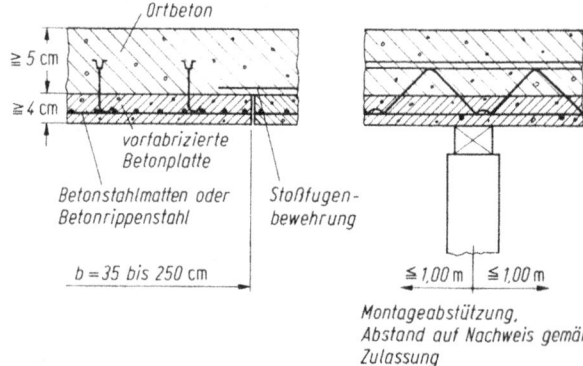

c   Querschnitt des Deckensystems ; Untergurt des Stahlträgers
        im Werk mit Beton ummantelt

d

Abb. 3.2/9. Versetzen vorbereiteter Bewehrungen. **a** fertig gebundene Stützenbewehrung; **b** vorfabrizierte, frei tragende Bewehrung für kleinere Balken und Rippendecken; **c** Querschnitt des Deckensystems: Untergurt des Stahlträgers im Werk mit Beton ummantelt; **d** „Elementdecken", bestehend aus Gitterträgern, Untergurt in einer als Schalung dienenden, durchgehenden Betonplatte eingebettet, die auch die Biegebewehrung enthält und den Schubverbund mit dem Ortbeton herstellt.

Den geringsten Arbeitsaufwand hat die Baustelle, wenn sie vorfabrizierte, frei tragende Balkenbewehrungen geliefert bekommt (Abb. 3.2/9 b) [37], die gegebenenfalls noch durch einige Zulagen zu ergänzen sind. Sie bedürfen einer Zulassung und werden im Hochbau in Verbindung mit Hohlsteinen zu Decken oft verwendet. Die seitliche Stabilität des Obergurtes vor dem Betonieren und die gute Umhüllung des Untergurtes durch Mörtel erfordern besondere Aufmerksamkeit. Da dieser nicht in dünne Fugen eindringt, wird der Untergurt am besten gleich im Werk mit Beton ummantelt (Abb. 3.2/9 c).

Eine Weiterentwicklung sind dünne Plattenelemente, die den Untergurt der Gitterträger sowie zusätzliche Bewehrung umhüllen und gleichzeitig als Schalung dienen. Sie bilden zusammen mit dem aufgebrachten Beton eine Deckenplatte (Abb. 3.2/9 d) und müssen gemäß ihrer Zulassung in bestimmten Abständen unterstützt werden, bis der Beton erhärtet ist. Beim Einbau ist gut darauf zu achten, daß die Bewehrung vor dem Betonieren nicht durch Öl, insbesondere Schalungstrennmittel, ,,abgestorbene" Zementmilch usw. verschmutzt wird, da sonst der vorausgesetzte Verbund mit dem Beton nicht zustande kommt. Bewehrte Fundamente dürfen also nicht ,,gegen Grund", sondern nur in Schalung auf einem Unterbeton (sog. Sauberkeitsschicht) betoniert werden. Dieser besteht aus Magerbeton und kann nie als Betondeckung dienen. Also sind auch hier Abstandhalter erforderlich.

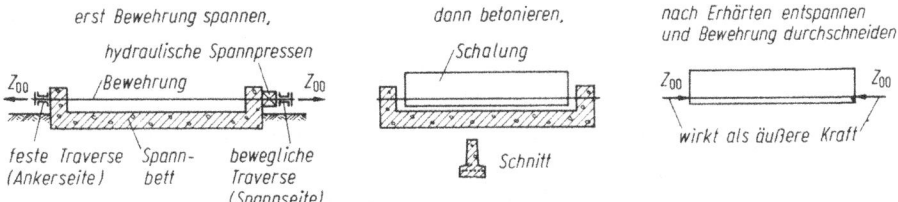

Abb. 3.2/10. Vorspannung gegen feste Widerlager mit *anfänglichem* Verbund (vgl. B 4.6.2)

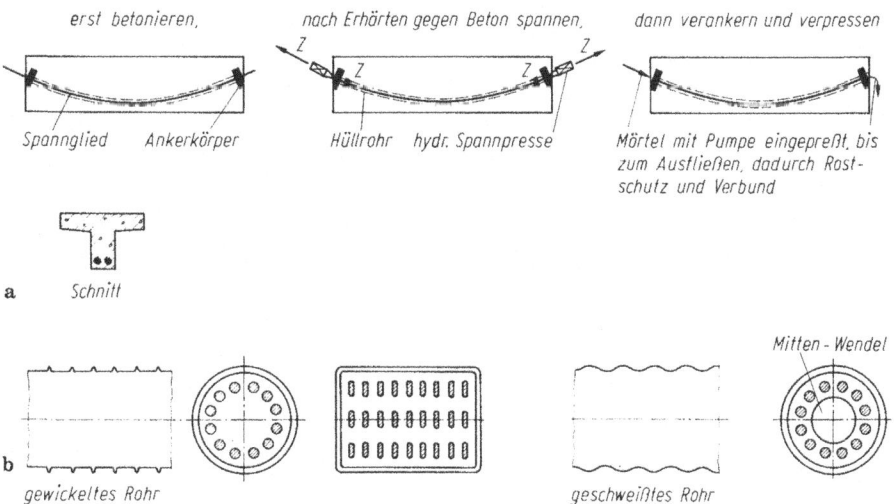

Abb. 3.2/11. Vorspannung gegen den erhärteten Beton mit *nachträglichem* Verbund (vgl. B 4.5.1.2). **a** Arbeitsvorgang; **b** Hüllrohre (Beispiele)

3.2.4 Nachträglicher Korrosionsschutz bei Spannbeton

Im Spannbettverfahren (vgl. B 4.5.1.2) wird *anfänglicher* Verbund zwischen vorher gespannter Bewehrung und nachträglich eingebrachtem Beton und damit Rost-schutz wie bei Stahlbeton hergestellt (Abb. 3.2/10). Bei Vorspannung gegen den erhärteten Beton werden die Spannglieder in Kanälen (Hüllrohre DIN 18 553 (79)) verlegt und nach dem Spannen verankert (Abb. 3.2/11).

Um nun die Stäbe oder Drähte gegen Rosten zu schützen, müssen die verblei-benden Hohlräume mit Zementmörtel verpreßt werden. Dieser hat außerdem die Aufgabe, *nachträglichen* Verbund herzustellen, muß daher eine ausreichende Festig-keit besitzen ($\beta_{W28} = 30 \, \text{N/mm}^2$) und darf kein Wasser abscheiden (w/z < 0,5) [38]. Mangels Luftzutrittes kann dieses zwar keine Korrosion bewirken, wohl aber bei Frost zu Eisbildung führen, welche die Bauglieder auseinandertreiben kann (Abb. 3.2/12). Fest eingeschlossenes Wasser vermag einen Eisdruck von etwa 1000 bar auszuüben. Andererseits muß der Mörtel geschmeidig genug sein, um alle Drähte voll zu umhüllen und im Spanngliedkanal nicht steckenzubleiben. Diese Forderungen sind in Richtlinien niedergelegt (DIN 4227, Teil 5 (79) und [39]). Suspensionszusätze und Blähmittel (sog. EP-Zusätze: „Einpreßhilfen"), die auch d × s Schwinden aus-gleichen, verbessern die Eignung des Mörtels wesentlich. Abgesondertes Wasser kann auch H-Ionen und Spannungsrißkorrosion verursachen [18.10].

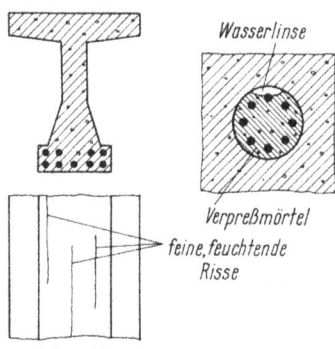

Abb. 3.2/12. Auffrierungen an Spannbetonbalken nach Abscheiden von Wasser aus zu nassem Verpreßmörtel

4 Zusammenarbeit von Beton und Stahl

Die angestrebte Zusammenarbeit von Beton und Stahl setzt eine zuverlässige Überleitung der Bewehrungskräfte auf den Beton durch Leibungsdrücke, Verbund oder besondere Verankerung voraus, wobei weder der Beton noch der Stahl örtlich zu stark beansprucht werden darf. Ferner sind die Weiten der unvermeidlich im Beton entstehenden Risse im Gebrauchszustand auf ein unschädliches Maß zu beschränken. Alle Gesichtspunkte für eine zweckmäßige Bewehrungsführung findet man ausführlich in [1] dargestellt.

Es wird ausdrücklich darauf hingewiesen, daß in DIN 1045 (78) der Abschnitt 18 (Bewehrungsrichtlinien) grundlegend gegenüber der sonst wenig veränderten Ausgabe 1972 entsprechend neuen Erkenntnissen umgestaltet worden ist. Die zugehörigen „Erläuterungen" sind für das Verständnis der „Richtlinien" unerläßlich [E/24].

4.1 Umlenkungskräfte

Leibungskräfte p_1 treten an jeder Umlenkung einer Kraft Z mit dem Radius R auf und betragen $p_1 = Z/R$ (Abb. 4.1/1a) (sog. „Kesselformel"). Nimmt man sie gleichförmig über die innere Leibung eines Rundstabes mit dem Durchmesser d verteilt an, so übt dieser den Leibungsdruck $\sigma_1 = p_1/d = Z/dR$ auf den Beton aus.

Bei der Wirkung dieser Kraft sind grundsätzlich zwei Fälle zu unterscheiden: Entweder ist die Gegenkraft des Betons auf die Leibungskräfte des Stabes *hin* gerichtet, liegt also *innerhalb* der Stabkrümmung, oder sie ist von den Leibungskräften *weg*gerichtet, liegt also *außerhalb* derselben. Der erste Fall liegt vor bei den Umlenkkräften aufgebogener Stäbe im Balken (vgl. B 4.5.1.1), die mit schrägen Druckkräften im Gleichgewicht stehen, ferner bei Endhaken und bei Rahmenecken mit negativem Moment (Druck auf der Innenseite). Der Beton kann örtlich sehr große Pressungen aufnehmen (vgl. 1.2.1), die in DIN 1045, 17.3.3. bei weitem nicht voll ausgenutzt sind. In Stabkrümmungen werden sie durch DIN 1045, 18.3 nur mittelbar begrenzt, weil auch gleichzeitig die Biegeradien mit Rücksicht auf den Stahl beschränkt werden müssen (vgl. 3.2.1). Man erhält z. B. für einen BSt III bei wenigstens 5 cm seitlicher Betondeckung mit dem vorgeschriebenen Biegerollendurchmesser $D = 2R = 15d$: im Fließzustand des Stahles ($\sigma_s = \beta_s$):

$$\sigma_1 = \frac{p_1}{d} = \frac{A_s \beta_s}{d \cdot 7{,}5\,d} = \frac{\pi d^2 \beta_s}{4 \cdot 7{,}5\,d^2} = \frac{\pi}{30}\,\beta_s \approx \frac{\beta_s}{10} = \frac{420}{10} = 42\ \text{N/mm}^2,$$

was bei einem B 25 immerhin etwa 30 % oberhalb von β_w liegt. Infolge der Ausstrahlung dieser Streifenlast auf eine größere Breite tritt eine Querzugspannung

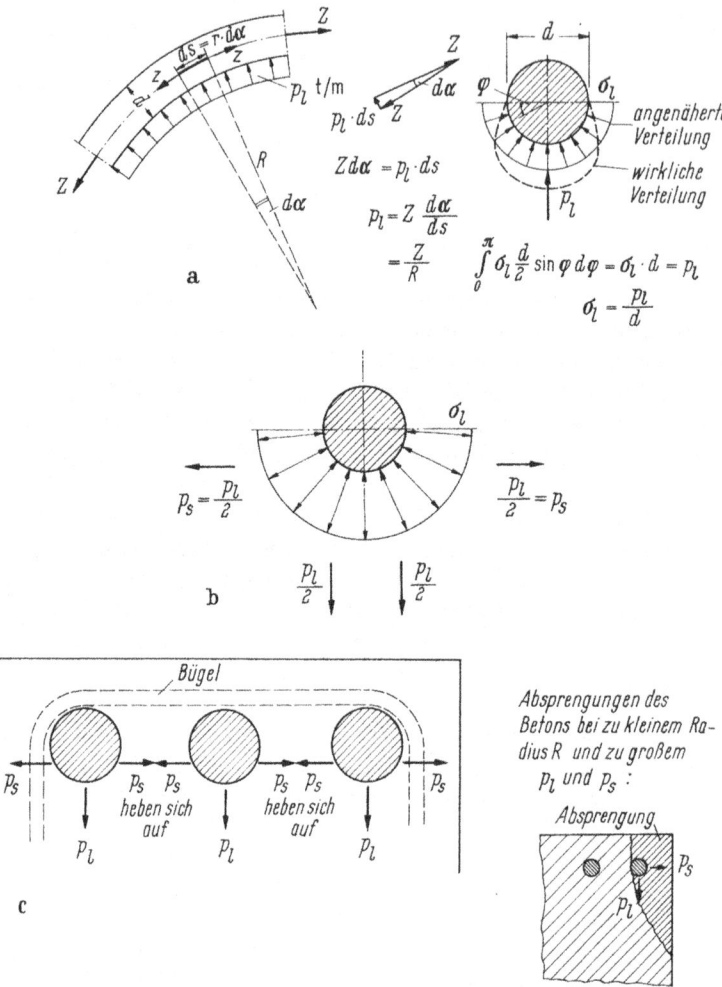

Abb. 4.1/1. Leibungskräfte an der Umlenkung eines Bewehrungsstabes. **a** Leibungsdruck σ_l und Leibungskraft p_l; **b** Seitendrücke p_s eines Bewehrungsstabes; **c** Wirkung der Seitendrücke mehrerer gekrümmter Bewehrungsstäbe

(Spaltzug) auf (vgl. Abb. 7/1), die im ungünstigsten Falle $b_0/b = 0{,}1$ (1 Durchmesser 20 mm auf $b = 20$ cm Breite verteilt) eine Querzugspannung $\sigma_{y\,max} \cong 0{,}05\sigma_1$ $= 0{,}05 \cdot 42 = 2{,}1$ N/mm² ergibt. Diese beträgt immerhin etwa ³/₄ der Spaltzugfestigkeit von B 25. Die Resultierende dieser Spaltspannungen liegt etwa bei $t \sim 0{,}5b$, bei unserer Annahme mit $b = 20$ cm also 10 cm unter dem Stab (Abb. 4.1/2).

Nun darf aber nicht übersehen werden, daß ein Rundstab außer der Leibungskraft auch einen Seitendruck von, ungünstig abgeschätzt, $p_s \cong p_1/2$ (Abb. 4.1/1 b) ausübt. Während sich bei mehreren nebeneinanderliegenden Stäben diese Horizontalkräfte gegenseitig aufheben, bleiben sie bei den äußeren übrig und sind vom Beton, oder nach dessen etwaigem Reißen, von ihrer Verbügelung aufzunehmen (Abb. 4.1/1 c).

Abb. 4.1/2. Verlauf der Spaltzugspannungen σ_y unter der Ab-
biegung eines Rundstabes, Beispiel, (vgl. Abb. 7/1)

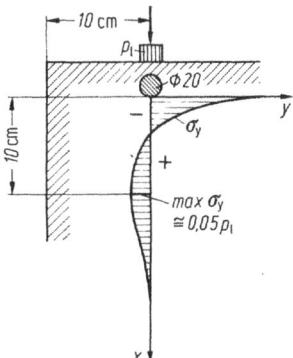

Die DIN schreibt deshalb für Randstäbe zur Herabsetzung dieser Spaltwirkung
größere Biegedurchmesser ($D = 20d$) und Verbügelung vor. Wenn die aufzunehmenden Betonkräfte von einem größeren Bogen ausstrahlen, wird man den Stabradius
besser größer als das vorgeschriebene Minimalmaß wählen und so die Leibungskräfte der Bewehrung diesem Verlauf anpassen (Abb. 4.1/3), auch wenn solche
Krümmungen auf der Biegemaschine etwas umständlicher herzustellen sind. Jedenfalls ist die Einhaltung ausreichender Radien von größter Wichtigkeit: Ich habe
sowohl Balken als auch Rahmenecken gesehen, die an den Umlenkungsstellen der
Zugstäbe mit viel zu kleinen Radien regelrecht aufgespalten und dadurch unheilbar
geschädigt waren.

Der andere Fall, daß die Zugbewehrung auf der konkaven (hohlen) Seite des
Betons liegt und mit Betonkräften im Gleichgewicht steht, die *außerhalb* davon verlaufen, ist gefährlicher, weil dann der zwischen Druck- und Zuglinie liegende Beton
durch die Umlenkungskräfte auf Zug beansprucht wird [2]. DIN 1045, 18.9.3 verlangt
daher, daß die Leibungskräfte der Bewehrung $p_1 = Z/R$ voll durch Bügel aufzunehmen
sind (Abb. 4.1/4). Dabei muß jeder einzelne Stab in kurzen Abständen gefaßt
werden, denn jeder für sich kann die Betondeckung absprengen. Eine solche große
Zahl von Bügeln, wie sie bei einer gekrümmten Platte, einem Rohr oder einer Schale
bei Biegzug auf der Hohlseite nötig wäre, verursacht natürlich viel Arbeit und wird
erfahrungsgemäß zumeist fortgelassen, ohne die Größe der entstehenden Zugspannungen und damit die Grenze der möglichen Krümmung zu kennen.

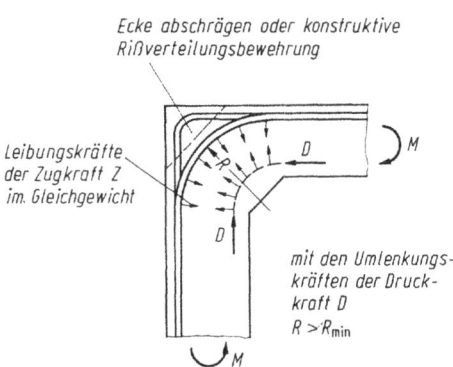

Abb. 4.1/3. Zweckmäßige Führung der Zugbewehrung in einer Rahmenecke mit Zug
außen: Ganze Ecke umgreifend

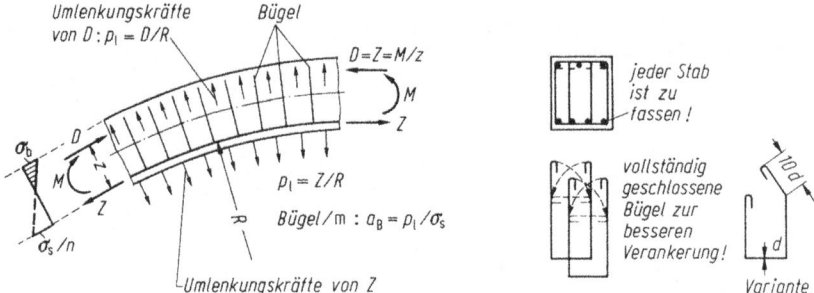

Abb. 4.1/4. Aufnahme der Umlenkungskräfte p_1 der Zugbewehrung eines gekrümmten Balkens durch Bügel (jeder Stab gefaßt)

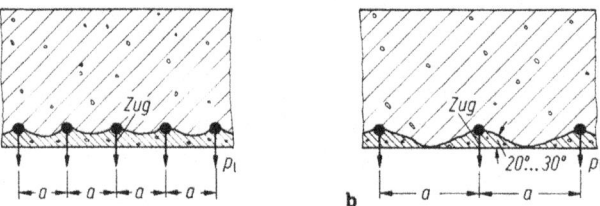

Abb. 4.1/5. Aufnahme der Umlenkungskräfte p_1 einer gekrümmten Platte durch den Beton allein [3]. Brucharten je nach Abstand a: **a** bei kleinem a: vollständiges Absprengen der Betondeckung; **b** bei großem a: teilweises Absprengen der Betondeckung

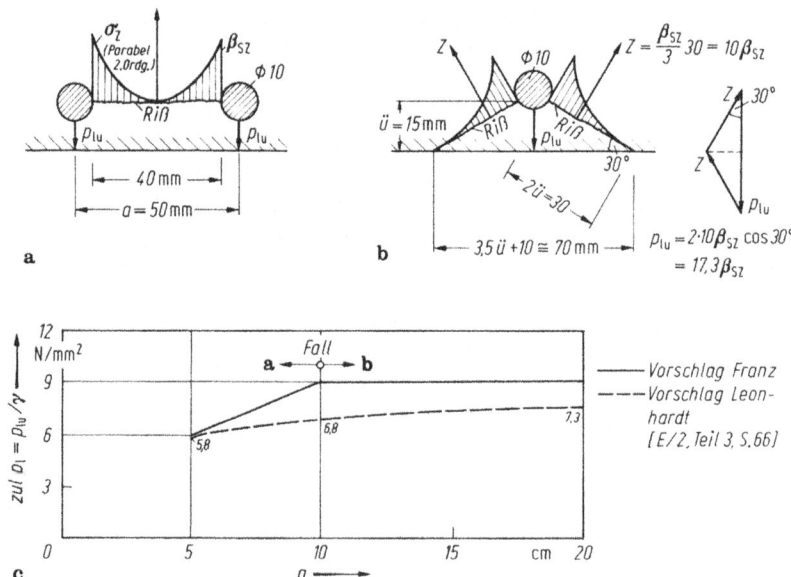

Abb. 4.1/6. Angenäherte Verteilung der durch p_{lu} hervorgerufenen Zugspannungen im Bruchzustand für die Fälle **a** und **b** von Abb. 4.1/5. **c** Vorschläge für zulässige Leibungskräfte $p_1 = Z/R$ bei einer Betonüberdeckung von 1,5 cm ($\gamma = p_{lu}/p_1 \cong 4$) und B 25

Dieses Problem behandelten neuere analytische und experimentelle Untersuchungen [3] an auf Biegung beanspruchten großen Rohren mit $R_i = 1,1$ m. Sie haben gezeigt, daß bei engliegender Bewehrung (Mattenbewehrung) die gesamte Deckung abplatzen kann, bei weitliegender Bewehrung die Stäbe einzeln herausreißen (Abb. 4.1/5). Die analytische und spannungsoptische Untersuchung des Spannungsfeldes um einen Stab herum zeigte, daß neben diesem beiderseits Spannungsspitzen entstehen. Wenn dort die Zugfestigkeit des Betons überwunden wird, läuft die Spannungsspitze im spröden Beton schlagartig vom Stab fort, so daß im Rahmen der vorgeschriebenen Betonüberdeckung die Einleitung des Bruches davon fast unabhängig ist. Die Annahme einer parabolischen Spannungsverteilung entspricht in etwa dieser Erkenntnis und liefert (Abb. 4.1/6a) für den Fall engliegender Stäbe mit 10 mm Durchmesser im Abstand $a = 5$ cm die Umlenkungskraft beim Bruch

$$p_{1u} = \beta_{SZ}\,40/3 = 13{,}3\beta_{SZ}\;[\text{N/mm}]$$

und mit β_{SZ} (Spaltzugfestigkeit) $= 2{,}5$ N/mm² für B 25 (vgl. 1.2.2.2) $p_{1u} = 33$ N/mm und für Stäbe mit größerem Abstand und einer Überdeckung $ü = 1{,}5$ cm (Abb. 4.1/6b): $p_{1u} = 17{,}3\beta_{SZ} = 43$ N/mm.

Diese Werte liegen nach den Versuchen von Fein [3] auf der „sicheren Seite". Für den Gebrauchszustand wird wegen der großen Streuungen der Zugfestigkeit des Betons eine Sicherheitszahl $\gamma = 5$ gewählt, so daß bei Erreichen der Streckgrenze des Stahles noch $\gamma = 5{,}0/1{,}75 \approx 3$ vorhanden ist. Mit den obigen Werten p_{1u} ergibt sich dann der Verlauf von $p_1 = p_{1u}/\gamma$ nach Abb. 4.1/6c, wobei der Knick den Übergang von einem Bruchbild zum anderen widerspiegelt.

Aus der zulässigen Umlenkkraft p_1 wird der zulässige Radius $R = Z/p_1$ abgeleitet:

$$R = \frac{Z}{p_1}\frac{[\text{N}]}{[\text{N/mm}]} = \frac{A_s\sigma_s}{p_1}\,[\text{mm}] = \frac{A_s\sigma_s}{1000\,p_1}\,[\text{m}].$$

Für einen mit $\sigma_s = 240$ N/mm² ausgenutzten BSt III ergibt sich also

$$\text{bei } a = 5 \text{ cm}: \quad R = \frac{0{,}24}{6{,}0}\,A_s = 0{,}040\,A_s\,[\text{m}]$$

$$\text{bei } a \geq 10 \text{ cm}: \quad R = \frac{0{,}24}{9{,}0}\,A_s = 0{,}026\,A_s\,[\text{m}];$$

woraus die Werte der Tabelle folgen.

Dmr.	A_s	R_{min} m	
mm	mm²	$a = 5$ cm	$a \geq 10$ cm
5	20	0,8	0,5
7	38	1,5	1,0
10	80	3,2	2,1
12	110	4,4	2,8
14	155	6,2	4,0
16	200	8,0	5,2

Durch Herabsetzen der Stahlspannung σ_s auf σ_s' kann man den Radius im Verhältnis σ_s'/σ_s verringern. Für andere Betonsorten mit β_W' als dem vorausgesetzten B 25 mit

$\beta_w = 30\ \text{N/mm}^2$ ändert sich der angegebene Mindestradius gemäß der in 1.2.2.2 angegebenen Beziehung zwischen β_{sz} und β_w im Verhältnis $\sqrt[3]{(30/\beta'_w)^2}$.

Das gleiche Problem liegt bei Druckrohren und ringförmigen Behältern vor, in deren Wandung aus Innendruck p_i wiederum eine zentrische Zugkraft $Z = p_i R$ entsteht (Abb. 4.1/7). Im „Stadium I" (ungerissener Beton) nimmt dieser die Ringkraft Z allein auf, was durch die Forderung nach Dichtigkeit die Wandstärke auf $d = Z/\sigma_{bZ\,zul} = \gamma Z/\beta_Z$ (vgl. 1.2.2.2) mit $\gamma \geqq 2$ begrenzt. Dabei macht sich die Bewehrung kaum bemerkbar. Aus Sicherheitsgründen muß diese aber so bemessen werden, daß der Beton auf Zug versagen *kann* (Stadium II), so daß insgesamt $A_s = Z/\sigma_{s\,zul} = \gamma Z/\beta_s$ ($\gamma = 1{,}75$) eingelegt werden muß.

Wegen unvermeidlicher Schwind- und Biegekräfte ist ein Teil der Bewehrung auf der Innenseite anzuordnen, dabei aber die Gesamtmenge so aufzuteilen, daß der Leibungszug die innere Überdeckung der Stäbe nicht abzusprengen vermag. Man wird daher nur etwa $^1/_4$ der Gesamtmenge innen verlegen. Bei kleinen Wanddicken unter 16 cm sind die Schwindkräfte klein, so daß man meist mit der äußeren Lage auskommt und das Betonieren dadurch erleichtert. Selbstverständlich wird man, wie angedeutet, beide Lagen durch einige Bügel oder Klammern (S-Haken) verbinden, um die Lagen gegeneinander zu fixieren. Abstandhalter sind in diesen Fällen besonders wichtig, um den Stahl vor dem Rosten zu schützen.

Bei Spannbeton wird die Bewehrung (vgl. 3.2.4 und 4.4, Abb. 3.2/11, ausführlicher in B 4.2.1.2) künstlich angespannt und ein Eigenspannungszustand erzeugt, der bei statisch bestimmter Lagerung durch den Fortfall der Stützkräfte charakterisiert ist. Es steht also in jedem Schnitt die Resultierende D der Druckspannungen mit der Spannkraft Z im Gleichgewicht (Abb. 4.1/8a). Dadurch heben sich auch die Umlenkkräfte von D und Z in jedem Punkt gegenseitig auf und es ist somit kein „Abplatzen" zu befürchten.

Anders ist es, wenn wir ein Druckrohr oder einen Kreisbehälter zur Ausschaltung von Zugspannungen mit einer Kraft Z vorspannen (Abb. 4.1/8b). Aus Gründen der Rotationssymmetrie, bei der sich benachbarte Querschnitte nicht gegeneinander verdrehen können, erzeugt das Spannglied *un*abhängig von seiner Lage im Querschnitt, ob außen, mittig oder innen verlegt, stets eine gleichförmige Pressung $\sigma_b = Z/d$. Praktisch ist jedoch die Lage von Z sehr wichtig, da es umso größere

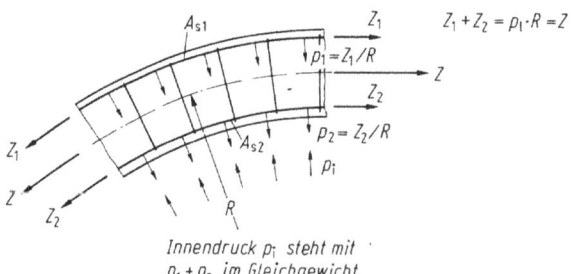

Abb. 4.1/7. Aufnahme der Umlenkungskräfte von $Z = p_i R$ in zwei Bewehrungslagen $A_{s1} = Z_1/\sigma_s$ und $A_{s2} = Z_2/\sigma_s$ bei reiner Längskraftbeanspruchung Z (Ringkraft von runden Behältern und Druckrohren) im Stadium II ohne Mitwirkung des Betons. $A_{s1} \cong 3A_{s2}$, damit Beton auf der Innenseite nicht abplatzt

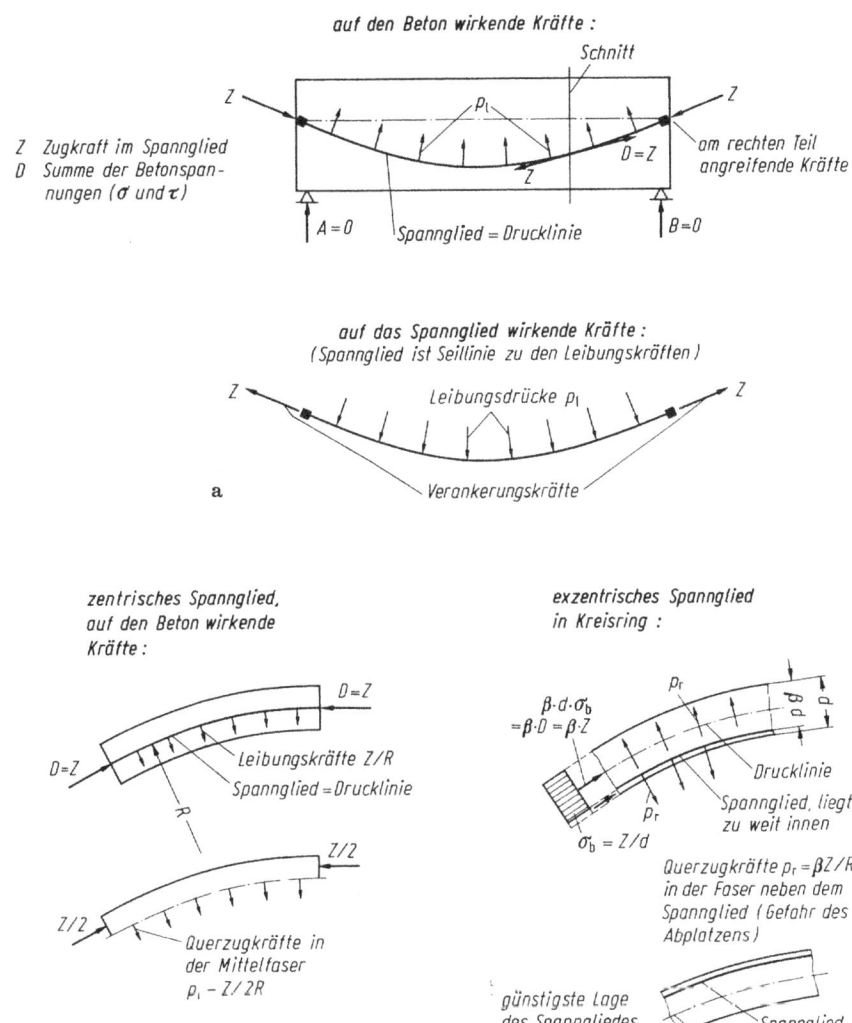

Abb. 4.1/8. Wirkungen eines gekrümmten Spanngliedes. **a** In einem geraden Bauteil; **b** in einem geschlossenen Ring; stets Eigenspannungszustände (Gleichgewicht in jedem Schnitt)

Radialzugspannungen erzeugt, je weiter innen es liegt. Da es zu umständlich wäre, jedes einzelne Spannglied durch Bügel in geringem Abstand am Ausbrechen zu hindern, legt man die Spannglieder stets soweit als möglich nach außen.

An einspringenden Zugecken (positives Moment, Zug innen) muß die Bewehrung in jedem Falle überkreuzt werden, da sie sich nicht wirksam durch Bügel halten läßt. Wenn es sich um eine geknickte Platte handelt, wie sie bei Treppen häufig vorkommen, werden die Zugbewehrungen üblicherweise geradeaus weitergeführt und in der Druckzone verankert (Abb. 4.1/9a). Das hat sich bei schwacher Bewehrung mit BSt III in der Praxis bei mind. B 25 bis etwa $\mu = 0,5\%$ bewährt. Neue, noch nicht veröffentlichte Versuche in Braunschweig sowie die umfangreiche Arbeit von Nilsson

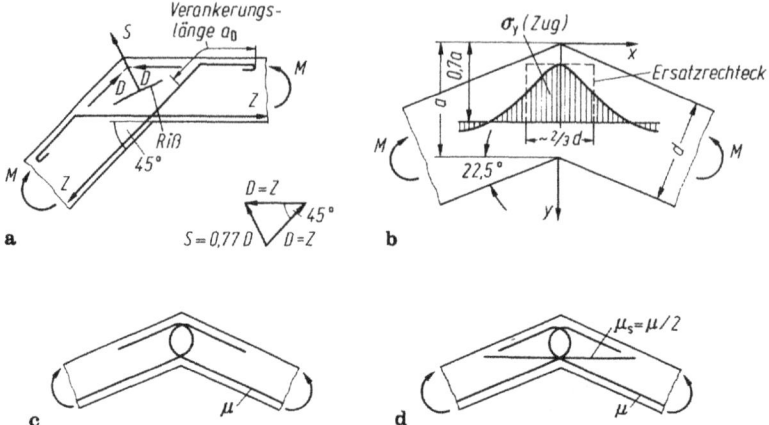

Abb. 4.1/9. Um etwa 45° geknickte Platte (Zugseite unten) bewehrt mit BStIII nach [4.1]. **a** Übliche Bewehrung und Riß beim Versagen infolge Umlenkungskraft S der Druckkraft (ausreichend bis $\mu \cong 0,25\,\%$); **b** Zugspannungen senkrecht zur Winkelhalbierenden berechnet und mittels Ersatzrechteckverteilung; **c** Bewehrungsanordnung als Haken mit höherer Tragfähigkeit (bis $\mu \cong 0,5\,\%$); **d** wie c, jedoch mit verminderter Rißbreite durch gerade Zulagen (ausreichend bis $\mu \cong 1\,\%$)

[4.1] zeigen, daß die nicht gedeckten radialen Zugspannungen aus der Umlenkungskraft R einen zur Winkelhalbierenden transversalen Riß verursachen, der die Druckecke abplatzen läßt. Nilsson hat den Spannungszustand in der homogenen Ecke mit 45° Abknickung berechnet und beim Bruchmoment für $\mu = 0,5\,\%$ ein maximal $\sigma_y = 2,4\,\text{N/mm}^2$ gleich der Zugfestigkeit seines Betons in Richtung der Winkelhalbierenden erhalten (Abb. 4.1/9b). Wenn man die prabelförmige Zugspannungsfläche in ein Rechteck mit der Grundlinie $l = {}^2/_3 d$ verwandelt, ergibt sich aus der Radialkraft S für BSt III maximal $\sigma_y = S/(2d/3) = 1,5S/d = 1,15\mu\beta_s = 1,15\mu\%$ $\times (420/100) = 4,8\mu\%$. Für $\mu = 0,5\,\%$ erhält man $\sigma_y = 2,4\,\text{N/mm}^2$, also den gleichen Wert wie bei Nilsson. Wegen der Streuungen der Zugfestigkeit sollte man diese einfache Bewehrungsanordnung also nur bis $\mu \cong 0,25\,\%$ anwenden, um wenigstens eine zweifache Sicherheit bei B 25 zu haben. Verbessert wird die Verankerung der Bewehrung, wenn diese die Form von zwei Haken erhält (Abb. 4.1/9c), deren radiale Schenkel z. T. die Zugspannungen aufnehmen. Sie wurde außerdem durch Zulage einer transversalen Eckbewehrung mit $\mu_s = \mu/2$ verbessert (Abb. 4.1/9d). Die Ecke konnte dann bis $\mu = 1,0\,\%$ bewehrt werden. Zusätzlich eingelegte radiale, geschlossene Bügel (eine für den Hochbau recht aufwendige Anordnung) brachten bei Nilsson eine Herabsetzung der Tragfähigkeit und eine stärkere Rißbildung. Das dürfte allerdings an der schlechten Verankerung in der sehr dünnen Druckzone (etwa 3 cm) der 20 cm dicken Treppenplatte liegen.

Die Bewehrung *rechtwinkliger* Zugecken hat man bisher zu optimistisch beurteilt, indem man einfach die Balkenanschlußquerschnitte ohne Rücksicht auf die Umlenkung der Druckkraft für das Biegemoment im Bruchzustand M_{Bu} bemessen hat (vgl. B 4.3.1.1) und die Bewehrung in der Druckzone verankerte (Abb. 4.1/10a). Der Versuch erbrachte selbst bei nur $\mu = 0,5\,\%$ Bewehrung ein Bruchecken moment $M_{\text{Eu}} = 0,45M_{\text{Bu}}$, d. h. einen „Wirkungsgrad" von 45%. Hierbei war deutlich der Bruch infolge der radialen Zugkraft $S = D\sqrt{2} = A_s\sigma_s\sqrt{2}$ zu erkennen, die sich,

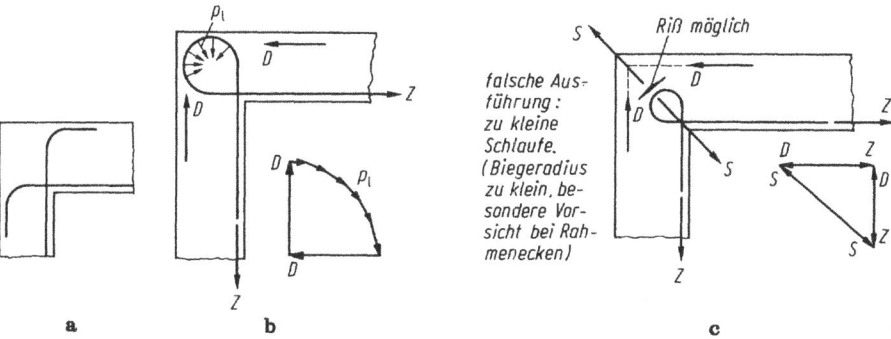

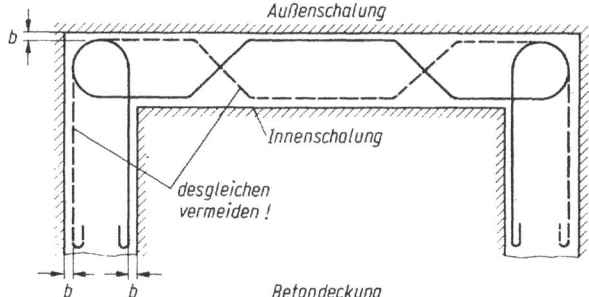

Abb. 4.1/10. Rechtwinklige „Zugecke", übliche Bewehrungen. **a** Unbrauchbare Ausführung, nur bis $\mu \cong 0,1\%$ wirksam; **b** Bewehrungsführung in Schlaufen, brauchbar bis $\mu \cong 0,3\%$, jedoch nur für $d > 15$ cm, da sonst Stabkrümmungen unzulässig. **c** zu kurze Schlaufen sind unwirksam; **d** „Paßlängen" sollte man vermeiden, da kaum genau herstellbar

auf eine gedachte Breite (ähnlich Abb. 4.1/9 b) $l = h/2$ gleichförmig verteilt, mit dem von Nilsson berechneten Wert gut deckt. Der Riß war daher zu erwarten, wenn $\sigma_y = 2S/h = \beta_{SZ} = 2\sqrt{2}\,\mu\beta_S$, d. h. bei $\mu = \beta_{SZ}\sqrt{2}/4\beta_S = 2,5\sqrt{2}\,100/4 \cdot 420 = 0,2\%$ St III, B 25), was bei Nilsson $0,5 \cdot 0,45 = 0,22\%$ entspricht. Diese Stabführung taugt daher höchstens für $\mu = 0,1\%$ und wird besser ganz vermieden.

Die oftmals angewandte Führung der Stäbe in Form von Schlaufen (Abb. 4.1/10 b), bewehrt mit $\mu = 0,5\%$, versagte bei $M_{Eu} = 0,85 M_{Bu}$ auf gleiche Weise, ist also nur bis $\mu \cong 0,3\%$ brauchbar. Die Schlaufen müssen bis zur Außenseite der Ecke reichen, weil sonst die Umlenkungskraft des Druckes nicht gedeckt ist (Abb. 4.1/10 c). Auch „Paßlängen" sind in dieser Hinsicht gefährlich (Abb. 4.1/10 d), da sie meist doch nicht passen.

Eine wesentlich bessere Aufnahme des Radialzuges S wurde durch Aufteilung der Bewehrung in zwei Haken (Abb. 4.1/11 a) erreicht, die bei $\mu = 1\%$: $M_{Eu} = 0,85 M_{Bu}$ erbrachte, also bis $\mu \sim 0,4\%$ ausreichen dürfte. Festigkeitsmäßig ist diese Bewehrung mithin befriedigend. Sie ergab aber bereits unter Gebrauchsmoment $M_g = M_{Bu}/1,75$ eine unzulässige Weite des Eckrisses von $w = 0,35$ mm. Denn Stäbe, die einen Riß schräg kreuzen, führen zu Leibungsdrücken und lokalen Schäden im Beton (Abb. 4.1/11 b), da der Riß stets senkrecht zur Zugrichtung

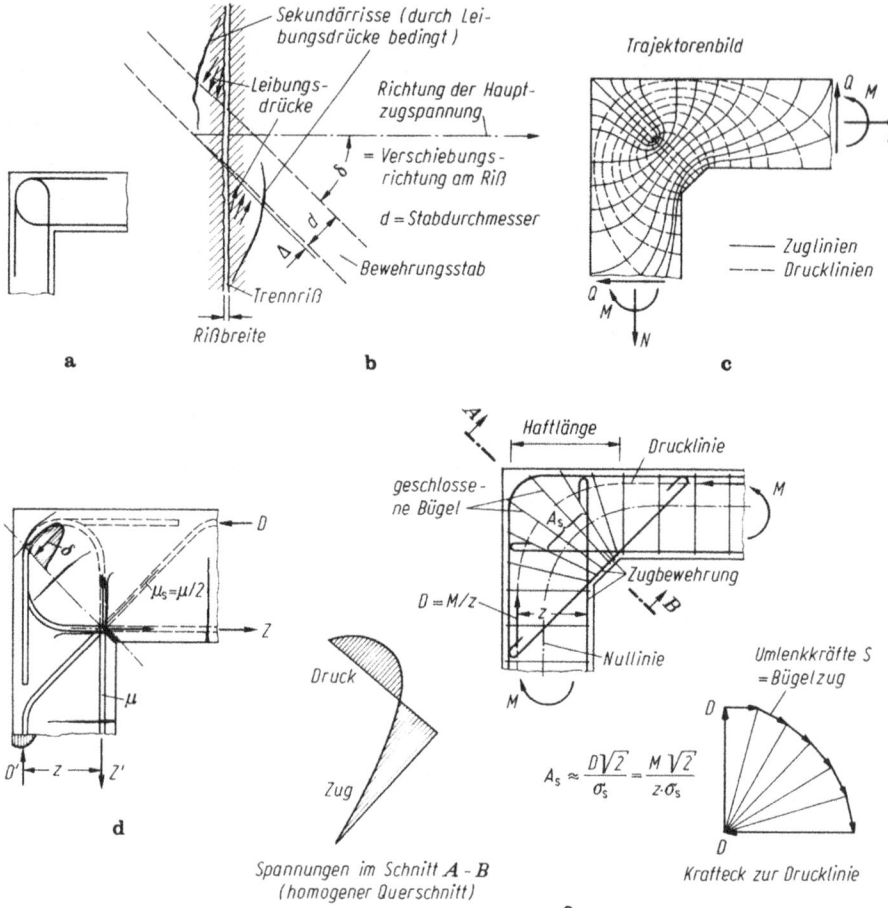

Abb. 4.1/11. Verbesserte Bewehrung einer „Zugecke". **a** Hakenform der Bewehrung genügt bis $\mu \cong 0,4\%$; **b** schräg einen Riß kreuzende Bewehrung besitzt geringere Tragfähigkeit („kinking"-Effekt); bei 45° etwa doppelte Rißweite gegenüber $\perp$ Kreuzung; **c** das Trajektorienbild zeigt den Verlauf der wesentlichen Zugspannungen in Richtung der Winkelhalbierenden und senkrecht dazu [5.1]; **d** den Trajektorien in der Ecke folgende Zulagebewehrung $\mu_s = \mu/2$ bringt volle Tragfähigkeit wie Anschlußquerschnitt und normale Rißbreite; empfohlen bis $\mu \cong 1\%$ [4.1]; **e** bei hohen Rahmengliedern ($d > 60$ cm) finden Bügel genügend Verankerung in Druckzone δ und sichern Aufnahme der Umlenkkräfte S

verläuft und sich die Rißufer in gleicher Richtung voneinander trennen. Auch bei Erfüllung des Gleichgewichtes haben daher schräg zum Riß verlaufende Stäbe eine Vergrößerung der Rißweite gegenüber derjenigen für einen senkrecht zum Riß verlaufenden Stab zur Folge, die bei 45° etwa 100% beträgt. Bis zu 20° Abweichung wirkt sich unerheblich aus. Das Trajektorienbild der Ecke (Abb. 4.1/11c) läßt diesen Fall klar erkennen [5]. Nilsson hat dementsprechend gefunden, daß eine zusätzliche Schrägbewehrung von 50% der Hauptbewehrung (Abb. 4.1/11d) sowohl eine Erhöhung der Tragfähigkeit ($M_{Eu} = 1,2M_{Bu}$ bei $\mu = 0,75\%$) als auch eine Rißbreite von nur $w = 0,15$ mm unter M_g bringt. Diese Anordnung wird mithin bei $\mu \cong 1\%$ empfohlen, wie auch in DIN 1045, 18.9.3.

Radiale Bügel bezeichnet Nilsson als wenig wirksam. Das dürfte jedoch ebenfalls an der zu geringen Verankerung in den nur $d = 20$ und 25 cm hohen Schenkeln der von ihm untersuchten Ecken (Druckzone nur etwa 4 cm hoch) liegen. Bei großen Rahmen ($d > 60$ cm) wird dagegen eine sorgfältige, geschlossene Verbügelung (Abb. 4.1/11 e) durchaus wirksam zur Aufnahme des Umlenkungszuges s mit 1,75facher Sicherheit sein, zwar durch Versuche nicht belegt, aber jedenfalls seit langem bewährt. Die Verankerungslänge a der inneren Stäbe A_s darf allerdings erst von der Nullinie ab gerechnet werden, da, wie Abb. 4.1/11 d zeigt, in Stadium II bereits Risse entlang der Stäbe laufen.

4.2 Verbund mit dem Beton

Die Verbundkräfte müssen die Zusammenarbeit zwischen Beton und Stahl sicherstellen, die wir für die Berechnungen voraussetzen. Im Stadium I (ungerissen) werden diese Kräfte daraus abgeleitet, daß Stahl und Beton (z. B. bei gedrückter oder vorgespannter Bewehrung) gleiche Längenänderungen erleiden. Sie sind dann in der Regel so gering, daß sie nicht nachgewiesen zu werden brauchen. Im Stadium II (gerissen) muß der Verbund die Änderungen der Zugkräfte im Stahl zwischen benachbarten Rissen auf den Beton übertragen (vgl. Abb. 4.4/3 a). Auch hierfür wird im allgemeinen kein rechnerischer Nachweis geführt.

Am größten werden die Verbundkräfte dort, wo ein Stab seine gesamte Kraft an den Beton abgibt wie am Ende eines Balkens oder an einem Überdeckungsstoß zweier Stäbe (vgl. 3.2.2 und Abb. 3.2/4). Hierauf beziehen sich auch die Vorschriften der DIN 1045, 18.5. Für die Aufnahme der Verbundkräfte stehen drei Komponenten der Verbundspannung τ_1 zur Verfügung.

(a) Die *Haftfestigkeit* glatter Stäbe ist von der Rauhigkeit der Stahloberfläche und der Betonqualität der Stahloberfläche und der Betonqualität abhängig [6]. Sie darf bei warmgewalzten Stäben BSt I nach DIN 1045, 18.4 in Anspruch genommen werden, ist aber stark von der Sauberkeit der Oberfläche abhängig und muß daher durch Endhaken ergänzt werden, deren Rolle bei St IV angeschweißte Querstäbe übernehmen. Bei hochfesten, kalt gezogenen Stäben (Drähten) ist die Oberfläche durch Ziehmittel so glatt, daß eine reine Haftverankerung nicht möglich und deshalb unzulässig ist.

(b) Nach Versagen der Haftfestigkeit tritt zwischen Beton und Stahl *Reibung* ein, die annähernd unabhängig vom Gleitweg ist und auch experimentell nachgewiesen wurde. Da sie erst *nach* der Zerstörung des festen Verbundes auftritt, setzt sie ein Reißen des umgebenden Betons voraus und ist also für den Gebrauchszustand ohne Interesse. Immerhin wird sie bei den Endhaken glatter Stäbe infolge der Leibungsdrücke soweit vergrößert, daß diese nicht mehr herausgezogen werden.

(c) Wesentlich wirksamer als Haftung und Reibung ist der *Formverbund*, der durch eine profilierte Oberfläche der Stäbe (Abb. 4.2/1) erreicht wird. Allein hierdurch kann die Festigkeit der Baustähle BSt III und IV ausgenutzt werden. Die Verbundkräfte werden dann als Druckkräfte auf den Beton übertragen und deshalb sind die

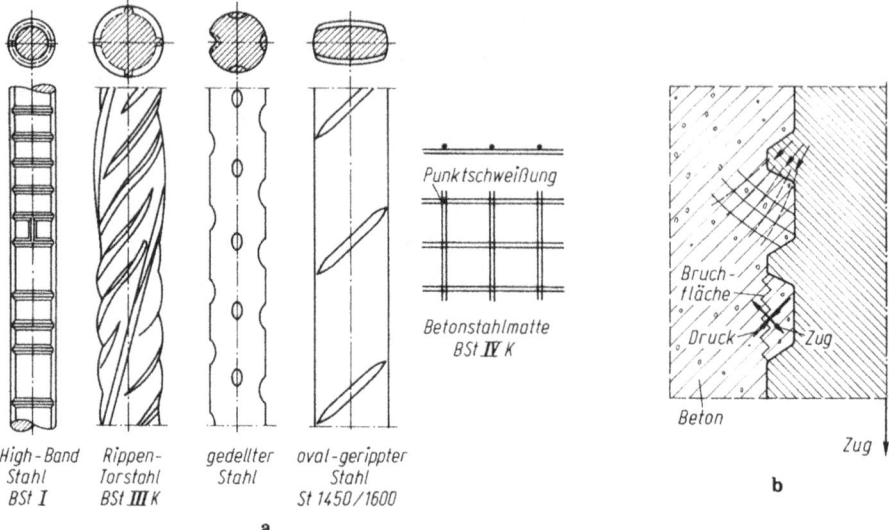

Abb. 4.2/1. Profilierung der Oberfläche von Bewehrungsstäben zur Herstellung des Formverbundes. **a** Verschiedene aufgewalzte Rippen und Vertiefungen; **b** Übertragung der Verbundkräfte durch Druck der Rippen auf den Beton. Auch wenn der Beton auf Zug versagt, wird der Verbund noch durch die Druckschrägkräfte aufrecht erhalten, sofern deren Komponenten senkrecht zur Stabachse (Spaltkräfte, Abb. 3.2/4f) den Beton nicht sprengen [1.2/62 und E/2, Teil 1, S. 52]

Verbundspannungen τ_1 von dessen Festigkeit abhängig, wie Versuche gezeigt haben [7] (DIN 1045, 18.4).

Wenn sich der Beton setzt (vgl. 1.1.6), wird seine Festigkeit im allgemeinen nahe der Oberfläche geringer als in tieferen Schichten, und es bilden sich oft unter den oberen Stäben des Bewehrungskorbes wasserreichere, sogar hohle Stellen (vgl. Abb. 1.1/4b u. 4.2/2). Deshalb sind bei oben liegenden Stäben geringere τ_1 zugelassen (Verbundbereich II).

Wenn der Verlauf der Verbundspannungen rechnerisch erfaßt werden soll, stehen folgende Zusammenhänge zur Verfügung, die allerdings den Betonkörper angenähert als starr annehmen (Abb. 4.2/3):

Gleichgewichtsbedingung:

$$A_s \frac{d\sigma}{dx} = -\tau_1 U : \qquad \tau_1 = -\frac{A_s}{U} \frac{d\sigma}{dx} = -\frac{d}{4} \frac{d\sigma}{dx}$$

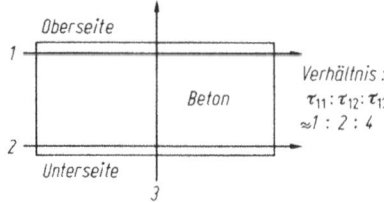

Abb. 4.2/2. Verbundfestigkeitsunterschiede innerhalb eines Betonkörpers nach Versuchen mit glatten und gerippten Stäben BSt I und III (glatt und gerippt) [E/3, S. 55 und 1.1/39.3]

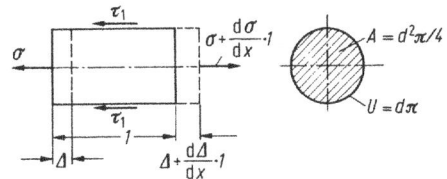

Abb. 4.2/3. Element eines Rundstäbes,. Länge l. τ_1 verursacht die Verschiebung Δ und kann über l als konstant angesehen werden

Elastizitätsbedingung:

$$\varepsilon = \frac{d\Delta}{dx} = \frac{\sigma}{E_s}; \quad daraus \quad \frac{d^2\Delta}{dx^2} = \frac{1}{E_s}\frac{d\sigma}{dx}$$

(Δ: Verschiebung Stahl gegen Beton) und aus beiden als mechanisch gesicherte Grundlage:

$$\tau_1 = -\frac{d}{4}E_s\frac{d^2\Delta}{dx^2}$$

Das *„Verbundgesetz"* $\tau_1 = f(\Delta)$ ergibt dann die Differentialgleichung

$$\frac{d^2\Delta}{dx^2} + \frac{4}{dE_s}f(\Delta) = 0 .$$

$f(\Delta)$ ist kein „Gesetz", sondern eine aus streuenden Versuchsergebnissen gewonnene Interpolationsformel, so daß es verschiedene Ansätze gibt. Ein quadratisches Polynom [7.1] führt zu umfangreichen Rechnungen. Eine lineare Approximation $\tau_1 = -c\Delta$ kann man aus [8] ableiten und wurde schon früher [9] benutzt. Sie soll hier dazu dienen, eine Übersicht zu verschaffen. Man eliminiert dann $\Delta = -\tau_1/c$ und erhält unmittelbar:

$$\frac{d^2\tau_1}{dx^2} + \frac{\tau_1}{b} = 0 ; \quad b = \frac{1}{2}\sqrt{\frac{dE_s}{c}} .$$

mit der Lösung $\tau_1 = \tau_{10} \exp(-x/b)$, wenn für $x = 0$ $\tau_1 = \tau_{10}$ ist. Das Diagramm von Martin, Bild B 19 in [1.2/2.1] liefert für normalen Konstruktionsbeton und Rippenstahl $c = \tau_1/\Delta = 4\,\text{N/mm}^2/0,08\,\text{mm} = 50\,\text{N/mm}^3$, gültig bis zum Grenzwert $\tau_{10} = 5,0\,\text{N/mm}^2$. Darüber hinaus wird der Beton hinter den Rippen zerstört und der Stab beginnt zu gleiten, wobei $\tau_1 = \tau_{10}$ bleibt (Abb. 4.2/4). Bis zu dieser Grenze überträgt der Stab etwa

$$Z = \int\limits_0^\infty \tau_1 U \, dx \cong \tau_{10}Ub$$

und seine Spannung ist dort

$$\sigma_{s1} = Z/A_s = 4\tau_{10}b/d = 2\tau_{10}\sqrt{E_s/cd} = 630/\sqrt{d} .$$

Die zulässige Stahlspannung für BSt III beträgt jedoch $\sigma_{s0} = 240\,\text{N/mm}^2 > \sigma_{s1}$. Der über Z hinausgehende Teil der Stabkraft Z_0 wird auf die Länge x_0 mit $\tau_1 = \tau_{10}$ aufgenommen, so daß $x_0 = d(\sigma_{s0} - \sigma_{s1})/4\tau_{10}$ ist. Diese Überlegung gilt so-

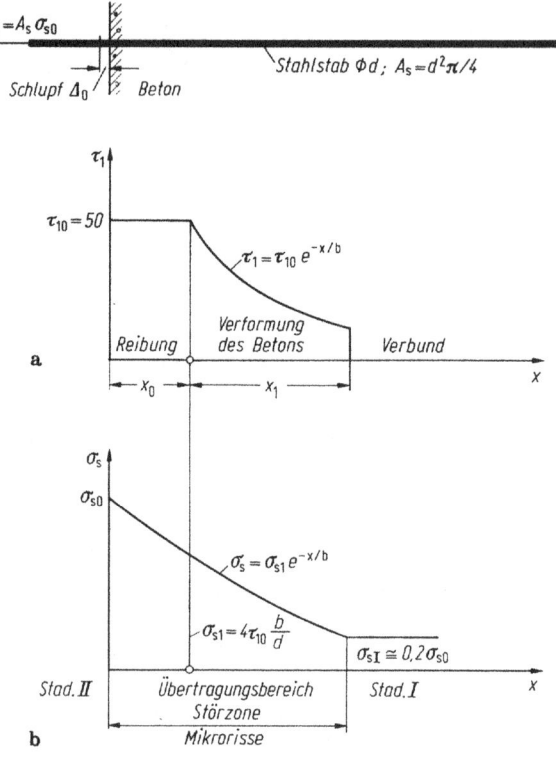

Abb. 4.2/4. Schematische Darstellung des Spannungsverlaufes bei einem einbetonierten Rundstab (Rippenstahl) und linearem Verbundgesetz $\tau_1 = c\Delta$ (Δ Verschiebung Stahl gegen Beton), das nach Martin [7.2 S. 4] einen allgemeinen Überblick gibt. Daher werden für c Grenzwerte eingesetzt. **a** Verlauf der Verbundspannungen τ_1; **b** Verlauf der Stahlspannungen σ_s

wohl für den „Ausziehversuch" (Abb. 4.2/5) als auch genähert für die an einen Riß anschließende Verbundstrecke in einem Balken. Der „Schlupf" Δ_0 des Stabes gegenüber der Oberfläche des Betons beträgt dann $\Delta_H + \Delta_G$, wobei am Ende des Haftbereiches

$$\Delta_H = \frac{\tau_{10}}{c} = \frac{5,0}{50,0} = 0,1 \text{ mm}$$

und im Gleitbereich

$$\Delta_G = \frac{\sigma_{s0} + \sigma_{s1}}{2E_s} x_0 \, .$$

gilt. Als Rißweite würde $w = 2\Delta_0$ zu erwarten sein.

Dieser grobe Überschlag weicht naturgemäß von den genaueren Beobachtungen über die Rißweite (vgl. 4.4) ab, gibt aber immerhin eine Begründung für die Tatsache, daß bei Verwendung kleinerer Stabdurchmesser die Rißweiten wirksam herabgesetzt werden.

Schließlich interessiert noch, auf welche Länge $x_1 + x_0$ die Stahlspannung σ_{s0} bis auf 20% herabgesetzt wird, etwa entsprechend dem Wert von $\sigma_{sI} \cong 50 \text{ N/mm}^2$ bei

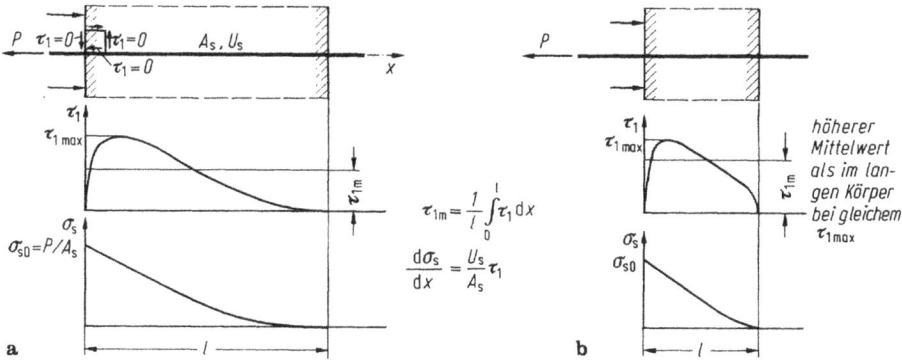

Abb. 4.2/5. Verteilung der Verbundspannungen τ_1 im Ausziehversuch [10]. **a** Bei einem langen Körper; **b** bei einem kurzen Körper.
Im Gegensatz zu Abb. 4.2/4 wurde hier berücksichtigt, daß τ_1 an der Betonoberfläche mit Null beginnen muß, damit das infinitesimale Element im Gleichgewicht steht

ungestörtem Verbund im Stadium I. Der Verlauf von σ_s ähnelt dem von τ_1 und es ist $x_1 = 1,6b(1 - 0,63 \ln \sigma_{s0}/\sigma_{s1})$. Die Weiterführung des obigen Beispieles liefert die Werte der Tabelle.

d	26	20	14	8 mm
σ_{s1}	124	141	170	223 N/mm²
x_0	150	100	50	10 mm
$x_1{}^a$	150	150	150	140 mm
$x_0 + x_1{}^a$	300	250	200	150 mm
Δ_0	0,24	0,20	0,15	0,11 mm
w	0,5	0,4	0,3	0,2 mm

[a] Angenäherte Werte.

Bei steiferem Verbund [1.2/2.1, Bild B 16 nach Wahl a] ist $\Delta = 0,026$ mm für $\tau_1 = 5,0$ N/mm² und daher $c = 5,0/0,026 \sim 200$ N/mm³. Damit ergeben sich die angegebenen Werte.

d	26	20	14	8 mm
w	0,4	0,3	0,2	0,15 mm

Die auf diesem einfachen Wege ermittelten Rißweiten liegen größenordnungsmäß richtig und zeigen den günstigen Einfluß kleiner Stabdurchmesser.

Bei den viel verwendeten, aus hochwertigen, profilierten Drähten BSt IV mit Durchmessern von 5 bis 12 mm hergestellten Betonstahlmatten werden auf die Tragstäbe

Querstäbe aufgeschweißt, welche die Verankerung übernehmen. Diese dienen bei Platten gleichzeitig als Querbewehrung (vgl. B 5.4) und erleichtern außerdem die Verlegearbeit wesentlich. DIN 1045, 18.5 gibt die aufgrund von Versuchen ermittelten Verankerungslängen an.

Spannbewehrung in Drahtform kann ebenfalls nur mittels Formverbund (Abb. 4.2/1), entweder durch aufgewalzte Rippen oder durch Ondulieren der Drähte verankert werden. Die „Übertragungslängen" sind aufgrund von Versuchen [11] in den Zulassungen [3/9.1] festgelegt.

Es ist festgestellt worden, daß der Formverbund infolge plastischer Verformung des Betons vor den Rippen von der Zeit abhängt [12]. Das Kriechen baut, wie früher schon geschildert, auch die Verbundspannungsspitzen ab und führt zu einer gleichmäßigeren Verteilung. Allerdings nimmt auch der Schlupf um rund 40% zu, wodurch sich die Risse erweitern. Auch ein dynamischer Einfluß auf den Verbund ist festgestellt worden [13], der etwa demjenigen des Betons entspricht (vgl. 1.2.1). Er ist mithin wie bei den Druckspannungen im Gebrauchszustand unbeachtlich, da die Schwellfestigkeit oberhalb der Spannung unter Gebrauchslast liegt. Der Schlupf wächst durch Abflachung der τ_1-Verteilung kurz vor dem Versagen des Verbundes um etwa 20% an, so daß doch eine Herabsetzung der Verbundspannung empfehlenswert ist.

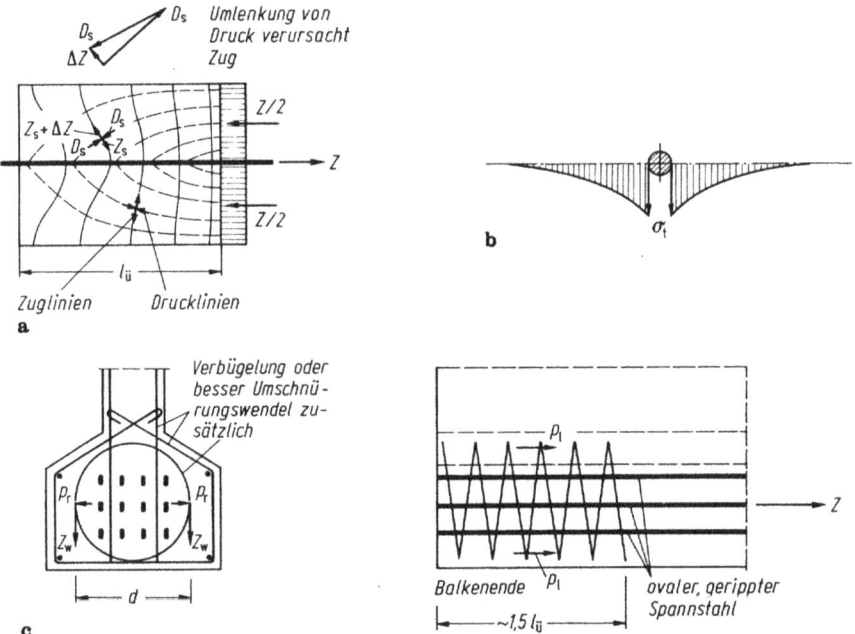

Abb. 4.2/6. Spaltkräfte im Verankerungsbereich von Rippenstahl (vgl. Abb. 3.2/4). **a** Abhängig von Form und Abstand der Rippen (Übertragungslänge $l_{\ddot{u}}$); **b** tangentiale Spaltspannungen im Beton infolge der Z_s wachsen an mit abnehmendem $l_{\ddot{u}}$, daher übertriebene Rippen ungünstig; **c** Abschätzung der Zugkraft Z_w in einer Umschnürungswendel unter der Annahme einer Ausstrahlung von D_s unter 45°: $p_1 = Z/d\pi = p_r$; $Z_w = p_r d/2 = Z/2\pi \cong Z/6$. Wendel für $1{,}5 Z_w \sim Z/4$ bemessen, da Lage von p_1 unsicher

Die Verbundkräfte strahlen als schräge Druckkräfte in den Beton aus und ver-
laufen erst in einiger Entfernung (Störbereich) parallel zum Stahlstab (Abb. 4.2/6a).
Das Trajektorienbild zeigt, daß durch die Umlenkung der Druckkräfte rings um den
Stab Zugspannungen entstehen („Spaltwirkung"). Erfahrungsgemäß können diese
Zugspannungen bei den zugelassenen Profilstählen vom Beton aufgenommen werden,
wenn man die vorgeschriebenen Betonüberdeckungen einhält und die Zugbewehrung
durch Bügel umfaßt (DIN 1045, 18.6.3.4). Je besser der Verbund durch höhere
Rippen, umso kürzer ist die Übertragungslänge und umso größer werden die
Spaltzugspannungen [14]. Die zugelassenen Rippenanordnungen tragen beiden
Gesichtspunkten Rechnung.

An den Enden von Spannbewehrungen genügen Bügel allein nicht mehr, sondern
die rotationssymmetrisch verteilten Spaltkräfte müssen durch eine Umschnürungsbewehrung (Abb. 4.2/6b, vgl. betreffende Zulassung) aufgenommen werden. Diese
darf man keinesfalls zu knapp bemessen, da Spaltrisse den Verbund erheblich
herabsetzen und die Verankerungslängen entsprechend vergrößern. Rechnerisch
sind die Querzugkräfte nur pauschal abzuschätzen, da der Verlauf der Verbundspannungen nur grob bekannt ist (Abb. 4.2/6c).

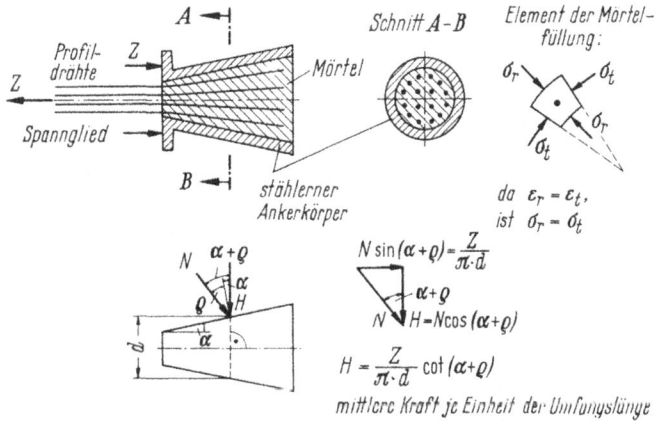

Abb. 4.2/7. Erhöhung des Reibungsverbundes durch Querdruck infolge Keilwirkung

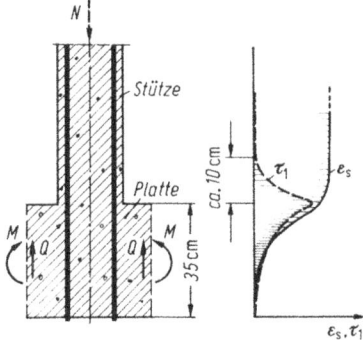

Abb. 4.2/8. Erhöhung der Verbundspannung τ_1 im Ein-
leitungsbereich der Stützenbewehrung in einen Balken
infolge des durch Biegung M erzeugten Querdruckes bis
auf etwa $\tau_u = 10$ N/mm bei doppelter Nutzlast der
Stütze [15]

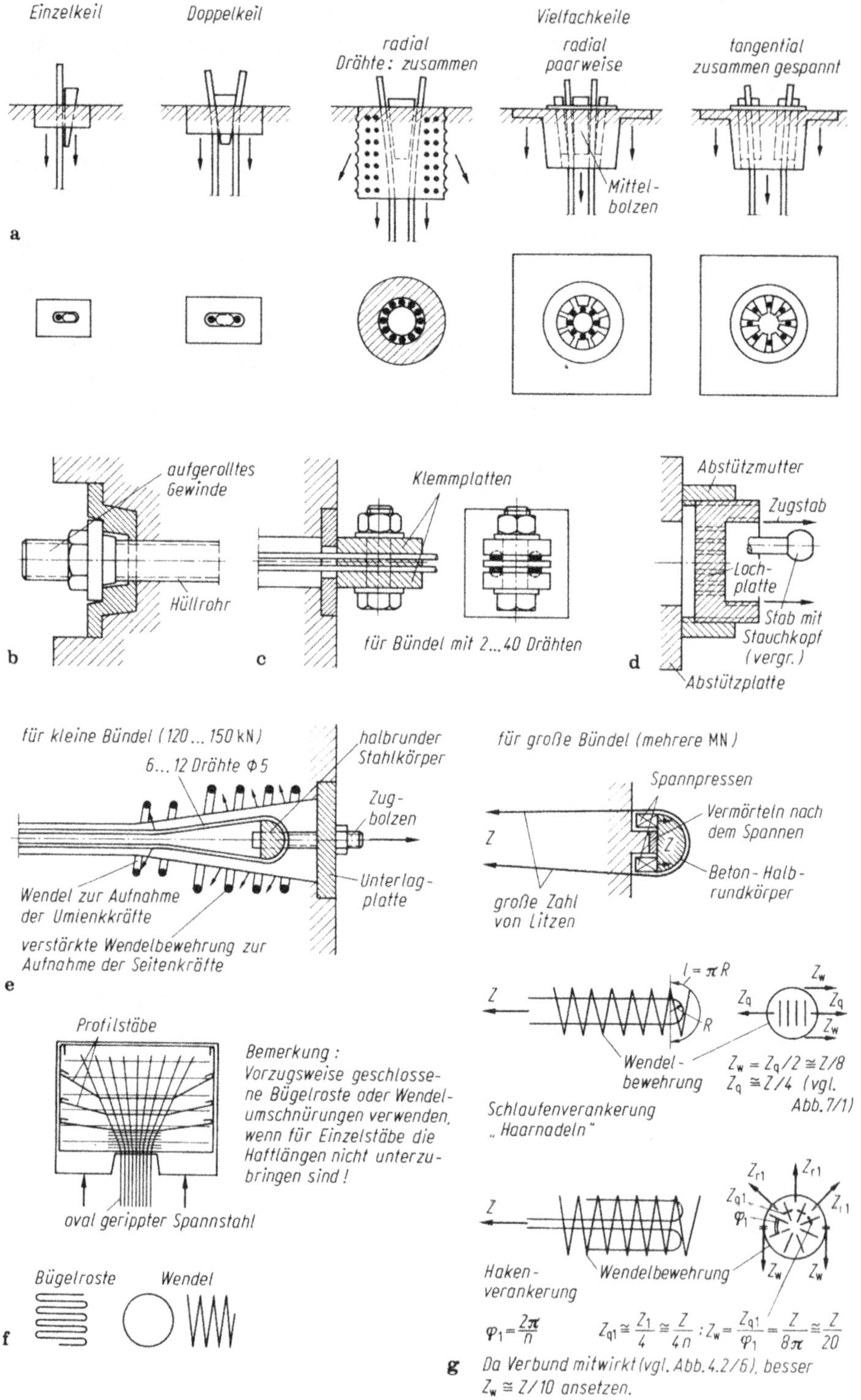

Einzelkeil   Doppelkeil   Vielfachkeile

radial Drähte: zusammen   radial paarweise   tangential zusammen gespannt

Mittel-bolzen

a

aufgerolltes Gewinde   Klemmplatten   Abstützmutter

Zugstab

Hüllrohr   für Bündel mit 2...40 Drähten   Loch-platte

Stab mit Stauchkopf (vergr.)

b   c   d   Abstützplatte

für kleine Bündel (120...150 kN)   halbrunder Stahlkörper   für große Bündel (mehrere MN)

6...12 Drähte ⌀5   Spannpressen

Zug-bolzen   Vermörteln nach dem Spannen

Wendel zur Aufnahme der Umlenkkräfte   Unterlag-platte   große Zahl von Litzen   Beton-Halb-rundkörper

verstärkte Wendelbewehrung zur Aufnahme der Seitenkräfte

e

Profilstäbe   Bemerkung:
Vorzugsweise geschlosse-ne Bügelroste oder Wendel-umschnürungen verwenden, wenn für Einzelstäbe die Haftlängen nicht unterzu-bringen sind!

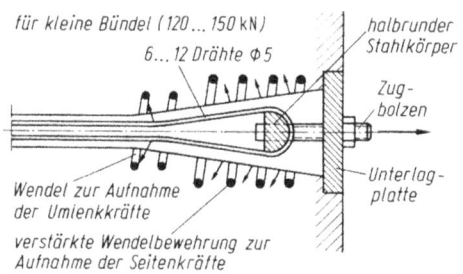

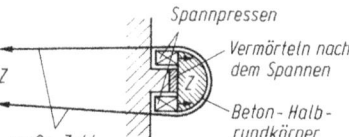

Schlaufenverankerung „Haarnadeln"

Wendel-bewehrung

$l = \pi R$

$Z_w = Z_q/2 \cong Z/8$
$Z_q \cong Z/4 \ (vgl. \ Abb. 7/1)$

oval gerippter Spannstahl

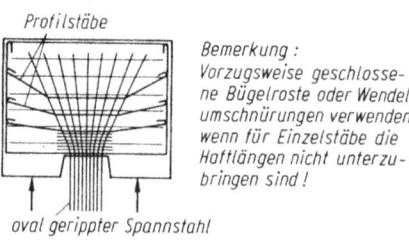

Haken-verankerung   Wendelbewehrung

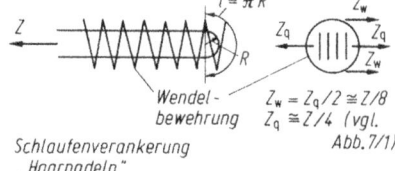

Bügelroste   Wendel

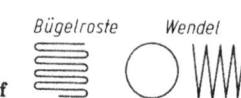

$\varphi_1 = \dfrac{2\pi}{n}$ $Z_{q1} \cong \dfrac{Z_1}{4} \cong \dfrac{Z}{4n}$; $Z_w = \dfrac{Z_{q1}}{\varphi_1} = \dfrac{Z}{8\pi} \cong \dfrac{Z}{20}$

f

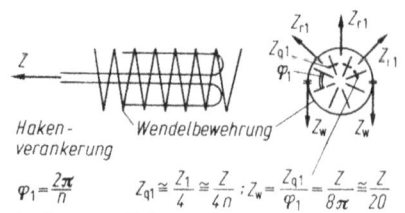

g   Da Verbund mitwirkt (vgl. Abb. 4.2/6), besser $Z_w \cong Z/10$ ansetzen.

Mitunter macht man sich einen von außen erzeugten Querdruck zunutze, um den Spaltzug aufzunehmen: Man mörtelt z. B. die Übertragungslänge von Spanndrähten in einen trichterförmigen Stahlkörper ein (Abb. 4.2/7). Ferner konnte für Rippenstahl rechnerisch und meßtechnisch nachgewiesen werden, daß Stäbe, die eine Platten- oder eine Balkendruckzone durchkreuzen, sehr hohe Verbundspannungen aufzunehmen vermögen (Abb. 4.2/8). Nach [16] haben Versuche ergeben, daß

ohne Querdruck $\qquad \tau_{1u} = 5{,}0 \text{ N/mm}^2, \qquad c = \tau_1/\Delta \cong 60 \text{ N/mm}^2,$
mit 15 N/mm^2 Querdruck $\tau_{1u} = 8{,}0 \text{ N/mm}^2, \qquad c = \tau_1/\Delta \cong 170 \text{ N/mm}^2$

ist. Die Beobachtung, daß im Ausdrückversuch höhere Verbundspannungen als im Ausziehversuch erhalten werden, dürfte ebenfalls auf den entstehenden Querdruck zurückzuführen sein.

Form und Verlauf der Rippen sind aber auch für den Stahl bedeutsam, da sie trotz der Querschnittsvergrößerung am Rippenfuß zu einer Spannungserhöhung führen. Diese ist umso größer, je schärfer die einspringende Kante ist (Kerbwirkung), und setzt besonders bei dynamischer Beanspruchung die Dauerfestigkeit herab [17]. Der Rippengrund muß daher gut ausgerundet sein. Außerdem läßt man die Rippen (außer bei Rippenstahl I) warm oder kalt vergüteter Stähle stets schräg zur Stabachse verlaufen, so daß in jedem Stabquerschnitt immer nur ein kleiner Teil des Umfanges von dieser Wirkung betroffen ist.

Für die Konstruktionspraxis rechnet man einfachheitshalber mit gleichförmig verteilten Verbundspannungen τ_1 (DIN 1045, 18.4), die man aus sogenannten Ausziehversuchen [18] gewonnen hat. Die Übertragungslänge wurde hierbei absichtlich kurz ($10d_s$) gehalten, da sich dann die τ_1-Verteilung am ehesten noch dem Rechteck nähert (Abb. 4.2/5). Die so erhaltenen Werte liegen auf der sicheren Seite, da sich die Verbundspannungen zumeist auf eine größere Länge verteilen, der Größtwert daher kleiner ist. Aus den τ_1 ergibt sich mittels der Beziehung $Z = A_s\sigma_s = \tau_1 U a_0$ die Verankerungslänge $a_0 = d_s\sigma_s/4\tau_1$, wobei d_s der Stabdurchmesser und $\sigma_s = \beta_S/\gamma_s$ ist ($\gamma_s = 1{,}75$). Je nach dem Grad der schwingenden Belastung sind die Werte τ_1 der Tabelle 20 von DIN 1045 auf 85 bis 50 % zu reduzieren.

Die an Balkenenden mitunter konstruktiv lästigen geraden Verankerungslängen a_0 können durch Haken- oder Schlaufenform der Stabenden vermindert werden (DIN 1045, 18.5) [19]. Die Biegedurchmesser dürfen nicht zu klein sein, damit der Beton weder durch Leibungsdrücke noch durch Aufschneiden infolge des Spaltzuges zerstört wird (vgl. 4.1). Die Verankerungslängen für Drähte aus Spannstahl sind in DIN 4227 Teil 1 (79), 13 und den Zulassungen geregelt.

4.3 Besondere Verankerungen

Für große Kräfte, wie sie in Spanngliedern aus hoch- und höchstfesten Stählen vorhanden sind, ist eine Verbundverankerung außer bei kleinen Stabquerschnitten

Abb. 4.3/1. Verankerung (schematisch) von vorgespannten Drähten und Stäben [3/2.1, Kap. 3]; Hüllrohre zum Teil fortgelassen. **a** Keilverankerungen; **b** Gewindeverankerung; **c** Klemmverankerung; **d** Formverankerung; **e** Schlaufenverankerung; **f** Haftverankerung in einem Ankerblock mit Querbewehrung (vgl. auch Abb. 4.2/7); **g** Hakenverankerung, Enden der Wendel nach innen biegen oder verschweißen

(vgl. Abb. 4.2/6) nicht mehr möglich. Denn die großen Übertragungslängen würden zu große Überlängen von Balken über das Auflager hinaus erfordern. Für diesen Zweck sind verschiedene Verankerungen entwickelt worden (Abb. 4.3/1), welche die Zugkräfte als konzentrierte Druckkräfte auf den Beton übertragen.

Obgleich infolge des nachträglich hergestellten Verbundes im allgemeinen keine oder nur geringe pulsierende Schwankungen der Spannkraft aus Nutzlast bei Ankerkörpern an Balkenenden ankommen (Abb. 4.3/2), sind alle Verankerungen auch dynamisch zu prüfen, da sie die Schwingungsfestigkeit der Drähte durch Umlenkung, Querdruck oder Kerbwirkung herabsetzen. Diese besondere Vorsicht ist jedoch erfahrungsgemäß bei Brücken an Arbeitsfugen geboten, wo die Spannglieder durch sogenannte Kupplungen (Zwischenverankerungen) gestoßen werden. Bei beschränkter Vorspannung (vgl. 4.3.2.1) treten dort wesentlich größere Schwingweiten der Stahlspannungen als im fugenlosen Beton auf, die zu berücksichtigen sind und gegebenenfalls durch Zulagen aus schlaffer Bewehrung herabgesetzt werden müssen.

Die Ankerdrücke von Spanngliedern können durch hohe örtliche Pressungen ($> \beta_{W28}$) auf den Beton übertragen werden, sofern der Beton durch eine Wendelbe-

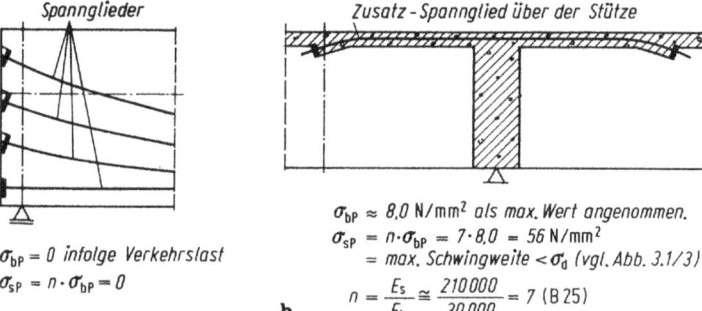

$\sigma_{bP} \approx 8{,}0 \ \text{N/mm}^2 \ \text{als max. Wert angenommen.}$

$\sigma_{sP} = n \cdot \sigma_{bP} = 7 \cdot 8{,}0 = 56 \ \text{N/mm}^2$
$= \text{max. Schwingweite} < \sigma_d \ (\text{vgl. Abb. 3.1/3})$

$n = \dfrac{E_s}{E_b} \cong \dfrac{210\,000}{30\,000} = 7 \ (B\,25)$

Abb. 4.3/2. Abschätzung der Stahlspannungsschwankungen an den Verankerungsstellen infolge Verkehrslast bei voller Vorspannung

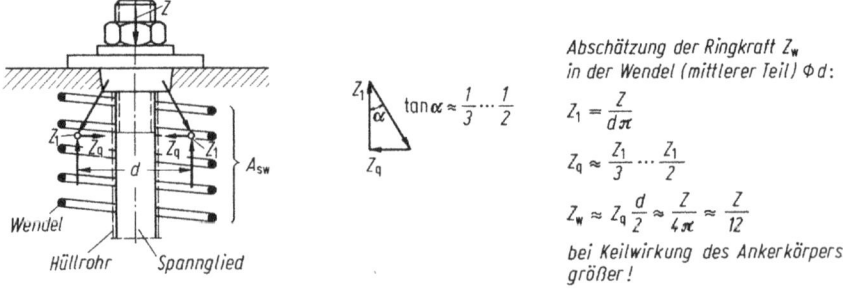

Abschätzung der Ringkraft Z_w in der Wendel (mittlerer Teil) Φd:

$$Z_1 = \frac{Z}{d\pi}$$

$$Z_q \approx \frac{Z_1}{3} \cdots \frac{Z_1}{2}$$

$$Z_w \approx Z_q \frac{d}{2} \approx \frac{Z}{4\pi} \approx \frac{Z}{12}$$

bei Keilwirkung des Ankerkörpers größer!

Abb. 4.3/3. Örtliche Wendelbewehrung unter Ankerplatte (bei Verbundverankerung vgl. Abb. 4.2/6). Hier wird Z_w kleiner, da Lastfläche größer. $A_{sw} \cong 1{,}5 \ Z_w/\sigma_s = Z/8\sigma_s$, da Lage von Z_q unsicher. Vergleich mit Zylinder unter Teilflächenbelastung (Abb. 7/1c): Für $d/D = 0{,}3$ ist gesamte Spaltzugkraft $Z_q = 0{,}17 \ P$, mithin $Z_w = Z_q/2 = 0{,}085 \ P \cong Z/12$. Maßgebend für Wendel ist „Zulassung Spannverfahren".

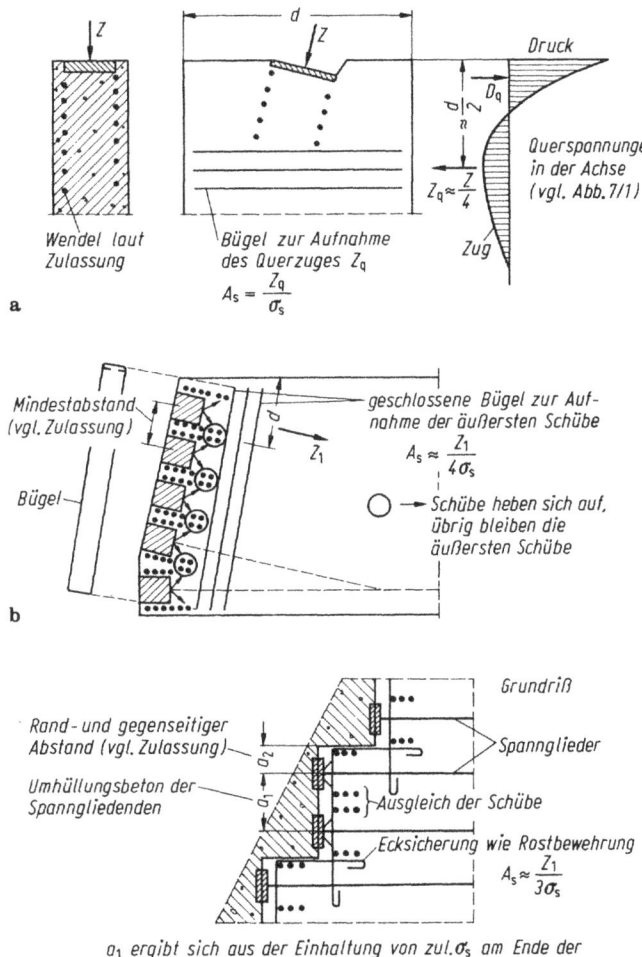

Abb. 4.3/4. Bewehrung unter Ankerkörpern am Balkenende [E/2, Teil 2, S. 53 und Teil 3, S. 205 sowie 21]. **a** Einzelner Ankerkörper; **b** mehrere Ankerkörper; **c** gestaffelte Ankerkörper (Auflager einer schiefen Platte)

wehrung gehindert wird, seitlich auszuweichen (Abb. 4.3/3). Auch diese Anordnungen sind versuchsmäßig zu begründen und bilden einen Teil der Zulassung jedes Spannverfahrens [3/9.1]. Eine analytische Untersuchung, etwa als eine starre Lagerplatte auf einem linear-elastischen Halbraum (vgl. 7, und Abb. 1.2/13) führt zu unendlich großen Spannungsspitzen an den Rändern, die aber infolge des nichtlinearen Verhaltens und Kriechens des Betons abgebaut werden.

Die in den Zulassungen vorgeschriebenen Wendelbewehrungen (Abb. 4.2/3) unter jedem Ankerkörper decken nur lokale Querzugspannungen. Breitet sich die Ankerkraft in einem Bauteil weiter aus (Abb. 4.3/4), so sind die dabei entstehenden Querzugspannungen ebenfalls zu verfolgen und durch Bewehrung abzudecken (vgl. 7). Der „Störbereich" besitzt bei einer Einzelkraft etwa eine Länge gleich der Höhe

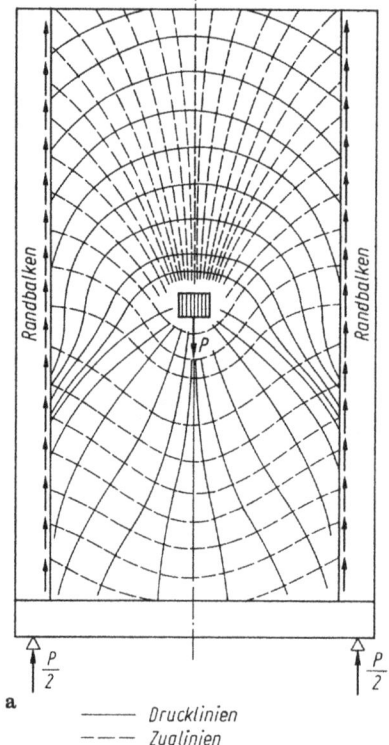

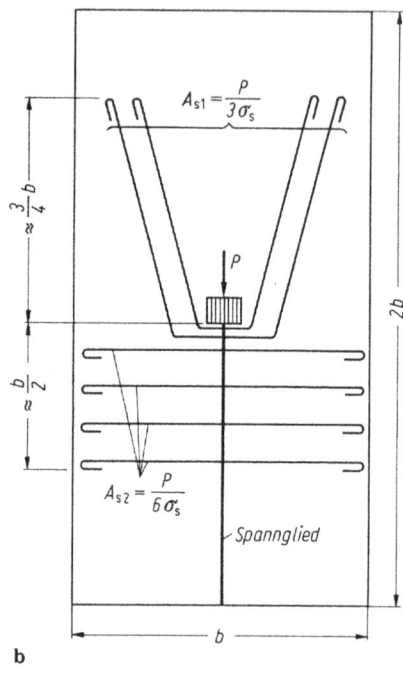

Abb. 4.3/5. Platte mit Ankerkörper (Abb. 4.3/2). **a** Ausbreitung der zentrischen Kraft durch Zug-
und Druckspannungen, Stützung an den Längsrändern; **b** Vorschlag für die lokale Zusatzbewehrung
[22]

des Balkens, bei mehreren parallelen Kräften wird er kürzer, je mehr man sich einer
gleichförmigen Eintragung annähert.

Wenn ein Ankerkörper nicht am Rand, sondern im Inneren einer Scheibe oder
Platte liegt, so „verhängt" sich ein Teil der Ankerkraft nach „hinten" (Abb. 4.3/5).
Außer der Spaltzugbewehrung „vor" dem Ankerkörper wird dann für die beiden
angedeuteten Fälle der Abstützung eine Aufhängebewehrung nötig [22].

4.4 Rißbildung

Es wurde schon in 1.2 darauf hingewiesen, daß man aus Gründen der Sicherheit
grundsätzlich auf die Mitwirkung des Betons der Zugzone verzichtet und alle Zugkräfte den Stahleinlagen zuweist (Stadium II). Solange der Beton jedoch noch nicht
reißt (Stadium I), kann ein darin eingebetteter Stahl nur geringe Spannungen aufnehmen. Die gemeinsame Dehnung kann bei Biegung für einen B 25 (vgl. 1.2.2.2)
höchstens $\varepsilon_b = \beta_{BZ}/E_b \cong 4{,}0/30000 = 0{,}13^0/_{00}$ betragen, wobei der Stahl nur eine
Spannung von $\sigma_s = \varepsilon_s E_s = \varepsilon_b E_s = 0{,}13^0/_{00} \cdot 210000 = 26\ \mathrm{N/mm^2}$ (nach Kriechen
des Betons etwa 50 N/mm²) erhält, während ein BSt III im Gebrauchszustand mit

Abb. 4.4/1. Dehnungen von Beton und Stahl unter Gebrauchslast im Stadium I

	$\sigma_{s\,zul} = \beta_s/\gamma_s$ N/mm²	ε_s ‰	ε_s (‰)
Beton B 20 Druck	10	0,3...0,5	
Zug	4	0,15...0,2	
Stahl BSt I	140	0,7	
BSt II	180	0,9	
BSt III	240	1,1	
BSt IV	280	1,3	
St 900	450	2,2	
St 1600	880	4,4	

240 N/mm² beansprucht werden darf. Die im Gebrauchszustand zu erwartenden Stoffdehnungen sind in Abb. 4.4/1 gegenübergestellt und zeigen, daß, sofern sich Stadium II einstellt, Risse entstehen müssen, was allerdings meist mangels voller Belastung nicht eintritt. Diese dürfen aber wegen der Korrosionsgefährdung des Stahles je nach den örtlichen Verhältnissen eine Weite von 0,1 bis 0,3 mm nicht überschreiten (vgl. 3.17, [23] und Überschlag in 4.2).

Allerdings bezieht sich dieses Maß nur auf die Betonoberfläche und man hat sich lange gewundert, warum sie trotzdem keine Stahlkorrosion zur Folge haben, weil man an das Axiom vom „Ebenbleiben der Querschnitte" glaubte. Um dieses zu retten, hat man den Begriff des „Schlupfes der Bewehrung" beiderseits eines Risses erfunden. Es ist aber beobachtet worden, daß die Risse sich nach dem Stahl zu verzweigen und deshalb an Breite abnehmen (Abb. 4.4/2) [3/18.10], während man früher dem unmittelbar am Stahl haftenden Beton ein größeres Dehnvermögen zutraute. In diesen feinsten Rissen kann die Feuchtigkeit nicht bis zum Stahl vordringen. Außerdem „heilen" ruhende Risse im Beton durch Kalksinterbildung bei Nässe zu.

Rißbreite und -abstand hängen nun keineswegs nur von der Stahlspannung ab, sondern auch von der Güte des Verbundes, von der Betonsorte und ihrer Zugfestigkeit, vom Prozentsatz und der Verteilung der Bewehrung im Beton [25]. Rechnerische Erklärungen haben wegen der vielen Einflüsse nur zu stark streuenden Resultaten geführt [26]. Einen gewissen Einblick haben statistische Auswertungen von Rißversuchen gegeben [25]. Abb. 4.4/3a zeigt schematisch das Zusammenwirken von Haftung und Betonzugfestigkeit: Je größer erstere ist, um so rascher akkumuliert sich von einem Riß ausgehend die Zugkraft im Beton, bis dessen Zugfestigkeit erreicht ist. Sie wirkt also verringernd auf die Rißentfernung und damit auch auf die Rißbreite (Abb. 4.4/3b). Man muß deshalb hochwertige Stahlstäbe profilieren (Abb. 4.2/1), um ihre größere Dehnung durch besseren Verbund zu kompensieren. Steigende Güte des Betons bewirkt einerseits eine Vergrößerung der Rißabstände, da sie zwischen den Rissen eine höhere Zugspannung zuläßt, andererseits hat sie einen besseren Verbund zur Folge, der dieser Verschlechterung entgegenwirkt. Wie stark sich die Aufteilung der Bewehrung in einer Verfeinerung des Rißbildes auswirkt, zeigt Abb. 4.4/4. Derart bewehrte Balken (vgl. B 4.5.1.1) haben in statischen und dynamischen Versuchen bewiesen, daß ohne Bedenken Stahlspannungen von 400 N/mm² in sehr dünnen Stäben zugelassen werden können [29]. Allerdings wäre es bedenklich, hiervon Gebrauch zu machen, da die für den Korrosions-

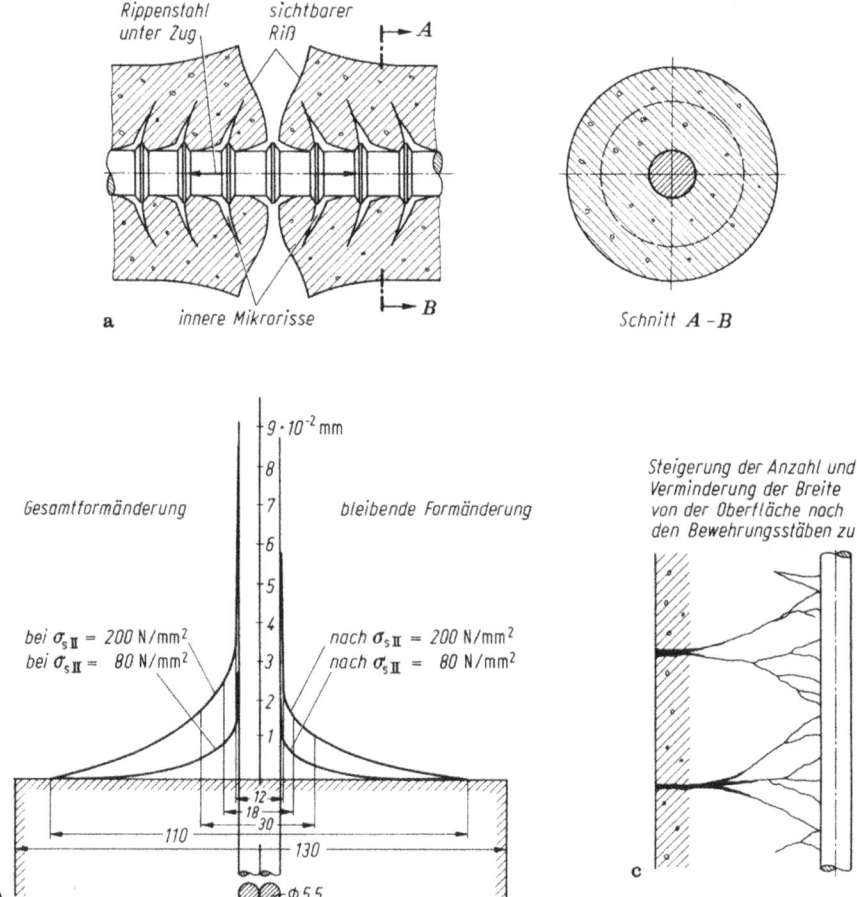

Abb. 4.4/2. Mikrorisse an der Bewehrung führen zu einer Aufwölbung des gerissenen Betons an jedem Stab. **a** Schematische, verzerrte Darstellung nach Goto [E/2, Teil 1, S. 54]; **b** gemessene Aufwölbung nach Emperger [3/29]; **c** die Mikrorisse vereinigen sich an der Betonoberfläche zu sichtbaren Rissen

schutz des Stahles nötige Betonumhüllung kaum herzustellen ist und etwas weitere Risse ungefährlich sind [3/18.10].

Die mit Stäben und Biegebalken angestellten Rißversuche haben zu verschiedenen Vorschlägen für die Rißweitenbegrenzung durch Beschränkung des Stahldurchmessers d und der -spannung σ_s geführt, die in der Literatur sehr ausführlich begründet und dargestellt sind [30].

In DIN 1045, 17.6 wird eine auf statistischen Auswertungen beruhende Formel angegeben sowie zum raschen Gebrauch eine Tabelle für die Grenzdurchmesser d unter Berücksichtigung verschiedener Stahlsorten und Grade von Korrosionsgefährdung. Bei der Stegbewehrung von Plattenbalken ergeben sich mitunter nach DIN 1045 sehr dicke Stabdurchmesser. Die zwangläufig damit verbundenen Eigenspannungen (vgl. Abb. 1.3/13 und B 4.2.5.2) sollten durch besonders sorgfältige Nachbehandlung

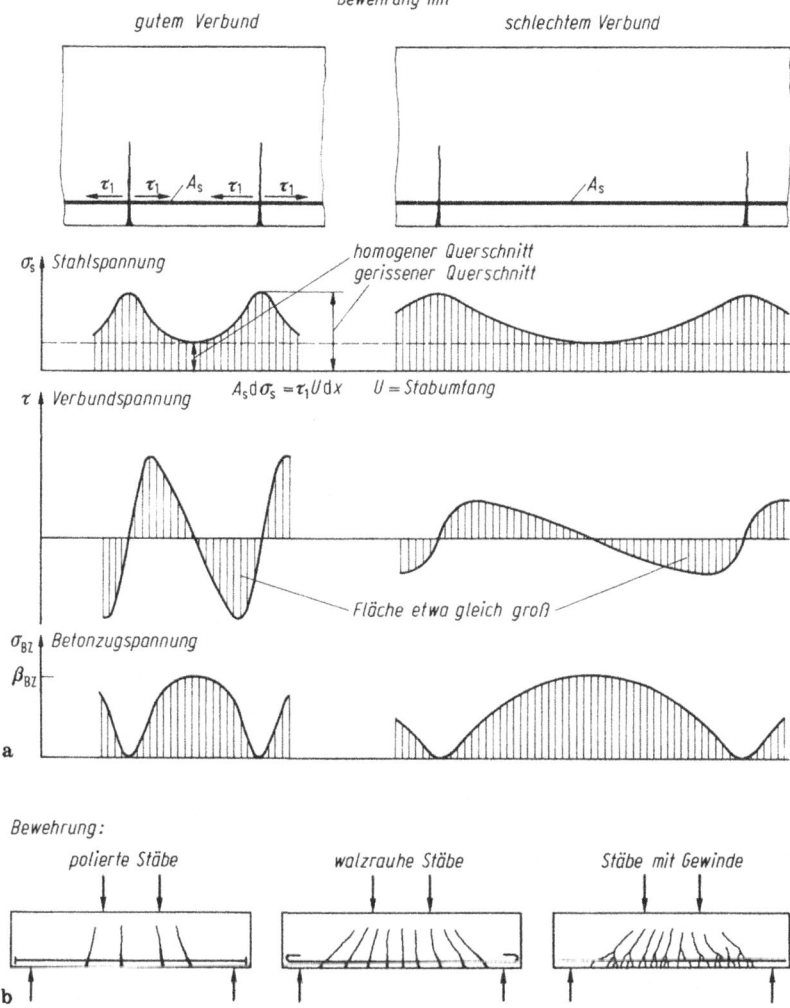

Abb. 4.4/3. Rißbildung im Beton der Zugzone von Balken. **a** Spannungsverlauf von Stahl, Beton und Verbund; **b** Rißbilder in gleichartigen Balken bei verschiedenem Verbund [27]

(Naßhalten der Oberfläche nach dem Betonieren) und bei größeren Balken durch außenliegende Netzbewehrung bekämpft werden.

Bei allen diesen Rißweitenbeschränkungen ist im Auge zu behalten, daß die Risse nach dem Entlasten sich wieder schließen, so lange der Stahl nur bis zu seiner Elastizitätsgrenze $\beta_{0,01}$ (0,01 % bleibende Dehnung) beansprucht wird, also rund 10 % vor seiner Streckgrenze β_S (0,2 % bleibende Dehnung). Da Mikrorisse und Verbundstörungen neben dem Hauptriß nicht vollständig reversibel sind, bleiben allerdings die Oberflächenrisse dann meist noch sichtbar.

Der Übergang vom homogenen zum gerissenen Zustand kann zu einem jähen Bruch der Bewehrung (Sprödbruch) führen, wenn diese so schwach ist, daß sie die

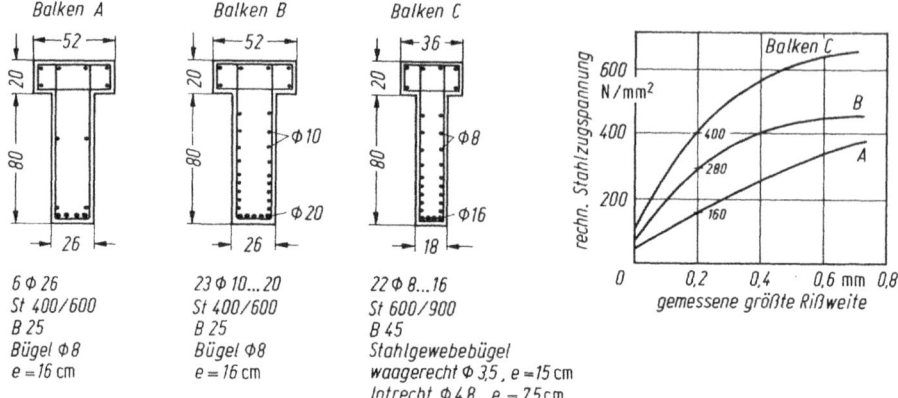

Abb. 4.4/4. Bewehrungsverteilung und Rißbreite [28]

größtmögliche Zugkraft des Betons nicht aufzunehmen vermag. Der kritische Bewehrungssatz hängt von den Stoffgüten ab und beträgt bei reiner Biegung von Rechteckquerschnitten etwa 0,1 bis 0,2% [31] bei BSt III und 0,15 bis 0,25% bei BSt I, je nach Betongüte. Da dieser Bruch schlagartig vor sich geht, sollte man nicht schwächer bewehren, auch wenn es die DIN 1045 nicht fordert und das 1,75-fache Gebrauchsmoment noch nicht zum Reißen des Betons führt (vgl. 4.5.1.1).

Die Grunderkenntnis, daß die Risse im Beton umso zahlreicher aber dafür feiner werden, je besser der Stahl verteilt ist, führte, wie in 1.1.3 erwähnt, dazu, dem Beton Stahlfasern beizugeben, die ihm eine — scheinbare — größere Dehnungsfähigkeit verleihen, weil die Risse mikroskopisch fein bleiben [1.1/34.5 und 36.2].

Neuere Versuche mit Stahlfaserbeton [33] haben gezeigt, daß ein Zusatz von 3 Vol.-% (entsprechend 10 Gew.-%) eine Erhöhung der Druckfestigkeit von 15%, der Zugfestigkeit von 30 bis 50% und der Elastizitätszahl von 5% bringt. Mehr ist ja auch nicht zu erwarten, da diese Werte im wesentlichen von der Festigkeit des Mörtels abhängen, die im Stadium I von der Bewehrung ja nur wenig beeinflußt wird. Sehr wertvoll ist aber die vielfach erhöhte Dehn- und Arbeitsfähigkeit auf Zug (Abb. 4.4/5), die wegen der extrem verteilten Bewehrung nur von feinsten Rissen begleitet ist. Allerdings läßt sich die Festigkeit der Fasern nicht ausnützen, da ihre Länge aus Gründen der Verarbeitung auf etwa 15 mm begrenzt werden muß, und daher die Haftfestigkeit überwunden wird, ehe ihre Streckgrenze erreicht ist.

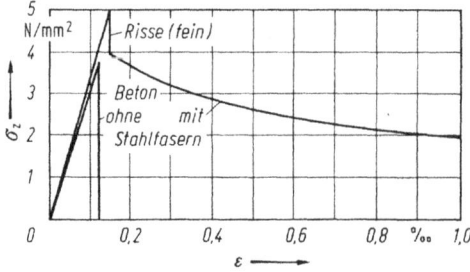

Abb. 4.4/5. Arbeitslinie für einen stahlfaserbewehrten Beton [34]. Arbeitsvermögen jedoch kleiner als bei Beton mit konventioneller Bewehrung im Stadium II

Wie bei der Durchsetzung mit Stahlfasern zu erwarten, wird das Schwindmaß um 30% verringert, die Wärmeleitzahl um 40% vergrößert. Das Wärmedehnmaß ändert sich nicht und angesichts der großen Dehnfähigkeit sind Zugspannungen aus Temperaturabfall bei Dehnungsbehinderung kaum zu fürchten. Die Prüfung der Stoßfestigkeit eines Betons (400 kg Z/m³) mit 1 Vol.-% (entsprechend 3,6 Gew.-%) Fasern zeigten, daß diese 10 bis 12mal so groß wie bei unbewehrtem Beton ist [34]. Allerdings ist bei Witterungsangriff mit Rostflecken an der Oberfläche zu rechnen, da sich eine Betonüberdeckung nicht herstellen läßt.

Verschiedene Forscher haben die Schubkräfte untersucht, die in Rissen infolge sich verzahnender Unebenheiten (Körner) aufgenommen werden können („aggregate interlock") [1.2/2.1, S. 200]. Die Ergebnisse sind aber nur dann relevant, wenn ein Gleiten der Rißufer gegeneinander eintreten kann. Alle Biege- und Schubrisse in Balken, Platten und Scheiben sind aber auf Hauptzugspannungen zurückzuführen, bei denen sich die Rißufer *rechtwinklig* voneinander trennen (vgl. 1.2.2.2). Die durch einen Riß getrennten Zonen sind ja noch durch die Druckzone miteinander verbunden, so daß sie sich nicht merkbar in Rißrichtung verschieben und keine nennenswerten „Verzahnungskräfte" auftreten können, solange die Risse fein bleiben. Auch Torsionsrisse in Platten [1.2/2.1, S. 232] können nicht „mahlen", wenn die Auflagergeraden ein Verdrehen der Plattenteile gegeneinander verhindern.

Diese kinematischen Zwänge der Rißbewegungen sind bei der Beurteilung sowohl der Schubkräfte in den Rissen als auch der Spannungen von Bewehrungsstäben, die die Risse schräg kreuzen, stets im Auge zu behalten (vgl. Abb. 4.1/11d und B 5.4.1). Erst bei starken, gekrümmten Rissen, die beginnende Zerstörung der Druckzone voraussetzen, kann die Verzahnung der Körner und die Verdübelungswirkung der Bewehrungsstäbe („dowel effect") eine Rolle spielen (vgl. B 4.3.1.2).

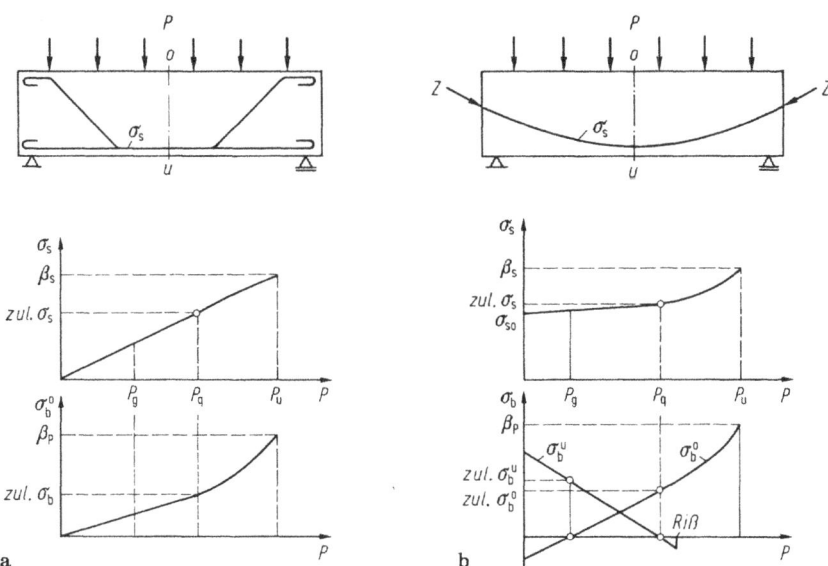

Abb. 4.4/6. Balken aus Stahlbeton (links) und Spannbeton (rechts); Verlauf der Beton- und Stahlspannungen im Mittelschnitt bei steigender Belastung. P_g ständige Last; P_q Vollast; P_u Bruchlast. a Stahlbeton (*passive* Bewehrung), b Spannbeton (*aktive* Bewehrung, vgl. Abb. 3.2/10 und 11)

Radikal wird das Problem der Risse erst durch Vorspannen des Betons gelöst
(Abb. 3.2/10 und 11) (Spannbeton; vgl. B 4.3.2). Hierbei wird die Bewehrung nicht
mehr *passiv* in den Beton gelegt (wie bei Stahlbeton) in dem Sinne, daß sie erst
mit wachsender Belastung Spannungen erhält (Abb. 4.4/6a), sondern man verleiht
der Bewehrung eine eigene *Aktivität*, indem man sie *vor* der Belastung in Spannung
versetzt (daher Vorspannungen) (Abb. 4.4/6b). Die mittels hydraulischer Pressen er-
zeugte Spannkraft wird entweder durch Haftung oder durch Ankerkörper auf den
Beton übertragen (vgl. 4.2 und 4.3) und erzeugt in diesem einen Spannungszustand,
der sich den Eigen- und Lastspannungen überlagert. Auf diese Weise lassen sich
Zugspannungen ganz oder teilweise ausschalten und die zulässigen Druckspannungen
an den Querschnittsrändern einhalten. Bei dem nicht vollständigen „Überdrücken"
der Zugspannungen aus äußeren Lasten (beschränkte und teilweise Vorspannung)
ist wiederum auf die Einhaltung der zulässigen Rißweiten zu achten (DIN 4227
Teil 1 (79), 10). Schon eine schwache Vorspannung kann Schwindrisse hintanhal-
ten [35].

5 Schutz des Betons gegen Angriffe

Schäden an Bauwerken durch äußere Einflüsse, die oft Streitigkeiten zwischen Bauherrn, dem Planer und dem Ausführenden zur Folge haben, sind leider keine Seltenheit. Sie würden meist vermieden, wenn man vorher berücksichtigte, daß die dauernde Brauchbarkeit nicht nur von der statischen Bruchsicherheit (vgl. B 1.2) abhängt, sondern mitunter noch von mancherlei anderen Faktoren beeinträchtigt wird [1].

Welche Krankheiten kann ein nach den geltenden Vorschriften hergestelltes Bauwerk hauptsächlich haben?

(a) *Statische Schäden*
1. Übermäßige Rißweiten infolge Belastung, Temperatur oder Schwindens führen zum Eindringen von Feuchtigkeit und Rosten der Bewehrung (vgl. 4.4). Mitunter sind schon feine Risse schädlich, wenn es auf die Dichtigkeit eines Bauwerkes (z. B. Behälter) ankommt (vgl. B 3). Risse bis 1 mm Breite können durch mit Faserzusätzen bewehrten Kunstharzdispersionen überdeckt werden, sofern sie sich nicht um mehr als 0,1 mm bewegen [2]. Auch mit Glasfasern bewehrte Reaktionsharze eignen sich hierzu. Am wirksamsten ist bei ruhenden Rissen das Verpressen mit Epoxidharzen [3].
2. Übermäßige elastische und plastische Deformationen des Tragwerkes, die zur Beeinträchtigung seiner Gebrauchsfähigkeit z. B. zu lästigen Gefälleveränderungen oder mittelbaren Schäden an darauf oder darunter befindlichen Bauteilen (Wänden usw.) führen (vgl. B 4.2.4; 5.4; 6.2).
3. Übermäßige, besonders ungleichmäßige Setzungen des Baugrundes bewirken Reißen, Senken und Schiefstellen des Bauwerkes. Sie können auf der ständigen Belastung kompressibler Böden oder Bewegungen des Untergrundes (Bergsenkungen) beruhen (vgl. Bd. II B, 3.6).
4. Überbeanspruchung der Baustoffe und
5. Gefährdung der Stabilität der Einzelteile oder als Ganzes, die beide die Sicherheit beeinträchtigen können.

(b) *Dynamische Schäden*
Erschütterungen oder erzwungene Schwingungen durch benachbarte Maschinen, fallende Lasten oder Erdbeben rufen übermäßige dynamische Deformationen des Tragwerkes hervor. Diese werden in Bd. II B, 2.2.4 behandelt.

(c) *Physikalische Oberflächenschäden an Bauwerken*
Sie entstehen durch die Einwirkung von Frost, Wärme oder Brand sowie Reibung und Schlag und können je nach Dauer der Einwirkung auch ins Innere des Betons vordringen. Gegen normale Witterung ist ein guter Beton beständig [4].

(d) *Chemische Oberflächenschäden an Bauwerken*

Diese treten an Beton auf, der dauernd von aggressivem Wasser benetzt wird (Meerwasser, schädliches Fluß-, Grund- und Sickerwasser). Weiter greifen die Abgase und Abwässer von Industrieanlagen mitunter den Beton an. Auch beim Bau von Kläranlagen, chemischen Fabriken, Lederfabriken, Molkereien, Abstellplätzen von Flugzeugen usw. muß man diese Frage prüfen. Ich stelle im folgenden einige Maßnahmen zusammen, durch die solche Schäden vermieden werden können.

5.1 Mechanische Beanspruchungen der Oberfläche

Grundsätzlich muß die Zusammensetzung und Verarbeitung des Betons den zu erwartenden Angriffen angepaßt werden [5]. Erst wenn dies auf die Dauer keinen Erfolg verspricht, wird man besondere, meist kostspielige Schutzschichten vorsehen.

5.1.1 Witterung und Frost

Frostschäden an erhärtetem Beton (an frischem Beton vgl. 1.1.7) entstehen durch Gefrieren des Wassers in den unvermeidlichen Kapillaren des Betons (vgl. Abb. 1.1/7). Da das Volumen des Wassers sich hierbei um 9 % vergrößert und Drücke bis über 1000 bar entstehen können, wird das Gefüge des Betons bei wassergefüllten Hohlräumen oder Kanälen (Abfallrohre, Spannkanäle) im Winter unweigerlich gesprengt [6].

Bei einem Kreisprofil mit dem Radius a ist die Tangentialspannung σ_t am inneren Rand gleich dem Innendruck p und nimmt mit der Entfernung r von der Achse rasch ab $\sigma_t = pa^2/r^2$) [7]. Beton geringer Güte ist daher im allgemeinen stärker frostgefährdet.

Wenn die Kapillaren jedoch in gewissen Abständen (höchstens 0,25 mm) durch luftgefüllte Poren unterbrochen werden, kann das Eis dahin expandieren, wodurch nach Art eines Sicherheitsventils die Entstehung schädlicher Drücke verhindert wird [8]. Die luftporenbildenden Zusätze (vgl. 1.1.3) bewirken auf diese Weise eine wesentliche Erhöhung der Frostbeständigkeit von Beton. Nach [1.1/1.10, S. 479] betrug die bleibende Dehnung von Probekörpern nach 200 Frost/Tauwechseln ohne LP-Zusatz 2,0⁰/₀₀, mit LP-Zusatz (3 % Luftporen) jedoch nur 0,1⁰/₀₀.

Die Porenbildung wird im frischen Beton überwacht [10] und die Wirkung nach [10.4] im Frostwechselversuch nachgeprüft. Da dieser aber bezüglich des ausschlaggebenden Wassergehaltes keinen definierten Zustand voraussetzt (meist wird er während des Versuches durch das Auftauen in warmem Wasser sogar noch verändert), bedarf er der Ergänzung durch die Bestimmung des möglichen Wassersättigungsgrades des Betons (S-Wert $\leq$ 0,80; Prüfung nach DIN 52103) [11]. Dieser gibt Aufschluß über die dem Wasser zugänglichen Poren und damit die Frostgefahr. Großporige Betone sind bei Wasserzutritt besonders frostgefährdet. Für die Frostbeständigkeit sind folgende Regeln einzuhalten [12]:

Frostbeständige Zuschläge (DIN 4226, Blatt 3 (71), DIN 52104 (76) u. 52111 E (74) sowie [13];

Körnungskurve der Zuschläge zwischen A und B (DIN 1045, 6.2);
Maximaler Mehlkornanteil einschließlich Zement 350 420 500 kg/m³
bei Größtkorn 30 15 7 mm;
w/z ≦ 0,55 bei B 25; w/z ≦ 0,70 bei B 15 mit LP-Gehalt 3,5%;
LP-Gehalt 3,0 3,5 4,0 4,5 Vol.-%
bei Größtkorn 50 30 15 7 mm
höherer Gehalt vermindert Festigkeit erheblich;
Schutzfrist 3 Tage bei ≧ 10 °C (Z 35 und 45), dann beständig gegen einmaliges Durchfrieren, wenn β_w ≧ 5 N/mm².

Sehr gefürchtet sind Frostschäden an Straßendecken [14, sowie B.Kal. 1978 II, S. 673]. Früher wurden sie auf *chemische* Schädigung durch Tausalze (meist Natrium- oder Kalzium-Chlorid) zurückgeführt, die jedoch Zement selten angreifen (vgl. 5.2) [15]. Die Wirkung ist vorwiegend *physikalischer* Natur [16]: Beim Auftauen von Schnee und Eis durch das hochhygroskopische Chlorid wird das Wasser infolge der nötigen Schmerlzwärme (80 kcal/l = 335 J/l) auf −20° bis −30 °C unterkühlt. Diese Temperatur teilt sich der Oberfläche des Betons mit, wodurch ein großes Temperaturgefälle mit Zugspannungen in der obersten Schicht entsteht und gleichzeitig das Kapillarwasser gefriert (besonders bei Sättigung gefährlich). Beide Wirkungen addieren sich und erklären die Risse und Abplatzungen. Außer durch LP-Zusatz (vgl. oben) kann man durch Imprägnieren der Oberfläche mit Kunstharz oder verdünntem Leinölfirnis den Frostwiderstand gewährleisten [17].

Die Reparatur von Frostabplatzungen mit Zementmörtel hat sich nicht bewährt, da die keilförmig auslaufenden Ränder abbröckeln. Ausgedehnte Versuche mit Reaktionsharzmörteln [18] haben gute Erfolge gehabt, da die flüssigen Polyester- oder Epoxidharze in die Poren des Betons eindringen und ihre Haftfestigkeit am Beton größer als dessen Zugfestigkeit ist. Denn auch die Druck- und Biegefestigkeit der Kunstharzmörtel ist derjenigen des Betons überlegen. Es bleibt abzuwarten, ob die Dauerhaltbarkeit dieser organischen Stoffe nicht durch die Einwirkung von Licht und Wärme beeinflußt wird.

Bei großer Kälte steigt die Festigkeit (trockenen!) Betons (+20 °C: 100%; −25 °C: 200%; −80 °C: 300%), jedoch wird er spröder (Streckung der Arbeitslinie) [18.3].

5.1.2 Abnutzung durch Reibung

Reibungsabnutzung tritt besonders bei vielbegangenen Treppen, in Lagerräumen, auf Rampen, bei Schleusen und Absturzbecken sowie bei geschiebeführenden Abwasserrohren auf. Beton mit normalen Zuschlägen ist ihr stark unterworfen. Ein Wasser-Zement-Faktor von maximal 0,45, ein Zementgehalt von 350 kg/m³ und Größtkorn von 30 mm aus hartem Gestein verbessern die Abriebfestigkeit. Immerhin hat man die „unmittelbar befahrenen" Fahrbahnplatten von Brücken in ländlichen Gegenden wegen Verschleißschäden aufgegeben.

Den Abnutzungsschäden und der Staubentwicklung begegnet man durch Dispersionsanstriche oder Imprägnierung mit Reaktionsharz, bei starkem Angriff durch Hartestriche nach DIN 18353 (73) [19], die besonders feste Zuschläge (Siliziumkarbid, Korund, besondere Schlacken, metallische oder natürliche Hartstoffe wie Quarz) enthalten. Die Abriebfestigkeit der Estriche wird mit der Böhme-Scheibe nach DIN 52108 (68) geprüft.

Der Beton von Straßendecken wird durch gummibereifte Fahrzeuge nur wenig abgerieben und benötigt daher keinen besonderen Schutz. Stahlbereifte Räder wirken auf die Oberfläche in anderer Weise als die gleitende Reibung. Sie ergeben besonders hohe lokale Drücke, unter denen auch Hartstoffe splittern können, vor allem wenn der verbindende Mörtel durch Reibung z. T. herausgeschliffen ist. Neuere Geräte prüfen dementsprechend mit schleifenden Nadeln [20].

Über die Kavitation von Beton durch sehr schnell strömendes Wasser unterrichtet [21].

Bei besonders hohen Beanspruchungen gewährt nur eine besondere Deckschicht dem Beton ausreichenden und leicht ersetzbaren Verschleißschutz (mit Kunstharz getränktes Holzpflaster, Asphaltplatten oder -belag, Klinker). Am widerstandsfähigsten sind Schmelzbasalt oder auch starke, gebördelte Blechplatten für schwersten Verkehr (Walzwerke).

5.1.3 Harte Stöße

Stöße harter Körper schaden dem spröden Beton sehr, sofern dieser wegen seiner Masse oder starren Abstützung nicht ausweichen kann [22]. Der Stoßdruck P, der über einen Weg s die kinetische Energie $K = mv^2/2$ eines mit der Geschwindigkeit v auftreffenden Körpers mit der Masse m aufnimmt ($\int P \, ds = K = Ps/2$, wenn P linear anwächst), wird um so größer, je kleiner der Weg ist. Wenn die Federung des Betonkörpers (z. B. auf festem Boden liegende Fußböden oder Fundamente) gering ist, wird der Federungsweg infolge der großen Elastizitätszahl von Beton klein und der Stoßdruck sehr groß, sofern die stoßende Masse selbst sich nicht deformiert. Nimmt man elastisches Verhalten des Betons an, so ist die statische Einsenkung s unter der auf die Fläche F verteilten Kraft P [23] infolge der mit der Geschwindigkeit v auftreffenden starren Masse $m = G/g$

$$ s = 0{,}93 \, \frac{P}{E \sqrt{F}} \cong \frac{P}{E \sqrt{F}} . $$

Daraus ergibt sich, daß

$$ P \cong v \sqrt{mE \sqrt{F}} $$

und die Pressung in der Stoßfläche F

$$ \sigma = \frac{P}{F} \cong v \sqrt{mE/F^{3/4}} $$

ist. Diese Pressung wird bei harten Stößen die Grenze des elastischen Verformungsvermögens des Betons bald erreichen, wobei allerdings die bei rascher Beanspruchung erhöhte Festigkeit des Betons (vgl. 1.2.1) zu berücksichtigen ist. Beispielsweise ergäben fallende Stahlgewichte G von 1 und 10 kg verteilt auf die Fläche $a^2 = (0{,}1 \text{ m})^2$ und bei einem Elastizitätsmodul $E_b = 30 \text{ kN/mm}^2$ die in der Tabelle angegebenen Werte für die Ruhepressung σ_0 und die dynamische Pressung

$$ \sigma = v \sqrt{E_b/\sigma_0/10a} = v \sqrt{E_b \sigma_0} . $$

G		1	10	kg
σ_0		0,001	0,01	N/mm²
σ		5,5 v	17,3 v	
	für $h = $ 0,05 m $\triangleq v = $ 1 m/s	5,5	17,3	N/mm²
	für $h = $ 0,8 m $\triangleq v = $ 4 m/s	22,0	69,2	N/mm²
	für $h = $ 12,8 m $\triangleq v = $ 16 m/s	88,0	275	N/mm²

Da Beton kein momentanes plastisches Formänderungsvermögen besitzt, tritt infolge seiner Sprödigkeit meist eine lokale Zerstörung ein, die sich grundbruchartig durch Bildung von Keilen fortsetzt (vgl. 4.1). Man wird deshalb die Energie oft wiederholter Stöße möglichst durch Medien abfangen, die infolge ihrer elastischen oder plastischen Verformungsfähigkeit den Stoßdruck herabmindern (Teller- oder Wendelfedern, Gummipuffer, Holz usw.; vgl. Bd. II B, 2.2.5). Freitragende Konstruktionen, um herabfallende Massen abzufangen und Verkehrsräume zu schützen, werden in B 4.4 behandelt.

5.2 Chemische Angriffe auf die Oberfläche

Schäden durch die Einwirkung chemischer Agenzien auf Betone entstehen in der Hauptsache durch Veränderungen in der chemischen Zusammensetzung des Zementleimes oder durch physikalisch-chemische Wechselwirkung von Salzen an der Betonoberfläche. Eingehende Unterrichtung bietet [24] und [1.1/6.1].

Die verschiedenen schädlichen Stoffe lassen sich entsprechend der Wirkungsweise in drei Gruppen einteilen. Eine scharfe Abgrenzung ist allerdings nicht möglich, da sich beim Zusammenwirken mehrerer schädlicher Substanzen diese Grenzen zum Teil verwischen:

(a) Stoffe, die durch *Herauslösen* hauptsächlich des freien und auch des bereits karbonatisierten Kalkes aus dem Zementleim eine Zersetzung des Bindemittels herbeiführen.

(b) Substanzen, die mit einer der Zementkomponenten unter *Neubildung* einer Verbindung reagieren und dadurch eine Lockerung des Betongefüges verursachen.

(c) *Einwirkende* Salze, die aufgrund ihres physikalisch-chemischen Verhaltens einen schädlichen Einfluß auf den Beton ausüben.

Zu (a): In diese Gruppe gehören vor allem mineralstoffarme sowie kalkaggressive Kohlensäure enthaltende Wässer, die Kalk (Kalziumkarbonat) bis zum Sättigungsgrad lösen. Die kalkaggressive Kohlensäure greift Kalziumkarbonat unter Bildung von wasserlöslichem Kalziumbikarbonat an. Moorwässer enthalten stets Huminsäuren, die ebenfalls zersetzend auf den Zementstein einwirken (DIN 4030 (69)); auch Industrieabwässer enthalten oft den Kalk angreifende Substanzen (Phenole).

Zu (b): Als Vertreter dieser Gruppe sind in erster Linie die sulfathaltigen Wässer zu nennen, da sie die häufigsten und schwersten Schäden an Betonbauwerken verursachen. Der Anlaß für die Zerstörungen ist die Aufblähung des Zementsteines durch die Bildung von Ettringit („Zementbazillus") aus der Klinkerkomponente C_3A (Trikalziumaluminat) mit Sulfationen [25].

Zu (c): Manche wasserlösliche Salze können eine Oberflächenzerstörung des Betons, zumindest häßliche Ausblühungen, verursachen. Diese Schäden treten vor allem in der Erd-Luft-Grenzzone nur in Gegenwart von Wasser auf und beruhen auf dem sich ständig wiederholenden Rhythmus des Lösens und Kristallisierens der Salze in Abhängigkeit vom wechselnden Temperatur- und Feuchtigkeitsgefälle. Sie zermürben dadurch mit der Zeit das Gefüge des Betons, besonders wenn dieser porös ist. Daher wird Beton von Meerwasser nur in der Tidezone, nicht darunter angegriffen [26]. Mineralöle sind ebenfalls meist unschädlich [27].

Große Sorgen bereitet mitunter die in 5.1.1 beschriebene kombinierte Wirkung von Tausalz. Junger Beton wird chemisch durch Bildung von Doppelsalzen mit der Kalkkomponente des Zementsteines angegriffen. Selbst an altem Beton sind solche Schäden langfristig beobachtet worden. Die Hauptgefahr droht aber von der erwähnten physikalischen Einwirkung: Schon feine Temperaturrisse können dem Chlorid Einlaß bieten und dieses bei ungeschützten Brückenfahrbahnplatten bis zur Bewehrung vordringen lassen. Der Stahl rostet dann (vgl. 3.1.7) und sprengt den Beton ab. Dadurch sind mehrfach schwer reparable Schäden entstanden, welche die Tragfähigkeit gefährden können.

Grundsätzlich ist festzustellen, daß alle Reaktionen nur in Gegenwart von Wasser, gegebenenfalls auch in Dampfform, vor sich gehen und durch erhöhte Temperatur beschleunigt werden. Außerdem entwickeln sich die Schäden um so rascher, je leichter das aggressive Substanzen enthaltende Wasser in das Innere des Betons eindringen und dadurch die Angriffsfläche vervielfachen kann. Poröse Struktur, wie sie Stampf- und Gußbeton aufweisen, fördert mithin die rasche Zerstörung von Beton in aggressivem Grundwasser. Frisch in aggressives Wasser gebrachter Beton (Bohrpfähle, Unterwasserbeton) muß daher besonders dicht sein.

Man soll ferner aggressive Wässer wenigstens einige Wochen vom jungen Beton fernhalten, bis dessen fortgeschrittene Hydratation ihn weniger empfindlich macht. Zum Beispiel sollen Rammpfähle möglichst schon einige Monate alt sein, ehe man sie einschlägt. Schließlich kommt es darauf an, wie rasch die Substanzen, die mit Betonbestandteilen reagieren, ständig neu herangeführt werden. In stark lehmigem Boden ist aggressives Grundwasser weniger zu fürchten als in grobem, sauberem Kies, da es in diesem rascher strömt. Einmalig vorhandene Mengen in der üblichen Konzentration setzen so geringe Mengen des Zementes um, daß keine Schädigung eintritt.

Vor allem ist es der lose gebundene Kalk des Zementes, der durch Säuren gefährdet wird. Die Frage nach der schädlichen Konzentration von Säuren hängt daher außer von der Zementsorte und deren CaO- bzw. C_3A-Gehalt auch, wie erwähnt, stark von der Verarbeitung des Betons ab, so daß nur ungefähre Werte angegeben werden können. Außerdem ist auch eine gegenseitige Unterstützung der Wirkung verschiedener freier Säuren bzw. Salze festgestellt worden. Für einen normalen Portlandzement gelten nach [24.8] und DIN 4030 (69) in etwa die in der Tabelle zusammengestellten Werte.

Bei der Kohlensäure ist in der Wasseranalyse zu unterscheiden zwischen unschädlichem in Karbonaten gebundenem, in Bikarbonaten halb gebundenem, freiem (gelösten) und aggressivem CO_2.

Wie können wir den Beton gegen aggressives Wasser schützen [28]? Ein *absoluter*

Aggressivität	Schwach	Stark	Sehr stark
pH-Wert (7: neutral, > 7: alkalisch)	6,5 ... 5,5	5,5 ... 4,5	< 4,5
SO_4 (Sulfat)	200 ... 600	600 ... 3000	> 3000 mg/l
CO_2 (aggressive Kohlensäure)	15 ... 30	30 ... 60	> 60 mg/l
$KMnO_4$-Verbrauch			
(Reagenz auf organische Stoffe, Humus)	< 25	> 30	mg/l

Schutz wird nur durch vollständiges Abhalten des Wassers erreicht. Praktisch läßt sich aber auf Jahrzehnte hinaus nach unseren heutigen Erkenntnissen auch ein benetzter Beton hinreichend schützen.

(a) Primär und von überwiegender Bedeutung ist die Beschränkung des Angriffes auf die Oberfläche durch bestmögliche Dichtigkeit des Betons (vgl. 1.1.3), die durch gute Abstufung der Körnung (einschließlich Feinstkorn) und möglichst geringe Wasserbeigabe erreicht wird, entsprechend wie bei der Frostbeständigkeit (vgl. 5.1.1). Während für den Rostschutz bis w/z = 0,8 möglich ist, muß dieser Wert zur Erzielung von Wasserdichtigkeit bei dicken Baukörpern auf höchstens 0,65, bei dünnen auf 0,55 beschränkt werden. Letzterer genügt auch für den Frostschutz und bei schwachem chemischen Angriff. Bei starkem Angriff ist 0,45 einzuhalten.

Selbstverständlich ist der Frischbeton mechanisch möglichst gut zu verdichten und glatte Schalung zu verwenden. Bei werkmäßiger Herstellung von Fertigteilen gelingt es durch intensivste Verdichtung auf Rütteltischen mit w/z = 0,35 bis 0,38 auszukommen, wodurch besonders gute Widerstandsfähigkeit, z. B. von Eisenbahnschwellen gegen Atmosphärilien erreicht wird.

(b) Die Feinporen und Kapillaren des Zementleimes können durch Zusätze (Eiweißkörper, Kunstharze, Salze) verstopft werden, wodurch das Eindringen von Wasser und damit die Möglichkeit von Angriffen weiterhin etwas vermindert wird (sog. Sperrbeton) (vgl. 1.1.3d). Ein poröser Beton wird jedoch durch einen Zusatz *keinesfalls* dicht!

(c) Zusätzlich wählt man eine Zementsorte mit verringertem CaO- bzw. C_3A Gehalt, der bei PZ etwa 65% beträgt. Die Herabsetzung gelingt durch Ersatz des „Portlandklinkers" durch mindestens 60% Hochofenschlacke, um mittlerer Aggressivität zu begegnen. Widerstandsfähiger, insbesondere gegen Kohlensäure, sind Zemente mit 80% Hochofenschlacke (Hüttenzemente), wobei allerdings nicht alle Schlacken gleichwertig sind, da die Zusammensetzung der Zuschläge der Ofenführung und der Gangart des Erzes angepaßt wird.

(d) Bewährt haben sich auch die SiO_2-reichen Zusätze (Thurament, Braunkohlenasche, Puzzolan und Traß) zum Zement, die einen Teil des CaO binden und damit seine Empfindlichkeit gegen Säuren herabsetzen. Sie sind mit dem Zement vor der Beigabe innig zu vermischen und können mitunter, laut Zulassung, einen Teil des Zementes ersetzen.

(e) Die Industrie hat auch z. B. für Tiefbauarbeiten wie Bohrpfähle speziell sulfatbeständige Zemente (C_3A-frei) entwickelt, die aber nicht auch gegen Kohlensäure usw. widerstandsfähig zu sein brauchen. Eine Einzelberatung durch Prüfanstalten oder den Hersteller ist daher anhand von Wasserproben in Zweifels-

fällen sehr zu empfehlen. Die für die Untersuchung der Aggressivbeständigkeit ent-
wickelten verschiedenen Schnellprüfverfahren, z. B. die Anstedtprobe [29] oder die
Zerstörung sowie Säureaufnahme bei Einlagerung, sind noch umstritten und haben
leider noch nicht zu einer anerkannten Normprüfung wie für die anderen Eigenschaften des Zementes geführt. Aufschlußreich aber langwierig sind Einlagerungs-
versuche von Probekörpern in natürlichem, aggressivem Wasser [25.2].

(f) Durch eine besondere Dichtungsschicht wird der Beton noch besser geschützt
[Abdichtung von Bauwerken, B.Kal. 1977 II, S. 619].

Ein altbewährtes, billiges Mittel, selbst zur Auskleidung von Beizebehältern, ist
ein fetter Lehmschlag (Tonschicht), der auch auf der Außenseite von Fundamenten
gegen aggressives Grundwasser zweckmäßig ist. Er muß allerdings stets feucht
bleiben, da sonst Schwindrisse entstehen, die den Schutz aufheben.

Die Innenseite von Behältern dichtet man meist mit einem Zementputz, der von
Hand oder mit Druckluft im Spritzverfahren angeworfen wird und zweckmäßigerweise einen Erstarrungsbeschleuniger und eventuell Dichtungszusatz erhält (vgl.
1.1.4). Sein Mischungsverhältnis soll von dem des Wandbetons nur wenig abweichen,
um die Schwinddifferenz klein zu halten. Aus dem gleichen Grunde soll die Wand
möglichst frühzeitig, unbedingt jedoch *vor* einem eventuellen Vorspannen geputzt
werden.

Dichtungs- und Schutzanstriche gegen Bodenfeuchtigkeit werden auf die sehr
glatt geschalte oder geputzte Wand aufgebracht und sind in DIN 4117 (60) (Abdichtung gegen Bodenfeuchtigkeit) und DIN 4122 (68) (Abdichtung gegen Sickerwasser) geregelt. Bitumina werden gelöst in flüchtigen Mitteln oder als Emulsionen
verwendet. Beide geben dichte Filme; letztere sind erst wasserunempfindlich, wenn sie
und die Betonunterlage völlig getrocknet sind, wodurch erst die Emulsion „bricht".

Für Behälter, Bäder usw. werden Kunstharzanstriche (Polyacetatemulsionen,
Chlorkautschuklacke usw.) [30] viel verwendet, die jedoch erfahrungsgemäß oft
nach mehreren Jahren durch hindurchdiffundierende Feuchtigkeit [31] abzublättern
beginnen.

Mineralische Anstriche haben sich gegen Witterungseinflüsse als sehr haltbar
erwiesen (vgl. 1.13e). Ebenso wird durch Silikone oder durch Verkieseln der Betonoberfläche mittels in Wasser gelösten Fluaten ein Porenschluß erreicht und für
Kamine und Kühltürme angewandt. Eine weitere Möglichkeit ist die Verwendung
von Leinölfirnis (vgl. 5.1.1) oder von Paraffin, das heiß auf den trockenen Beton
aufgebracht werden muß.

Alle diese Anstriche bilden Dichtungshäute geringer Dicke, können aber im
allgemeinen im Beton entstehende Risse nicht überbrücken. Dünne Schichten sind
zudem leicht mechanischen Beschädigungen ausgesetzt, so daß sie nicht als Dauer-
schutz zu betrachten sind.

Die üblichen Bitumenanstriche von Baukörpern im Erdreich haben deshalb
zumeist nur die Aufgabe, den *jungen* Beton, der besonders empfindlich gegen
aggressives Grundwasser ist, zu schützen. Sie decken ja auch nur die Seiten, während
die Sohle dem Grundwasser ausgesetzt bleibt, da der Unterbeton („Sauberkeitsschicht") porös ist.

(g) Hochwertige, widerstandsfähige Beschichtungen mit Metallfolien (dünnen
Blechen) oder aufgespritzten Reaktionsharzen (Polyester- oder Epoxidharz, even-

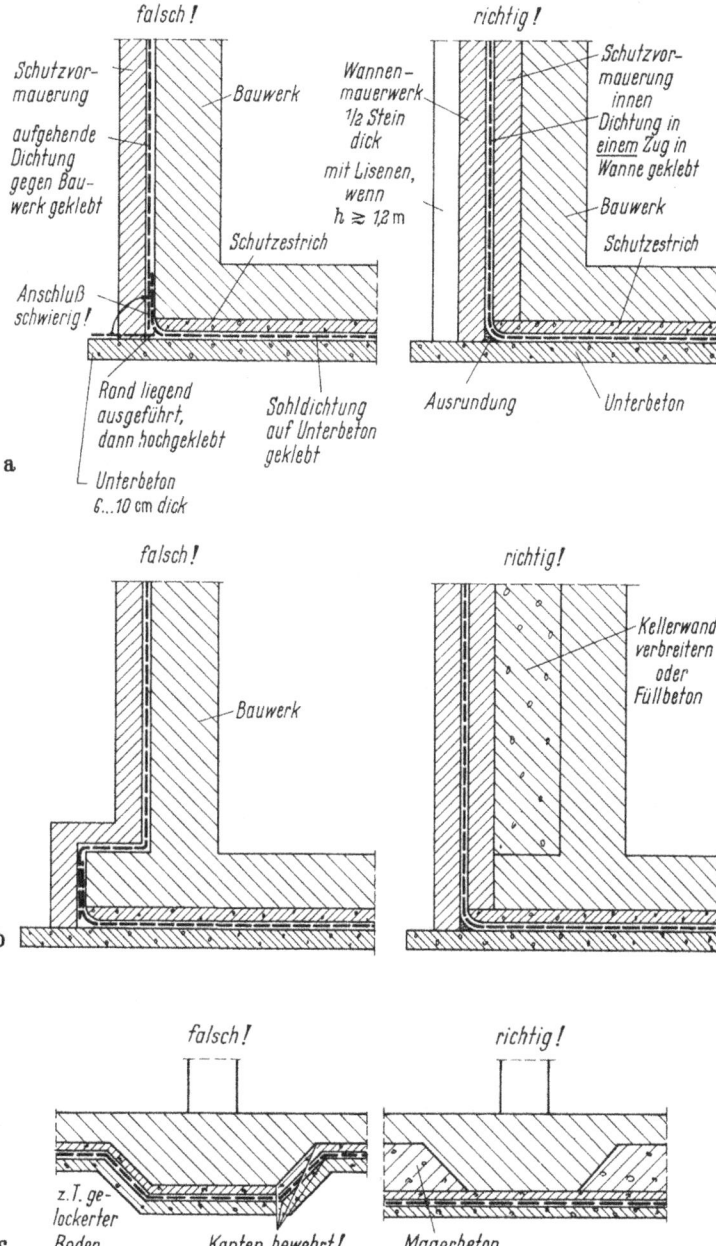

Abb. 5/1. Anordnung von Grundwasserdichtungen in einer „Wanne". **a** Wechsel der Klebung vermeiden; **b** Unterschneidungen vermeiden; **c** Sohlplatte mit Verteilgurt unter Stützenreihe. Kanten der Dichtung sind arbeitsaufhältig und gefährlich

tuell mit Glasfaserzusatz) werden neuerdings für Sonderzwecke (Behälter, Rohre, Reaktorgefäße) verwendet [32]. Sie vermögen auch nachträglich auftretende feine Risse zu überbrücken.

(h) Nur den Betonkörper ganz umhüllende Dichtungsschichten („Dichtungs-wanne") schützen ihn *vollständig* und dauerhaft, auch wenn er reißt, gegen drückendes, aggressives Grundwasser. Sie sind als mehrfach geklebte Bitumen-dichtungen nach AIB [33] und DIN 4031 (59) (Wasserdruckhaltende Abdichtungen) und DIN 18336 (65) sowie 18195 E (77) mit größter Sorgfalt auszuführen, da Schäden später kaum noch zu beseitigen, ja selbst schwer aufzufinden sind. Dazu gehört außer der eigentlichen Klebarbeit eine solide, glatte, trockene „Wanne" aus Beton oder geputztem Mauerwerk gegen die die Dichtung geklebt und so lange durch Absenken des Grundwassers gegen Druck von außen geschützt werden muß, bis das Bauwerk darin betoniert ist und Seitendrücke und Auftrieb (für Bauzustand besonders nachweisen) aufnehmen kann.

Durch einen 5 cm starken Estrich und $^1/_4$ bis $^1/_2$ Stein starke, satt angemauerte Wände (Putz ist kein voller Ersatz) muß die Dichtungshaut gegen Beschädigungen beim Bewehren und Betonieren des Bauwerkes geschützt werden (Abb. 5/1). Ich habe die Herstellung dieser Schutzschicht aus Garantiegründen stets von der Dich-tungsfirma überwachen lassen, wie überhaupt die Beaufsichtigung, mindestens Über-prüfung jeweils durch den folgenden Unternehmer zu empfehlen ist, da dieser für die Eignung des Untergrundes seiner Arbeit mithaftet [E/17.2]. Man kann auch die Dichtigkeit durch längere Wasserfüllung kontrollieren.

Anstelle der früher üblichen Pappen verwendet man heute vielfach bitumen-getränktes Glaswollevlies sowie Kunstharz- oder Metallfolien allein oder zwischen Papplagen, da sie dauerhafter sind. Es ist unbedingt dafür zu sorgen, daß durch Hinterfüllen der Wanne die Dichtungsschicht an das Bauwerk gepreßt wird.

Schon beim Entwurf von Bauwerken, die ins Grundwasser tauchen, ist auf größte Einfachheit der Umrisse zu achten, da alle Kanten und Kehlen schwierig zu kleben sind. Es darf nicht abwechselnd von außen und von innen geklebt werden, um die Seitenwände der Wanne zu sparen; ebenso ist das Unterschneiden von Dichtungs-flächen zu vermeiden.

5.3 Hitze und Feuer

Beton ist bei gleichmäßiger Erwärmung widerstandsfähig bis etwa 500 °C. Dann beginnt sich sein Gefüge zu lockern, da die Wärmedehnung von Zementleim und Zuschlägen verschieden ist und außerdem Quarz durch Wasserabgabe bei 575 °C und noch vorhandenes Kalziumhydroxyd bei 535 °C zerfällt (vgl. Abb. 1.3/15) [41]. Allerdings ist die Schädigung stark von Zement- und Zuschlagart sowie dem Wasser-gehalt abhängig (Abb. 5/2a und b). Beton mit aus dem Feuer kommenden Zu-schlägen (Basalt, Schamotte, Ziegelsplitt, Blähton) und Sonderzement verträgt noch höhere Temperaturen bis 1000 °C [42].

Bei plötzlicher hoher, von außen vordringender Erwärmung im Brandfall entstehen große Wärmespannungen und dadurch springen, von den·Kanten beginnend, bei Beton wie auch bei Naturstein, Schalen ab (vgl. 1.1.6) (Abb. 5/3). Je härter und spröder der Beton ist, desto mehr leidet er infolge seiner hohen Elastizitätszahl unter

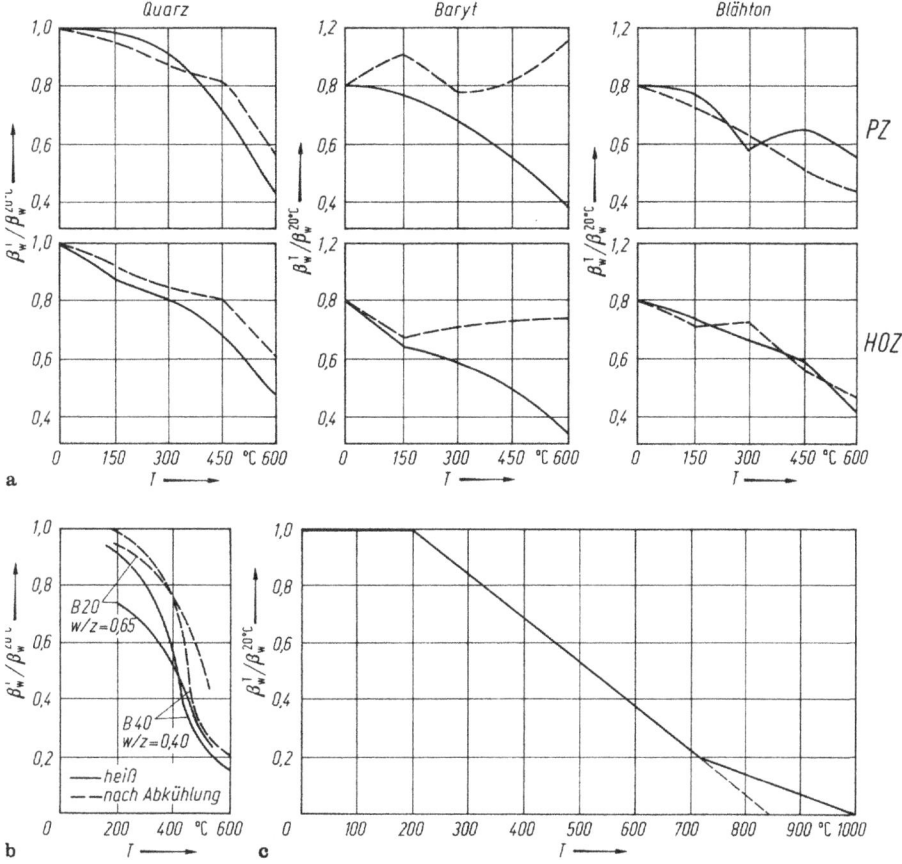

Abb. 5/2. Hitzeeinfluß auf die Druckfestigkeit von Beton. **a** Betone mit verschiedenen Zementen und Zuschlägen [41.3]; **b** Festigkeiten von Kiesbeton während und nach der Erhitzung [41.7]; **c** für die praktische Anwendung vereinfachter Verlauf [3/15, S. 39], gerechtfertigt durch die Streuungen der Versuche

Wärmedifferenzen. Diese geht bei steigenden Temperaturen stark zurück (vgl. 1.3.4), so daß die Verformungen bei Bränden zunehmen (vgl. Abb. 1.3/15). Eine weitere Ursache für die Abplatzungen ist das Verdampfen der meist im Beton noch enthaltenen Feuchtigkeit, wenn diese 2 % übersteigt [43].

Die Stahleinlagen leiden durch Hitze weitaus stärker (vgl. Abb. 3.1/5). Solange sie aber durch den deckenden Beton geschützt sind, bleibt ihre Gefährdung meist in erträglichen Grenzen. Eine enge Verbügelung, bei starker Brandgefahr eine besondere, feinmaschige Netzbewehrung nahe der Oberfläche verhindern Abplatzen der deckenden Betonschicht und schützen den Stahl, was besonders in dem Bereich einer Haftverankerung wichtig ist. Der Brandwiderstand von Bauteilen wurde durch Versuche und Analyse erforscht [44].

Aus dem Temperaturfeld eines Balkens 28/56 cm aus Kiesbeton bei „Normenerwärmung" (DIN 4102 (77), Teil 1 bis 3) bis 1000 °C (Abb. 5/4) [45] und der Beeinträchtigung der Stahleigenschaften durch Wärme (vgl. Abb. 3.1/5) kann man bereits

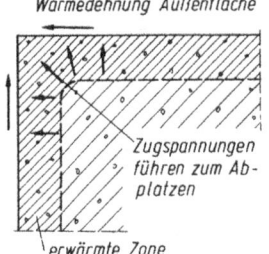

Wärmedehnung Außenfläche

Zugspannungen führen zum Abplatzen

erwärmte Zone

Abb. 5/3. Beton im Brandfall: Schalenbildung, beginnend von einer Kante

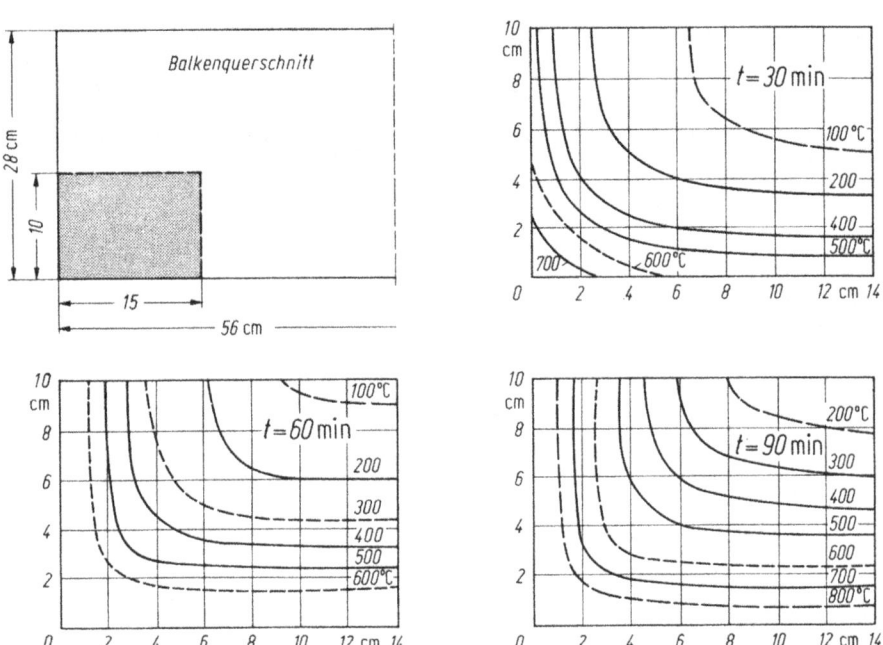

Abb. 5/4. Temperaturfeld (Isothermen) in der Ecke eines Rechteckbalkens aus Beton mit Rheinkies-Zuschlag bei Erwärmung gemäß DIN 4102, Teil 3 (77) auf 1000 °C nach *t* min. Für Platten können angenähert die Isothermen am rechten Rand des Ausschnittes zugrunde gelegt werden [45.2]. Für schmalere Balken vgl. Quelle

auf die Gefährdung der Bewehrung schließen. Das Temperaturfeld einer Platte kann demjenigen in der Mittelachse des Balkens gleich gesetzt werden.

Die Gefährdung des Stahles wird aber noch stark von der Art des Zuschlages beeinflußt (Abb. 5/5). Beton und Mörtel geringer Festigkeit, besonders Leichtbeton (vgl. Abb. 1.3/20b), leiten die Wärme schlechter und überstehen infolge ihrer starken Verformbarkeit hohe Temperaturdifferenzen besser als sehr fester Beton. Besonders Spannbetonbalken aus höchstwertigem Beton werden daher durch einen porösen Schutzputz von Kalkmörtel oder Zementputz mit leichten Zuschlagstoffen und Netzbewehrung wesentlich widerstandsfähiger gegen Brände [43.1].

Maßgebend für den Bestand ist aber nur das Verhalten des ganzen Tragwerkes [47]. Bei durchlaufenden Balken und Platten wird z. B. die Brandsicherheit be-

Abb. 5/5. Temperaturen T an der Stahloberfläche bei verschiedenen Überdeckungen $\ddot{U}$ cm durch Beton mit Zuschlag Rheinkies (R) oder Muschelkalk (M), abgeleitet aus [45.2] bei Beheizung nach DIN 4102 w. o.

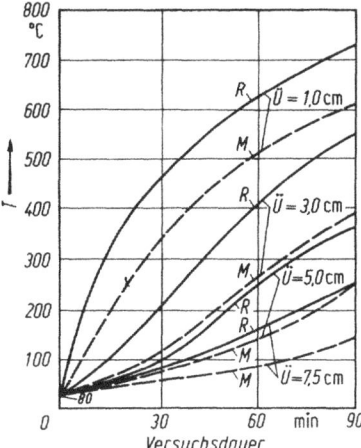

sonders durch eine genügend lange obere Bewehrung gesteigert, da diese im allgemeinen der Feuereinwirkung nicht so stark ausgesetzt ist wie die Feldbewehrung unten. Die Erfahrungen haben gezeigt, daß Stahlbeton-Skelettbauten sich auch bei Großbränden gut gehalten haben [48] und vielfach durch Aufbringen von bewehrtem Spritzbeton wiederhergestellt werden konnten (vgl. 3.2.3 Abb. 3.2/6 b) [49].

Beim Löschen von Bränden sollte man darauf achten, daß die Tragglieder nicht unmittelbar vom Wasserstrahl getroffen werden, denn der Beton springt durch plötzliche Abkühlung in Schalen ab und legt die Bewehrung bloß, was bei Balken den Bruch beschleunigt. Ein erfahrener Brandbekämpfer wird aber ohnehin nicht von oben in die Flamme spritzen, sondern dem Feuer von unten zu Leibe gehen. Pulver- und Schaumlöscher sind auch hinsichtlich der Erhaltung der Bauwerke dem Wasserstrahl vorzuziehen, um den Stahl nicht vorzeitig seines Schutzes zu berauben.

Bei den verschiedenen Konstruktionsteilen brandgefährdeter Bauten werden Schutzmaßnahmen (DIN 4102 (77), Teil 4 bis 7 und DIN 18230 E (68)) gefordert. Hinweise auf konstruktive Maßnahmen findet man in [50]. Neben der DIN 4102 sind noch die Brandvorschriften der Länder in der jeweiligen LBO (Landesbauordnung) zu beachten. Ferner sind Richtlinien der EG und ISO in Arbeit, die wiederum ihren Niederschlag in unseren Vorschriften finden werden.

Außer durch Wärmeeinwirkung wird die Bewehrung bei Bränden von PVC-Gegenständen in Lagerhäusern o. dgl. durch entstehende Chlorgase gefährdet, die in den Beton eindringen [51]. Der Beton selbst wird dabei kaum geschädigt. Je nach Porosität dringen die Gase im allgemeinen etwa 1 cm in den Beton ein, nur bei höherer Cl-Konzentration oder langer Einwirkung mehr, und können dann Stahlkorrosion verursachen.

Abplatzungen der Betondeckschicht durch Brände können in vielen Fällen repariert werden, wenn der Beton im Inneren noch „gesund" ist und der Stahl nicht geschädigt wurde (vgl. Abb. 3.1/5). Im Zweifelsfall sind Beton- und Stahlproben zu entnehmen und zu prüfen. Die Schutzschicht für den Stahl kann wie in 3.2.3 geschildert wiederhergestellt werden.

Beton schmilzt bei Temperaturen von etwa 1600 °C. Hierauf beruht das Schmelzbohrverfahren, bei dem entsprechende Temperaturen durch ein verbrennendes dünnes Stahlröhrchen, in dem reiner Sauerstoff zugeführt wird, erzeugt werden. Die Bewehrung ist hierbei kein Hindernis. Mit dieser Sauerstofflanze [52] können auch Balken, Stützen und Wände zertrennt und so Stahlbetonbauwerke ohne Lärm und Belästigung der Umgebung, wie er bei Anwendung von Druckluftmeißeln und Sprengstoff auftritt, abgebrochen werden [53].

6 Fugen im Beton

Bei allen Bauwerken muß sich der Konstrukteur Gedanken darüber machen, welche Verformungen auftreten und in welchem Maße sie durch andere Bauteile behindert werden. Nicht die Verformungen des Betons sind der Anlaß zu Schäden, sondern deren *Behinderung* (innerer oder äußerer Zwang). Aus Aktion und Reaktion läßt sich die Größe der dadurch auftretenden Zwangskräfte abschätzen, die für die Unterteilung des Tragwerkes durch Fugen maßgebend sind, um Schäden zu vermeiden. Die Behinderungen sind eine Funktion der Abstützung, deren Ausbildung sich nach den Ansprüchen richtet, die man an das Bauwerk im Rahmen der wirtschaftlichen Möglichkeiten stellt [1] (vgl. „Lager" B 7).

Die durch Behinderung der Eigendehnungen des Betons entstehenden Spannungen hängen von der Elastizitätszahl E sowie der Wärmedehnzahl α_T (vgl. 1.3.4) und dem Schwindmaß ε_s (vgl. 1.3.3) ab. Bei voller Behinderung entsteht durch Temperatur- oder Schwinddehnung die Spannung $\sigma_T = \alpha_T TE$ bzw. $\sigma_s = \varepsilon_s E$.

Diese Zusammenstellung von Mittelwerten soll die entstehenden Zwangsspannungen σ_t und σ_s im Verhältnis zur Zugfestigkeit β_Z zeigen. Betonbauwerke müssen danach in weitaus geringerem Abstand durch Dehnungsfugen unterteilt werden als z. B. Ziegelwände. Besondere Vorsicht ist geboten bei der schubfesten Verbindung von Stoffen mit verschiedener Wärmedehnung, die zu gleicher Dehnung gezwungen sind.

6.1 Abstand der Fugen

Grundsätzlich sind Fugen in Verkehrsflächen unerwünscht und auf das notwendige Minimum zu beschränken, da sie einerseits die Ausführung behindern und andererseits ihre Kanten im Gebrauch empfindliche Punkte darstellen, die später Unterhaltungsarbeiten verursachen. Bei Brücken sind daher heutzutage selbst auf mehrere 100 m Länge keine Unterbrechungen mehr zu finden, um die zugehörigen Fugenübergangskonstruktionen zu vermeiden, die Kosten, Stöße und Unterhaltungsarbeiten verursachen. Man nimmt lieber größere Verschiebungswege an den Endlagern in Kauf. Für die Fugenteilung von Betonbauten kann die Tabelle als erster Anhalt dienen (vgl. auch [1.3/1.2, S. 319]).

Abb. 6/1 zeigt ein gelungenes Beispiel des Hochbaues mit fugenloser Dachkonstruktion extremer Länge durch Auflagerung auf sehr elastischen Stützen. Den in einem Stockwerkbau nach unten abnehmenden Dehnungen entsprechend kann man die Fugen staffeln (Abb. 6/2).

Baustoffe	E N/mm²	$\alpha_T \cdot 10^{-6}$	σ_T für $T = 10$ K N/mm²		ε_s °/oo	$\sigma_s = \varepsilon_s E$ N/mm²	β_Z N/mm²	σ_T/β_Z	σ_s/β_Z
Stahl	210000	12	25,2	≙ 840%	—	—	> 240	0,1	—
Beton B25	30000	10	3,0	≙ 100%	0,30	6,0	3,0	1,0	2,0
Bruchsteinmauerwerk	15000	8	1,2	≙ 40%	0,05	0,75	6,0[a]	0,2	0,13
Klinkersteinmauerwerk in Zementmörtel	10000	5	0,5	≙ 17%	0,05	0,50	3,0[a]	0,15	0,17
Kalksandsteinmauerwerk desgl.	7000	9	0,63	≙ 26%	0,25	1,75	2,0[a]	0,32	0,88
Ziegelsteinmauerwerk in Kalkmörtel	≈ 5000	7	0,35	≙ 12%	0,03	0,15	1,0[a]	0,15	0,15
Bimsbeton	≈ 2000	10	0,20	≙ 7%	bis 0,3	0,60	0,5[a]	0,12	1,20

[a] Hängt stark vom Mörtel und Steinverband ab.

Behinderung	Stark		Mittel		Gering		Beseitigt
Bauwerk	Stützmauern auf				Hochbauten mit		Binder und Brücken
	Fels		Kies		steifer	elast.	auf verschieblichen Lagern
	unbew.	bew.	unbew.	bew.	Unterkonstruktion		
Fugenabstand[a]	5 … 10		10 … 15		15 … 20	30 … 40 … 60	mehrere hundert Meter[b]
Sonderfälle	Flachdachplatten auf Mauerwerk				Fundamentplatten		
	ohne		mit[c]		(T und ε_s klein)		
	Wärmedämmung[d]						

[a] Angenäherte Werte.
[b] Begrenzt nur durch den Verschiebungsweg.
[c] Und mit Gleitfugen.
[d] Vgl. DIN 18530 (54).

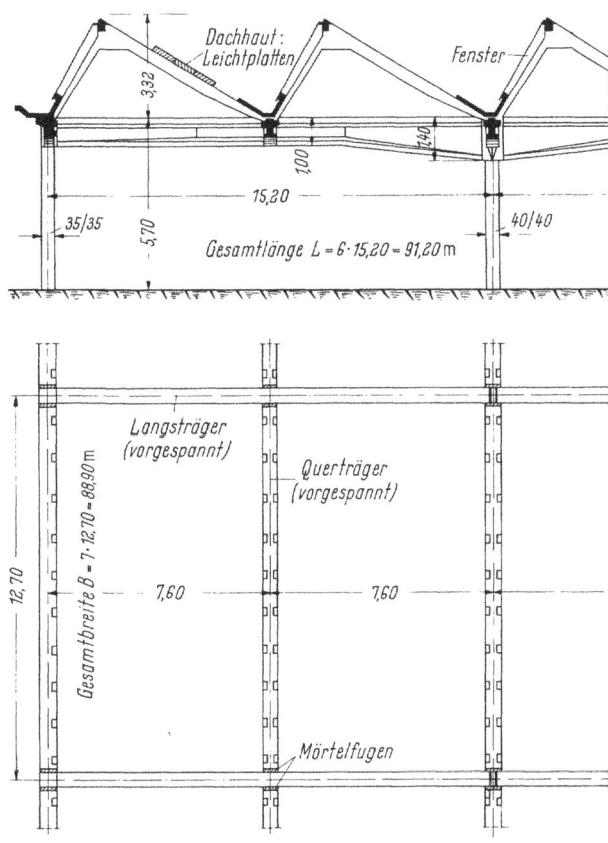

Abb. 6/1. Halle über Grundfläche 90×90 m ohne Fugen, da Abstützung sehr elastisch und Schwindmaß durch Aufbau aus Fertigteilen vermindert

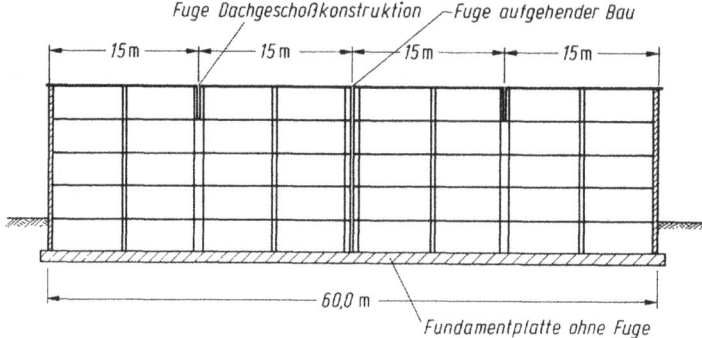

Abb. 6/2. Staffelung der Fugen in einem Skelettbau entsprechend der verschiedenen Erwärmung und Schwindung der Platten

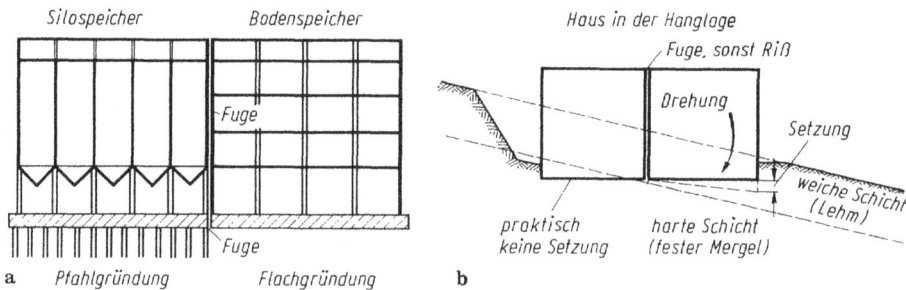

Abb. 6/3. Fugen zwischen Bauteilen, die sich verschieden setzen. **a** Infolge verschiedener Gründungsarten bei einem Speichergebäude; **b** infolge wechselnder Bodenverhältnisse bei einem Wohnhaus

Auf die nötige Unterteilung von Mauerwerk durch Fugen weist DIN 1053 (74), Blatt 1, 7.3.1 hin (Text und Lit. hier zu [1.3/52.3, S. 564]). Bei Grundstücksmauern von 2 bis 3 m Höhe auf Betonfundamenten habe ich schon klaffende Risse im Abstand von 3 m bei unbewehrten Betonwänden, im Abstand von 8 m bei Kalksandsteinwänden, im Abstand von 10 m bei Bimssteinwänden gefunden!

Fugen werden ferner notwendig

— bei Wechsel der Gründungsart oder der Bodenverhältnisse wegen zu erwartender Setzungsdifferenzen (Abb. 6/3);
— bei brandgefährdeten Bauten: Nach DIN 1045, 14.4.2: Fugenabstand $a < 30$ m, -breite $a/1200$;
— bei Bergsenkungen (vgl. Bd. II B, 3.6);
— zur Lokalisierung von Erschütterungen (vgl. Bd. II B, 2.2.4).

Ist es unerwünscht, Dauerfugen auszubilden, so begnügt man sich mit Schwindfugen, die nach etwa 2 bis 3 Monaten (möglichst spät) geschlossen werden. Dann hat sich ein erheblicher Teil des Schwindens ausgewirkt. So unterteilt man etwa eine Geschoßdecke in Abschnitte von 20 bis 25 m Länge oder eine Stützmauer in solche von etwa 15 m (Abb. 6/4). Die Bewehrung muß an diesen Stellen unterbrochen und durch Überdecken gestoßen werden; die Anschlußstellen sind gut aufzurauhen (vgl. 1.1.5) und zu verzahnen.

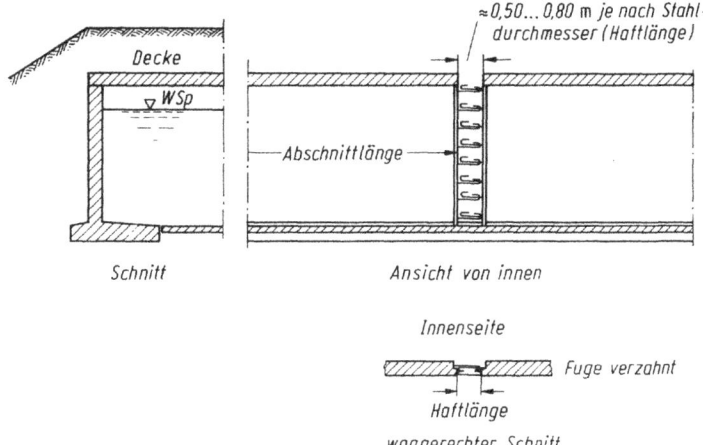

Abb. 6/4. Baufuge in einer unten eingespannten Behälterwand; Abschnitte 10 bis 15 m lang

Die oben tabellarisch angegebenen Richtwerte für a lassen sich im Einzelfall rechnerisch wie folgt festlegen:

(a) *Durchgehend* auf dem Baugrund *aufliegende Bauteile* (Straßendecke, Stützmauer Abb. 6/5): Die Zugkraft infolge Schwindens und Abkühlens ist $Z = ga\mu_R/2$ ($g = A\gamma$ [kN/m^2]: Eigenlast, γ [kN/m^3]: Wichte, $\mu_R = \tan\varphi$, $\varphi \cong 45°$, $\mu_R = 1,0$). Die Kraft Z kann im vorliegenden Falle genügend genau zentrisch im Querschnitt A wirkend angenommen werden, da eine Krümmung des Bauwerkes im allgemeinen unverträglich mit der Stützung ist. Sie wird durch die zulässige Zugspannung σ_Z des Betons begrenzt. Man erhält somit aus $a = 2Z/g\mu_R$ mit $Z = A\sigma_Z$: $a = 2\sigma_Z/g\mu_R$ z. B. für eine unbewehrte Wand ($\sigma_Z = 0,2$ N/mm$^2 = 200$ kN/m^2, $\gamma = 25$ kN/m^3) $a = 16$ m. Die oben angegebenen kleineren Werte von a gelten bei rauhem, felsigem Baugrund, wo ein Gleiten nicht möglich ist, sowie bei Auflagerung auf einem früher betonierten Fundament. Dann ist die Festhaltung des unteren Randes so starr, daß Risse in der Wand nicht zu vermeiden sind und nur durch eine Bewehrung in der unteren Wandzone verteilt und dadurch fein gehalten werden können (vgl. B 6.3.2.2).

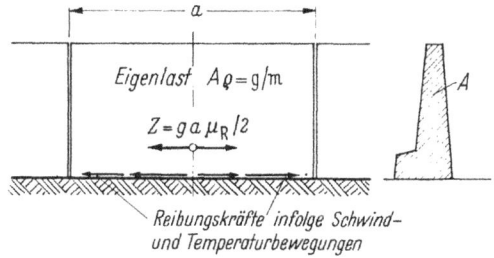

Abb. 6/5. Längskräfte infolge behinderter Dehnungen in einem durchgehend aufgelagerten Baukörper. Reibungszahl $\mu_R \cong 1,0$ bis 1,5 und höher je nach Rauhigkeit der Sohle (Formverbund, Verzahnung)

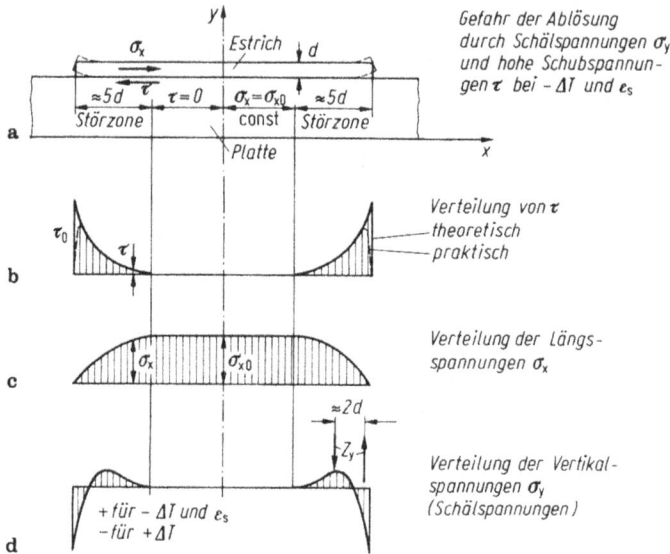

Abb. 6/6. Beanspruchung eines Estrichs auf einer starren Unterlage [3]. **a** Estrich, schwindend um $\varepsilon_s = 0,2^0/_{00}$; $E_b = 30\,000$ N/mm^2; $\sigma_{x0} = \varepsilon_s E_b = 0,2^0/_{00} \cdot 30\,000 = 6$ N/mm^2; **b** Schubspannungen τ parabolisch verteilt über die Störzone $5d$ [3]. Angenähert ist $^1/_3 \tau_0 5d = Z_x = \sigma_{x0}d$; $\tau_0 = 0,6\sigma_{x0} \cong 3,6$ N/mm^2; **c** Längsspannungen σ_x: mit Kriechabbau ($\varphi = 2$) ist $\sigma_x \cong \sigma_{x0}/(1 + \varphi) = 6,0/3 \cong 2,0$ N/mm^2; **d** „Schälkräfte" $Z_y = Z_x(d/2) \cdot 2d = Z_x/4 = \sigma_x d/4 \cong 25$ N/mm.
Die Länge der Störzone weicht von derjenigen in B 6.3.3.2 ab, da in [3] ebenbleibende Querschnitte vorausgesetzt wurden, während in B 6.3 die Schubverformungen berücksichtigt sind.

Ähnliche Erwägungen erfordert die Frage, ob es gelingt, einen Zementestrich auf einer Betonplatte rissefrei zu halten, indem man ihn durch Fugen unterteilt. Zunächst wird man die Schwinddifferenz tunlichst klein halten, indem man die Zementbeigabe beider Schichten sowie den Zeitpunkt der Herstellung soweit als möglich angleicht und den Estrich mindestens 7 Tage feucht hält. Außerdem läßt sich der Verbund zwischen Neu- und Altbeton durch Haftmittel, am wirksamsten durch Imprägnieren mit Epoxidharz, [2] verbessern. Denn in Betonschichten verschiedenen Alters und Zusammensetzung, die fest miteinander verbunden sind, entstehen Zwängungen, die Risse verursachen können.

Grundsätzlich ist festzustellen, daß die Verbundspannungen sich an den Enden konzentrieren (vgl. Abb. 3.2/4) und, sofern es sich um Schichten etwa gleicher Dicke handelt, zu Verbiegungen führen. Ist die eine Schicht wesentlich dicker, so daß sie gegenüber der dünneren als starr betrachtet werden kann, entstehen in dieser durch Schwinden Schub- und Zugspannungen (Abb. 6/6), die wegen der Kürze der Störzonen Fugenabstände vom etwa 10fachen der Dicke erfordern würden, was bei Zementestrichen nicht ausführbar ist.

Dieselbe Problematik liegt bei starren Belägen (Klinker) auf Betondecken vor, bei denen außerdem die verschiedenen Wärmedehnzahlen von Belag und Beton eine Rolle spielen und Risse aus Temperaturdifferenzen verursachen können, da die Stoffwerte erheblich voneinander abweichen (Tabelle).

	E N/mm^2	α_T $\cdot 10^{-5}$	ε_s $^0/_{00}$
keramische Platten	40 000	0,4	0
Kitt, z. B. Phenolharz	6 000	2,5	1,5
Zementmörtel	20 000	1,4	0,8
Stahlbeton	30 000	1,0	0,4

(*b*) *Auf Stützen aufliegende Decke* (Abb. 6/7). Beispiel: Das Trägheitsmoment des Riegels wird ungünstigerweise angenähert als groß gegenüber dem der Stützen angenommen. Dann ist die Biegespannung in der Endstütze $\sigma = 3Ed\delta/h^2$. Mit $\delta = \varepsilon a/2$ (ε aus Temperaturänderung und Schwinden) ist $a = \sigma h^2/1,5Ed\varepsilon$. Beispielsweise seien $h = 4,0$ m, $d = 0,4$ m, $E = 20000$ N/mm^2, $\varepsilon = 0,4\,^0/_{00}$ und die Einhaltung von $\sigma = 4,0$ N/mm^2 erwünscht. Daraus folgt, $a \cong 14$ m. Mit Rücksicht auf die Elastizität des Riegels könnte man $a \cong 20$ m wählen. Auch die Berücksichtigung von Stadium II (gerissene Zugzone) der Stützen vermindert deren Steifigkeit und Widerstand, ergibt daher größere Werte von a (vgl. B 2.1).

Bei Tragwerken, die aus Stahlbetonfertigteilen montiert werden, wird das Schwindmaß ε_S kleiner, da beim Einbau ein Teil des Schwindvorganges, je nach Lagerungszeit und -art $^1/_2$ bis $^2/_3$, abgeschlossen ist. Die Fugenabstände können also in diesem Fall größer sein. Sind die Teile vorgespannt, so tritt eine zusätzliche Verkürzung durch Kriechen auf, die in der Größenordnung von 0,2 bis 0,5$^0/_{00}$ liegt (vgl. B 7.2).

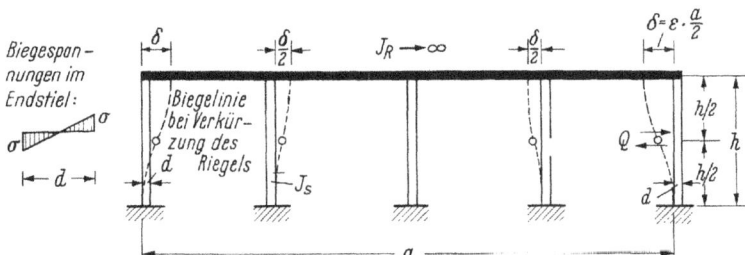

Abb. 6/7. Überschlag des Fugenabstandes für eine Decke auf Stützen mit Rücksicht auf deren Biegespannungen im Stadium I (ungerissen)

6.2 Herstellung und Ausbildung der Fugen

Obwohl im allgemeinen (außer im Brandfalle) nur ein Öffnen der Fugen zu erwarten ist, kann bei einer Temperatursteigerung kurz nach der Herstellung vor dem Schwinden aber auch ein „Wachsen" des Tragwerkes eintreten. Es muß deshalb auch eine Verringerung der Fugenbreite möglich sein. Eine Arbeitsfuge mit Pappeinlage genügt also meist nicht. Nur sehr weiche Faserplatten, Schaumplatten oder bituminierte Pappen mit gewellter Einlage sind brauchbar. Man überzeuge sich gewissenhaft, daß diese Einlagen beim Betonieren nicht beschädigt werden. Beispielsweise entstanden ärgerliche Schäden (ähnlich II A, Abb. 3/35) am Mauerwerk von 80 m langen Reihenbungalows, obgleich das Flachdach alle 12 m eine 1 cm breite Fuge erhalten hatte. Deren Wirkung war aber durch einige Betonbrücken von nur etwa 1 dm² Größe, die durch Beschädigung der Styroporeinlagen beim Betonieren entstanden waren, vollständig ausgeschaltet worden, so daß die volle Dehnlänge von 80 m wirksam wurde.

„Raumfugen" können auch durch Anbringen einer leicht entfernbaren Putzschicht (z. B. gipsgebundene Sägespäne), breitere Fugen mittels Holz- oder Plattenschalung hergestellt werden, am billigsten durch Einlegen von Schaumstoffkörpern, die mit flüchtigen Lösungsmitteln schnell entfernt werden können.

Auf die Ausbildung der Fugen ist große Sorgfalt zu verwenden, da Schäden später kaum zu beheben sind.

6.2.1 Anordnung der Fugen

(a) Bei Deckenplatten werden Trennfugen *parallel* zur Tragrichtung durch Arbeitsfugen gebildet und mit einer Einlage (einfache, besser doppelte Bitumenpappe oder Gleitfolie) versehen.

Senkrecht zur Tragrichtung sind querkraftübertragende Fugen nur bei größeren Plattendicken möglich (Abb. 6/8a), da die Abkröpfungen zur Übertragung der Querkraft als Konsolen sorgfältig zu bewehren sind (vgl. B 4.7). Wirkungsvolle

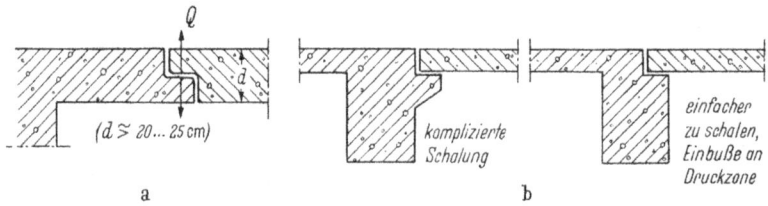

Abb. 6/8. Fugenanordnung in Platten senkrecht zur Tragrichtung. **a** Bei größerer Plattendicke wie „Gerbergelenk" ausgebildet; **b** bei geringerer Plattendicke $d < 24$ cm

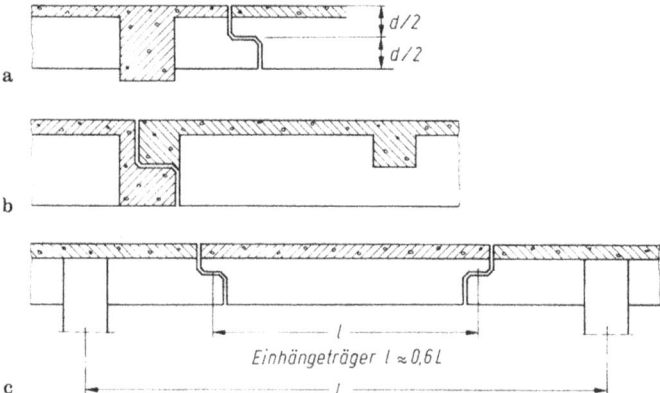

Abb. 6/9. Fugenanordnung in Balken. **a** Fuge parallel zur Tragrichtung der Platte; **b** Fuge senkrecht zur Tragrichtung der Platte; **c** Doppelfuge zum Ausgleich größerer Setzungsdifferenzen benachbarter Bauteile (Ausbildung der Konsolen vgl. B 4.7)

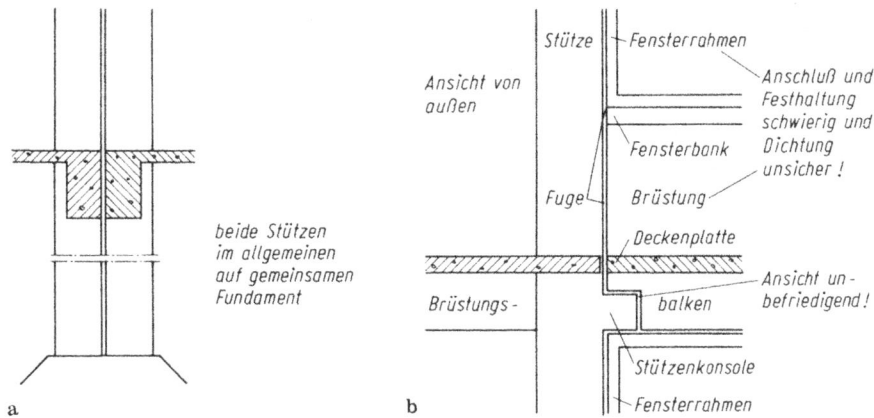

Abb. 6/10. Dehnungsfugen an Stützen. **a** Ausbildung von Doppelstützen (vorzuziehen); **b** einfache
Stützen mit Konsolen. Die Ansicht der „springenden" Fuge wird als unbefriedigend empfunden
und ihre Dichtigkeit ist schwer herzustellen

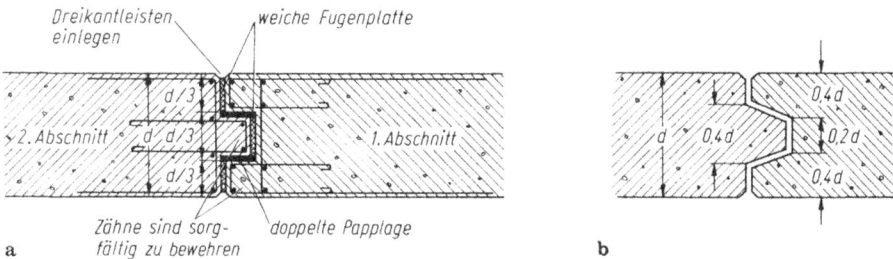

Abb. 6/11. Verzahnung einer Mauer, um die Flucht aufrechtzuerhalten. Doppelte Papplage o. ä.
in den Berührungsflächen in Mauerlängsrichtung. **a** Bei größerer Wanddicke ($d > 50$ cm) recht-
eckige Verzahnung; **b** bei geringerer trapezförmige: Widerstandsfähiger, aber nur bei kleiner Längs-
verschiebung brauchbar, sonst Querverschiebung möglich

Führung und ordnungsgemäße Überdeckung der Bewehrung erfordern mindestens
12 cm Konsolenhöhe (Plattendicke 25 cm). Dünne Platten (Abb. 6/8b) sind verschieblich auf Balken aufzulegen.

(b) In Balken werden Konsolen ausgebildet (Abb. 6/9), je nach Spannrichtung
der Deckenplatte ohne oder mit Randbalken. Sind gegenseitige, wesentliche Setzungen
der getrennten Bauteile zu erwarten, ordnet man ein Einhängefeld an (Abb. 6/9c).

(c) Bei Stützen ist die Aufspaltung in Doppelstützen entschieden vorzuziehen
(Abb. 6/10a). Die Konsolanordnung (Abb. 6/10b) führt zu Schwierigkeiten des
Fenster- oder Mauerwerkanschlusses im beweglichen Feld, sowie zum „Springen"
der Fuge.

(d) In Wänden genügen ebene Fugen nur bei festem Baugrund oder wenn die
benachbarten Abschnitte auf einer durchlaufenden Unterkonstruktion stehen. Sind
sie jedoch getrennt fundiert, so sind unterschiedliche Setzungen und Neigungen
stets möglich. Dann ist eine bewehrte Verzahnung vorzuziehen (Abb. 6/11), die
das Fluchten der Wand gewährleistet.

6.2.2 Fugenschutz und -dichtung

(a) Deckenplatten im Hochbau. Rechtwinklige Betonkanten sind stets beim Ausschalen und durch Verkehr gefährdet; daher sollten sie mittels Dreikantleisten abgefast werden. Bei größeren Verkehrslasten sind verankerte Kantenschutzwinkel nötig (Abb. 6/12), die erst *nach* dem Erhärten des Betons zu verlegen sind, denn für eine genaue Lage (1 bis 2 mm) in Grund- und Aufriß genügt ihre Befestigung an der Schalung nicht (Toleranzen 10 bis 20 mm). Einen einfachen Schutz gegen Verschmutzung zeigt Abb. 6/13. Die Wasserabdichtung einer Deckenfuge erreicht man mit einer Blech- oder Kunststoffüberdeckung (Abb. 6/14a). Über Dachfugen wird die Deckung meist wellenförmig hinweggezogen (Abb. 6/14b).

(b) Fugen von Brückenplatten. Fugen von Brückenplatten erfordern eine sorgfältigere Ausbildung, da hier größere Bewegungen und Lasten auftreten [B.Kal.

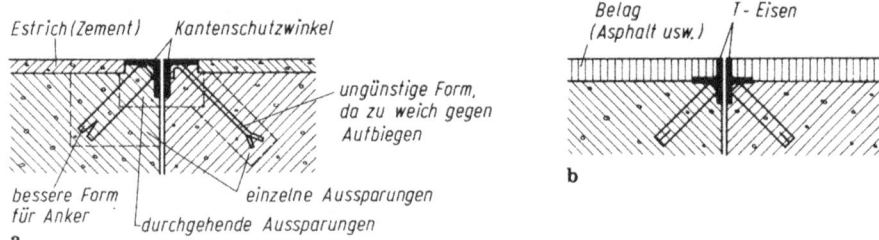

Abb. 6/12. Kantenschutz an Deckenfugen mit Stahl- oder Kunststoffprofilen. **a** Sichtbare Winkel; **b** versenkte Anordnung für größere Belagstärke

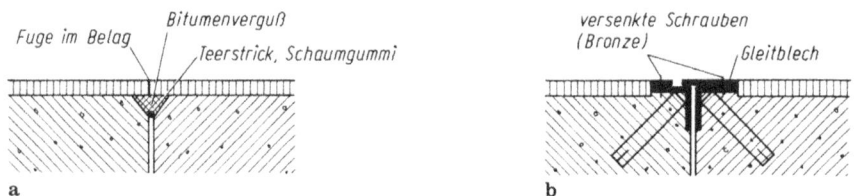

Abb. 6/13. Schutz gegen Verschmutzung, nicht wasserdicht. **a** Bei kleinen Verschiebungen (über festen Auflagern); **b** bei größeren Verschiebungen

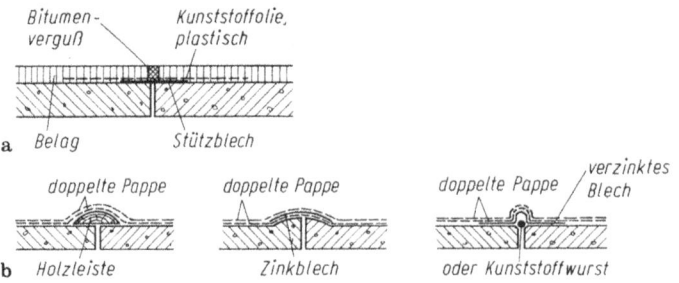

Abb. 6/14. Wasserdichte Fugenüberdeckung. **a** Für Deckenplatten; Folie darf auf Stützblech nicht festgeklebt werden, um genügend Dehnlänge verfügbar zu haben; **b** für Dachplatten mit durchlaufender Eindeckung (Bitumenpappe, Kunststoffolien o. ä.)

1975, II, S. 982]. Fugen in Fußwegkragplatten sollten stets zuverlässig gedichtet werden (Abb. 6/15), um die Verschmutzung der Hauptträger zu vermeiden. In Fahrbahnplatten haben freiliegende Schleppbleche nicht befriedigt, da sie beim Befahren klappern. Versteckte (Abb. 6/16a) oder federnde Schleppbleche (Abb. 6/16b) sind für mittlere Verschiebungswege geeignet, erfordern aber eine Entwässerungsrinne. Diese wird bei auswechselbaren Gummiplattendichtungen (Abb. 6/16c) erspart. Für große Verschiebungswege verwendet man Fingerplatten (Abb. 6/16d) oder Schlauchquetschdichtungen (Abb. 6/16e), die durch die Anzahl der Lamellen dem Auszug angepaßt werden sowie andere Bauarten [4]. Manche Verwaltungen bevorzugen bestimmte Normalien. Auch die Kataloge der Hersteller bieten viele Varianten.

(c) Stützen und Wände. Im Hochbau genügt meist die Ausfüllung von Fugen in Stützen und Wänden mit Weichplatten oder Steinwolle. Der Putz darf nie darüber durchlaufen, da er unweigerlich reißt. Auf der Außenseite von Gebäuden werden die Fugen ungern gezeigt und daher überdeckt (Abb. 6/17), z. B. mit Abfallrohren oder mit Lisenen, da eine Fuge in einer einspringenden Ecke nicht auffällt.

Eine sichtbare Abdeckung mit Profilblechen oder die Einlage von federnden Kunststoffprofilen gibt eine klare Abtrennung der Bauabschnitte und verbirgt auch die bei Putz und Ortbeton häufig „angefressenen" Kanten. Große Sorgfalt erfordert die Ausfüllung von Fugen zwischen Fertigteilen [5]. Die hierzu vielfach benutzten „dauerelastischen" oder „dauerplastischen" Kitte aus verschiedenen Kunststoffen haben nach meiner Erfahrung oft nicht den Erwartungen entsprochen, weil sie sich mit der Zeit an einer Seite oder abwechselnd rechts und links ablösen, da sich die meisten Fugen durch Schwinden verbreitern. Es bleibe dahingestellt, ob diese Erscheinung, die das Eindringen von Regen ermöglicht, auf Versprödung der ja noch nicht über längere Zeiträume erprobten Stoffe oder auf mangelhafte Ausführung (schlechte Haftung durch ungenügende Säuberung und Vorbehandlung der Fugenränder) zurückzuführen ist: Jedenfalls kann man an diese zwar billige Fugenausfüllung keine allzu hohen Ansprüche hinsichtlich Haltbarkeit stellen. Die Anforderungen an Fugendichtungsmassen sind in DIN 18540 (73) sowie DIN 52453 (77) u. 52457 (76) [6] formuliert; über die Alterungsprüfung vgl. [7].

Wandfugen werden im Ingenieurbau gegen Wasser durch Omega-Schlaufen aus Kupferblech gedichtet (Abb. 6/18a), die nachträglich in einer Nische oder besser bereits in der Schalung verlegt und einbetoniert werden. Diese Bleche sind aber gegen Wandsetzungen sehr empfindlich, da sie in Fugenrichtung sehr steif sind, was sich durch größere Breite des Kupferbleches mildern läßt (Talsperrendichtung Abb. 6/18b). Deshalb werden jetzt verschieden profilierte Plastikfugenbänder bevorzugt (Abb. 6/18c), die auch geringe Setzungsdifferenzen auszuhalten vermögen. Sie setzen eine

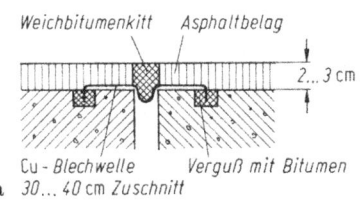

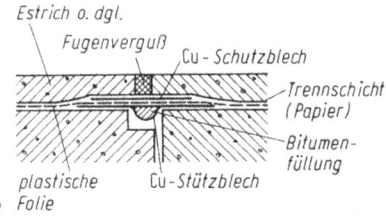

Abb. 6/15. Fugenausbildung in Fußwegplatten von Brücken (vgl. auch AIB [5/33]). **a** Kupferdichtung; **b** Plastikdichtung unverklebt zwischen Blechen, um genügend Dehnlänge zu besitzen

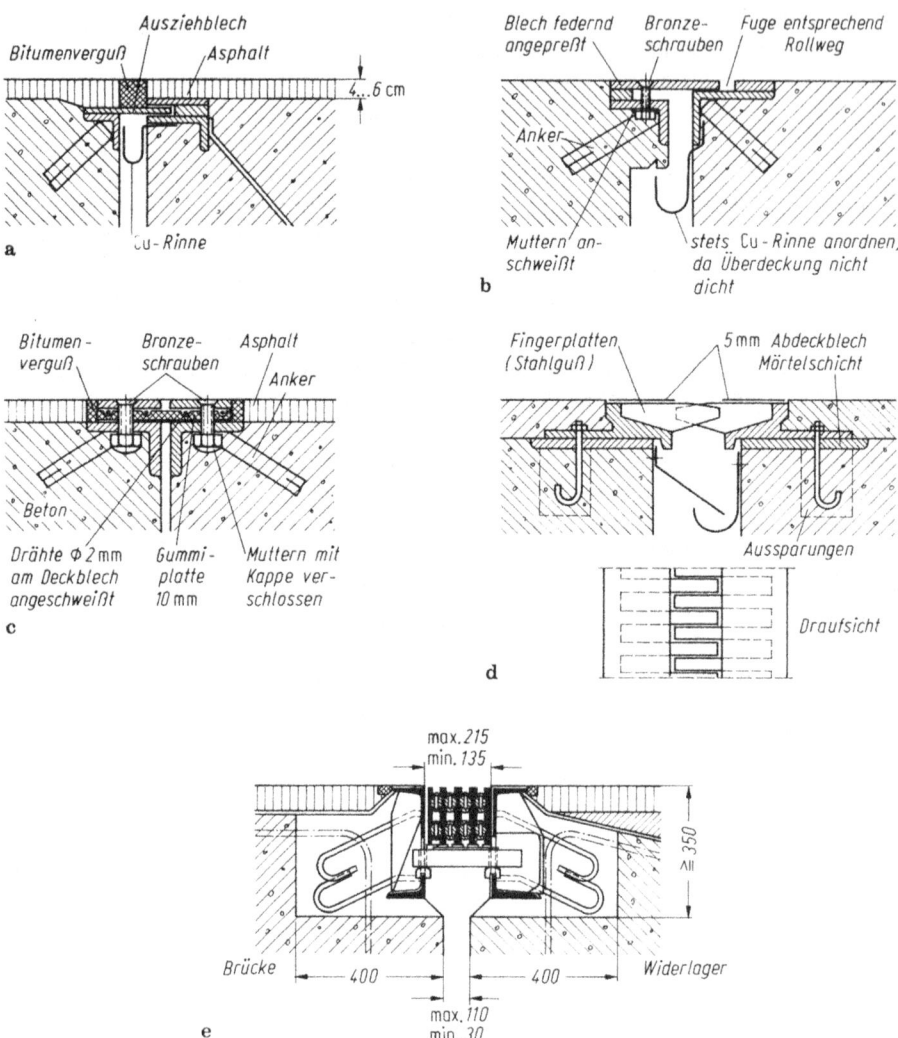

Abb. 6/16. Fugenabdeckungen in Brücken-Fahrbahnplatten (Beispiele). **a** Verdecktes Schleppblech; **b** federndes Schleppblech; **c** Fugendichtung mit Gummiplatte für kleine Verschiebungen (am festen Lager); **d** Überdeckung mit rostartigen Fingerplatten bei größeren Verschiebungen mit Entwässerungsrinne; **e** wasserdichte „Ziehharmonika"-Konstruktion aus eingequetschten Schläuchen und aufrechtstehenden Blechen (Anzahl je nach Dehnungsmaß der Fuge) [B.Kal. 1969 II, S. 246 und 1979 II, S. 835]. Weitere Beispiele in [E/2, Teil 6, S. 213].

Wanddicke von wenigstens 25 cm voraus, damit die seitlichen Wangen nicht zu schwach werden und abbrechen. Diese sind in jedem Falle wie in Abb. 6/11 zu bewehren. Von Ölen und Treibstoffen werden manche Kunststoffe angegriffen. Für kleine Höhen (2 bis 3 m) und Wandabschnitte (10 m) haben sich Füllstücke aus magerem Beton und Dreiecknuten bewährt (Abb. 6/18d). Als Füllmasse ist sehr weiches Bitumen (Mastix) zu verwenden, das durch Weichplatten oder Kunststoffleisten gegen Herauslaufen zu sichern ist.

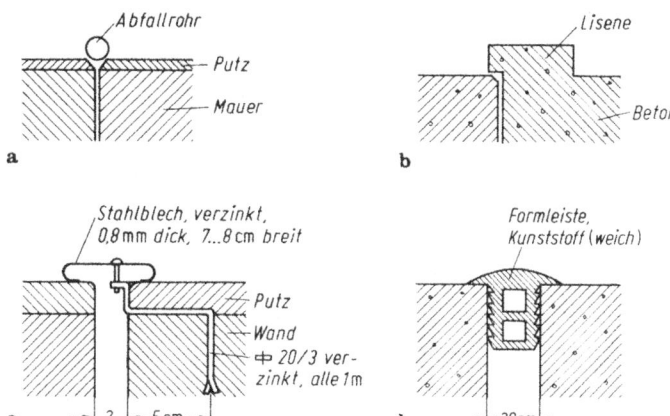

Abb. 6/17. Fugenüberdeckung bei Wänden im Hochbau (Beispiele). **a** Durch Abfallrohr; **b** durch Lisene; **c** durch Deckblech; **d** durch profilierte Kunststoffleiste

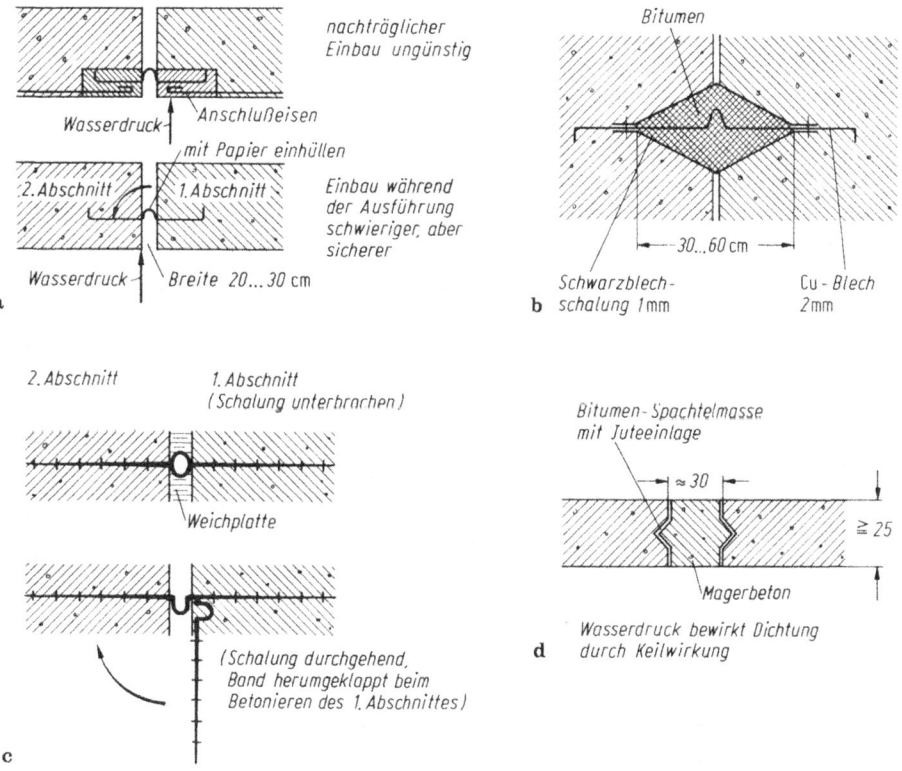

Abb. 6/18. Dichtung von Wandfugen im Ingenieurbau gegen Wasser (Beispiele). **a** Durch Kupferbleche in Ω-Form; **b** schwere Form für größere Drücke (Sperrmauern); **c** durch Plastikbänder; **d** durch Betonpfropfen bei geringer Wandhöhe (bis etwa 2 m)

7 Ausbreitspannungen (Spaltzugkräfte)

Ausbreitspannungen (vgl. Abb. 1.2/13) entstehen durch Eintragung konzentrierter Kräfte in Körpern mit begrenzten Abmessungen. Sie verlaufen in der Achse der Kraft rechtwinklig dazu und bilden eine Gleichgewichtsgruppe, da ihre Summe gleich Null sein muß (Abb. 7/1). Während die Druckspannung im Beton nirgends größer ist als die eingetragene Pressung (also nicht nachgewiesen zu werden braucht), entstehen quer dazu in einiger Entfernung Zugspannungen, die erhebliche Werte annehmen können und daher durch Bewehrung gedeckt werden müssen. Der Bruch eines Prismas (Abb. 7/2) zeigt primär einen Riß in Kraftrichtung in der Symmetrieachse infolge der waagrechten Zugspannungen rechtwinklig dazu. Wenn sich dieser gebildet hat, entfällt auch der Querdruck unmittelbar unter der Last, der Riß läuft bis zur Oberfläche und die entstehenden Kanten können die Last nicht mehr tragen (vgl. Abb. 8.7/9b), so daß dann ein keilförmiger Körper in das Prisma eindringt. Diese eigentlich sekundäre Erscheinung hat zu der Bezeichnung „Spaltzugspannungen" geführt.

Wie ist das Entstehen der Querzugspannungen zu erklären? In einer unendlich ausgedehnten Halbscheibe treten unter einer konzentrierten Last ausschließlich radial verlaufende *Druck*spannungen, keine Zugspannungen auf (Abb. 7/3a). Die Drucktrajektorien verlaufen daher strahlenförmig, die Zugtrajektorien sind Kreise mit $\sigma_t = 0$. Wenn jedoch die Scheibe eine endliche Breite b besitzt, müssen die Drucktrajektorien innerhalb des „St. Venantschen Störbereiches", etwa gleich der Breite b, auf die Richtung der seitlichen Begrenzungen einschwenken (Abb. 7/3b), wodurch, wie in Abb. 4.1/2 gezeigt, quer dazu Zugspannungen entstehen. Zahlenmäßig gewinnt man hiervon eine Vorstellung, wenn man von der Halbscheibe zwei Seitenteile abschneidet und die Ränder der Restscheibe dadurch kräftefrei macht, daß man den dort angetroffenen radialen Druckspannungen σ_r entgegengesetzt gleichgroße Spannungen (Zug), zerlegt nach σ_x und τ überlagert (Abb. 7/3c).

Die Querzugspannungen sind am größten, wenn $b_0/b = 0$ ist, und verschwinden, wenn $b_0/b = 1$, d. h. die Last über die ganze Breite b gleichförmig eingetragen wird.

Sehr ausführliche Angaben aus verschiedenen Quellen für verschiedene Lastfälle (unsymmetrische, mehrere und schräge Lasten) sind für homogene Scheiben, Prismen und Zylinder bei Leonhardt [E/2, Teil 2, S. 56] zu finden.

Da für diese zwei- und dreiachsige Beanspruchung des Betons keine Theorie des gerissenen Zustandes (Stadium II) existiert, wird die Querbewehrung für die Summe der Querzugspannungen im Stadium I bemessen. In gleicher Weise wird

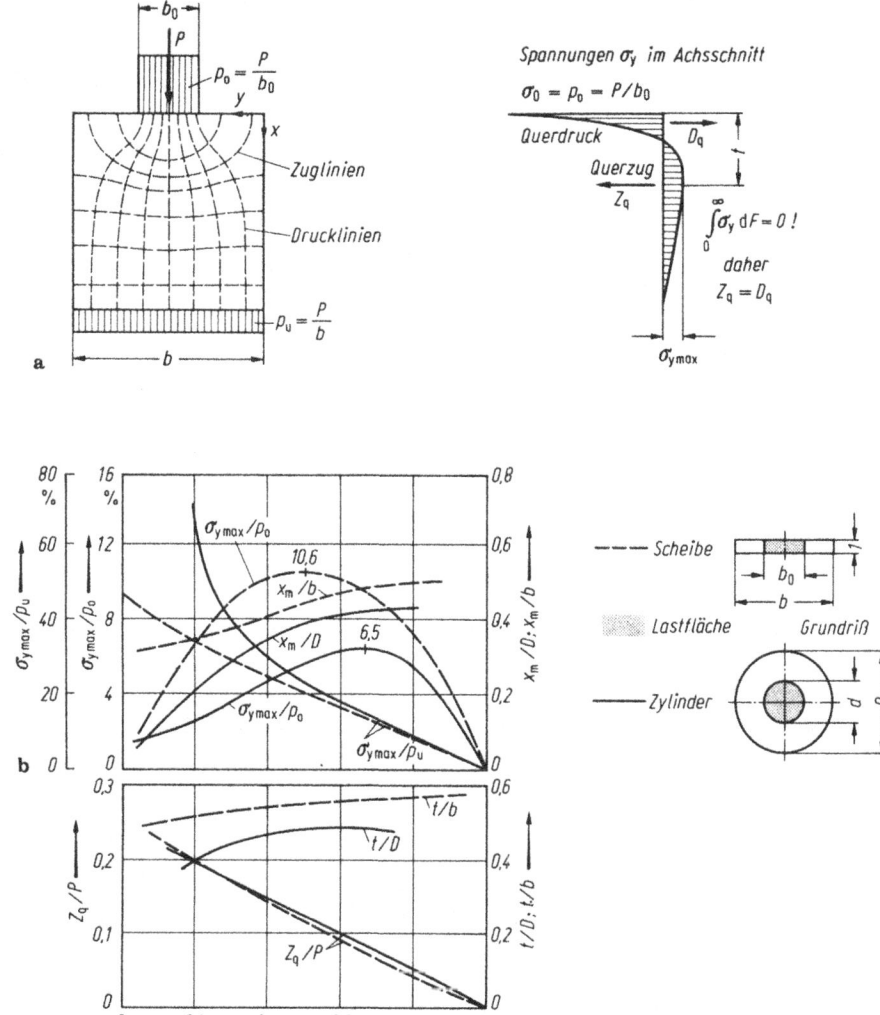

Abb. 7/1. Querzug bei zentrischer, gleichförmiger Teilbelastung eines Betonprismas [E/2, Teil 2, S. 53] und [1]; **a** Trajektorienbild und Verlauf der Querzugspannungen σ_y in der Achse $y = b/2$; **b** Größe und Ort x_m des Größtwertes $\sigma_{y\,max}$ für eine Scheibe [1.1 und B.Kal. 1972 II, S. 648], für einen Zylinder [1.4]; **c** Größe und Ort t der gesamten Querzugkraft Z_q.

1) Bei einer unten eingespannten Scheibe ergeben sich für Z_q und t nach [1.1] praktisch die Werte der Abb. 7/1c, wenn $h/b > 2$; 2) bei Eintragung der Last durch eine stählerne Platte wird mit Rücksicht auf deren mögliche Verbiegung empfohlen, nur mit $b_0/2$ zu rechnen

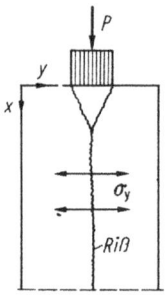

Abb. 7/2. Betonprisma mit Teilflächenbelastung; Bruch eingeleitet durch Querzugspannungen σ_y und anschließend Druckkeilbildung unter der Last infolge Randbelastung der beiden Hälften

ja auch bei anderen Flächentragwerken (Scheiben, Schalen) verfahren. Versuche und Praxis haben gezeigt, daß man damit auf der „sicheren Seite" liegt.

Lage und Resultierende der „Spaltzugspannungen" werden näherungsweise durch eine von Mörsch eingeführte Summenbetrachtung ermittelt [Leonhardt a. a. O.], die die Querzugkraft für eine mittige Last P zu $Z = P(1 - b_0/b)/4$ in der Tiefe $b/2$ und für eine Ecklast $Z \cong P/3$ an der Oberfläche liefert.

Sicherheitshalber sollte stets mit einer verkleinerten Lasteintragungsbreite b_0 (etwa auf 50%) gerechnet werden, da sich die Lagerplatten mitunter verformen und dadurch die Last konzentriert wird.

Sehr kleine Querzugspannungen werden, als Ausnahme von der Grundregel des Stahlbetons, dem Beton zugewiesen, wie das ja z. B. für die Spaltkräfte an Bewehrungsstabkrümmungen (vgl. 4.1) und auch für geringe Schrägzug- („Schub"-)-spannungen in Platten (vgl. B 5.4) gestattet ist. Als zulässiges Maß für σ_y sind die Werte τ_{011} (z. B. 0,5 N/mm² für B 25) der Tabelle 13 in DIN 1045, 17.5 zu betrachten. In Zweifelsfällen lege man eine „konstruktive" Spaltbewehrung ein und kann dann bis $\sigma_y = \tau_{012}$ (z. B. 0,75 N/mm² für B 25) gehen. Eine empirisch gefundene Bemessung von Auflagerblöcken ohne Bewehrung findet man bei [2].

Es wird nun bei der zur Aufnahme der Querzugkraft eingelegten Bewehrung oft nicht genügend beachtet, daß der Querzug durch Umlenkung der Druckkräfte hauptsächlich nahe den senkrechten Rändern entsteht (Abb. 7/3 b). Die Haftlänge gerader

Abb. 7/3. Ausbreitspannungen in einer begrenzten Scheibe (Dicke 1) infolge einer konzentrierten ▶ Last; Ableitung aus unbegrenzter Scheibe. **a** Unendlich ausgedehnte Scheibe (Halbraum mit Linienlast) [B.Kal. 1967 II, S. 40]; **b** endlich breite Scheibe. Trajektorienbild, Deutung vgl. Abb. 1.2/4; **c** Ableitung der Spannungen in einer unendlich langen Scheibe begrenzter Breite aus denen einer unendlich breiten Scheibe durch Überlagerung der negativen Werte der Spannungen in den Trennschnitten als äußere Kräfte. Verlauf der hieraus resultierenden Spannungen σ_{xm} (vgl. Abb. 7/1) (schematische Darstellung).
Gleichgewichtsbedingungen:

$$\text{Senkrecht:} \quad pb/2 = \frac{P}{2} = \int_0^{b/2} (\sigma_{y0} + \sigma_y' + \sigma_y'')\,dx\,,$$

$$\text{Waagrecht:} \quad 0 = D - Z = \int_0^{y_0} \sigma_{xm}\,dy - \int_{y_0}^{y=\infty} \sigma_{xm}\,dy\,,$$

d. h. Ausgleich der positiven und negativen Flächen.
Die äußeren Kräfte sind jeweils nur für *einen* Trennschnitt gezeichnet

gerippter oder glatter Querstäbe mit Haken reicht daher nicht aus, diese Kräfte „einzufangen" (Abb. 7/4a). Auf diese Weise konnte bei älteren Versuchen [3] die irrige Auffassung entstehen, daß eine Querbewehrung hinsichtlich der Tragfähigkeit fast nichts bringe. Sie ist daher in Form von geschlossenen Bügeln oder Rosten, besser noch von Umschnürungen zu verlegen (Abb. 7/4b, c, d); letztere ist besonders zweckmäßig bei einer Lastausbreitung nach zwei Richtungen (vgl. 4.3) (Zylinder oder Prismen mit zentraler Last [1.2/40]. Da bei der Überschreitung der Zug-

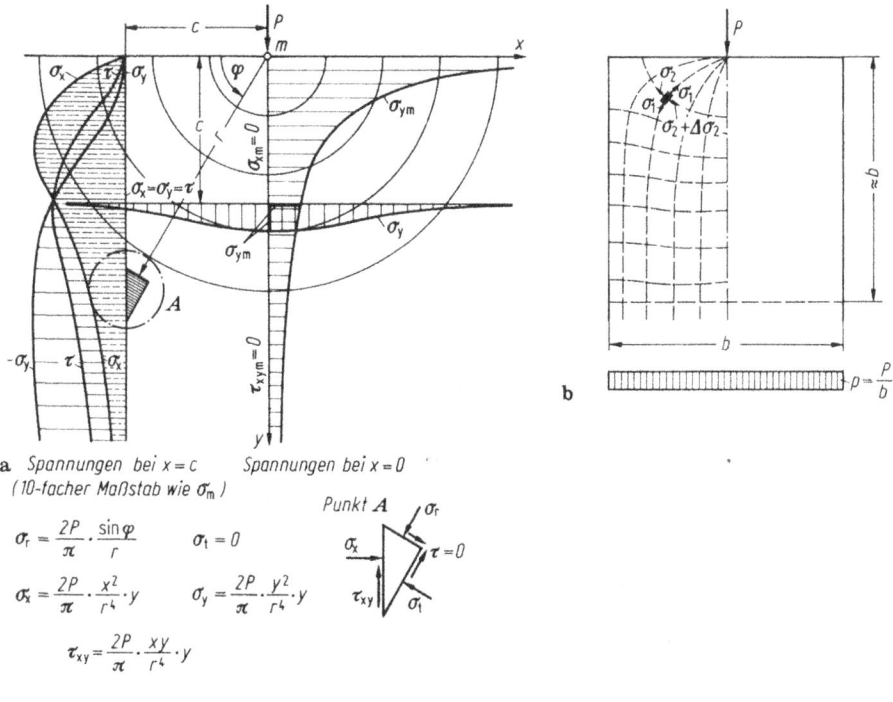

a Spannungen bei $x = c$ Spannungen bei $x = 0$
(10-facher Maßstab wie σ_m)

$$\sigma_r = \frac{2P}{\pi} \cdot \frac{\sin\varphi}{r} \qquad \sigma_1 = 0$$

$$\sigma_x = \frac{2P}{\pi} \cdot \frac{x^2}{r^4} \cdot y \qquad \sigma_y = \frac{2P}{\pi} \cdot \frac{y^2}{r^4} \cdot y$$

$$\tau_{xy} = \frac{2P}{\pi} \cdot \frac{xy}{r^4} \cdot y$$

Punkt A

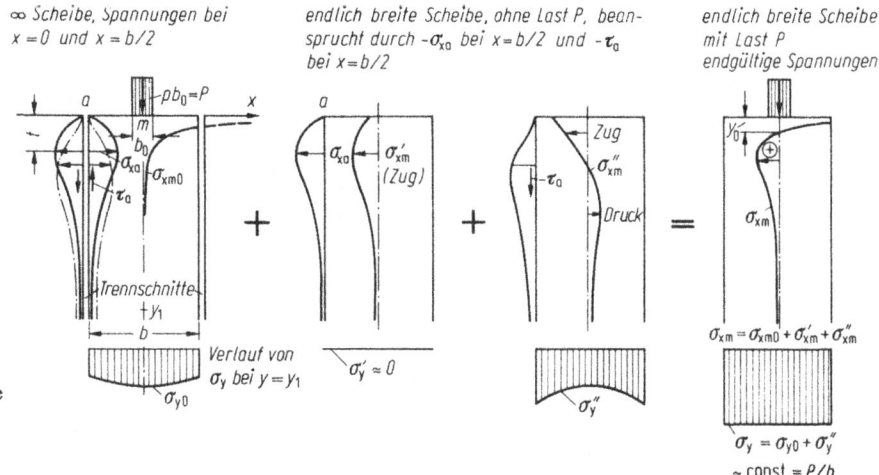

∞ *Scheibe, Spannungen bei* $x = 0$ *und* $x = b/2$

endlich breite Scheibe, ohne Last P, beansprucht durch $-\sigma_{x0}$ *bei* $x = b/2$ *und* $-\tau_0$ *bei* $x = b/2$

endlich breite Scheibe mit Last P endgültige Spannungen

$$\sigma_{xm} = \sigma_{xm0} + \sigma'_{xm} + \sigma''_{xm}$$

$$\sigma_y = \sigma_{y0} + \sigma''_y$$
$$\approx const = P/b$$

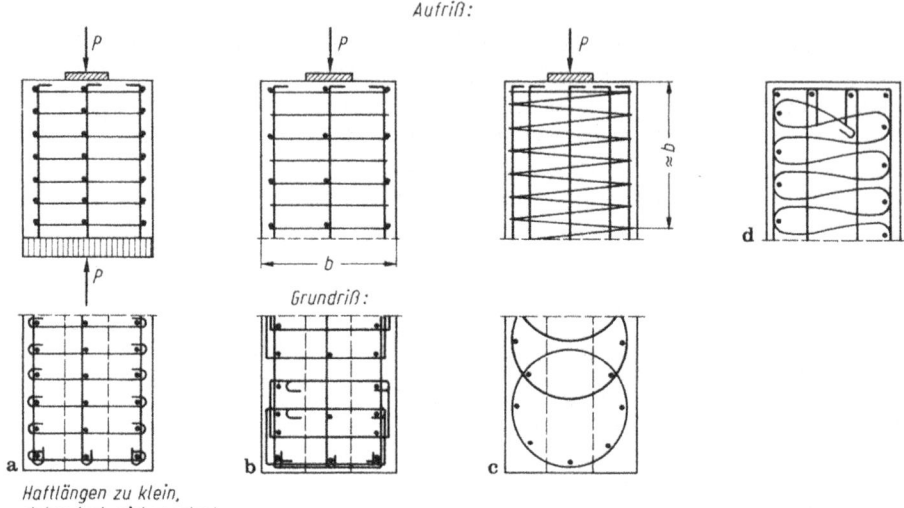

Abb. 7/4. Verschiedene Anordnungen der Spaltbewehrung zur Aufnahme der Querzugspannungen. **a** Einzelne Querstäbe; **b** geschlossene Bügel; **c** Umschnürung (Wendel), Enden verschweißen; **d** Roste

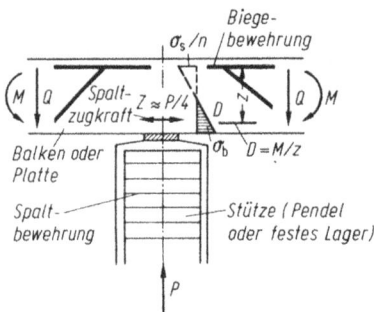

Abb. 7/5. Überlagerung von Biegedruck- und Spaltzugkraft im Untergurt eines durchlaufenden Balkens. Keine Spaltbewehrung in Längsrichtung nötig, wenn $D > Z$, jedoch in Querrichtung anzuordnen, wenn Lagerbreite kleiner als Balkenbreite

festigkeit des Betons sofort ein Riß über die gesamte Zugzone in der Mittellinie eintritt, muß die Querbewehrung auf eine Zone von etwa $(0{,}2 \dots 0{,}8)\,b$ unter dem Lasteingriff verteilt werden, da die Spannungsresultierende Z nach Abb. 7/1 in $t = (0{,}4 \dots 0{,}5)b$ Tiefe liegt.

Anders zu beurteilen ist der Fall, daß die Lagerkraft P nicht durch einen Gegendruck in gleicher Achse, sondern durch Querkräfte Q aufgenommen wird (Abb. 7/5). Das damit verbundene Biegemoment M erzeugt eine Druckzone, die meist eine waagrechte Spaltbewehrung überflüssig macht. Wenn der Balken jedoch breiter als die Lagerfläche ist, muß er in seiner Querrichtung auf Spaltzug berechnet und gegebenenfalls bewehrt werden.

Für die praktische Berechnung der Spalt- und Randzugkräfte findet man in [4, Kap. 5] einfache Regeln, die als „anerkannt" gelten und daher im Gegensatz zu anderen Veröffentlichungen ohne weitere Prüfung für Standsicherheitsnachweise zugrunde gelegt werden dürfen. Allerdings bedeutet „anerkannt" nicht „genormt" und läßt auch andere Ansätze zu.

Literatur

Vorbemerkungen

Die Anzahl der hier angeführten Veröffentlichungen ist beträchtlich, obgleich ich, wie in der Einleitung erwähnt, eine Auswahl getroffen und die meisten der in den früheren Auflagen angeführten Quellen durch neuere ersetzt habe. Ausländische Beiträge wurden nur in besonderen Fällen aufgenommen, da sie meist schwerer zugänglich sind und in den diesbezüglichen deutschen Arbeiten aufgeführt werden. Diese stellen ohnehin gewissermaßen Fäden dar, an denen man sich weitere Informationen heranziehen kann.

Das vorliegende Werk will einerseits die tägliche Arbeit des Konstrukteurs erleichtern, andererseits aber auch tiefergehendes Interesse am Stahlbeton befriedigen und die Frage nach dem „Warum?" beantworten. Ich habe deshalb die angeführten Schriftstellen entsprechend gekennzeichnet, damit man sich rasch orientieren kann und zwar in folgender Weise:

● Unentbehrlich für den Alltag. (Normen wurden nicht in dieser Weise hervorgehoben, weil sie selbstverständlich stets zu berücksichtigen sind. Sie sind daher meist im Text bereits erwähnt.)
◑ Sehr nützliche Angaben und wesentlich für die Erweiterung des Ingenieur-Horizontes.
○ Besonders geeignet, tiefere Einsichten zu gewinnen.
Ohne Punkt: Veröffentlichungen, die andere Arbeiten ergänzen, oder Forschungsberichte, die neue Wege aufzeigen. Die Hefte des DAfSt erhielten keinen Punkt, da sie in der Regel einem speziellen Problem nachgehen und die Ergebnisse nicht ohne Aufbereitung für die Praxis verwendbar sind.

Mit der Kennzeichnung durch Punkte ist keinesfalls eine Qualifikation beabsichtigt und die Hervorhebung nicht frei von subjektiver Einschätzung.

Es erwies sich als praktisch, das Verzeichnis entsprechend der Einteilung des Textes in Abschnitte zu zerlegen.

Ich wiederhole ferner (vgl. Ende Inhaltsverzeichnis) das System der Verweisungen:
z. B. auf Literatur des jeweiligen Abschnittes: z. B. [11] oder [42.3],
auf Literatur eines anderen Abschnittes: z. B. [1.2/35.1],
auf Literatur des Teiles B des Bandes I: z. B. [B 2/24].

Manche Arbeiten sind in verschiedenen Zeitschriften abgedruckt. Sie erhalten dann den Hinweis „sowie". Sind unter einer Nummer inhaltlich *ähnliche* Arbeiten erwähnt, habe ich sie durch „ferner" oder „vgl. auch" gekennzeichnet. Schließlich weise ich darauf hin, daß mitunter auf Besonderheiten des Inhaltes durch eine eingeklammerte Bemerkung hingewiesen wird.

Häufig zitierte Literatur, zum Teil mit ihren Abkürzungen

a) Zeitschriften und Periodica

Abkürzung	Titel	Verlag
Beton	Beton — Herstellung und Verwendung	Betonverlag, Düsseldorf
BuSt.	Beton- und Stahlbetonbau	W. Ernst & Sohn, Berlin
BT.	Die Bautechnik	W. Ernst & Sohn, Berlin
BI.	Der Bauingenieur	Springer-Verlag, Berlin, Heidelberg, New York
Betonwerk- u. Fertigteiltech. (Betonsteinztg.)	Betonwerk- und Fertigteiltechnik (früher: Betonsteinzeitung)	Bauverlag, Wiesbaden
	Zement—Kalk—Gips	Bauverlag, Wiesbaden
Betontech. Ber.	Betontechnische Berichte des Forschungsinstitutes der Zementindustrie Düsseldorf (jährlich)	Betonverlag, Düsseldorf
Kurzber. a. d. Bauforsch.	Kurzberichte aus der Bauforschung	Informationsverbundzentrum Raum u. Bau der Fraunhofer-Gesellschaft, Stuttgart
Baupl. u. Bautech.	Bauplanung und Bautechnik	VEB Verlag für Bauwesen, Berlin
Zem. u. Bet.	Zement und Beton	Zeitschrift des Österreichischen Betonvereins und des Vereins Österr. Zementfabriken, Wien
B. Kal.	Betonkalender (jährlich)	W. Ernst & Sohn, Berlin
	Mauerwerk-Kalender (jährlich)	W. Ernst & Sohn, Berlin
Mitt. IfBt.	Mitteilungsblatt des Institutes für Bautechnik, Berlin	W. Ernst & Sohn, Berlin
Zem. TB.	Zement-Taschenbuch des Vereins der Deutschen Zementwerke (zweijährlich)	Bauverlag, Wiesbaden
Bet.-St. i. d. Entw.	Betonstahl in der Entwicklung	Tor-Isteg Steel Corporation, Luxemburg
	Concrete	Cement and Concrete Association, London
J. ACI	Journal of the American Concrete Institute	American Concrete Institute, Detroit
	FIP Notes	Fédération internationale de la précontrainte, London
	Cement	Verkoopasociatie Nederlands Cement BV, Amsterdam
CUR Rapp.	Stichting Commissie for uitföring van Research	Nederlandse Betonvereiniging, Zoetermeer
	Heron	Stevin-Laboratory, Departement of Civil Engineering, University of Technology, Delft

b) Institutionen

Abkürzung	Name	Ort (Verwaltung)
DBV	Deutscher Betonverein	Wiesbaden
DAfSt	Deutscher Ausschuß für Stahlbeton Forschungshefte	Berlin W. Ernst & Sohn, Berlin
IfBt	Institut für Bautechnik	Berlin
FBW	Forschungsgemeinschaft Bauen und Wohnen	Stuttgart
BVM	Bundesministerium für Verkehr	Bonn
PZWH	Portland-Zementwerke	Heidelberg
IVBH	Internationale Vereinigung für Brücken und Hochbau (französisch: AIPC, englisch: IABSE)	Zürich
CEB	Committé euro-international du béton	Paris
FIP	Fédération internationale de la précontrainete	London
Rilem	Réunnion internationale des laboratoires d'essai et de recherches sur les matériaux et les constructions	Paris

Literatur zum Vorwort und Abschnitt E (Einleitung)

1.1 Bengtsson/Wolf: Neues Berechnungshilfsmittel für Statiker. Neue Zürcher Zeitung 11. 5. 1970

1.2 Fuchssteiner, W.: Sind wir noch zu retten? Explosion der Wissenschaft. Bauwirtschaft (1972) H. 15; ferner Bau u. Bauindustrie (1971) H. 6

● 2 Leonhardt, F.: Vorlesungen über Massivbau. Berlin, Heidelberg, New York: Springer
1. Teil, 2. Aufl. 1973, Grundlagen zur Bemessung
2. Teil, 2. Aufl. 1975, Sonderfälle der Bemessung
3. Teil, 3. Aufl. 1977, Grundlagen zum Bewehren
4. Teil, 2. Aufl. 1978, Nachweis der Gebrauchsfähigkeit
6. Teil, 1. Aufl 1979. Massivbrücken

● 3 Rüsch, H.: Stahlbeton-Spannbeton, Werkstoffeigenschaften und Bemessungsverfahren. Düsseldorf: Werner 1972

○ 4 Brendel, G.; Schröder, S.: Stahlbetonbau. Leipzig: Teubner 1971

○ 5 Mlosch, P. (Hrsg.): Beton-Taschenbuch. Berlin: VEB Verlag für Bauwesen 1970
Bd. I: Betontechnologie
Bd. II: Berechnung u. Bemessung
Bd. III: Fertigungstechnik
Bd. IV: Spezialbetone
Bd. V: Tragwerke aus Stahl- u. Spannbeton
Bd. VI: Herstellung von gutem Beton mit Tab.

○ 6 Grüning, G.; Hütter, A. (Hrsg.): Ingenieur-Taschenbuch Bauwesen. Leipzig: Teubner
B. I, 1963: Grundlagen des Ingenieurbaues
B. II, 1, 1968: Konstruktiver Ingenieurbau, Grundlagen der Bauweisen
Bd. II, 2, 1970: Konstruktiver Ingenieurbau, Entwurf und Ausführung

● 7 B. Kal.: Taschenbuch für Beton-, Stahlbeton- und Spannbeton. Berlin: Ernst (jährlich)

◑ 8 Zem. TB.: Hrsg. Verein Deutscher Zementwerke. Wiesbaden: Bauverlag (zweijährlich). Jahrgang 1979/80 enthält u. a. DIN 1164, Teil 1 bis 8 (78) betr. Zement

9 Mauerwerk-Kalender. Berlin: Ernst (jährlich)

10   Nervi, P.: Bauten und Projekte. Stuttgart: Hatje 1957; ferner Nervi, P.: Construire correttamente. Mailand: Hoepli 1955

11   Torroja, E.: Logik der Form. München: Callwey 1961; ferner Torroja, E.: Philosophy of structures. Berkeley: University of California Press 1958

12   Siegel, C.: Strukturformen der modernen Architektur. München: Callwey 1960

13   Domke, H.: Grundlagen der konstruktiven Gestaltung. Wiesbaden: Bauverlag 1972

◑ 14   Mörsch, E.: Der Eisenbetonbau, seine Theorie und Anwendung. Stuttgart: Witwer (mehrere Bände und Auflagen; grundlegendes Werk)

15.1   Bonzel, J.: Hundert Jahre Bauen mit Beton. Zement—Kalk—Gips (1977) S. 439

15.2   Foerster, M.: Handbuch für Eisenbetonbau, Bd. I, Die geschichtliche Entwicklung des Eisenbetonbaues. Berlin: Ernst 1921

15.3   Cent ans de béton armé. Hrsg. Chambre Syndicale des Constructeurs en Ciment Armé de France. Paris: Ed. Science et Industrie 1949

15.4   Sinn, B.: Und machten Staub zu Stein. Düsseldorf: Betonverlag 1973

15.5   Szabó, I.: Geschichte der Materialkonstanten der Elastizitätstheorie, BT. (1974) S. 19

○ 15.5 Vom Caementum zum Spannbeton, Beiträge zur Geschichte des Betons. Wiesbaden: Bauverlag 1964
       Bd. I: Vom Caementum zum Zement. Die Erneuerung der Bauweise. Der Spannbeton
       Bd. II: Massivbrücken gestern und heute
       Bd. III: Von der Zementware zum konstruktiven Fertigteil

◑ 16.1 Informationsverbund — Zentrum Raum und Bau der Fraunhofer Ges., Stuttgart (früher Dokumentationsstelle für Bauwesen). Gebiete: Statik, Stahlbeton, Baustoffe aller Art, Institute, Verkehr und Siedlung, Ausbau

○ 16.2 Informationsstellen im Bauwesen der Rationalisierungsgemeinschaft Bauwesen im RKW. Merkbl. 18, Nov. 1975

17.1   BGB §§ 325, 326, 633—635

17.2   DIN 1961 (73) VOB, Verdingungsordnung für Bauleistungen, Teil B Allg. Vertrags-bedingungen §§ 10—13

○ 18   Sicherheit im Ingenieurbau, Grundlagen, Beiträge zum Sicherheitsseminar des IfBt, Febr. 1978

19   Concrete Society Symposium, Manchester, Sept. 1974, Concrete, Nov. 1974, S. 47

20   z. B. FIP-Notes 70, Sept./Oct. 1977, S. 13

21   Welt des Betons, 75 Jahre Deutscher Betonverein 1973

22   Vorläufige Leitsätze für Eisenbetonbauten, aufgestellt vom DBV u. DAI 1904, s. [14] frühe Auflagen

◑ 23.1 Wedler, B.: Berechnungsgrundlagen für Bauten (Lasten, Baustoffe, Beanspruchungen, Wärme-, Schall- und Feuerschutz). Berlin: Ernst 1974

○ 23.2 Verzeichnis der Normen und Normenentwürfe Bauwesen. Berlin: Beuth (jährlich neu)

● 23.3 B. Kal. (jährlich) Abschn. „Bestimmungen" im Teil II

◑ 23.4 Zem. TB. Abschn. Baunormen, 1979/80, S. 521

◑ 23.5 DIN Taschenbücher. Wiesbaden: Bauverlag, insbesondere: Nr. 37 Beton und Stahlbeton 1979

23.6   Gottsch, Hasenjäger: Technische Baubestimmungen, 6. Aufl. Köln: Müller (umfassende Sammlung für Roh- und Ausbau)

23.7   Sondervorschriften anderer Verwaltungen: LBO (Landesbauordnungen) der Länder; ZTV-K 75 des BMV (Zusätzliche technische Vorschriften für Kunstbauten 1976)

○ 24   Bonzel, J.; Bub, H.; Funk, P.: Erläuterungen zu den Stahlbetonbestimmungen DIN 1045 (72!). Berlin: Ernst 1972

◑ 24.2 Bertram, D. und Deutschmann, H.: Hinweise zur DIN 1045 (78) und Rehm, G.: Erläute-rungen zum Abschnitt 18 DAfSt H. 300, 1980

◑ 25   Institut für Bautechnik. Berlin, Mitt. 1970, Nr. 1, S. 1

26.1   Funk, P.: Neue Einheiten im Meßwesen, s. [25] Febr. 1971

26.2   Funk, P.: Bemessung im Stahlbetonbau mit SI-Einheiten. Berlin: Ernst 1977

26.3   Winter, K.: Erläuterungen zur DIN 1080. Berlin: Ernst 1977

◑ 27.1 Kurzber. a. d. Bauforsch., von [16.1], laufende Loseblatt-Zusammenstellungen. Lit.-Nachweise für bestimmte Gebiete, auf Anfrage Katalog 1965—1973: 1974

◑ 27.2 Versuchsber. des DAfSt H. 231, Deutschmann, H.: Inhaltsübersicht H. 1—230. Berlin: Ernst 1973

◑ 27.3 Ber. a. d. Bauforsch. Berlin: Ernst

○ 27.4 Forsch.-Ber. des Landes Nordrhein-Westfalen (NRW). Köln—Opladen: Westdeutscher Verlag

◑ 27.5 Betontech. Ber. des Forsch.-Inst. d. Zem.-Ind. K. Walz. (Hrsg.) Düsseldorf: Betonverlag (jährliche Sammlung einzelner Arbeiten, z. T. in der Zeitschr. „Beton" parallel veröffentlicht)

27.6 Forsch.-Rep. d. AIF (Arbeitsgemeinschaft Industrieller Forschungsvereinigungen). Köln—Opladen

○ 27.7 Forsch.-Koll., veranstaltet vom DAfSt. Kurzber. von Koll. 3: BuSt. (1976) S. 154, von Koll. 4: BuSt. (1976) S. 226

◑ 28.1 Wesche, K.: Baustoffe für tragende Bauteile, Bd. 2: Beton und Mauerwerk. Wiesbaden: Bauverlag 1974

● 28.2 Einschlägige Kapitel in den Lehrbüchern [2, 1. Teil] und [3] sowie in [5—9]

○ 28.3 Piltz, H. u. a.: Technologie der Baustoffe. Heidelberg: Straßenbau, Chemie u. Technik 1971 (praktisch ausgerichtete Übersicht)

○ 28.4 Scholz, W. u. a.: Baustoffkenntnis. Düsseldorf: Werner 1972

○ 29 Graf, O.; Albrecht, W.: Die Eigenschaften des Betons. Berlin, Göttingen, Heidelberg: Springer 1960

30 Minetti, H.: Die Güte der Stahlbetonarbeiten. BuSt. (1960) S. 169; vgl. auch [1.2/59]

◑ 31 Erfahrungen aus der Bauberatung des DBV (1980)

○ 32.1 Albrecht, R.: Bauschäden. Wiesbaden: Bauverlag 1976

◑ 32.2 Rybicki, R.: Schäden und Mängel an Stahlbetonkonstruktionen. Düsseldorf: Werner 1977

○ 32.3 Hartmann, M.: Hochbauschäden. Stuttgart: Franckhsche Verlagsbuchhdlg. 1967

○ 32.4 Simonsen, F. u. a.: Tiefbauschäden. Franckhsche Verlagsbuchhdlg. 1961 (betr. Beton S. 137)

◑ 32.5 Pilny, F.: Ursachen von Rissen in Bauwerken. BT. (1977) S. 181

○ 32.6 Allianz-Handbuch der Schadensverhütung 1972

○ 32.7 Grassnick, A.; Holzapfel, W.: Der schadenfreie Hochbau. Köln: Müller 1976

32.8 Reparaties van betonconstructies, deel 1, CUR Rapp. Nr. 90, 1977 u. deel 2, CUR Rapp. Nr. 91, 1978

32.9 Johnson, S.: Deterioration, maintenance, repair of structures. New York: McGraw-Hill 1964

32.10 Feld, J.: Construction failures. New York: John Wiley 1968

32.11 McKaig, Th.: Building failures, New York: McGraw-Hill 1962

32.12 Blévot, J.: Enseignements tirés de la pathologie des constructions en béton armé. Paris: Eyrolles 1975

32.13 Tologea, S.: Probleme privind patologia si terapeutica constructilor. Bucarest: Editura Technica 1976 (zwar rumänisch, aber sehr informative Bilder!)

32.14 Pathologie de la construction. Brüssel: Centre Scientifique et Technique de la Construction. Nov. 1964, Jan. 1965, Sept. 1965 und weitere (Hochbauschäden)

Literatur zu Abschnitt 1.1 (Herstellen und Verarbeiten des Betons)

◑ 1.1 Kühn, H.: Die Bauausführung. B. Kal. 1974, II, S. 437 sowie [E/29]

● 1.2 Betonhandbuch des DBV, Leitsätze für die Bauüberwachung. Wiesbaden: Bauverlag 1973

● 1.3 Weber u. a.: Guter Beton. Düsseldorf: Betonverlag 1979 (Erfahrungen der Bauberater des DBV)

● 1.4 Walz, K.: Die Herstellung des Betons nach DIN 1045. Düsseldorf: Betonverlag 1972

○ 1.5 Hummel, A.: Das Beton ABC. Berlin: Ernst 1959

● 1.6 Bonzel, J.: Beton bestimmter Festigkeit. Zem. TB. 1979/80, S. 279

○ 1.7 Schulze, W.: Der Baustoff Beton, Bd. I. Berlin: VEB Verlag für Bauwesen 1972

◑ 1.8 Dartsch, B. u. a.: Praktische Betontechnik. Düsseldorf: Betonverlag 1977

1.9 Portland-Zementwerke Heidelberg (PZWH), Betontechnologische Begriffe. Beton (1972) S. 300

○ 1.10 Walz, K.; Wischers, G.: Aufgaben und Stand der Betontechnologie. Beton (1976) S. 403, 442, 476 sowie Betontech. Ber. (1976) S. 135

○ 1.11 Walz, K.: Beziehung zwischen Wasserzementwert, Normfestigkeit des Zementes und Betondruckfestigkeit. Betontech. Ber. (1970) S. 165

○ 1.12 Bonzel, J.; Dahms, J.: Einfluß des Zementes, des Wasserzementwertes und der Lagerung auf die Festigkeitsentwicklung des Betons. Betontech. Ber. (1966) S. 115

1.13 Bonzel, J.: Über die neuere zement- und betontechnische Entwicklung. Beton (1967) S. 221 u. 263 oder Betontech. Ber. (1967) S. 63

2 Baumann: Kommentar zur DIN 18331. Wiesbaden: Bauverlag 1975

3.1 Vorläufige Richtlinien des DBV für vorbeugende Maßnahmen gegen schädliche Alkalireaktionen im Beton. Beton (1974) S. 179 oder: Betontech. Ber. (1974) S. 71

3.2 Bonzel, J. u. a.: Alkalireaktion im Beton. Betontech. Ber. (1973) S. 101 u. 153 sowie: Beton (1974) S. 547

3.3 Alkalireaktion der Zuschläge im Beton. BuSt. (1965) S. 163

● 4.1 Bonzel, J.: B. Kal. I, Abschn. „Beton", jährlich (mit vielen Literaturangaben)

○ 4.2 Wierig, H. J.; Bonzel, J.; Wischers, G.: Beton. Zem. TB. 1979/80, S. 255

4.3 Wischers, G.: Einfluß der Zusammensetzung des Betons auf seine Frühfestigkeit. Betontech. Ber. (1963) S. 137

○ 4.4 Wischers, G.: Vorausberechnung der Betonfestigkeit. Betontech. Ber. (1969) S. 51

4.5 Dartsch, B.: Einfluß des Zuschlaggrößtkorns auf die Zusammensetzung und Druckfestigkeit des Betons. Betontech. Ber. (1971) S. 139

○ 4.6 Rothfuchs, G.: Betonfibel. Wiesbaden: Bauverlag 1973

○ 4.7 Verarbeitung von Beton. Arbeitsblätter des Laboratoriums der westfälischen Zementindustrie, Beckum

4.8 Leviant, J.: Graphische Methode zum Studium der Frischbetone. Betonsteinztg. (1961) S. 15

○ 4.9 Anweisung der Deutschen Bundesbahn für Mörtel und Beton (AMB)

● 4.10 Beratung in speziellen Fällen: Bauberater des DBV Wiesbaden; Bauberatungsstelle des Fachverbandes Zement. Zem. TB. S. 03 Prüfstellen für Beton. B. Kal. Abschn. „Beton" Kap. 7; sowie B. Kal. Abschn. „Bestimmungen" Güteschutzverband der BII-Baustellen im DBV Wiesbaden.

○ 5.1 Walz, K.: Eigenschaften des Betons mit Ausfallkörnungen. Beton (1974) S. 425 u. 459 sowie Betontech. Ber. (1974) S. 163

○ 5.2 Härig, S.: Ausfallkörnungen. Beton (1977) S. 387

● 6.1 Czernin, W.: Zementchemie für Bauingenieure. Wiesbaden: Bauverlag 1977

6.2 Kühl, H.: Der Baustoff Zement. Berlin: VEB Verlag für Bauwesen 1963

○ 6.3 Keil, F.: Zement. Berlin, Heidelberg, New York: Springer 1971

○ 7 Bonzel, J.: Über den Wasseranspruch des Frischbetons. Beton (1978) S. 331, 362, 413 sowie: Betontech. Ber. (1978) S. 121

8.1 Werse, H.-P.: Verschiedene Verfahren zur Bestimmung des W/Z Wertes. BuSt. (1970) S. 222

8.2 Wischers, G.; Hallauer, O.: Einfluß und Bestimmung der Eigenfeuchte von Betonzuschlägen. Betontech. Ber. (1966) S. 89

9 Schlotmann, B.: Grundlagen der Betonherstellung mit vorgemischtem Zementleim. Diss. TH Darmstadt 1964; Kurzber. d. VDI-Z. (1964) S. 330

○ 10.1 Walz, K.: Prüfung der Zusammensetzung des Frischbetons. Beton (1977) S. 282 u. 347 sowie: Betontech. Ber. (1977) S. 105

10.2 Huibregtse, L.: Qualitätskontrolle in: Betonforschung unterwegs. Heron (1976) H. 2, S. 141 (deutscher Ber. vom 6. Forsch.-Koll. des DAfSt)

● 11.1 Bonzel, J.: B. Kal. I, Abschn. „Beton" Kap. 2.4 ferner Zem. TB. 1979/80, S. 237

11.2 Woermann, H.: Beton. Berlin: Ernst 1977 (bes. Zusatzmittel behandelt)

12.1 PZWH: Zem.- u. Betonber. Nr. 3 (1972) u. Nr. 5 (1977) Betonzusatzmittel

12.2 Walz, K.: Zusätze zu Beton. Beton (1964) S. 209 u. 250 sowie Betontech. Ber. (1964) S. 97

○ 13 Mitt. IfBt. 1973, S. 86

○ 14.1 Mitt. IfBt. 1975, S. 10 u. 19 sowie Betontech. Ber. (1975) S. 47

◑ 14.2 Walz, K.: Beurteilung der Betonzusatzmittel. Betontech. Ber. (1975) S. 33 sowie: Beton (1975) S. 59 u. 97

○ 15   Mitt. IfBt. 1973, S. 88

  17   Neville, A. M.: Time-dependent behaviour of concrete containing a plastizier. Concrete (1975) H. 10, S. 35

● 18.1 Richtlinien für die Herstellung und Verarbeitung von Fließbeton. Beton (1974) S. 342 sowie Betontech. Ber. (1974) S. 143

◑ 18.2 Bonzel, J.: Fließbeton. Beton (1974) S. 20 u. 59 sowie Betontech. Ber. (1974) S. 21 und Zem. TB. 1976/77, S. 327; ferner Beton (1977) S. 394 sowie Betontech. Ber. (1977) S. 149

  18.3 PZWH: Zem.- u. Betonber. (1974) H. 4

○ 18.4 Kern, E.; Koch, H. J.: Anwendung von Fließbeton. BuSt. (1976) S. 285

  18.5 Streit, G.: Fließbeton im Straßenbau. Beton (1976) S. 167

○ 19   Springenschmid, R.: Grundlagen und Praxis der Herstellung und Überwachung von LP-Beton. Zem. u. Bet. (1969) H. 47, S. 19

◑ 20.1 Wischers, G.; Krumm, E.: Zur Wirksamkeit von Betondichtungsmitteln. Beton (1975) S. 279 sowie Betontech. Ber. (1975) S. 105

  20.2 Setzer, M.: Einfluß des Wassergehaltes auf die Eigenschaften des erhärteten Betons. DAfSt 1977, H. 280, S. 48

  20.3 Karl, S.: Einfluß von Kunstharzdispersionen auf Mörtel. Bl. (1973) S. 145

○ 21.1 Albrecht, W.; Mannherz, U.: Zusatzmittel und Anstriche für Beton und Mörtel. Wiesbaden: Bauverlag 1968

○ 21.2 Anstriche und Anstrichstoffe. FBW Stuttgart H. 34 Köln: Müller 1955

◑ 22   Vorläufiges Merkblatt für Anstriche auf Beton. Beton (1974) S. 387 sowie Betontech. Ber. (1974) S. 157; ferner [3.30]

  23   Mayer, F.: Farbiger Beton. Beton (1971) S. 355

○ 24   Wischers, G.: Faserbewehrter Beton. Beton (1974) S. 95 u. 137 sowie Betontech. Ber. (1974) S. 45. Weiteres vgl. Abschn. 4.4

○ 25.1 Weber, R.: Transportbeton. Zem. TB. 1972/73, S. 431

○ 25.2 Lewandowski, R.: Transportbeton. Beton (1976) S. 381

  25.3 Güteschutzverband der Lieferwerke für Transportbeton im DBV

○ 26.1 Kremer, P.: Betonpumpen. Bl. (1975) S. 56

○ 26.2 Rössig, M.: Fördern von Frischbeton durch Rohrleitungen. Forsch.-Ber. NRW Nr. 2456. Köln—Opladen: Westdeutscher Verlag 1974

  26.3 Flatten, H.: Pumpen von Beton. Beton (1974) S. 292

○ 26.4 Weber, R.: Pumpbeton. Zem. TB. 1974/75, S. 395

  27   Walz, K.: Rüttelbeton. Berlin: Ernst 1960

  28   Strey, J.: Versuche über die Verdichtung von Beton auf einem Rütteltisch in lose aufgesetzter und in aufgespannter Form. DAfSt 1960, H. 135 ferner Walz, K · Beton (1960) S. 270 (Extrakt aus H. 135)

  30.1 Walz, K.: Kennzeichnung der Betonkonsistenz durch das Verdichtungsmaß von Beton (1964) S. 505 sowie Betontech. Ber. (1964) S. 207

  30.2 Wesche, K.; Borg, W.: Rheologische Eigenschaften von Zementleim und Frischbeton. Betontech. Ber. (1973) S. 21

  31.1 Leviant, J.: Die Grundzüge des Vacuum-Concrete-Verfahrens. Zem. u. Bet. (1957) H. 9, S. 15—20

○ 31.2 Brux, G.: Vacuum-Beton. Düsseldorf: Betonverlag 1966

○ 31.3 Gerike, K.: Wirkung einer Vacuum-Behandlung auf die Betoneigenschaften. Beton (1975) S. 166

  32.1 Brux, G.: Betontechnologische Betrachtungen zum Concrete-Verfahren. Zement—Kalk—Gips (1961) S. 189 sowie Zem. u. Bet. (1961) H. 21, S. 14

  32.2 Davis, R.: Prepact method of concrete repair. J. ACI (1960) S. 155 (Schwindmaß halbiert gegenüber Normalbeton!)

  33.1 Seetzen, J.: Technologie der Abschirmbetone. Düsseldorf: Werner 1960

  33.2 Strahlenschutzbeton. Merkbl. des DBV. Beton (1978) S. 368, 417

  34.1 Erläuterungen zu DIN 18551. B. Kal. 1977, II, S. 425

◑ 34.2 Richtlinien für das Ausbessern und Verstärken von Bauteilen mittels Spritzbeton (1976). B. Kal. 1977, II, S. 432

○ 34.3 Dahms, J.: Herstellung von Spritzbeton. Beton (1973) S. 441

34.4 Wollmann, G.: Spritzbeton im Tiefbau. Zem. u. Bet. (1975) H. 78/79, S. 1

◑ 34.5 Linder, R.: Anwendungen von Spritzbeton. Beton (1976) S. 431

◑ 34.6 Linder, R.: Herstellung und Verwendung von Spritzbeton. Zem. TB. 1970/71, S. 237

◑ 34.7 Ruffert, R.: Ausbessern und Verstärken von Betonbauteilen. Düsseldorf: Betonverlag 1977

34.8 Ausbesserung von Betonbauwerken. CUR Rapp. Nr. 90, 1977 u. Nr. 91, 1978, s. [E/32.8]

◑ 34.9 Instandsetzung von Betonbauteilen. Merkbl. des DBV 1977, Beton (1979) S. 133

35 Hehn, K.-H.: Messung der Geschwindigkeit eines mit Preßluft beförderten Kiessand-Gemisches. Meßtechnische Briefe der Hottinger-Baldwin Meßtechnik Darmstadt H. 2, 1968

36.1 Linder, R.: Bericht über Diss. Lutsch, Innsbruck betr. Spritzbeton. BuSt. (1978) S. 104

36.2 Stahlfaserspritzbeton. Merkbl. des DBV Wiesbaden, Beton (1977) S. 66; weitere Lit. vgl. Abschn. 4.4

36.3 Gengenbach, P.: Pneumatische Förderung von Beton. Düsseldorf: Betonverlag 1969

○ 36.4 Brux, G.: Naßspritzbeton und Naßspritzmörtel. Zem. u. Bet. (1977) H. 4, S. 160

37 Franz, G.: Versuche über die Querkraftaufnahme in Fugen von Spannbetonträgern aus Fertigteilen. BuSt. (1959) S. 137

○ 38.1 Brockmann, G.: Arbeitsfugen im Beton. BuSt. (1973) S. 65

38.2 Daschner, F.: Notwendige Schubbewehrung zwischen Betonfertigteilen und Ortbeton. Kurzber. a. d. Bauforsch. 6/77, S. 509

○ 39.1 Wittmann, F.: Zur Ursache der sog. Schrumpfrisse. Zem. u. Bet. (1975) H. 85/86, S. 10

39.2 Lieber, W.: Das Sedimentieren (Bluten) von Zementen. Zement—Kalk—Gips (1968) S. 457

39.3 Walz, K.; Schäffler, H.: Druckfestigkeit des Betons in der oberen Zone nach dem Verdichten durch Innenrüttler. DAfSt. 1960, H. 135

◑ 40.1 Wischers, G.; Manns, W.: Ursachen für das Entstehen von Rissen in jungem Beton. Beton (1973) S. 167 sowie Betontech. Ber. (1973) S. 67

○ 40.2 Springenschmid, R.; Nischer, P.: Untersuchungen über die Ursachen von Querrissen in jungem Beton. BuSt. (1973) S. 221

40.3 Scheur(Riss)vorming in jonge beton. CUR Rapp. Nr. 88, 1977

○ 40.4 Weigler, K.; Sieghart, K.: Junger Beton. Beanspruchungen, Festigkeit, Verformungen. Betonwerk- u. Fertigteiltech. (1974) S. 392 u. 481

○ 40.5 Wierig, H.-J.: Einige Beziehungen zwischen den Eigenschaften von jungem Beton und denen des Festbetons. Betontech. Ber. (1971) S. 151

41 FIP Notes 70 Sept./Oct. 1977, S. 11

◑ 42.1 Wischers, G.: Festigkeitsentwicklung des Betons. Zem. TB. 1979/80, S. 315

42.2 Henkel, F.: Verhalten jungen Betons bei Frost. DAfSt. 1965, H. 168

42.3 Betonieren im Winter, Rilem-Richtlinie. Beton (1964) S. 411 u. 427

43.1 Merkbl. für die Anwendung des Betonmischens mit Dampfzufuhr. Beton (1974) S. 344 sowie Betontech. Ber. (1974) S. 151

43.2 Wischers, G.; Krumm, E.: Verwendung heißen Anmachwassers. Betontech. Ber. (1963) S. 153

○ 44.1 Catharin, P.: Die Hydratationswärme der Zemente und ihre Bedeutung. Zem. u. Bet. (1971) H. 58/59, S. 19

44.2 Bonzel, J.: Über den Einfluß erhöhter Zement- und Betontemperaturen. Betontech. Ber. (1961) S. 129

◑ 45 Cammerer, S.: Wärme- und Kälteschutz. Reinhold u. Mahla 1973 (Tabellen für die Größen, die bei der Wärmebewegung mitspielen)

46 Deters, R.: Zusatzmittel für das Betonieren im Winter. VDI-Z. (1961) S. 711

○ 47 Nischer, P.: Einfluß der Nachbehandlung auf die Betondruckfestigkeit. Beton (1976) S. 446 sowie Zem. u. Bet. (1977) H. 4, S. 140

○ 48 Manns, W./Zeus, K.: Einfluß von Zusatzmitteln auf den Widerstand von jungem Beton gegen Rißbildung bei scharfem Austrocknen. DAfSt. H. 302 (1979)

49 Richartz, W.: Über die Gefüge- und Festigkeitsentwicklung des Zementsteins. Betontech. Ber. (1969) S. 67

50.1   Locher, W.; Jung, F.: Volumenänderung bei der Erhärtung des Zementes und Betons. Zem. u. Bet. (1975) H. 85/86, S. 17

50.2   Dartsch, B.: Luftporengehalt üblicher Normalbetone. Betontech. Ber. (1973) S. 95

◑ 51.1   Zem. TB. 1979/80, S. 336 sowie [E/3, S. 52] und [44]

51.2   Wierig, H.-J.: Betone hoher Frühfestigkeit. Zem. u. Bet. (1973) H. 72, S. 1

51.3   Keil, F.: Gedanken zur Theorie der hydraulischen Erhärtung. Zement—Kalk—Gips (1967) S. 201

○ 51.4   Catharin, P.: Hydratationswärme und Festigkeitsentwicklung. Zem. u. Bet. (1977) H. 4, S. 148

◑ 52   Walz, K.: Grundlagen der Betontechnologie. Düsseldorf: Betonverlag 1964

○ 53   Walz, K.: Festigkeitsentwicklung von Beton bis zum Alter von 50 Jahren. Beton (1976) S. 95 sowie Betontech. Ber. (1976) S. 57

54.1   Zem. RB. 1979/80, S. 332

○ 54.2   Walz, K.; Bonzel, J.: Festigkeitsentwicklung verschiedener Zemente bei niederer Temperatur. Betontech. Ber. (1961) S. 9

○ 55.1   Wierig, H.-J.: Die Warmbehandlung von Beton. Zem. TB. 1970/71, S. 203

55.2   Dahms, J.: Untersuchungen über die Wärmebehandlung von Beton (nach CUR Rapp. 25 1962). Betontech. Ber. (1963) S. 169

○ 55.3   Franjetič, Z.: Betonschnellerhärtung. Wiesbaden: Bauverlag 1969

55.4   Walz, K.: Der Einfluß einer Wärmebehandlung auf die Festigkeit von Beton aus verschiedenen Zementen. Beton (1960) S. 222 oder Betontech. Ber. (1960) S. 29

◑ 55.5   Geymayer, H.: Die modernen Verfahren der Schnellhärtung von Beton. Bl. (1976) S. 145

55.6   Altner, W.; Reichel, W.: Betonschnellhärtung. Berlin: VEB Verlag für Bauwesen 1971

○ 55.7   Erhärtungsbeschleunigung von Fertigteilbeton. Coll. Rilem; Hinweis auf Ber. BuSt. (1968) S. 239

56.1   Gundlach, H.: Dampfgehärtete Baustoffe. Wiesbaden: Bauverlag

56.2   Gerstner, B.; Henning, O.: Chemisches Verhalten der Zuschläge im Zementbeton. Baustoff-Industrie Ausgabe B 18, Nr. 3 1975, S. 21

58   Zem. TB. 1979/80, S. 101

59   Zem. TB. 1976/77, Tafel 30 nach Basalla, A.: Wärmeentwicklung im Beton, Zem. TB. 1964/65, S. 275

○ 60.1   Kowalski, R.: Schaltechnik im Betonbau. Düsseldorf: Werner 1977

◑ 60.2   Labutin, N.: Schalung und Rüstung. Berlin: Ernst 1975

60.3   Rüsten und Schalen. Vortragsreihe im HdT/Essen Febr. 1966, H. 79. Essen: Vulcan-Verlag 1966

○ 60.4   Müller, H.: Entwicklungsrichtungen der Schaltechnik. Vorträge Betontag DBV 1969, S. 251

60.5   Porschmann, M.: Formen und Schalungen für Fertigteile aus Beton und Stahlbeton. Betonsteinztg. (1961) S. 141

○ 61   Metzner, R.: Die Oberflächenbeschaffenheit von Beton. Vorträge Betontag DBV 1969, S. 423

○ 62   Dressel, W.: Großflächenschalungen im Hochbau. FBW Stuttgart H. 86. Köln: Müller

○ 63.1   Metallgesellschaft: Kunststoffschalungen für Strukturbeton. Beton (1971) S. 293 u. 340

63.2   Köneke, R.: Strukturbeton. Betonwerk- u. Fertigteiltech. (1973) S. 357

◑ 64.1   Trennmittel für Betonschalungen und -formen. Richtlinien des DBV für Lieferung, Anwendung, Prüfung. Beton (1977) S. 75

○ 64.2   Linder, R.: Trennmittel für Betonschalungen. BuSt. (1973) S. 9

◑ 65.1   Sichtbeton Merkbl. des DBV für Ausschreibung, Herstellung u. Abnahme von Beton mit gestalteten Ansichtsflächen. Beton (1977) S. 159

○ 65.2   Schmidt-Morsbach, J.: Sichtbeton- und Tapezierbetonschalungen. Wiesbaden: Bauverlag 1972 sowie Die Bauwirtschaft (1969) S. 696

65.3   Künzel, W.: Sichtbeton. Düsseldorf: Betonverlag 1965

○ 65.4   Abt, R.: Wolkenbildung bei Sichtbeton. PZWH Zement- u. Betonber. H. 2 sowie Beton (1969) S. 240

○ 65.5   Trüb, U.: Die Betonoberfläche. Wiesbaden: Bauverlag 1973

○ 65.6   Heiermann, W.: Gewährleistung bei sichtbaren Betonflächen. Die Bauwirtschaft (1975) H. 1 u. 2

○ 65.7   Metzner, R.: Ausschreibung von Sichtbetonarbeiten. BuSt. (1967) S. 289

65.8   Rapp, G.: Technik des Sichtbetons. Düsseldorf: Betonverlag 1969

65.9   Wilson, J.: Sichtflächen von Beton. Wiesbaden: Bauverlag 1967

○ 65.10 Schminke, P.: Sichtbeton — praktische Tips. Beton (1976) S. 271

67.1   Arge Industriebau, Maßtoleranzen im Industriebau. Arbeitsbl. M 1 u. 2, 1971

○ 67.2   Wagner, S.: Bautoleranzen und Baupassungen. Baupraxis (1976) H. 3, S. 47 u. H. 5, S. 67 u. H. 7, S. 37

○ 68.1   Ertinghausen, H.: Über den Schalungsdruck von Frischbeton. Inst. für Baustoffkunde und Stahlbetonbau der TH Braunschweig H. 5, 1965 (viele Literaturangaben)

○ 68.2   Specht, M.: Belastung von Schalung und Rüstung durch den frischen Beton. Düsseldorf: Werner 1973

○ 68.3   Specht, M.: Druck des frischen Betons auf geneigte Schalung. BuSt. (1975) S. 273

68.4   Toussaint, E.: Schalungsdruck und Berechnung von Gerüsten. BI. (1964) S. 101

68.5   Graf, O.; Kaufmann, E.: Versuche über die beim Betonieren an den Schalungen entstehenden Belastungen. DAfSt 1960, H. 135

68.6   Witte, A. M.: Factoren, die de zijdelingse druk van verse betonspecie op de zijwand de bekisting beinvloeden. Cement (1960) S. 1057

◑ 69   Röhling, S.: Frischbetondruck auf senkrechte Schalungen. Baupl. u. Bautech. (1974) S. 580

70   Beyer, K.: Die Statik im Stahlbetonbau. Berlin, Göttingen, Heidelberg: Springer 1956, S. 13

○ 72.1   Walz, K.; Bonzel, J.: Ausblühungen auf Betonflächen. Betontech. Ber. (1962) S. 37 sowie Zem. TB. 1962, S. 343 ferner [6.1, S. 121]

72.2   Blümel, O.; Jung, F.: Untersuchungen über Zementausblühungen. Betonsteinztg. (1962) S. 286 u. 363

Literatur zu Abschnitt 1.2 (Festigkeiten des Betons)

○ 1.1   Wesche, K.: Baustoffe für tragende Bauteile. Wiesbaden: Bauverlag 1974

1.2   Bonzel, J.: Ein Beitrag zur Frage der Festigkeit des Betons. Konstruktiver Ingenieurbau, Festschr. Hirschfeld. Düsseldorf: Werner 1967

○ 1.3   Bonzel, J.: Druckfestigkeit und Zugfestigkeit des Betons. Beton (1977) S. 188

◑ 2.1   Eibl, J.; Iványi, G.: Studie zum Trag- und Verformungsverhalten von Stahlbeton. DAfSt 1976, H. 260 (nur unter Kurzzeitbelastung; viele Literaturangaben)

2.2   Eibl, J. u. a.: Studie zur Erfassung spezieller Betoneigenschaften. DAfSt 1974, H. 237 (besonders für Reaktordruckbehälter)

2.3   Avram, C.: Festigkeiten und Verformungen von Beton. Editura Tehnica Bucaresti 1971 (rumänisch, aber viele interessante Diagramme)

3   Ruetz, W.: Das Kriechen des Zementsteins. DAfSt 1966, H. 183

4   Wittmann, F.: Bestimmung der physikalischen Eigenschaften des Zementsteins. DAfSt 1974, H. 232

○ 5.1   Setzer, J.: Das Mikrogefüge des Zementsteins und dessen Einfluß auf das mechanische Verhalten des Betons. Zem. u. Bet. (1975) H. 85/86, S. 29

○ 5.2   Locher, W.; Wischers, G.: Aufbau und Eigenschaften des Zementsteins. Zem. TB. 1979/80, S. 49

5.3   Wischers, G.: Physikalische Eigenschaften des Zementsteins. Betontech. Ber. (1961) S. 199

7   Manns, W.: E-Modul von Zementstein und Beton. Betontech. Ber. (1970) S. 139

8   Franz, G.: Beitrag zum Vortrag über Dehnungsmessungen an Betonbauteilen. Vorträge zum Betontag des DBV 1963, S. 179

9   Heilmann, H.: Zugspannungen und -dehnungen in unbewehrten Betonquerschnitten. DAfSt 1976, H. 269, S. 4; verwertet in [2.1, S. 5]

○ 10.1   Wischers, G.; Lusche, M.: Einfluß der inneren Spannungsverteilung auf das Tragverhalten von Beton. Beton (1972) S. 343 u. 397 sowie Betontech. Ber. (1972) S. 135

○ 10.2   Wischers, G.: Aufnahme der Druckkräfte in Schwer- und Leichtbeton. Beton (1967) S. 183 sowie Betontech. Ber. (1967) S. 53

10.3   Bruchvorgänge. Ber. des Arbeitskreises B der DVM (Deutsche Versuchsanstalt für Materialprüfung). Berlin, Mitt. 51, Juni 1970

O 11.1   Wolf, H.: Spannungsoptik, 2. Aufl. B. 1 Berlin, Heidelberg, New York: Springer 1976
         (gute Einführung)
   11.2   Föppl, L.; Mönch, E.: Praktische Spannungsoptik, 3. Aufl. Berlin, Heidelberg, New York:
         Springer 1972
   11.3   Kuske, A.: Einführung in die Spannungsoptik. Stuttgart: Wiss. Verlagsges. 1971; derselbe:
         Spannungsoptik im Bauwesen. Düsseldorf: Werner 1970
   11.4   Hiltscher, K.: Spannungsoptische Messung ebener Spannungszustände. BT. (1966) S. 41
         u. 91
O 12.1   Flügge, W.: Festigkeitslehre. Berlin, Heidelberg, New York: Springer 1967 sowie Taschen-
         buch für Bauing. Teil I Berlin, Göttingen, Heidelberg: Springer 1955
   12.2   Leipholz, H.: Festigkeitslehre für den Konstrukteur. Berlin, Heidelberg, New York:
         1969
O 12.3   Dimitrov, N.: Festigkeitslehre I, Sammlung Göschen. Berlin: de Gruyter 1971, S. 63;
         derselbe: Festigkeitslehre. B. Kal. 1979, I, Kap. 2.5; ferner [1.1, 70, S. 23]
   13.1   Fein, D.: Spannungszustand in Modellbetonen. Diss. Karlsruhe 1971, Auszug daraus:
         Kurzber. a. d. Bauforsch. 1973, Nr. 1
   13.2   Contributions à la théorie macrostructurale de la résistance d'un béton comprimé.
         Materiaux et Constructions. Rilem Nov./Dez. 1972, S. 351
   13.3   Buyukoztürk, O.: Stress and strain response and fracture of a model of concrete in
         biaxial loading. Dept. of struct. eng. school of civ. eng., Cornell Univ. Report Nr. 337,
         1970
O 14   Stroeven, P.: Micromechanics of concrete. Ber. des Stevin-Laboratoriums der Tech. Univ.
         Delft 1973
   15   Stroeven, P.: Stereometric analysis of structural inhomogeneity and anisotropy of
         concrete. Sonderbände d. Prakt. Metallogr. Bd. 5, S. 291. Stuttgart: Riederer 1975
   16.1   Hilsdorf, H.: Fracture mechanismus of concrete. Cambridge: Perg. Press 1973
   16.2   Winter, G.: The role of microcracking in elasticity and fracture of concrete. Stahlbeton,
         Festschr. Rüsch S. 47. Berlin: Ernst 1969
O 17.1   Kupfer, H.: Verhalten von Beton unter zwei- und mehrachsiger Beanspruchung. DAfSt
         1973, H. 229 sowie BuSt. (1973) S. 269
   17.2   Mehlhorn, G. u. a.: Eine Formulierung des zweiachsigen Bruch- und Verformungs-
         verhaltens des Betons. BuSt. (1974) S. 206
   17.3   Hilsdorf, H.: Die Bestimmung der zweiachsigen Festigkeit des Betons. DAfSt 1965,
         H. 173
   17.4   Schröder, S.: Zweiachsige Druckfestigkeit und Verformung von Beton. Baupl. u. Bautech.
         (1968) S. 190
   17.5   Nellissen, L.: Biaxial testing of concrete. Heron 1972, Nr. 1
O 18.1   Zerna, W.; Schnellenbach, G.: Die Festigkeit des Betons bei mehrachsiger Belastung.
         Mitt. Inst. für konstr. Ing.-Bau Univ. Bochum Nr. 5, 1970; ferner Mitt. Inst. für
         Massivbau TH Darmstadt Nr. 19, S. 89. Berlin: Ernst 1977
   18.2   Reimann, H.: Kritische Spannungszustände des Betons bei mehrachsiger Belastung. DAfSt
         1965, H. 175
   18.3   Bremer, F.; Steindörfer, F.: Bruchfestigkeit und Bruchverformung von Beton unter
         mehrachsiger Beanspruchung. DAfSt 1976, H. 263
   20   Thomas, T. u. a.: Mikrorißbildung im Beton und die Arbeitslinie. J. ACI (1963)
         S. 209 u. 853
   21   Inse, D.; Stegbauer, A.: Festigkeit und Verformung von Leichtbeton, Gasbeton und
         Zementstein unter zweiachsiger Beanspruchung. DAfSt 1976, H. 254
   22   Walz, K.: Über die Herstellung von Beton höchster Festigkeit. Betontech. Ber. (1966)
         S. 139 sowie [1.3]
   23   Berntsson, L.: Polymer impregnation of mortar and concrete. Swedish Building Research
         Summaries 1976, S. 37
O 24.1   Vorläufige Richtlinien für die Zulassungsprüfung und Güteüberwachung von Reaktions-
         harzmörtel und -beton. Mitt. IfBt. 1977, S. 39 sowie [5/32]
   24.2   Die Anwendung der Reaktionsharze aus der Sicht der Bautechnik. Mitt. IfBt. 1973,
         S. 33

24.3   Fortschritte der Kunststoffverwendung im Bauingenieurwesen. Tagung Mainz 1967, VDI-Ber. 122

◑ 24.4   Saechtling, H.: Kunststoff-Taschenbuch. München: Hanser 1977 (umfassende Unterrichtung)

○ 24.5   Kunststoffe im Bauwesen, SIA (Schweizer Ingenieur- und Architektenverein). Zürich: Verlag d. akad. tech. Vereine 1976

○ 25.1   Schleeh, W.: Theorie und Praxis der Druckfestigkeitsprüfung des Betons. Beton (1975) S. 132 sowie BuSt. (1975) S. 194

25.2   Egger, P.: Die Abhängigkeit der Spannungen im Druckversuch von den Auflagerbedingungen. Diss. Karlsruhe 1965

25.3   Bonzel, J.: Ein Beitrag zur Frage der Festigkeit des Betons. Konstruktiver Ingenieurbau. Festschr. Hirschfeld S. 108. Düsseldorf: Werner 1967

26.1   Rüsch, H.: Einfluß der Verformungsgeschwindigkeit und der Lastplattenverformung. Materialprüfung (1963) S. 397

26.2   Gaede, K.: Versuche über die Festigkeit und die Verformung von Beton bei Druck-Schwellbeanspruchung und über den Einfluß der Größe der Proben auf die Würfeldruckfestigkeit von Beton. DAfSt 1962, H. 144

27   Lewandowski, R.: Beziehung zwischen Zylinder- und Würfeldruckfestigkeit des Betons. Betonsteinztg. (1971) S. 562

29   Cranz: Die experimentelle Bestimmung der Airyschen Spannungsfunktion. Ing.-Arch. (1939) S. 165

30   Festigkeitsprobleme des Betons. Int. Koll. TU Dresden 1968, Wiss. Zeitschr. TU Dresden 1968, H. 6

31.1   Die Bruchmechanik als Grundlage für das Verständnis des Festigkeitsverhaltens, Materialprüfung. Deutscher Verband für Materialprüfung 1970, S. 69

31.2   Epprecht, W.: Rißbildung in kristallinen Werkstoffen. Schweiz. Bauztg. (1973) S. 1175

31.1   Theorie der dreiachsigen Festigkeit des Betons. Mitt. Inst. für konstr. Ing.-Bau Univ. Bochum Nr. 9, 1976

○ 32.2   Stabilini, L.: Die Plastizität und der Bauingenieur. BI. (1960) S. 202 (instruktive, allgemeine Erörterung)

○ 32.3   Leon, A.: Über das Maß der Anstrengung bei Beton. Ing.-Arch. (1933) S. 421 (Mohrsche Bruchtheorie)

33.1   Bremer, F. u. a.: Bruchfestigkeit und Bruchverformung von Beton unter mehrachsiger Beanspruchung DAfSt 1976, H. 263; verwertet in [2.1, S. 82]

33.2   Schickert, G. u. a.: Versuchsergebnisse zur Festigkeit und Verformung von Beton bei mehrachsiger Beanspruchung. DAfSt 1977, H. 277

34   Palotás, L.: Der allgemeine Spannungszustand des Betons (deutsch). Acta Tech. Acad. Hung. 49 (1964) Fasc. 3, S. 399

35.1   Dreiachsial vorgespannter Beton. Cement (1973) S. 121, deutscher Ber. Baupl. u. Bautech. (1973) S. 413

35.2   Weigler, H.: Dreiachsige Beanspruchung von Beton. BI. (1963) S. 273

38   Kupfer, H.; Zelger, C.: Das Verhalten des Betons unter mehrachsiger Kurzzeitbelastung. DAfSt 1973, H. 229; verwertet in [2.1, S. 51]

39.1   Spieth, H.: Das Verhalten von Beton unter hoher örtlicher Pressung und Teilbelastung unter besonderer Berücksichtigung von Spannbetonverankerungen. Diss. Stuttgart 1959 sowie BuSt. (1961) S. 257

39.2   Szabó, G.: Berechnung der Bruchlast örtlich belasteter Stahlbetonkörper. Betonsteinztg. (1963) S. 51

○ 40   Wurm, P.; Daschner, F.: Versuche über Teilflächenbelastung von Beton. DAfSt 1977, H. 285 (viele Literaturangaben)

◑ 42.1   CEB/FIP Mustervorschrift für Tragwerke, 2. Ausg. 1976, S. 260 (deutsch DAfST)

42.2   Franz, G.: Ermüdungsfestigkeit von vorgespannten, auf Biegung beanspruchten Betonquerschnitten. Ber. BI. (1959) S. 205

○ 43.1   Soretz, S.: Ermüdungseinfluß im Stahlbeton. Bet.-St. i. d. Entw. (1965) H. 24 oder Zem. u. Bet. (1965) H. 31

43.2   Freitag, W.: Das Ermüdungsverhalten des Betons. Beton (1970) S. 192 u. 247

○ 43.3   Härig, S.: Einflüsse im Druck- und Biegeschwellbereich von Beton. Beton (1977) S. 200

43.4 Klausen, D.: Festigkeit und Schädigung von Beton bei häufig wiederholter Belastung. Mitt. Inst. für Massivbau TH Darmstadt Nr. 19. Berlin: Ernst 1977

43.5 Hansen, J.: Considerations for the design of structures subjected to fatigue loading. J. ACI (1974) S. 97

○ 44 Herzog, M.: Betriebsfestigkeit von Stahlbeton und Spannbeton. BT. (1977) S. 76, 118 u. 166

45 Linse, D.: Festigkeit und Verformungsverhalten von Beton unter hohen zweiachsigen Dauer(schwell)belastungen. DAfSt 1976, H. 254

46.1 Mehmel, A.; Kern, E.: Elastische und plastische Stauchungen des Betons infolge Dauer-schwell- und Standbelastung. DAfSt 1962, H. 153

46.2 Stöckl, S.: Einfluß von Vorbelastungen auf die Betonfestigkeit. Aus unseren Forschungs-arbeiten IV, Dez. 1978, Lehrst. für Massivbau TU München, S. 39

47.1 Hatano, T.; Tsutsomi, H.: Dynamical compressive deformation and failure of concrete. Rapp. Nr. C 5904, Labor. Tech. Inst. Central Ind. Electrica, Tokyo 1958

47.2 Tudományos Közlemények 21, Beton és Vasbeton 1975. Ung. Akad. d. Wiss. Budapest, Festschr. L. Palotás, S. 68 (deutsche Zusammenfassung S. 172)

● 48 Iken u. a.: Handbuch der Betonprüfung. Düsseldorf: Betonverlag 1977; ferner [E/28]

49 VDI-Nachrichten 10. 9. 1976, S. 16

50.1 Bonzel, J.; Dahms, J.: Über die Bedeutung der statistischen Qualitätskontrolle bei Beton. Betontech. Ber. (1964) S. 187

○ 50.2 Rüsch, H.: Statistische Qualitätskontrolle des Betons. Materialprüfung (1964) S. 387

50.3 Rüsch, H.; Sell, R.; Rackwitz, R.: Statistische Analyse der Betonfestigkeit. DAfSt 1969, H. 206

○ 50.4 Rackwitz, R.: Streuung der Betondruckfestigkeit von Würfelproben. Beton (1971) S. 53

51 Blume, J.: Statistische Methoden für Ingenieure. VDI Forsch.-H. T 41

52.1 DIN 1084 (72) B.Kal. 1973, I, S. 1171

○ 52.2 Bonzel, J.: Beurteilung der Betonfestigkeit mit Hilfe von Annahmekennlinien. Beton (1969) S. 303 u. 355 sowie Betontech. Ber. (1969) S. 35

52.3 Blaut, H.: Über die Grundlagen der Gütesicherung von Beton. Stahlbetonbau. Festschr. Rüsch. S. 61. Berlin: Ernst 1969

52.4 Blaut, H.: Stichprobenprüfpläne und Annahmekennlinien für Beton. DAfSt 1973, H. 233

○ 53 Sell, R.: Statistische Festigkeitskontrolle bei Beton. Zem. TB. 1962, S. 359 sowie [E/3, S. 40]

54.1 Rüsch, H.: Der Einfluß des Sicherheitsbegriffes auf die technischen Regeln für vor-gespannten Beton. Schweiz. Arch. (1954) S. 85 sowie [E/3, S. 92]

54.2 Torroja, E.: Load Factors. J. ACI 55 (1958/59) S. 567

○ 54.3 Murzewski, J.: Die Sicherheit der Baukonstruktionen. Berlin: VEB Verlag für Bauwesen 1974; ferner [E/18]

○ 54.4 Soretz, S.: Sicherheitstheorie. Bet.-St. i. d. Entw. H. 40 sowie Betonsteinztg. (1969) S. 625

54.5 Blaut, H.: Zusammenhang von Qualität und Sicherheit im Betonbau. DAfSt 1962, H. 149

54.6 Struck, W.: Die Sicherheit bei der Beurteilung von Bauteilen nach Versuchsergebnissen. BT. (1971) S. 188

○ 54.7 CEB/FIP Mustervorschrift für Tragwerke, 3. Ausg. 1978, S. 75 (deutsch DAfSt)

55.1 Walz, K.: Einfluß der Verdichtung auf die Würfelfestigkeit. Beton (1962) S. 265 sowie Betontech. Ber. (1962) S. 83

○ 55.2 Nischer, P.: Einfluß der Nachbehandlung auf die Betondruckfestigkeit. Beton (1977) S. 471

56 Lewandowski, R.: Kurzber. a. d. Bauforsch. 10 (1976) S. 597

57 Lewandowski, R.: Beurteilung der Bauwerkfestigkeit anhand von Gütewürfeln und Bohr-proben. Düsseldorf: Werner 1971 sowie Betonsteinztg. (1971) S. 562

○ 58 Nischer, P.: Nachträgliche Bestimmung der Festigkeit des Bauwerkbetons. Zem. u. Bet. (1975) H. 78/79, S. 23

○ 59.1 Lewandowski, R.: Druckfestigkeit von Festbeton in Bauteilen. Beton (1976) S. 469

59.2 Henzel, J.; Grube, H.: Festigkeitsuntersuchungen an Bauwerkbeton und zugehörigen Gütewürfeln. Bl. (1966) S. 487

60 Blackman u. a.: Stress distribution affects ultimate tensile strength. J. ACI (1958/59) S. 679

○ 61.1   Bonzel, J.: Über die Spaltzugfestigkeit des Betons. Beton (1964) S. 108 u. 150 sowie
          Betontech. Ber. (1964) S. 59; derselbe: Biege- und Spaltzugfestigkeit des Betons. Düssel-
          dorf: Betonverlag 1965

   61.2   Hiltscher, K.: Spaltzugspannungen. BT. (1963) S. 401 u. (1968) S. 196

   61.3   Zugfestigkeit von Beton. J. ACI (1963) S. 751

   61.4   Bajnai, L.: Spaltzugfestigkeit von Beton. BuSt. (1966) S. 163

   61.5   Stehno, G.: Die Bestimmung der Betonzugfestigkeit am fertigen Bauwerk anhand der
          Abreißmethode. Zem. u. Bet. (1975) H. 82, S. 26

○ 62   Reinhardt, H.-W.: Ansprüche des Konstrukteurs an den Beton. Beton (1977) S. 195

   65.1   Schleeh, W.: Die Spannungszustände in Biegezugbalken nach der strengen Biegetheorie.
          Beton (1964) S. 91

○ 65.2   Bonzel, J.: Über die Biegezugfestigkeit des Betons. Betontech. Ber. (1963) S. 59

   66   Heilmann, H.: Zugspannungen und Zugdehnungen in unbewehrten Betonquerschnitten.
          DAfSt 1976, H. 269

   67.1   Heilmann, H.; Hilsdorf, H.: Festigkeit und Verformung des Betons unter Zugspannung.
          DAfSt 1969, H. 203

○ 67.2   Heilmann, H.: Beziehung zwischen Zug- und Druckfestigkeit des Betons. Beton (1969)
          S. 68

   69.1   Hanzal, H.: Die physikalische Bedeutung der Schubspannungen. BI. (1974) S. 357

   69.2   Hanzal, H.: Zur räumlichen Geometrie der Rißflächen. BuSt. (1974) S. 185

   69.3   Weigler, H.; Becker, G.: Zur Frage der Schubdruckfestigkeit des Betons. BuSt. (1964)
          S. 101

   70.1   Pauly, T.: Shear transfer by aggregate interlock. ACI Special publication: Shear in rein-
          forced concrete, Paper 42-1, S. 1 u. Paper 42-27, S. 599; verwertet in [2.1, S. 203]

   70.2   Cowan, J.; Cruden, A.: Second thoughts on shear friction. Concrete (Aug. 1975) S. 31

   71.1   Gaede, K.: Kugelschlagprüfung von Beton. DAfSt 1957, H. 128 u. 1964, H. 158

   71.2   Wesche, K.: Kritische Betrachtung der Verfahren zur zerstörungsfreien Prüfung des
          Betons im Bauwerk. Bau u. Bauindustrie (1960) S. 9

   71.3   Back, G.: Die zerstörungsfreie Betonprüfung an Betonsteinerzeugnissen mittels Schlag-
          geräten zum Zwecke einer betrieblichen Eigenüberwachung. Betonsteinztg. (1961) S. 93

○ 71.4   Frey, H.: Erfahrungen bei der Prüfung mit dem Rückprallhammer. BuSt. (1969) S. 76

○ 71.5   Georgy, W.: Möglichkeiten und Grenzen der nachträglichen Beurteilung von Bauwerks-
          beton. Das Baugewerbe (1972) S. 120

   72   „Hütte", des Ingenieurs Taschenbuch, Bd. I (Theoretische Grundlagen), 28. Aufl. Berlin:
          Ernst 1955, S. 369

   73.1   Rehm, G.; Waubke, N.: Ultraschall-Impulstechnik für Fertigteile. DAfSt 1975, H. 243

   73.2   Weigler, H.; Kern, E.: Ultraschallprüfung der Betongüte. Betonztg. (1965) S. 279

   73.3   Ciganek, M.: Prüfung von Beton mit Ultraschall. Zem. u. Bet. (1963) H. 27

Literatur zu Abschnitt 1.3 (Verformungen des Betons)

◑ 1.1   Leonhardt, F.: Maßnahmen gegen Schäden aus Kriechen, Schwinden und Temperatur.
          Vorbericht zum Symposium IVBH Madrid 1970

○ 1.2   Manns, W.: Formänderungen von Beton. Zem. TB. 1979/80, S. 339

   2   Haddad, G. J.: Versuche über das Verhalten von Stahlbetonbalken unter ruhender Dauer-
          belastung. Diss. Karlsruhe 1960

   3   Kordina, K.: Physikalische Grundlagen der Festigkeit und der Verformung der Werkstoffe.
          Arb.-tagung München 1959, S. 22, Ber. DBV Wiesbaden 1959

○ 4   Krause, K.: Über den Einfluß der Belastungsgeschwindigkeit auf den E-Modul. Forsch.-
          Ber. NRW Nr. 2451. Köln-Opladen: Westdeutscher Verlag 1975

○ 5.1   Lusche, M.: Einfluß der Höhe von Betonzylindern auf das Ergebnis der Druck-E-Messung.
          Beton (1971) S. 365 sowie Betontech. Ber. (1971) S. 119

○ 5.2   Cordes, H.: Die Spannungs-Dehnungslinie von Beton und Stahl im Bereich der Höchstlast,
          abhängig von der Meßlänge. Beton (1974) S. 338

○ 5.3   Müller, R. K.: Einfluß der Meßlänge auf das Dehnmaß von Beton. Beton (1964) S. 205

5.4 Ebner, H.: Dehnungsmessungen an Bauteilen. Vorträge Betontag DBV 1963, S. 157

6 Stöckl, S.: Das unterschiedliche Verformungsverhalten der Rand- und Kernzonen von Beton. DAfSt 1966, H. 185

○ 7.1 Bonzel, J.: Die Verformungen des Betons. Betontech. Ber. (1971) S. 33 sowie Beton (1971) S. 57 u. 105

○ 7.2 Manns, W.: Der E-Modul von Zementstein und Beton. Betontech. Ber. (1970) S. 139

7.3 Hirsch, T.: Der E-Modul von Beton als Funktion von E_z (Zuschlag) und E_s (Stein). J. ACI (1962) S. 427 (Versuch rechnerischer Erfassung)

○ 8 Roth, H.: Verwendbarkeit des dynamischen E-Moduls zur Frostbeständigkeitsprüfung des Betons. Zem. u. Bet. (1977) H. 1, S. 32

9 Müller, F. P.: Über den dynamischen E-Modul von Spannbeton. BuSt. (1959) S. 192

○ 10 Müller, F. P.: Baudynamik. B.Kal. 1978, II, S. 843

○ 12 Rüsch, H. u. a.: Die Festigkeit der Biegedruckzone. DAfSt 1955—1968, H. 120, 139, 190, 191, 196, 198; verwertet in [E/3, S. 61]

13 Stöckl, S.; Rüsch, H.: Versuche zur Festigkeit der Biegedruckzone, Einfluß der Querschnittsform. DAfSt 1969, H. 207

○ 14.1 Kluge, F.: Neue Gedanken zur Betontechnologie. Beton (1977) S. 188 (kurzer Überblick)

○ 14.2 Wischers, G.: Aufnahme und Auswirkungen von Druckbeanspruchungen auf Beton. Beton (1978) S. 63 u. 98

19.1 Mehmel, A.; Kern, E.: Elastische und plastische Stauchungen von Beton infolge Druckschwell- und Standbelastung. DAfSt 1952, H. 153 sowie Vorträge Betontag DBV 1961, S. 425

19.2 Diverse Referate über die Verformungen des Betons. Arb.-tägung München 1959, Ber. DBV Wiesbaden 1959

20.1 Ruetz, W.: Das Kriechen des Zementsteines im Beton und seine Beeinflussung durch gleichzeitiges Schwinden. DAfSt 1966, H. 183

20.2 Wittmann, F.: Physikalische Eigenschaften des Zementsteines. DAfSt 1974, H. 232

○ 20.3 Wesche, K.; Boer, A.: Über das Kriechen von Zementstein, Mörtel und Beton. Beton (1974) S. 360

21.1 Wagner, O.: Das Kriechen unbewehrten Betons. DAfSt 1958, H. 131

21.2 Hummel, A.: Versuche über das Kriechen unbewehrten Betons. DAfSt 1962, H. 146

◑ 21.3 Trost, H.: Auswirkungen des Superpositionsprinzips auf Kriech- und Relaxationsprobleme bei Stahl- und Spannbeton. BuSt. (1967) S. 230 u. 261 sowie Beton (1966) S. 233

○ 21.4 Neville, A.: Creep of Concrete. Amsterdam: North Holland 1970

21.5 Trost, H. u. a.: Kriech-, Rückkriech- und Relaxationsversuche an Beton. DAfSt 1978, H. 295

○ 21.6 Bastgen, K.: Übersicht über die Verfahren zur Berechnung des Relaxationsverhaltens des Betons. BuSt. (1977) S. 179 (bes. [21.3] empfohlen!)

21.7 Rosemeier, G.: Zeitabhängiges Spannungs-Dehnungsverhalten des Betons. BuSt. (1976) S. 223

○ 22 Dischinger, F.: Elastische und plastische Verformungen der Eisenbetontragwerke und insbesondere der Bogenbrücken. BI. (1939) S. 53, 286, 426, 563 (grundlegende Untersuchungen)

23 Pfefferle, R.: Zur Theorie des Betonkriechens. Diss. Karlsruhe 1971 sowie BuSt. (1979) S. 295

24 Guyon, Y.: Constructions en béton précontraint, Tome 1 S. 35. Paris: Ed. Eyrolles 1966

25 Aroutiounian, N.: Applications de la théorie du fluage. Paris: Ed. Eyrolles 1957

◑ 26.1 Rüsch, H.; Jungwirth, R.; Hilsdorf, H.: Kritische Sichtung der Verfahren zur Berechnung der Einflüsse von Kriechen und Schwinden des Betons auf das Verhalten der Tragwerke. BuSt. (1973) S. 49, 76 u. 152; hierzu Zuschrift Bažant BuSt. (1974) S. 150

● 26.2 Rüsch, H.; Jungwirth, D.: Berücksichtigung der Einflüsse von Kriechen und Schwinden auf das Verhalten der Tragwerke. Düsseldorf: Werner 1975

27 England, G.; Ross, A.: Reinforced concrete under thermal gradients. Mag. Concr. Res., March 1962, S. 5

○ 28.1 Wischers, G.; Dahms, J.: Kriechen von frühbelastetem Beton mit hoher Anfangsfestigkeit. Beton (1977) S. 69 u. 104 sowie Betontech. Ber. (1977) S. 29

8.2 Wesche, K.; Berg, W.: Kriechen des Betons — Einfluß des Belastungsalters. Beton (1977) S. 27 sowie Betontechn. Ber. (1977) S. 17

○ 29.1   Schneider, U.: Festigkeit- und Verformungsverhalten von Beton unter stationärer und instationärer Temperaturbeanspruchung. BT. (1977) S. 123

29.2   Geymayer, H.: Zum Einfluß erhöhter Temperaturen auf das Formänderungsverhalten von Beton. Zem. u. Bet. (1972) H. 63/64

30   Bericht über verschiedene Referate VDI Tagung Düsseldorf Okt. 1976. Beton (1976) S. 446

○ 31.1   Kern, E.: Das Zugkriechen des Betons (Ber. von Mag. Concr. Res.). Bl. (1967) S. 423

31.2   Meyer, H.-G.: Querkriechen von Beton. Diss. Hannover 1967

32   Wolff, H.; Mainz, B.: Einfluß des Beton-Zeitverhaltens. Düsseldorf: Werner 1972, neben [26.2]

33   Gaede, K.: Knicken von Stahlbetonstäben unter Kurz- und Langzeitbelastung. DAfSt 1958, H. 129 (Anlaß für neue Knicktheorie)

35   Jung, F.: Verfahren zur Prüfung der Festigkeit des Betons. BuSt. (1974) S. 16

36   Hilsdorf, H.: Austrocknung und Schwinden des Betons, Stahlbetonbau Festschr. Rüsch S. 17 (Diffusionsvorgang). Berlin: Ernst 1969

37   Wittmann, F.: Grundlagen eines Modells zur Beschreibung der charakteristischen Eigenschaften des Betons. DAfSt 1977, H. 290

38   Powers, T.: Grundlagen des Betonschwindens. Betonsteinztg. (1961) S. 45 („Das im Beton *verbleibende* Wasser verursacht das Schwinden!")

○ 41   Leviant, J.: Einfluß der Betonzusammensetzung auf das Schwinden. Betonsteinztg. (1964) S. 191

42   Wischers, G.: Die mathematische Erfassung der Spannungen infolge Schwindens. Beton (1960) S. 273

43   De Groot, S. R.; Mazur, P.: Non equilibrium thermodynamics. Amsterdam: North Holland 1962

○ 45.1   Eichler, F.: Bauphysikalische Entwurfslehre. Köln: Müller; betr. Wärmeschutz: Bd. 1: Berechnungsgrundlagen 1974; Bd. 2: Konstruktive Details 1972; Bd. 3: Wärmedämmstoffe 1970

◑ 45.2   Schüle, W.: Bauphysikalische Eigenschaften von Beton. Zem. TB. 1968/69, S. 331

45.3   Mathieu, H.: Das Verhalten von Beton zwischen 80 und 300 °C. Betontech. Ber. (1962) S. 105 (Ber.)

○ 46   Weigler, H.; Fischer, R.: Beton bei Temperaturen von 100 bis 750 °C, Beiträge zum Massivbau. Festschr. Mehmel S. 87. Düsseldorf: Betonverlag 1967

◑ 47.1   Kordina, K.; Schneider, U.: Über das Verhalten von Beton bei hohen Temperaturen. Betonwerk- u. Fertigteiltech. (1975) S. 572

◑ 47.2   Schneider, U.: Festigkeits- und Verformungsverhalten von Beton unter Temperaturbeanspruchung. BT. (1977) S. 123

○ 47.3   Kordina, K.: Mech. Verhalten von Beton unter instationärer Wärmebeanspruchung. Beton (1975) S. 19

48.1   Schüle, W. u. a.: Wärmeleitfähigkeit von Baustoffen (Temp. u. Feuchtigkeitseinflüsse). Ber. a. d. Bauforsch. BM für Städtebau u. Wohnungswesen H. 77

48.2   Bažant, Z.: Thermodynamic theory of concrete deformation at variable temperature and humidity. Struct. Eng. Lab. Univ. Berkeley/Calif. Rep. 69—11, 1969

50   Fischer, R.: Das Verhalten von Zementmörtel und Beton bei höheren Temperaturen. DAfSt 1964, H. 164 u. 1970, H. 214

51   Zem. TB. 1976/77, Tafel 47—51

◑ 52.1   Gösele, K.; Schüle, W.: Bauphysik. B.Kal. 1979, II, S. 251

○ 52.2   Gösele, K.; Schüle, W.: Schall-Wärme-Feuchtigkeit H. 75 der FBW Stuttgart. Wiesbaden: Bauverlag 1977

52.3   Schüle, W.: Wärmeschutz. Mauerwerk-Kal. S. 105. Berlin: Ernst 1978

○ 52.4   Sautter, L.: Schall- und Wärmeschutz im Hochbau. Berlin: Lipfert

○ 52.5   Schild, E. u. a.: Bauphysik, Planung und Anwendung. Wiesbaden: Vieweg 1977

◑ 52.6   Moritz, K.: Richtig und falsch im Wärme-, Feuchtigkeits- und Bautenschutz. Wiesbaden: Bauverlag 1970

○ 53.1   Schack, A.: Der industrielle Wärmeübergang. Düsseldorf: Stahleisen 1969

○ 53.2   Franke: Temperaturverteilung und Wärmefluß in Mehrschichtenwänden bei instationärer Erwärmung. BT. (1970) S. 244

54   Künzel, H.; Gertis, K.: Thermische Verformung von Außenwänden. Betonsteinztg. (1969)
          S. 528

55.1   Span, Th.: Highway engineering research activities. Dep. oU Civil Engineering Delft Univ.
          of Technology, Period 1973/74 S. 140

○ 55.2   Leonhardt, F.: Temperaturunterschiede gefährden Spannbetonbrücken. BuSt. (1965) S. 157
          u. (1979) S. 36

56   Rickenstorf, G.: Baustatische Berechnung von Temperaturspannungen infolge nichtlinearer
          Temperaturverteilung in Stäben, Scheiben und Platten. Baupl. u. Bautech. (1959) S. 498,
          desgl. als Buch: Berlin: VEB Verlag Technik 1967

◐ 57.1   Wischers, G.: Betontechnische und konstruktive Maßnahmen gegen Temperaturrisse in
          massigen Bauteilen. Betontech. Ber. (1964) S. 21

57.2   Hampe, B.: Temperaturschäden im Beton und Maßnahmen zu ihrer Verhütung. Vor-
          träge Betontag DBV 1957, S. 685

○ 57.3   Wesche, K.: Charakteristik und Technologie des Massenbetons. Beton (1961) S. 685

○ 57.4   Wischers, G.; Dahms, J.: Untersuchungen zur Beherrschung von Temperaturrissen in
          Brückenwiderlagern durch Raum- und Scheinfugen. Beton (1968) S. 439 u. 483

57.5   Giesecke, J.: Berechnung der Wärmespannungen in Massenbeton. Bl. (1968) S. 371;
          ferner: Temperaturfelder in Massenbeton infolge Rohrinnenkühlung, BuSt. (1967) S. 280

Literatur zu Abschnitt 2 (Leichtbeton)

◐ 1   Zem. TB. 1976/77, Tafel 47 u. 58

2   Klausen, D.: Festigkeit und Schädigung von Beton bei häufig wiederholter Belastung.
          Mitt. Inst. für Massivbau TH Darmstadt Nr. 19, S. 10. Berlin: Ernst 1977

3   Linse, D.; Stegbauer, A.: Festigkeit und Verformung von Leichtbeton. DafSt 1976, H. 254

◐ 4.1   Heufers, H.: Leichtbeton. Zem. TB. 1979/80, S. 386

◐ 4.2   Wischers, G.: Leichtbeton hoher Festigkeit. Zem. TB. 1968/69, S. 277

● 4.3   Bonzel, J.: B.Kal., I, Abschn. „Beton" Kap. 5; ferner Leonhardt [E/2, 2. Teil, S. 121]

○ 4.4   Weigler, H.; Karl, S.: Stahlleichtbeton-Herstellung, Eigenschaften, Ausführung. Wies-
          baden: Bauverlag 1972

4.5   Wesche, K.: Stoffliche Grundlagen zum Entwurf von LB-Konstruktionen. BuSt. (1967)
          S. 256

○ 4.6   Aurich, H.: Kleine Leichtbetonkunde. Wiesbaden: Bauverlag 1971

○ 4.7   Bologna, u. a.: Leichtbeton im Hoch- und Ingenieurbau. Düsseldorf: Betonverlag 1974

◐ 5.1   Künzel, H.: Gasbeton. Wiesbaden: Bauverlag 1971; ferner hierzu [21.2]

5.2   Sell, R.: Festigkeit und Verformung von Gasbeton. DAfSt 1970, H. 209

5.3   Gertis, K.: Hydrische Eigenspannungen von Gasbeton-Außenteilen. BT. (1975) S. 329

6.1   Hohwiller, F.: Styropor-Beton. Kunststoffe am Bau (1970) H. 17 S. 26 sowie Beton-
          steinztg. (1968) S. 81

○ 6.2   Höfer, G.: Styroporbeton. Beton (1973) S. 296

6.3   Baum, G.: Styropor als Zuschlagstoff. Betonwerk- u. Fertigteiltech. (1973) S. 274

6.4   Weigler, H.: Sehr leichte Betone. Vorträge Betontag DBV 1973, S. 298

7   Eignung von Leichtmörtel als Mauermörtel. Mitt. IfBt 1977, S. 3

8.1   Briesmann, D.: Tragfähigkeit bewehrter Gasbetonplatten. Bl. (1975) S. 190

8.2   Manns, W. u. a.: Prüfverfahren zur Beurteilung von Rostschutzmitteln für die Bewehrung
          von Gasbeton. DAfSt 1977, H. 289

9.1   Catharin, P.: Brandverhalten von Polystyrolschaumbeton. Mitt. a. d. Österr. Zementforsch.-
          Inst. Wien (1976) H. 27, S. 21

9.2   Merkbl. d. Fotsch.-ges. für Straßenwesen Köln, für die Ausführung von Fahrbahnbefesti-
          gungen mit wärmedämmenden Tragschichten. Zem. u. Bet. (1976) H. 2 S. 62

10   Zem. TB. 1976/77, Tafel 51

11   Weigler, H.: Konstruktions-Leichtbeton. Vortrag Arb.-tagung d. Vereinigung d. Prüf.-
          Ing. von Baden-Württ., Juni 1976 Mitteilungsbl. Nr. 46, S. 65 u. 72; ferner [24.5]

12.1   Heijt, N.; Lewis, M.: Einige eigenschappen van licht- en grindbeton (LB u. SB). Festschr.
          Prof. A. M. Haas, Cement (1969) H. 5, 7, 10, 12; Sonderdruck S. 5

12.2   Briesemann, D.: Spaltzugfestigkeit von Gasbeton. BT. (1974) S. 169

○ 13.1   Manns, W.: Leichtzuschlag. Zem.TB. 1979/80, S. 221

13.2   Sell, R.: Kornfestigkeit künstlicher Zuschlagstoffe und ihr Einfluß auf die Druckfestigkeit. DAfSt 1974, H. 245 sowie [1.2/10.2]

13.3   Sell, R.; Zelger, C.: Versuche zur Dauerfestigkeit von Leichtbeton. DAfSt 1969, H. 207

13.4   Weigler, H.; Freitag, W.: Ermüdungsfestigkeit von Leichtbeton. DAfSt 1975, H. 247

13.5   Weigler, H. u. a.: Temperatur- und Zwangsspannungen in Leichtbeton. DAfSt 1975, H. 247

13.6   Lusche, M.: Beitrag zum Bruchmechanismus von gedrücktem Normal- und Leichtbeton. Schriftenreihe d. Zem.-Ind. H. 39. Düsseldorf: Betonverlag 1972

○ 13.7   Walz, K.: Leichtbeton hoher Festigkeit. Beton (1965) S. 59, 93 u. 107 sowie Betontech. Ber. (1964) S. 127

13.8   Walz, K.: Besonderheiten des konstr. Leichtbetons. Vorträge Betontag DBV 1965, S. 163

○ 13.9   Schulz, B.: Entwurf von Leichtbeton bestimmter Festigkeit. Beton (1977) S. 61

13.10 Schulz, B.: Leca-Beton. Beton (1964) S. 137

○ 13.11 Weinhold, J. u. a.: Zielsicheres Vorausberechnen der Druckfestigkeit von Leichtbeton. Betonwerk- u. Fertigteiltech. (1974) S. 415

○ 14.1   Soretz, S.: Leichtbeton. Zem. u. Bet. (1976) H. 2, S. 78

14.2   Weustenenk, A.: Lichtbeton in vorgespannen constructies in [12.1, S. 14]

14.3   Wesche, K.: Spannungs-Dehnungslinie von Leichtbeton. Kurzber. a. d. Bauforsch. 9/77 bis 140, S. 757

14.4   Zem. TB. 1979/80, S. 406

○ 15.1   Heufers, H.: Schwind- und Kriechuntersuchungen an Leichtbeton höherer Festigkeit in [1.2/16.2, S. 31]

15.2   Kupfer, H.; Probst, P.: Versuche zum Kriechen von Konstruktions-Leichtbeton. Kurzber. d. d. Bauforsch. 8/77—124, S. 671

○ 15.3   Rostásy, F. u. a.: Über das Schwinden und Kriechen von Leichtbeton. Beton (1974) S. 223 und Bl. (1975) S. 455

○ 16   Rostásy, F.; Alda, W.: Rißbreitenbeschränkung bei zentrischem Zwang von Stahl- und Leichtbetonstäben. BuSt. (1977) S. 149

○ 17   Weigler, H.; Nicolai, J.: Temperaturdehn- und Wärmeleitzahlen von Leichtbeton. Beton (1973) S. 486

18   Zem. TB. 1979/80, S. 414

● 19.1   Richtlinien des DAfSt für Leichtbeton und Stahlleichtbeton mit geschlossenem Gefüge. Beton (1973) S. 410

○ 19.2   Roth, H.: Österr. Richtlinien für Leichtbeton. Zem. u. Bet. (1975) H. 82/84, S. 30

● 20   Merkbl. für Stahlleichtbeton, Bl. 1 Prüfung und Überwachung; Bl. 2 Zusammensetzung und Eignungsprüfung; Bl. 3 Herstellung und Verarbeitung, sowie Betontech. Ber. (1974) S. 111

○ 21.1   CEB/FIP: Lightweight aggregate concrete, manual of design and technologie (Bulletin No. 122), London: The Constr. Press 1977 sowie [1.2/54.7, S. 215]

○ 21.2   ebenda: Autoclaved Aerated Concrete 1978

22.1   Leichtbeton im Hoch- und Ing.-Bau. CEM-Büro Paris (Europ. Zem. Verband). Düsseldorf: Betonverlag sowie BuSt. (1969) S. 244

22.2   Roesser, K.: Erfahrungen mit konstr. Leichtbeton in USA. Vorträge Betontag DBV 1965. S. 139

22.3   Wesche, K.: Leichtbeton in Deutschland. Vorträge Betontag DBV 1967, S. 231

23   Heufers, H.: Fertigteile aus Leichtbeton. Beton (1969) S. 397 sowie Betonsteinztg. (1969) S. 733 (Überblick)

24.1   Lewicki, B.: Bewehrte Leichtbetonkonstruktionen. Berlin: Ernst 1971

24.2   Schulz, B.: Erfahrungen beim Pumpen von Leichtbeton. Beton (1975) S. 86

24.3   Schulz, B.: Eigenschaften von Konstruktions-Leichtbeton. Betonwerk- u. Fertigteiltech. (1972) S. 437 (Überblick)

24.4   Sebestyén, G.: Leichtbauweise. Köln, R. Müller, 1978

○ 24.5   Weigler, H.: Leicht-, Stahlleicht- und Spannleichtbeton. Betonwerk- u. Fertigteiltech. (1974) S. 3

○ 24.6   Körner, W.: Der konstruktive Leichtbeton. Betonwerk- u. Fertigteiltech. (1974) S. 409 u. 485

○ 24.7   Weigler, H.; Frey, H.: Überwachung der Betongüte von Fertigteilen aus Stahlleichtbeton mit der Schlagprüfung. BuSt. (1971) S. 149

24.8   Bachmann, H.: Konstruktiver Leichtbeton. Schweiz. Bauztg. (1973) S. 692
○ 24.9 Heufers, H.: Leichter Normalbeton. Betonwerk- u. Fertigteiltech. (1976) S. 525

Literatur zu Abschnitt 3 (Baustahl)

1.1   Rehm, G.: Stahl im Stahlbetonbau: Qualitätskontrolle. Betonsteinztg. (1969) H. 3
● 1.2 Schumacher, W.: Betonstahl. B.Kal. (jährlich) I, Kap. 6
◑ 1.3 Jäniche, W./Krämer, W.: Stahl. Hütte, Taschenbuch der Technik, 29. Aufl. 1974, Bau-
       technik, Bd. 1 Übersicht der Stähle für verschiedene Verwendungszwecke)
● 2.1 Leonhardt, F.: Spannbeton für die Praxis. Berlin: Ernst 1973, S. 15
2.2   Rehm, G.: Entwicklungstendenzen der Beton- und Spannstähle. Vorträge Betontag DBV
       1975. S. 144
3.1   Jäniche, W.: Zugversuche an sehr langen Proben. Tech. Mitt. des Hüttenwerks Rhein-
       hausen 1953, H. 2, S. 120 sowie Arch. f. Eisenhüttenwes. (1954) S. 589
3.2   Kremser, H.: Die Festigkeit eines Zugkörpers in Abhängigkeit von seiner Länge. BT.
       (1968) S. 169
● 4   Verhalten von Stahl bei schwingender Beanspruchung, Düsseldorf, Verlag Stahleisen 1975
○ 5.1 Jäniche, W.: Weiterentwicklung von vergüteten Spannstählen. Vorträge Betontag DBV
       1965, S. 481 sowie [3.1, S. 106]
5.2   Soretz, S.: Zugkriechen von Rippen-Torstahl 50 bei 300 °C. Bet.-St. i. d. Entw. (1977) H. 64
◑ 6   Soretz, S.: Ermüdungseinfluß bei Stahlbeton. Bet.-St. i. d. Entw. (1954) H. 2, (1959); H. 2a,
       (1965); H. 24, (1974) sowie Zem. u. Bet. (1965) H. 31; H. 57 (1974)
7.1   Wascheidt, H.: Dauergeschwindigkeit von Betonstählen im einbetonierten Zustand. DAfSt
       1968, H. 200
7.2   Spitzner, J.: Zur Prüfung von Betonrippenstahl unter schwingender Belastung im freien
       und einbetonierten Zustand. Diss. Darmstadt 1971
7.3   Soretz, S.: Fatigue behaviour of high yield steel reinforcement. Bet.-St. i. d. Entw. (1955)
       H. 26
● 9.1 Verzeichnis der zugelassenen Spannverfahren. B.Kal. 1979, II, S. 327 sowie Mitt. IfBt
       1. 2. 1978 (auch Verzeichnis aller zugel. Baustähle)
○ 9.2 BVM, Allgemein bauaufsichtlich zugelassene Spannverfahren ·f. d. Brückenbau. ARS
       19/1979. Mitt. IfBt Febr. 1979
10   Popp, C.: Schlag-Biegeversuche mit bewehrten Stahlbetonbalken. DAfSt 1975, H. 249
11.1   Soretz, S.: Beitrag zur Forschung über Betonstahl und Stahlbeton. Bet.-St. i. d. Entw.
       (1962) H. 10 sowie Betonsteinztg. (1962) S. 423 u. 469
11.2   Soretz, S.: Versuche an Betonstahl mit Schlagzugbeanspruchung durch Explosion. Bet.-St.
       i. d. Entw. (1961) H. 30
11.3   Brux, G.: Sprengstöße von Bewehrungsstäben. Bl. (1976) S. 462
12.1   Soretz, S.: Betonstähle bei steigender Temperatur. Bet.-St. i. d. Entw. (1961) H. 31
12.2   Abrams, M. S.; Cruz, C. R.: Verhalten von Spannlitzen unter hohen Temperaturen.
       Betonbau des Auslandes Nr. 74, DBV Wiesbaden 1962 (Ber. aus J. ACI Sept. 1961, S. 8)
12.3   Kubik, K.: Relaxationsversuche an Spannbetondrähten bei erhöhter Temperatur. Zem.
       u. Bet. (1974) H. 74, S. 4
13   Dannenberg u. a.: Warmzerreißversuche mit Spannstählen. DAfSt 1956, H. 122
◑ 14   Paschen, H.; Wolff, M.: Entwerfen und Konstruieren mit Fertigteilen. Düsseldorf:
       Werner 1975, S. 223
○ 15   Monnier, Th.: Fire resistance of prestressed concrete beams. Heron (1976) H. 1, S. 39
17.1   Inst. für Gesteinhüttenkunde TH Aachen, Ursachen der Stahlkorrosion im Beton. Kurz-
       ber. a. d. Bauforsch. 1973, Nr. 2
17.2   Hausmann, D.: Electrochemical behaviour of steel in concrete. J. ACI (1964) S. 171
◑ 17.3 Rehm, G.: Korrosion von Stahl im Beton. Betonsteinztg. (1968) S. 258
17.4   Polster, H.; Schunack, H.: Baustoffkorrosion und Korrosionsschutz. Schriftenreihe d.
       Bauforsch. Reihe Technik 1969 H. 29. Deutsche Bauakademie Berlin (O)
17.5   Grunau, E.; Benninghoff, K.: Korrosionsverhalten und Korrosionsschutz von Stahl im
       Beton. Köln: Müller 1972
17.6   Corrosion of metals in concrete. ACI Publ. SP 49, Symp. 1973
18.1   Rehm, G. u. a.: Karbonatisierung an Bauwerken. DAfSt 1965, H. 170

18.2 Meyer, A. u. a.: Karbonatisierung von Schwerbeton. DAfSt 1967, H. 182

18.3 Bührer, R.: Untersuchungen an 20 Jahre alten Spannbetonträgern. DAfSt 1976, H. 271

○ 18.4 Kern, K.; Jungwirth, R.: Karbonatisierungstiefe bei abgebrochenen Brücken. BuSt. (1971) S. 86 (gefunden 2 bis 7 mm)

18.5 Schiessl, P.: Zulässige Rißbreite, erforderliche Betondeckung und Karbonatisierungstiefe des Betons. DAfSt 1976, H. 255; ferner [4/23]

○ 18.6 Soretz, S.: Korrosionsschutz bei Stahlbeton und Spannbeton. Bet.-St. i. d. Entw. (1967) H. 29 sowie Betonsteinztg. (1967) S. 58 u. (1971) H. 45

○ 18.7 Rehm, G.: Korrosionsschutz von Stahl im Beton. Beton (1969) S. 159 sowie Betontech. Ber. (1969) S. 57

○ 18.8 Wischers, G. u. a.: Carbonatisierung des Betons. Betontech. Ber. (1972) S. 125 sowie Beton (1972) S. 296

18.9 Gille, F.: Über die Tiefe der karbonatisierten Schicht von alten Betonproben. Beton (1960) S. 328

○ 18.10 Soretz, S.: Korrosion von Betonbauten? Zem. u. Bet. (1979) H. 1, S. 21 (Kurze Zusammenfassung aller Faktoren für die Stahlkorrosion)

19.1 Kaesche, H.: Die Prüfung der Korrosionsgefährdung von Stahlbewehrung durch Zusatzmittel. Zement—Kalk—Gips (1959) S. 289

○ 19.2 Bäumel, A.: Die Auswirkungen von Zusatzmitteln auf die Korrosion von Stahl im Beton. Zement—Kalk—Gips (1959) S. 294 sowie Beton (1960) S. 256

19.3 Meng, W.: Die Bedeutung von Chloriden als Zusatzmittel für Mörtel und Beton. Betonsteinztg. (1960) S. 113

20.1 Jäniche, P.; Naumann, F.: Schadensfälle durch Oberflächenfehler und H_2-Risse, Prakt. Metallogr. (1973) S. 588

20.2 Steffens, H. D.: Das Verhalten von Spannstählen gegenüber Spannungsrißkorrosion. Betonwerk- u. Fertigteiltech. (1973) S. 417

○ 20.3 Gad, W.: Zur Korrosion von Spanndraht. BI. (1973) S. 431

20.4 Naumann, F.: Korrosionsschäden an gespannten Stählen. BuSt. (1969) S. 10

○ 20.5 Rehm, G.: Korrosion von Bewehrungen im Spannbetonbau. Dtsch. Bauztg. (1978) H. 11, S. 78

21.1 Rehm, G.: Schäden an Balken mit Tonerdeschmelzzement. Betonsteinztg. (1963) S. 651

21.2 Naumann, F.; Bäumel, A.: Bruchschäden an Spanndrähten in Tonerdezementbeton. Arch. Eisenhüttenwes. (1961) S. 89

22 Franz, A.: Die Schäden am Kreuzungsbauwerk Schmargendorf. BuSt. (1980) S. 48

23 Zelger, C.: Vergleichsversuche an drei verschiedenen Bewehrungs-Suchgeräten. Materialprüfung (1961) S. 337

25 Kupfer, H.: Neuere Untersuchungen an Übergreifungsstößen. Vorträge Betontag DBV 1975, S. 388

● 26.1 Leonhardt, F.: Rissebeschränkung. BuSt. (1976) S. 14; ferner [E/2, 4. Teil, S. 3]

26.2 Martin, H.: Oberflächenbeschaffenheit, Verbund und Sprengwirkung von Bewehrungsstäben. DAfSt 1973, H. 228

○ 27.1 Stöckl, S.: Übergreifungsstöße. BuSt. (1972) S. 229

27.2 Stöckl, S. u. a.: Versuche an Übergreifungsstößen. DAfSt 1977, H. 276

○ 27.3 Eligehausen, R.: Übergreifungsstöße zugbeanspruchter Rippenstähle mit geraden Stabenden. DAfSt 1979, H. 301

28 Soretz, S.: Contribution to the behaviour of lapped splices in reinforcement bars. Bet.-St. i. d. Entw. (1974) H. 55

○ 29 Soretz, S.: Ermüdungseinfluß auf Überdeckungsstöße. Bet.-St. i. d. Entw. (1969) H. 37 sowie Aus Theorie und Praxis des Stahlbetonbaues. Festschr. Franz S. 91. Berlin: Ernst 1969

○ 30.1 Rehm, G.; Elligehausen, R.: Verbundverhalten von Rippenstäben bei nicht ruhender Belastung. Betonwerk- und Fertigteiltechnik 1977 S. 295

◐ 30.2 Rehm, G.; Elligehausen, R.: Übergreifungsstöße. BuSt. (1977) S. 170

30.3 Rehm, G. u. a.: Übergreifungsstöße von Rippenstählen und Betonstahlmatten. DAfSt 1977, H. 291

○ 31 Rehm, G. u. a.: Übergreifungsstöße geschweißter Betonstahlmatten. BuSt. (1976) S. 84

32.1 Rehm, G.; Russwurm, D.: Die Anwendung des Schweißens im Stahlbetonbau. Betonsteinztg. (1968) S. 568 u. 604

○ 32.2   Soretz, S.: Einfluß der Schweißstellen auf die Ermüdungsfestigkeit von Torstahl. Bet.-St. i. d. Entw. (1972) H. 51

○ 33   Leonhardt, F.; Hahn, V.: Der Preßmuffenstoß. BuSt. (1970) S. 168

34.1   Rehm, G.: Bewehrungsstöße. Betonsteinztg. (1970) S. 75 u. 447 (Übersicht der versch. Stoßarten)

○ 34.2   Finsterwalder, U.: Der Gewi Muffen-Stoß. BuSt. (1973) S. 25

○ 34.3   Jungwirth, D.; Kern, G.: Stoß von Bewehrungsstäben mit großem Durchmesser und hoher Festigkeit. BuSt. (1977) S. 237 u. 277

34.4   Baustahlgewebe GmbH Düsseldorf. Ber. 1971, H. 9, 10, 11

34.5   Hahn, V.; Fastenau, W.: Der Thermit Muffenstoß. BuSt. (1968) S. 77

○ 35   Leonhardt, F.: Druckstöße von Bewehrungsstäben. DAfSt 1972, H. 222; ferner [E/2, 3. Teil, S. 63]

36.1   Müller, —: Rationalisierung der Bewehrung. Die Bauwirtschaft (1971) S. 777

○ 36.2   Goffin, H.: Rationalisierung der Bewehrung. Vorträge Betontag DBV 1973, S. 270

36.3   Soretz, S.: Wirtschaftliche Herstellung der Bewehrung im Stahlbetonbau. Bet.-St. i. d. Entw. (1971) H. 47

○ 36.4   Kühn, G.: Die Bauausführung. B.Kal. 1974, II, S. 638

○ 37.1   Manleitner, S.: Gitterträger für Decken. Beton- und Fertigteil-Jahrbuch. Wiesbaden: Bauverlag 1976, S. 107

◑ 37.2   Voigt, C.: Decken- und Dachkonstruktionen. B.Kal. 1976, II, S. 904

38   Kalisch, K.-D.: Korrosionsbeständigkeit von Spannbetonbauten mit nachträglichem Verbund. Baupl. u. Bautech. (1973) S. 84 (Untersuchung von Dachbalken)

● 39.1   Richtlinien für das Einpressen von Zementmörtel in Spannkanäle (73). B.Kal. 1975, II, S. 301

○ 39.2   Rendchen, K.: Einpreßmörtel für Spannbeton. Beton (1977) S. 437 u. 477 sowie Betontech. Ber. (1977) S. 165 (Vergleich verschiedener Länder)

39.3   Steinegger, H.: Einpreßmörtel für Spannkanäle. BT. (1972) S. 206

39.4   Walz, K.; Mathieu, H.: Einfluß des Zementes auf die Eigenschaften von Zementsuspensionen zum Auspressen von Hohlräumen. Beton (1961) S. 411

39.5   Weinhold, J.; Meyer, H.: Einfluß der Mahlfeinheit des Zementes auf die Eigenschaften von Einpreßmörteln. Beton (1961) S. 604

Literatur zu Abschnitt 4 (Zusammenarbeit von Beton und Stahl)

● 1.1   Leonhardt, F.: Das Bewehren von Stahlbetontragwerken. B.Kal. 1979, II, S. 613; ferner [E/2, 3. Teil]

○ 1.2   Goldau, R.: Bewehrung der Stahlbetonkonstruktionen. Wiesbaden: Bauverlag 1976

2   Valentin, G.: Querspannungen im auf Biegung beanspruchten, stark gekrümmten Stahlbetonstab. Bet.-St. i. d. Entw. (1973) H. 52

3.1   Franz, G., Fein, H.-D.: Biegeversuche mit Baustahlgewebe für Rohre und Tunnelverkleidungen. Mitt. d. Baustahlgewebe GmbH Düsseldorf 1971, H. 8

○ 3.2   Fein, H.-D.; Zwissler, U.: Aufnahme von Umlenkkräften aus stetig gekrümmten Bewehrungsstäben durch Beton. BT. (1974) S. 58

◑ 4.1   Nilsson, J.: Reinforced concrete corners. Nat. Swedish Build. Res. Lab. Document D7 1973

◑ 4.2   van Stekelenburg, P.: Bewehren von Rahmenecken mit negativem und positivem Moment. Heron (1976) H. 2, S. 135 (deutsch)

○ 4.3   Kordina, K.: Bewehrungsführung in Rahmenecken und -knoten. Vorträge Betontag DBV 1975, S. 401

◑ 5.1   Wyss, Th.: Kraftfelder in festen, elastischen Körpern. Berlin: Springer 1926 (ein heute noch sehr aufschlußreiches Buch)

5.2   Walther, H.: Über die spannungsoptischen Untersuchungen von Rahmenecken. Bl. (1960) S. 81

5.3   Bay, H.: Eine praktische Anwendung der konformen Abbildung auf eine Rahmenecke. BuSt. (1973) S. 86 (Ausrundung wichtig)

6.1   Rehm, G.: Über die Grundlagen des Verbundes zwischen Stahl und Beton. DAfST 1961, H. 138

6.2   Soretz, S.: Sandgehalt und Verbundfestigkeit. Bet.-St. i. d. Entw. (1966) H. 32 sowie BuSt. (1967) S. 121

7.1   Rehm, G.: Beurteilung von Bewehrungsstäben mit hochwertigem Verbund. [1.2/16.2, S. 79]

7.2   Martin, H.: Oberflächenbeschaffenheit, Verbund und Sprengwirkung von gerippten Bewehrungsstählen. DAfSt 1973, H. 228

○ 7.3   Soretz, S.: Verbund zwischen Stahl und Beton. Zem. u. Bet. (1974) H. 75, S. 1; ferner Bet.-St. i. d. Entw. (1974) H. 56

7.4   Soretz, S.: Anforderungen an den Verbundwiderstand von Betonrippenstählen. Bet.-St. i. d. Entw. (1975) H. 60

7.5   Soretz, S.: Comparison of beam tests and pull out tests. Bet.-St. i. d. Entw. (1971) H. 49

8.1   Vgl. [1.2/3.1, S. 185, Bilder B 16 u. 19]

8.2   Kupfer, H.: Untersuchungen an Übergreifungsstößen. Vorträge Betontag DBV 1975, S. 388

○ 9   Losberg, A.: Anchorage of beam reinforcement. IVBH Schlußber. Kongr. 1964, S. 383 (benutzt $\tau = c\Delta$ nach Granholm)

10   Djabry, W.: Contribution à l'étude de l'adhérence des fers d'armatures béton. EMPA Ber. 184, 1962

11.1   Rüsch, H.; Rehm, G.: Übertragungslänge von Spanndrähten. DAfSt 1963, H. 147

○ 11.2   Klepel, J.: Ermittlung der Eintragungslänge bei gerippten Spanndrähten. Baupl. u. Bautech. (1963) S. 339

12   Franke, L.: Einfluß der Belastungsdauer auf das Verbundverhalten von Stahl im Beton. DAfSt 1976, H. 268

13.1   Rehm, G.: Verbundverhalten von Rippenstählen bei wiederholter Belastung. Kurzber. a. d. Bauforsch. 06, 1976, S. 385

13.2   Kern, K.: Spannbetonbalken mit glatten und profilierten Spannstählen bei statischer und wiederholter Belastung. Bl. (1960) S. 31

14   Soretz, S.; Hölzenbein, H.: Beitrag zur Gestaltung von Betonrippenstählen. Bet.-St. i. d. Entw. (1977) H. 63

○ 15   Müller, F. P.; Eisenbiegler, W.: Experimentelle und theoretische Untersuchung zur Lasteintragung in die Bewehrung von Stahlbetondruckgliedern. DAfSt 1977, H. 284; ferner Vorträge Betontag DBV 1975, S. 378

16   Dörr, K.: Verbundverhalten von Betonrippenstahl unter Querdruck. Mitt. Inst. für Massivbau TH Darmstadt Nr. 19. Berlin: Ernst 1977

17.1   Neuber, H.: Kerbspannungslehre, 2. Aufl. Berlin, Göttingen, Heidelberg: Springer 1958

17.2   Jäniche, W.; Wascheidt, H.: Entwicklung eines Sonder-Betonrippenstahles. BuSt. (1961) S. 6

○ 17.3   Soretz, S.: Beitrag zur Ermüdungsfestigkeit von Stahlbeton. Bet.-St. i. d. Entw. (1974) H. 57, Fig. 4

18   Rüsch, H.; Rehm, G.: Versuche mit Betonformstählen. DAfSt 1963, H. 140; (1963) H. 160 u. (1964) H. 165

○ 19   Timm, G.: Untersuchung zur Verbindung von biegebeanspruchten Stahlbetonplatten mit hakenförmig gebogenen Stäben. Diss. Karlsruhe 1969; ferner DAfSt 1973, H. 226 (mit Franz, G.)

○ 21   Prauser, A.: Grundsätze für die bauliche Durchbildung bei Spannbeton. Zem. u. Bet. (1976) S. 121

○ 22.1   El-Behairy, S.: Zugkräfte in der Nähe der Ankerplatte eines im Inneren einer Rechteckscheibe verankerten Spanngliedes. BuSt. (1968) S. 135

22.2   Eibl, J.; Iványi, — : Spanngliedverankerung im Inneren von Bauteilen. DAfSt 1973, H 223; ferner BuSt. (1973) S. 35; ferner [E/2, 2. Teil, S. 73]

23   Rehm, G.: Moll, L.: Einfluß der Rißbreite auf die Rostbildung an der Bewehrung von Stahlbetonbauteilen. DAfSt 1965, H. 169; ferner [3/18.5]

25.1   Palotás, L.: Beiträge zur Berechnung der Rißsicherheit. IVBH-Abhandl. 26 (1966) S. 365

○ 25.2   Rehm, G.; Martin, H.: Zur Frage der Rißbegrenzung im Stahlbetonbau. BuSt. (1968) S. 175

25.3   Falkner, H.: Rißbildung durch Eigen- und Zwangsspannungen infolge Temperatur in Stahlbetonbauteilen. DAfSt 1968, H. 208; verwertet in [30.1]; ferner [2/16]

25.4   Eibl, J.: Rißbildung in Stahlbetonstäben. BT. (1969) S. 373

25.5   Soretz, S.: Rißformeln für Stahlbeton. Bet.-St. i. d: Entw. (1973) H. 48 (kritisch)

25.6   Hughes, B.: Controlling shrinkage and thermal cracking. Concrete (May 1972) S. 39

○ 26   Frackmann, W.: Bildung und Öffnungsweite von Rissen in Stahlbeton- und Spannbetonkonstruktionen. Baupl. u. Bautech. (1973) S. 596; ferner Inst. f. Stahlbet. d. Bauakad. d. DDR, Bauinform. 1973, H. 19

27   Walther, R.: Über die Beanspruchung der Schubarmierung von Eisenbetonbalken. Schweiz. Bauztg. (1956) S. 8 u. 34

○ 28   Soretz, S.: Beitrag Stahlbetontechnik. Forschung zur Gestaltung von Fertigteilen, Die Montagebauweise mit Stahlbetonfertigteilen. Wiesbaden: Bauverlag 1959, S. 377

29.1   Lundin, T.: Mit hochwertigem Stahl bewehrter Balken unter Schwinglast. Betonsteinztg. (1960) S. 522

29.2   van Leeuwen, J.: Fijn verdeelde wapening in beton. In [2/12.1, S. 12]

29.3   Bjuggren, U.: Balken mit Bewehrung aus hochwertigem Stahl. Nordisk Beton (1962) S. 281 (schwedisch, s. a. Unterschriften u. Summary)

29.4   Romualdi, J.: Behaviour of reinforced concrete beams with closely spaced reinforcement. J. ACI (1963) S. 775 (Drahtbewehrung gibt geringste Rißweiten!)

● 30   Leonhardt, F.: Rißbeschränkung. BuSt. (1976) S. 14; ferner Vorträge Betontag DBV 1975, S. 422 u. [E/2, 4. Teil, S. 3]; ferner Rüsch, H.: [E/3, S. 252]

33.1   Meyer, A. u. a.: Faserbewehrter Beton. Vorträge Betontag DBV 1973, S. 270 sowie Zem. TB. 1979/80, S. 453 [E/2, 1. Teil, S. 170]

33.1   Meyer, A. u. a.: Faserbewehrter Beton. Vorträge Betontag DBV 1973, S. 270

◑ 33.2 Schnütgen, B. u. a.: Zugfestigkeit von mit Stahlfasern bewehrtem Beton. Mitt. Inst. f. konstr. Ing.-Bau Univ. Bochum Nr. 8, 1975; ferner Mitt. Nr. 38. Essen: Vulkanverlag 1978

◑ 33.3 Wischers, G.: Faserbewehrter Beton. Betontech. Ber. (1974) S. 45

33.4   Geymayer, H.: Praktische Anwendung von Stahlfaserbewehrung. BI. (1975) S. 434

◑ 33.5 Stiller, W.: Tragverhalten von bewehrtem Stahlfaserbeton. Mitt. Inst. f. konstr. Ing.-Bau Univ. Bochum Nr. 8, 1978

34   Rendchen, K.: Spannbeton-Reaktordruckbehälter. Betontech. Ber. (1976) S. 37

○ 35.1 Leonhardt, F.: Massige Betontragwerke ohne schlaffe Bewehrung mit mäßiger Vorspannung. BuSt. (1973) S. 128

○ 35.2 König, G.: Schwindvorspannung für massige Körper ohne schlaffe Bewehrung. BuSt. (1974) S. 67

Literatur zu Abschnitt 5 (Schutz des Betons gegen Angriffe)

◑ 1.1   Walz, K.: Anleitung für beständigen Beton (nach Bericht ACI Com. 201), Beton 1979 S. 254, 285, 323, 360 sowie Betontech. Ber. 1979

◑ 1.2   Kleinlogel, A.: Einflüsse auf Beton. Berlin: Ernst

● 1.3   Biczók, J.: Betonkorrosion und Betonschutz. Wiesbaden: Bauverlag 1972

◑ 1.4   Knöfel, D.: Baustoffkorrosion, Wiesbaden: Bauverlag 1975

1.5   Baustoffkorrosion und Korrosionsschutz. Schriftenreihe d. Bauforsch. Reihe Technik 1969, H. 29. Deutsche Bauakademie Berlin (O)

◑ 1.6   Angriffe auf Beton. Vorträge einer Tagung in Hamburg. VDI-Z. (Sept. 1974); ferner VDI-Ber. 285 (1977) (Tagung Korrosion im konstr. Ing.-Bau)

○ 1.7   Wahl, G.: Handbuch der Bautenschutztechniken. Stuttgart: Deutsche Verlagsanstalt 1970

◑ 1.8   Bonzel, J.: Beton mit besonderen Eigenschaften (gegen Frost, Chemie, Reibung, Hitze). Zem. TB. 1979/80, S. 367; ferner auch Lit. Bauschäden [E/32]

2   Künzel, H.: Untersuchungen über die Möglichkeit der Reparatur von Bewegungsrissen durch faserarmierte Beschichtungen. Kurzber. a. d. Bauforsch. 1975, Nr. 7, S. 283

○ 3.1   Ruffert, G.: Verkleben gerissener Betonkonstruktionen durch Epoxidharzinjektionen. BT. (1973) S. 311; ferner [32.1]

3.2   Kern, E.; Heinrichsen, C.: Dichten von Rissen mit Epoxidharz. BuSt. (1969) S. 217

○ 3.3   Kraftschlüssiges Verkleben und Verstärken von Baukonstruktionen mit Kunstharzen (franz.). Ann. de l'Inst. Tech. du Bât. et des Trav. Publ. Nr. 349. Paris 1977

3.4   Letman, I.; Hewlett, P.: Concrete cracks remedy. Concrete (Jan. 1974) S. 30

4.1   Walz, K.: Witterungsbeständigkeit von Beton. DAfSt, 1957 H. 127 u. 1977, H. 274

4.2   Bernt, A.: Witterungseinflüsse auf Außenwände. Schriftenreihe d. Bauforsch. Reihe Technik 1969, H. 4. Deutsche Bauakademie Berlin (O)

4.3   Wetterbeständigkeit von Beton. CUR Rapp. Nr. 22, 1961

○ 5.1   Rilem: Anleitung zur Herstellung von dauerhaftem Beton. Beton (1974) S. 261

◑ 5.2   Bonzel, J.: „Beton". B.Kal, I, Kap. 3.7

6   Pfeiffer, H.: Frostwirkung in Natur und Technik. Betonsteinztg. (1961) S. 497

7   Föppl, L.: Drang und Zwang Bd. 3, S. 154. Berlin: Oldenburg

8.1   Walz, K.: Über den Einfluß des Zementes auf den Widerstand des Betons gegen häufiges Durchfrieren. Beton (1960) S. 164

8.2   Walz, K.: Wie werden betontechnische Erkenntnisse für das Bauen nutzbar gemacht? Beton (1960) S. 483

8.3   Albrecht, W.; Schäfer, A.: Frostwiderstand und Porengefüge des Betons. DAfSt 1965, H. 167 u. 1977, H. 289; ferner Kurzber. a. d. Bauforsch. 1965, Nr. 1, S. 10 (prakt. Erfahrungen widersprechende Ergebnisse; S-Wert kein voller Ersatz)

○ 10.1 Merkbl. für die Verwendung von Luftporenbildnern für Straßenbeton. Forsch.-Ges. f. d. Straßenwesen Köln 1978

○ 10.2 Richtlinien für die Prüfung der Wirksamkeit von Betonschutzmitteln. Forsch.-Ges. f. d. Straßenwesen Köln 1974. Weiteres über Straßenbeton vgl. B.Kal. 1978, II, S. 664

◑ 10.3 Richtlinien (Entw.) zur Prüfung des Frost- und Tauwechselwiderstandes des Betons. Betonwerk- u. Fertigteiltech. (1976) S. 24 u. 93

10.2 Schäfer, A.: Die Bestimmung des Luftporengehaltes im Beton. Betontech. Ber. (1963) S. 127

10.5 Schäfer, A.: Vergleichende Untersuchungen in USA über vier Verfahren der Frost-Tau-Wechselprüfung an Beton. Betontech. Ber. (1962) S. 93 vgl. auch „Zusätze zum Beton" [1.1/13, 14, 15, 19]

11.1 Breyer, H.: Frostbeständigkeit mineralischer Baustoffe. Beton (1960) S. 378

11.2 Breyer, H.: Wasseraufnahme und Frostbeständigkeit von Betonwerksteinen. Betonsteinztg. (1960) S. 306

○ 12.1 Bonzel, J.; Walz, K.: Beton mit hohem Frost-Tausalzwiderstand. Zem.TB. 1966/67, S. 305 sowie Betontech. Ber. (1965) S. 185; Schutz von jungem Beton S. 73

○ 12.2 Sommer, H.: Frost-Tausalzbeständigkeit des Betons. Zem. u. Bet. (1975) H. 78/79, S. 26

○ 13.1 Bonzel, J.; Dahms, J.: Prüfung des Frostwiderstandes von Betonzuschlag. Betontech. Ber. (1976) S. 79 sowie Beton (1976) S. 172 u. 206

13.2 Popovič, S.: Frost- und Witterungsbeständigkeit von Betonzuschlag. Beton (1976) S. 201

14.1 Technische Vorschriften und Richtlinien für den Bau von Fahrbahndecken aus Beton. BMV Abt. Straßenbau TVBeton 1972, Nr. 8, ferner: Beton für Fahrbahnen, Zem. TB. 1970/71, S. 273
       BMV Abt. Straßenbau TVBeton 1972, Nr. 8

14.2 Merkbl. für die Prüfung von Mineralstoffen (Naturstein, Kies und Sand) im Straßenbau. Forsch.-Ges. f. d. Straßenwesen Köln 1963, 1967 u. 1975 (vgl. [13.1])

15.1 Vorl. Merkbl. für Auftausalze. Forsch.-Ges. f. d. Straßenwesen Köln 1963

15.2 Ewers, N.: Magnesiumchloridlösung auf Straßenbeton. Die Straße (DDR) (1967) S. 350

◑ 16.1 Bonzel, J.; Siebel, E.: Neuere Untersuchungen über den Frost-Tausalzwiderstand von Beton. Beton (1977) S. 153, 205, 237; Betontech. Ber. (1977) S. 55

○ 16.2 Rösli, A.; Harnik, A.: Temperaturschock und Eigenspannungen im Beton unter Frost-Tausalzeinwirkung. Ber. Dept. Matt. Wiss. ETH Zürich 1974

17.2 Vorl. Merkbl. für das Imprägnieren von Betonfahrbahnen. Forsch.-Ges. f. d. Straßenwesen Köln 1968

○ 17.2 Springenschmid, R.: Imprägnieren von Betonfahrbahnen. Straßen u. Tiefbau (1967) H. 1

17.3 Berntsson, L.: Polymer impregnation of mortar and concrete. Swed. Build. Res. Sum. (1976) S. 37

○ 18.1 Bisle, H.: Ausbessern von Betonoberflächen. Wiesbaden: Bauverlag 1978

18.2 Merkbl. für die Unterhaltung und Instandsetzung von Fahrbahndecken aus Beton (MIB). Forsch.-Ges. f. d. Straßenwesen Köln 1976

18.3   Rostásy/Wiedemann, G.: Festigkeit und Verformung von Beton bei sehr tiefen Temperaturen. Beton (1980), S. 54

○ 19.1   Estriche im Industriebau. FBW Stuttgart H. 101. Köln: Müller 1976

◑ 19.2   Abt, R.: Zementestrich. Zem. TB. 1972/73, S. 375

19.3   AGI (Arb.-Gem. Industriebau im Verband d. Bau.-Ind.) Arb.-Bl. Hartbetonbeläge A 10, 1970

20   Schnell, W.; Schneider, H.: Entwicklung eines Prüfverfahrens zur Beurteilung der Oberflächenfestigkeit von Estrichen. Blickpunkt Fußbodentechnik 1974, S. 622

21   Walz, K.; Wischers, G.: Über den Widerstand von Beton gegen die Einwirkung von Wasser hoher Geschwindigkeit. Betontech. Ber. (1969) S. 115

22.1   Dahms, J.: Schlagfestigkeit von Beton. Beton (1968) S. 131 u. 177 (vgl. auch Abb. 1.2/19)

22.2   Popp, C.: Untersuchung über das Verhalten von Beton bei schlagender Beanspruchung. DAfSt 1977, H. 281

22.3   Kuske, K.: Spannungsoptik für Stoßvorgänge. VDI-Ber. Nr. 135

23   Krol, W.: Die Statik der Stahlbetonfundamente. Bauing.-Praxis (1970) H. 73, S. 22.

○ 24.1   Henning, O.; Knöfel, D.: Baustoffchemie. Frankfurt/M.: Kohl 1975

24.2   Seidel, K.: Über das Verhalten von Beton in chemisch angreifenden Wässern. DAfSt 1959, H. 134

○ 24.3ʰ   Locher, F.: Chemischer Angriff auf Beton. Beton (1967) S. 17 u. 47 sowie Betontech. Ber. (1967) S. 19

24.4   Weigler, H.; Segmüller, E.: Schutz von Beton gegen chemische Angriffe. Beton (1967) S. 293 u. 331 sowie Betontech. Ber. (1967) S. 85

24.5   Walz, K.: Angriffe auf Beton. Beton (1963) S. 279

24.6   Bonzel, J.: Beton in aggressivem Wasser. Betonsteinztg. (1963) S. 633

◑ 24.7   Locher, F.; Pisters, H.: Beurteilung betonangreifender Wässer und Böden. Zem.TB. 1966/67, S. 345

◑ 24.8   Bonzel, J.; Locher, F.: Über das Angriffsvermögen von Wässern, Böden und Gasen. Beton (1968) S. 401 u. 443 sowie Betontech. Ber. (1968) S. 127

24.9   Lieschke, —; Paschke, —: Beton in aggressiven Wässern. Berlin: Ernst 1964

○ 24.10   Knöfel, D.: Treiberscheinungen an nichtmetallisch-anorganischen Baustoffen als Ursache von Bauschäden. Betonwerk- u. Fertigteiltech. (1976) S. 555 u. 623

○ 24.11   Durability of concrete. ACI Special Publ. 74, 1975 (besonders: Powers, T.: Frosteinwirkung). Kurzber. J. ACI (1975) S. 167

25.1   Steinegger, H.: Sulfatangriff auf Beton. Beton (1964) S. 200

25.2   Schröder, Th.; Hallauer, O.: Beständigkeit verschiedener Betonarten in Meerwasser und sulfathaltigem Wasser. DAfSt 1975, H. 252

26.1   Hummel, A.; Wesche, K.: Verhalten von Beton im Seewasser. DAfSt 1956, H. 124

○ 26.2   Lyse, J.: Durability of concrete in sea water. J. ACI (1960/61) S. 1575

26.3   Shalon, R.; Raphael, M.: Der Einfluß von Seewasser auf die Korrosion von Stahlarmierungen. Zement—Kalk—Gips (1960) S 30

◑ 27   Merkbl. über das Verhalten von Beton gegenüber Mineral- und Teerölen. Betontech. Ber. (1966) S. 169 sowie Beton (1966) S. 461

○ 28.1   Weigler, H.: (Auszug aus ACI-Rep.) Schutz von Beton gegen chemische Angriffe. Beton (1967) S. 293 u. 331 sowie Betontech. Ber. (1967) S. 85

○ 28.2   Kölzow, H.: Chemischer Bautenschutz. Berlin: Ernst 1969

○ 28.3   Catharin, P.: Betonangreifende Gase, Wässer und Böden. Beurteilung und Schutzmaßnahmen. Zem. u. Bet. (1973) H. 78/79

28.4   Locher, F.; Sprung, S.: Beständigkeit von Beton gegenüber kalklösender Kohlensäure. Beton (1975) S. 241 sowie Betontech. Ber. (1975) S. 91

◑ 28.5   Dartsch, B.: Konservieren, Sanieren, Restaurieren von Beton. Düsseldorf: Betonverlag 1978

29   Lieber, W.; Bleher, K.: Die Beurteilung der Sulfatbeständigkeit von Zementen nach konventionellen Schnellmethoden. Zement—Kalk—Gips (1960) S. 310

○ 30   Klopfer, H.: Anstrichschäden. Wiesbaden: Bauverlag 1976 vgl. auch [1.1/21 u. 22]

31   Seiffert, K.: Wasserdampfdiffusion. Wiesbaden: Bauverlag 1973

◑ 32.1   Richtlinien des DBV: Anwendung von Reaktionsharzen im Betonbau, Teil 1: Prüfverfahren. Betonwerk- und Fertigteiltechnik 1978, S. 400; Teil 2: Untergrund a. a. O. 1977, S. 482; Teil 3: Anwendungen (in Arbeit); ferner [1.2/24]

○ 32.3 Bonzel, J.: Beschichten und Kleben von Beton mit Kunststoffen. Zem.TB. 1964/65, S. 305

○ 32.3 Merkbl. für Schutzüberzüge auf Beton bei sehr starken Angriffen. Beton (1973) S. 399 sowie Betontech. Ber. (1973) S. 125

32.4 Walz, K.: Verwendung von Epoxidharz zum Beschichten von Beton in USA. Betontech. Ber. (1962) S. 73

32.5 Oberflächenschutz mit organischen Werkstoffen. VDI-Ber. 118/67; ferner VDI-Richtlinien 2531 bis 36

○ 33 AIB Anweisung für die Abdichtung für Ing.-Bauten der Deutschen Bundesbahn

41.1 Weigler, H. u. a.: Verhalten von Beton bei hohen Temperaturen. DAfSt 1964, H. 164

41.2 Seekamp, H.: Verhalten von Stahlbeton und Spannbeton im Brand. DAfSt 1964, H. 162

○ 41.3 Wierig, H.-J.: Widerstandsfähigkeit von Beton gegen Feuerbeanspruchung. Zem.TB. 1966/67, S. 269; ferner [1.3/46, 47]

41.4 Soretz, D.: In: Anregungen für die Verwendung von Beton, Stahlbeton und Spannbeton. Mitt. a. d. Österr. Zementforsch.-Inst. Wien 1976, H. 27, S. 3

41.5 Green, K.: Some aids of assessment of fire damage. Concrete (Jan. 1976) S. 14

42.1 Nekrassow, K.: Hitzebeständiger Beton. Wiesbaden: Bauverlag 1961

○ 42.2 Petzold, A.; Röhrs, M.: Beton für hohe Temperaturen. Berlin: VEB Verlag für Bauwesen 1965 oder Wiesbaden: Bauverlag 1965

42.3 Weigler, H.; Hallauer, O.: Zusammensetzung und Eigenschaften von Beton im Feuerungsbau. Betontech. Ber. (1969) S. 21 u. 35

◑ 43.1 Meyer-Ottens, C.: Abplatzversuche an Betonkörpern bei Temperaturbeanspruchung. DAfSt 1974, H. 241 u. 1975, H. 248; ferner Betonwerk- u. Fertigteiltech. (1973) S. 606; Beton (1974) S. 133 u. 175. Kurzber. a. d. Bauforsch. 1973, Nr. 7, S. 140

43.2 Seekamp, H. u. a.: Brandversuche mit Stahlbetonbauteilen. DAfSt 1959, H. 132

43.3 Manns, W.: Über den Wassergehalt des Betons bei höheren Temperaturen. Betontech. Ber. (1975) S. 17

○ 44.1 Wierig, H.: Betonfertigteile im Feuer. Betonsteinztg. (1963) S. 395, 443, 503

44.2 Bub, H.: Widerstandsfähigkeit von Bauteilen gegen Wärme und Feuer. Bauwirtschaft (1964) H. 25/26

○ 44.3 Brandes, K.; Gertis, K.; Künzel, H.: Dach- und Wandkonstruktionen unter thermischer Belastung. Ber. a. d. Bauforsch. (1973) H. 87

◑ 44.4 Meyer-Ottens, C.: Feuerwiderstandsdauer von Betonkonstruktionen. Beton- u. Fertigteiljahrbuch. Wiesbaden: Bauverlag 1976 S. 55

44.5 Petterson, O.: Structural fire engineering research. Lund (Schweden) Inst. of Technology No. 33, 1965 (Diagramme β und E als f(T) für Beton und Stahl)

45.1 Kordina, K. u. a.: Erwärmungsvorgänge an Balken unter Brandbeanspruchung. DAfSt 1975, H. 230

◑ 45.2 Kordina. K.: Grundlagen für den Entwurf von Stahlbeton- und Spannbetonbauteilen mit bestimmter Feuerwiderstandsdauer in [1.2/16.2, S. 122]

◑ 45.3 Kordina, K.; Meyer-Ottens, C.: Beton-Brandschutz-Handbuch. Düsseldorf: Betonverlag 1980

47 Doorentz, R.: Bauwerk im Großbrand. Berlin: Verlag Technik 1952 (interessante Beispiele)

○ 48 Danielewski, G.: Beton brennt wirklich nicht! Düsseldorf: Betonverlag 1973

48.2 Thelandersson, S.: Stress and deformation of concrete at high temperatures. In: Fire safety of tall buildings. Lund (Schweden) Inst. of Technology No. 34, 1973

○ 49 Ruffert, G.: Brandschäden an Betonbauten. Beton (1977) S. 239

○ 50.1 Blunk. G.: Betonbau und Brandschutz. Vorträge Betontag DBV 1971, S. 312

50.2 Bub, H.: Baulicher Brandschutz. Zentralbl. für Ind.-Bau (1964) S. 264

◑ 50.3 Krüger, W.: Bautechnischer Brandschutz im Stahl- und Spannbetonbau. Schriftenreihe Stahlbet. d. Bauforsch. 1973, H. 26

50.4 Recommendations for the design of reinforced and prestressed concrete structural members for fire resistance. London 1975

○ 50.5 Kordina, K.: Wirtschaftliche Verfahren zur Erhöhung der Feuerwiderstandsfähigkeit. Vorträge Betontag DBV 1969, S. 182; ferner [45.2] u. [3/14, S. 217]

○ 51.1 Locher, F.: Einwirkung von salzsäurehaltigen PVC-Brandgasen auf Stahlbeton. Betontech. Ber. (1970) S. 33

51.2 Reiter, C.: Die Beteiligung von Kunststoffen an Brandschäden. Vers.-Wirtschaft 1964, S. 744 u. 1967, S. 1144; ferner Schadensspiegel der Münchner Rückvers.-Ges. April 1968, S. 33

◑ 52.1 Droscha, H.: Schmelzschneiden von Beton. BT. (1976) S. 213

52.2 Rühle, A.: Schneiden von Beton durch thermische Verfahren. Beton (1973) S. 13

53.1 Weitere Lit. vgl. Studie über den Abbruch von Reaktordruckbehältern. DAfSt 1977, H. 290, S. 39 sowie [E/32.2, S. 519]

○ 53.2 Himstedt, W.: Nachträgliche Betonbearbeitung. Beton (1975) S. 235

○ 53.3 Linder, R.: Schälen, Trennen, Abbrechen von Bauteilen aus Stahlbeton. Betonwerk- u. Fertigteiltech. (1977) S. 313 u. 367

Literatur zu Abschnitt 6 (Fugen im Beton)

○ 1.1 Pilny, F.: Ermittlung der Ursachen von Rissen in Bauwerken. BT. (1977) S. 181

◑ 1.2 Linder, R.: B.Kal. 1977, II, S. 635

2.1 Weber, K.: Mechanischer Verbund zwischen Beton verschiedenen Alters mittels Kunststoffen. Diss. Karlsruhe 1971

2.2 Franz, G.; Weber, K.: Estrichdehnfugen und Haftbrücken. Forsch.-Reihe d. Hauptverbandes d. Bauind. Bd. 14, 1973

3 Drögsler, O.: Einige Putz- und Estrichfragen. Zem. u. Bet. (1967) Nr. 39, S. 1

4 Busch, G.; Fassbinder, O.: Der vorgespannte, elastische Fahrbahnübergang. BT. (1963) S. 75; ferner Bechert, H.: B.Kal. 1975, II, S.986

5.1 Bewegungsfugen im Wohnungsbau. FBW Stuttgart H. 33. Köln: Müller 1961

5.2 Halasz, R.: Außenwandfugen. BT. (1966) S. 175

○ 6.1 Cziesielski, E.: Außenwandfugendichtung im Tafelbau. Bauing.-Praxis (1970) H. 56.

○ 6.2 Cziesielski, E.: Konstruktive Methoden der Fugendichtung zwischen Betonfertigteilen. Betonwerk- u. Fertigteiltech. (1978) S. 441

6.3 Tischer, —: Dichtung von Fugen zwischen Außenwand-Fertigteilen. Betonfertigteil-forum 1975, H. 10, S. 8

○ 6.4 Stiller, M.: Fugendichtung im Fertigteilbau. Betonstein-Jahrbuch 1971

7.1 Jagfeld, P.; Holzapfel, W.: Kennzeichnung und Wechsellagerungsversuche von Fugenmassen. Betonsteinztg. (1968) S. 70 u. 74

○ 7.2 Jagfeld, P.: Alterungsprüfung von Fugendichtungsmassen für den Betonfertigteilbau. Kurzber. a. d. Bauforsch. 1975, H. 12 S. 455

◑ 7.3 Vorl. Richtlinien für die Prüfung von Fugenmassen im Fertigteilbau DIN 52451 bis 460, (68) bis (77). BuSt. (1968) S. 156 sowie Betonsteinztg. (1967) S. 498

7.4 Stiller, M.: Erfahrungen mit den vorl. Richtlinien. BuSt. (1968) S. 159

Literatur zu Abschnitt 7 (Ausbreitspannungen)

1.1 Hiltscher, R.; Florin, G.: Die Spaltzugkraft in unten eingespannten, oben zentrisch belasteten rechteckigen Scheiben. BT. (1962) S. 325

1.2 Hiltscher, R.; Florin, G.: Spalt- und Abreißzugspannungen in rechteckigen Scheiben, die durch eine Last in verschiedenem Abstand von einer Scheibenecke belastet sind. BT. (1963) S. 401

1.3 Hiltscher, R.; Florin, G.: Darstellung der Spaltzugspannungen unter einer konzentrierten Last. BT. (1968) S. 196

1.4 Hiltscher, R.; Florin, G.: Spaltzugspannungen in kreiszylindrischen Säulen. BT. (1972) S. 90

2 Kuyt, B.: Die Bruchlast von teilbelasteten Auflagerblöcken aus unbewehrtem Beton in [2/12.1, S. 23] (niederländisch)

3 Mörsch, E.: Der Eisenbetonbau, 6. Aufl. Bd. 1, 2. Hälfte, S. 472. Stuttgart: Witwer 1929

4 Grasser, E.; Thielen, G.: Hilfsmittel zur Berechnung der Schnittgrößen und Formänderungen von Stahlbetontragwerken. DAfSt 1979, H. 240

Sachverzeichnis

Die im Inhaltsverzeichnis enthaltenen Stichworte sind hier nicht nochmals aufgeführt!